식품가공
기능사 필기

예문사

머리말

4차 산업의 발달과 더불어 인구 구조와 가치관의 변화에 따라 혼밥, 외식 및 급식의 확산 등 식품산업의 트렌드가 변화함에 따라 HMR(Home Meal Replacement), 간편 조리식이 확대되고 있으며 더불어 건강한 노후에 대한 관심이 증대되면서 건강기능식품에 대한 관심도 커지고 있다. 하지만 기후변화 등의 환경변화도 커짐에 따라, 다양한 바이러스와 감염병의 증가 등 발전하는 식품산업을 위협하는 위해요소도 급격하게 변화하고 있다. 이러한 새로운 식품산업에 발맞춰 소비자의 욕구와 맛과 영양, 위생안전 등을 고려한 다양한 식품이 개발되고 있으며 이에 식품기술에 대한 전문지식을 갖춘 기술 인력의 요구가 증대되고 있다.

식품가공기능사는 식품산업에서 식품가공과 관련하여 식품기술분야에 대한 전문적인 지식을 바탕으로 하여 영양학적으로 우수하며 위생적으로 안전한 식품의 공급을 위하여 원료의 선정에서부터 신제품의 기획·개발, 제품성분 및 안전성 분석·검사 등의 업무를 담당한다. 더불어 식품제조 및 가공공정에 대한 이해를 바탕으로 식품의 생산뿐만 아니라 보존과 저장공정 전반의 관리·감독의 업무를 수행하고 있다.

본 교재는 상기에서 언급한 "식품가공기능사"의 필기시험 합격을 위한 준비서로, 실시기관인 한국산업인력공단의 출제기준에 맞추어 각 과목의 가장 필수적이고 핵심적인 부분을 체계적으로 정리하였다. 또한 전체적인 흐름을 빠르게 진행하도록 하여 학습하는 데 지치지 않도록 하고 반복적인 학습에 도움이 되도록 문장을 간략하게 간소화하였다. 더불어 이해가 어려운 부분은 추가 설명과 예시를 통해 이해를 도와 수험자들이 시험을 준비함에 있어서 시간낭비를 하지 않고 중요한 요소만을 습득하도록 하였다.

PREFACE

문제 파트는 중요 기출문제를 과목별로 재분류하여 수험생들이 수년간의 문제 유형의 출제 패턴을 익힐 수 있도록 하였다. 또한, 최근에 출제되었던 문제를 복원하였고, 출제 가능성이 높은 문제를 모의고사 형식으로 별도로 수록하여 앞으로의 시험에 대비할 수 있도록 하여 최상의 수험서로서 수험생의 자격 취득에 도움이 되고자 하였다.

끝으로 이 책이 나오기까지 많은 도움을 주신 예문사 및 주경야독 임직원 여러분들에게 깊은 감사인사를 전한다.

저자 일동

출제 기준

직무 분야	식품가공	중직무 분야	식품	자격 종목	식품가공기능사	적용 기간	2025.1.1.~2029.12.31.

• 직무내용 : 농·축·수산물을 원료로 하여 식품 제조·가공 등을 수행하는 직무이다.

필기검정방법	객관식	문제수	60	시험시간	1시간

필기 과목명	출제 문제수	주요항목	세부항목	세세항목
식품화학 식품위생 식품가공	60	1. 식품의 성분	1. 일반성분과 영양	1. 수분 2. 탄수화물 3. 지방질 4. 단백질 5. 무기질 6. 비타민
			2. 특수성분	1. 색소 성분 2. 향기 성분 3. 맛 성분 4. 독성물질
		2. 식품성분의 변화	1. 일반성분의 변화	1. 탄수화물의 변화 2. 지방질의 변화 3. 단백질의 변화
			2. 특수성분의 변화	1. 색소 성분의 분류와 변화 2. 갈변화 반응 3. 향미 성분의 변화
		3. 식품효소	1. 식품성분과 효소	1. 식품효소의 분류와 특성
		4. 식품성분의 분석	1. 식품 일반성분의 분석	1. 일반성분의 분석
		5. 식품의 물성	1. 기초이론	1. 식품 물성의 기초 2. 식품의 조직감

필 기 과목명	출제 문제수	주요항목	세부항목	세세항목
		6. 식품위생기초	1. 식품위생의 개념	1. 식품위생의 정의와 범위
			2. 식품위생과 미생물	1. 미생물의 증식 조건과 억제 방법
			3. 살균·멸균과 소독법	1. 물리적 방법 2. 화학적 방법
			4. 식품의 보존	1. 식품보존의 원리와 방법
			5. 식품첨가물	1. 식품첨가물의 종류와 특성
		7. 식중독	1. 세균성 식중독	1. 감염형·독소형 식중독의 특징과 예방법 2. 기타(알레르기 등) 식중독의 특징과 예방법
			2. 바이러스 식중독	1. 바이러스 식중독의 특징과 예방법
			3. 자연독 식중독	1. 식물성 자연독 2. 동물성 자연독 3. 곰팡이 독소
			4. 화학성 식중독	1. 중금속, 농약과 환경오염 물질 등에 의한 중독
		8. 식품과 질병	1. 감염병	1. 경구감염병의 종류와 특성 2. 인수공통감염병의 종류와 특성
			2. 기생충	1. 채소·어패류·육류 등으로부터 감염되는 기생충
			3. 위생동물	1. 위생동물의 종류와 방제
		9. 식품위생관리	1. 개인 위생 관리	1. 개인 위생·건강 관리 방법
			2. 가공기계·설비위생 관리	1. 식품제조 도구, 장비, 설비의 위생 관리

출제 기준

필 기 과목명	출제 문제수	주요항목	세부항목	세세항목
			3. 작업장 위생 관리	1. 작업장 위생과 환경관리 방법
			4. 식품위생검사	1. 미생물시험법 2. 이화학시험법
			5. 식품위생행정과 법규	1. 식품위생관리 법규(표시기준, 식품공전) 2. 식품안전관리인증기준(HACCP)의 이해
		10. 농산식품가공	1. 곡류 및 전분류의 가공	1. 쌀의 구성성분과 도정, 저장 방법 2. 밀가루의 분류와 특성 3. 전분의 분류와 특성
			2. 두류의 가공	1. 두부류의 제조·가공 방법 2. 장류의 제조·가공 방법 3. 기타
			3. 과일 및 채소류의 가공	1. 주스류의 제조·가공 방법 2. 잼류 및 케첩의 제조·가공 방법 3. 김치류의 제조·가공 방법 4. 기타
			4. 유지류의 가공	1. 유지의 제조·가공 방법
		11. 수산식품가공	1. 어·패류의 가공	1. 어육연제품의 제조·가공 방법 2. 수산 통·병조림의 제조·가공 방법
			2. 해조류의 가공	1. 김·미역·다시마 등의 가공 방법
		12. 축산식품가공	1. 식육가공	1. 햄·소시지류의 제조·가공 방법 2. 베이컨류의 제조·가공 방법
			2. 유가공	1. 우유·가공유류의 제조·가공 방법 2. 발효유류의 제조·가공 방법 3. 기타 유가공품의 제조·가공 방법

필 기 과목명	출 제 문제수	주요항목	세부항목	세세항목
			3. 알가공	1. 알가공품의 제조 · 가공 방법
		13. 식품품질관리 기초	1. 관능검사	1. 관능검사의 기초
			2. 포장(재)	1. 포장(재)의 종류와 포장 방법

이 책의 구성

📺 공부방법

이론 학습 시 전체적인 흐름을 빠르게 진행하도록 하여 학습하는 데 지치지 않도록 하고 반복적인 학습에 도움이 되도록 문장을 간략하게 하였습니다.

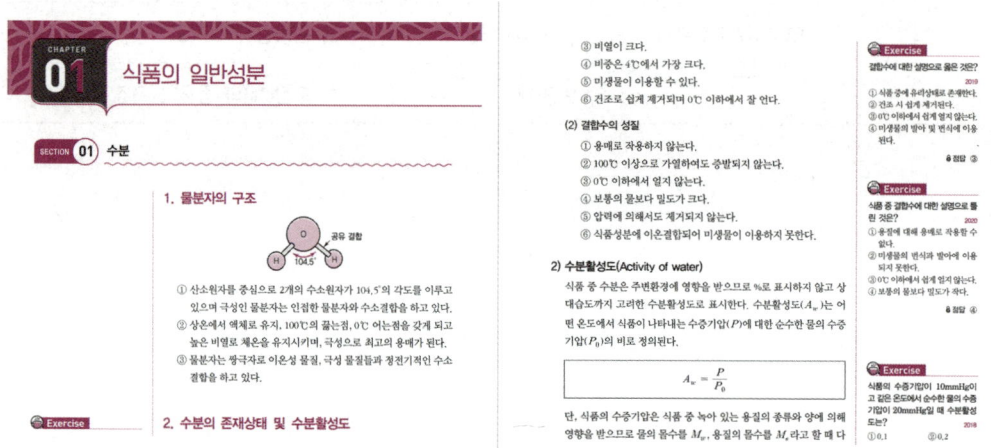

📺 Tip / Exercise

이해가 어려운 부분은 추가 설명과 예시를 통해 이해를 도와 수험자들이 시험을 준비함에 있어서 효율적으로 중요한 요소만을 습득하도록 하였습니다. 또한, 본문 여백에 해당 이론과 관련된 문제를 수록하여 이론과 관련된 문제 유형을 파악할 수 있도록 하였습니다.

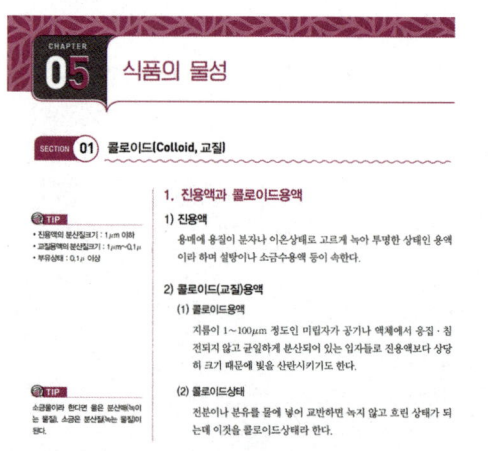

INFORMATION

과목별 기출문제

중요 기출문제를 과목별로 재분류하여 수험생들이 여러 문제 유형의 출제 패턴을 익힐 수 있도록 하였습니다.

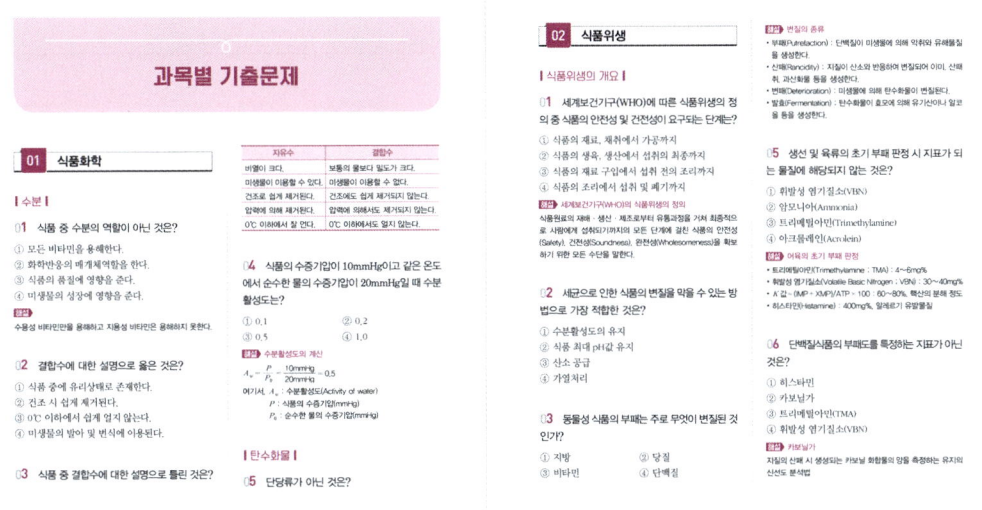

CBT 모의고사

출제 가능성이 높은 문제를 모의고사 형식으로 수록하여 앞으로의 시험에 철저히 대비할 수 있도록 하였습니다.

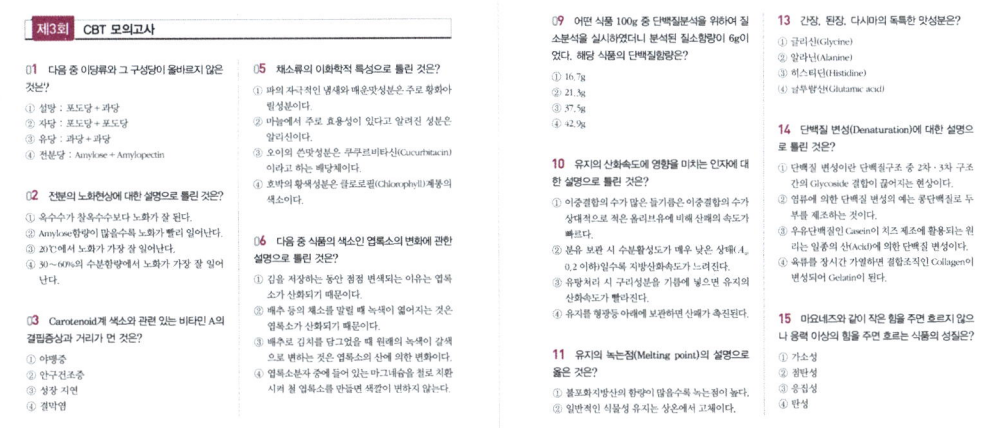

{ 차 례 }

Part 1
식품화학

Chapter 01 식품의 일반성분 ·· 2
    1절 수분 ··· 2
    2절 탄수화물 ·· 5
    3절 단백질 ·· 13
    4절 지질(지방) ··· 19
    5절 비타민 ·· 27
    6절 무기질 ·· 30

Chapter 02 식품의 특수성분 및 변화 ································ 32
    1절 식품의 색 ··· 32
    2절 식품의 맛 ··· 38
    3절 식품의 냄새 ·· 43

Chapter 03 식품과 영양 ··· 45
    1절 영양소의 기능 ··· 45
    2절 기초대사와 요인 ··· 47
    3절 영양소의 소화·흡수 ·· 48

Chapter 04 식품의 물성 ··· 51
    1절 콜로이드(Colloid, 교질) ···································· 51
    2절 Rheology의 개념 ·· 54

CONTENTS

Chapter 05 식품과 효소 ··· 57
    1절 효소 ··· 57
    2절 효소의 분류 ··· 60

Chapter 06 식품성분의 분석 ·· 63
    1절 식품 속 수분함량 ··································· 63
    2절 회분분석 ·· 64
    3절 조지방분석 ··· 65
    4절 조단백분석 ··· 66
    5절 탄수화물분석 ······································ 67

Part 2
식품위생

Chapter 01 식품위생의 개요 ·· 70
    1절 식품위생의 개념 ··································· 70
    2절 식품과 미생물 ····································· 73
    3절 살균과 소독법 ····································· 79
    4절 식품의 보존 ·· 82
    5절 식품첨가물 ··· 89

{ 차 례 }

Chapter 02 식중독 ··· 92
　1절 식중독의 분류 및 발생현황 ·· 92
　2절 세균성 식중독 ·· 92
　3절 자연독 식중독 ··· 100
　4절 곰팡이독(Mycotoxin) 식중독 ··· 102
　5절 화학물질과 식중독 ·· 104

Chapter 03 식품과 감염병 ··· 110
　1절 주요한 경구감염병과 예방대책 ····································· 110
　2절 인수공통감염병과 예방대책 ·· 113
　3절 기생충 ·· 115
　4절 위생동물 ·· 119

Chapter 04 식품위생관리 ·· 124
　1절 개인위생관리 ··· 124
　2절 식품 관련 시설 위생관리 ·· 126
　3절 식품의 위생검사 ··· 128

Chapter 05 식품위생행정 ·· 131
　1절 식품공전 ·· 131
　2절 식품의 표시기준 ··· 134
　3절 HACCP ··· 138

Part 3
식품가공

Chapter 01 식품가공 ·· 144
    1절 선별 ·· 144
    2절 세척 ·· 145
    3절 분쇄 ·· 146
    4절 혼합 ·· 148
    5절 성형 ·· 150
    6절 분리 ·· 151
    7절 여과 ·· 152
    8절 추출 ·· 154
    9절 건조 ·· 155
    10절 농축 ·· 157
    11절 저장 ·· 158
    12절 가공설비 ··· 158

Chapter 02 곡류 및 서류 가공 ··· 160
    1절 도정 ·· 160
    2절 제분 ·· 162
    3절 제면 ·· 165
    4절 제빵 ·· 166

차 례

Chapter 03 두류가공 ··· 168
   1절 두부 ··· 168
   2절 영양저해인자 ··· 170

Chapter 04 과일 및 채소 가공 ································· 171
   1절 과채가공품 ··· 171
   2절 통조림 ··· 172
   3절 과일잼 ··· 176
   4절 기타 과채류의 제조공정 ······························· 178

Chapter 05 유지 가공 ··· 180
   1절 유지의 추출 ··· 180
   2절 유지의 정제 ··· 181
   3절 유지의 경화 ··· 182

Chapter 06 육류 가공 ··· 184
   1절 식육 성분 및 구조 특성 ······························· 184
   2절 식육가공품 및 포장육 ································· 187

Chapter 07 수산물 가공 ······································· 190
   1절 수산물의 특징 ··· 190
   2절 수산가공제품 ··· 191

CONTENTS

Chapter 08 유제품 가공 ·· 195
    1절 시유 ··· 195
    2절 발효유(Fermented milk) ···················· 198
    3절 버터(Butter) ······································· 200
    4절 아이스크림 ··· 201
    5절 치즈(Cheese) ······································ 202
    6절 연유(Condensed milk) ····················· 205
    7절 분유(Powder milk) ··························· 207

Chapter 09 알가공 ·· 209
    1절 계란 ··· 209

Chapter 10 발효식품 제조 ··· 211
    1절 장류 발효 ·· 211
    2절 침채류(김치) ····································· 215
    3절 맥주 ··· 217

Chapter 11 식품품질관리 ··· 219
    1절 관능평가 ·· 219
    2절 식품의 포장 ······································ 222

차례

부록

과목별 기출문제 ··· 228

기출복원문제 ··· 313
- 2022년 기출복원문제 ································· 313
- 2023년 기출복원문제 ································· 323
- 2024년 기출복원문제 ································· 332
- 2025년 기출복원문제 ································· 342

CBT 모의고사 ·· 352

PART

01

식품화학

CHAPTER 01 식품의 일반성분
CHAPTER 02 식품의 특수성분 및 변화
CHAPTER 03 식품과 영양
CHAPTER 04 식품의 물성
CHAPTER 05 식품과 효소
CHAPTER 06 식품성분의 분석

CHAPTER 01 식품의 일반성분

SECTION 01 수분

1. 물분자의 구조

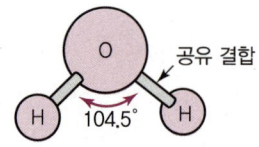

① 산소원자를 중심으로 2개의 수소원자가 104.5°의 각도를 이루고 있으며 극성인 물분자는 인접한 물분자와 수소결합을 하고 있다.
② 상온에서 액체로 유지, 100℃의 끓는점, 0℃ 어는점을 갖게 되고 높은 비열로 체온을 유지시키며, 극성으로 최고의 용매가 된다.
③ 물분자는 쌍극자로 이온성 물질, 극성 물질들과 정전기적인 수소결합을 하고 있다.

2. 수분의 존재상태 및 수분활성도

1) 수분의 존재상태

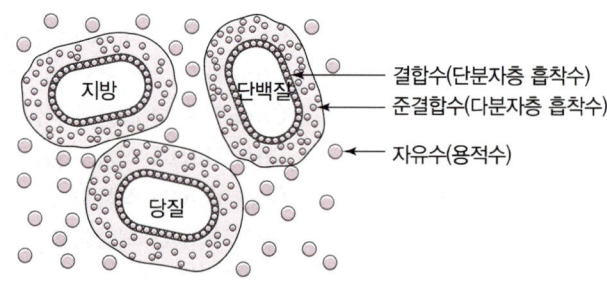

[결합수와 자유수 분포도]

(1) 자유수(유리수)의 성질
① 화학반응이 일어날 수 있는 용매로 작용한다.
② 끓는점과 녹는점이 높다.

Exercise

식품 중 수분의 역할이 아닌 것은?
2018
① 모든 비타민을 용해한다.
② 화학반응의 매개체 역할을 한다.
③ 식품의 품질에 영향을 준다.
④ 미생물의 성장에 영향을 준다.

💬 **해설**
비타민은 지용성 비타민과 수용성 비타민이 있다. 지용성 비타민은 유지에 녹는다.

🔒 **정답** ①

➡ 자유수와 결합수의 차이에 대해 꼼꼼하게 기억해주세요!

③ 비열이 크다.
④ 비중은 4℃에서 가장 크다.
⑤ 미생물이 이용할 수 있다.
⑥ 건조로 쉽게 제거되며 0℃ 이하에서 잘 언다.

(2) 결합수의 성질
① 용매로 작용하지 않는다.
② 100℃ 이상으로 가열하여도 증발되지 않는다.
③ 0℃ 이하에서 얼지 않는다.
④ 보통의 물보다 밀도가 크다.
⑤ 압력에 의해서도 제거되지 않는다.
⑥ 식품성분에 이온결합되어 미생물이 이용하지 못한다.

2) 수분활성도(Activity of water)

식품 중 수분은 주변환경에 영향을 받으므로 %로 표시하지 않고 상대습도까지 고려한 수분활성도로 표시한다. 수분활성도(A_w)는 어떤 온도에서 식품이 나타내는 수증기압(P)에 대한 순수한 물의 수증기압(P_0)의 비로 정의된다.

$$A_w = \frac{P}{P_0}$$

단, 식품의 수증기압은 식품 중 녹아 있는 용질의 종류와 양에 의해 영향을 받으므로 물의 몰수를 M_w, 용질의 몰수를 M_s라고 할 때 다음과 같은 식이 된다.

$$A_w = \frac{M_w}{M_w + M_s}$$

식품의 수분활성도는 항상 1 미만으로 어패류나 수육과 같이 수분이 많은 식품의 A_w는 0.98~0.99, 곡물 등 수분이 적은 건조식품의 A_w는 0.60~0.64 정도이다.

→ 미생물 성장 시 최소 수분활성도(A_w)

세균	효모	곰팡이	내건성 곰팡이
0.91	0.88	0.80	0.65

Exercise

결합수에 대한 설명으로 옳은 것은? 2019
① 식품 중에 유리상태로 존재한다.
② 건조 시 쉽게 제거된다.
③ 0℃ 이하에서 쉽게 얼지 않는다.
④ 미생물의 발아 및 번식에 이용된다.

🔒 정답 ③

Exercise

식품 중 결합수에 대한 설명으로 틀린 것은? 2020
① 용질에 대해 용매로 작용할 수 없다.
② 미생물의 번식과 발아에 이용되지 못한다.
③ 0℃ 이하에서 쉽게 얼지 않는다.
④ 보통의 물보다 밀도가 작다.

🔒 정답 ④

Exercise

식품의 수증기압이 10mmHg이고 같은 온도에서 순수한 물의 수증기압이 20mmHg일 때 수분활성도는? 2018
① 0.1   ② 0.2
③ 0.5   ④ 1.0

💬 해설
수분활성도
$A_w = \frac{P}{P_0}$
$= \frac{10\,\mathrm{mmHg}}{20\,\mathrm{mmHg}} = 0.5$

🔒 정답 ③

3. 저장, 가공 중 수분의 변화

1) 등온 흡습 · 탈습 곡선

식품 중 수분은 주변의 온도와 습도에 따라 평형 수분함량을 가지게 되는데 이때 수분의 흡습과 탈습을 그래프로 나타낸 것이 등온 흡습 · 탈습 곡선이다. 이에 주변의 온도가 높을수록 평형 상대습도(ERH)에 대응하는 수분함량은 낮아지며 온도가 낮을수록 평형 상대습도(ERH)에 대응하는 수분함량은 높아진다.

$$ERH = A_w \times 100$$

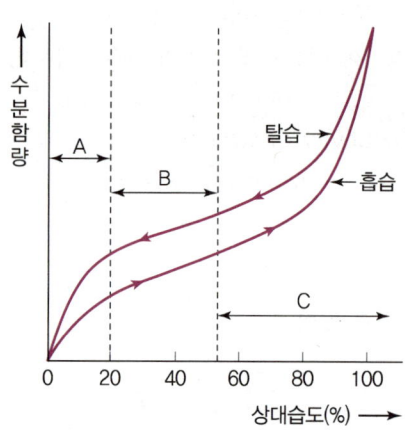

[등온 흡습 · 탈습 곡선]

(1) A영역(단분자층 영역)

단분자층을 형성하는 결합수로 식품성분과 이온결합하며, A_w 0.1 이하에서 공기에 노출된 지방의 자동산화가 촉진된다.

(2) B영역(다분자층 영역)

준결합수이며 식품성분과 수소결합을 한다. A_w 0.65~0.85의 식품을 중간 수분식품이라 하고 잼, 젤리, 곶감, 건포도 등이 있으며 저장성이 좋다. A_w 0.5~0.7 사이에서 높은 비효소적 갈변반응을 보인다.

(3) C영역(자유수 영역)

자유수에 해당하며 수분활성도가 높아 미생물 증식, 효소반응, 화학반응이 촉진된다. 최적 생육 A_w는 세균 0.91, 효모 0.88, 곰팡이 0.80이다.

TIP

식품성분 사이의 결합

분자를 이루는 각각의 원자는 최외각 전자껍질에 전자가 가득 차 있을 때 안정된 상태라고 판단한다. 이때, 수소의 경우에는 전자껍질을 하나만 가지고 있기 때문에 2개의 전자가 있을 때 안정해지며 두 개의 전자껍질을 가지고 있는 산소의 경우에는 8개의 전자가 있어야 안정한 상태에 도달하게 된다.

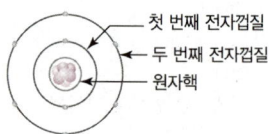

[원자의 구조]

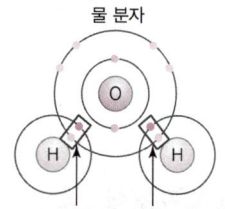

[물분자의 구조]

- 공유결합 : 원자들 사이에 전자를 공유하여 안정화되는 결합
- 수소결합 : 공유결합을 통해 전기음성도가 강해진 수소원자는 다른 전기음성도가 강한 원자가 서로 이웃하게 되면 두 원자 사이에 정전기적 인력에 의해 생기는 결합
- 이온결합 : 양이온과 음이온 사이의 정전기적 인력에 의해 생기는 결합

2) 이력현상(Hysteresis)

식품에서 수분의 흡습곡선과 탈습곡선이 일치하지 않는 현상이다. 동일한 수분활성도에서는 탈습곡선이 흡습곡선보다 항상 높게 나타나는데 이는 물분자의 수소결합에 따른 결합력 때문이다. 이력현상은 식품의 제조 및 저장 시 품질의 변화를 일으킬 수 있다.

4. 수분의 역할

① 신체의 구성 성분
② 영양소와 노폐물의 운반작용
③ 체온 조절작용
④ 전해질 평형 유지
⑤ 윤활 및 신체보호

SECTION 02 탄수화물

1. 탄수화물의 구조 · 분류 · 특성

1) 탄수화물의 구조

탄수화물은 다수의 Alcohol(−OH)기와 Aldehyde(RCHO)기 또는 Ketone(RCOR′)기이며, 기본 분자식은 $C_m(H_2O)_n$ 이다(R : 알킬기).

> **TIP**
>
> **탄수화물의 구조**
> - 알킬기(Allkyl group) : 포화탄화수소에서 수소원자 하나를 뺀 원자단으로 탄수화물의 경우 반응을 나타내는 작용기를 뺀 나머지 탄소사슬 부위를 알킬기라 표현한다.
> - 작용기(Functional group) : 분자에서 생기는 특징적인 화학반응을 나타내는 원자들의 집단이다. 작용기별로 유사한 반응성을 가지기 때문에, 반응성에 의해 화합물이 분류가 가능하도록 만들어주는 특징과 같다.
> - 탄수화물의 구조＝알킬기＋작용기 알킬기를 주로 R로 표현하기 때문에 탄수화물의 구조는 R＋작용기로 표기해준다.

[6탄당의 구조]

2) 탄수화물의 분류

(1) 단당류(Monosaccharide)

① 알킬기를 구성하는 탄소의 수에 따라서 3탄당(탄소가 3개), 4탄당(탄소가 4개), 5탄당(탄소가 5개), 6탄당(탄소가 6개), 7탄당(탄소가 7개)으로 구분된다.

→ 단당류의 분류

구분	종류
3탄당($C_3H_6O_3$)	• Glyceraldehyde(글리세르알데하이드) • Dihydroxyacetone(다이하이드록시아세톤)
4탄당($C_4H_8O_4$)	• Erythrose(에리트로스) • Threose(트레오스) • Erythrulose(에리트룰로오스)
5탄당($C_5H_{10}O_5$)	효모에 의해 발효되지 않는다. • Ribose(리보오스) • Arabinose(아라비노스) • Xylose(자일로스) • Ribulose(리불로오스)

Exercise

다음 중 이당류의 결합으로 올바른 것은?

① 포도당 + 과당 = 유당
② 포도당 + 포도당 = 맥아당
③ 포도당 + 갈락토오스 = 서당
④ 포도당 + 서당 = 갈락토오스

💬 해설
• 유당(Lactose) = 포도당 + 갈락토오스
• 맥아당(Maltose) = 포도당 + 포도당
• 서당(Sucrose) = 포도당 + 과당

🔒 정답 ②

Exercise

다음 중 단당류가 아닌 것은?
2015

① 포도당(Glucose)
② 엿당(Maltose)
③ 과당(Fructose)
④ 갈락토오스(Galactose)

💬 해설
• 엿당(맥아당) : 포도당이 2분자 결합된 이당류
• 자당(설탕) : 포도당 한 분자와 과당 한 분자가 결합된 이당류

🔒 정답 ②

구분	종류
6탄당($C_6H_{12}O_6$)	식품의 주요 구성당이다. • Glucose(글루코오스, 약어 : glu) : 포도당, 다당류의 주구성당 • Mannose(마노스) • Galactose(갈락토오스) • Fructose(프룩토오스)
7탄당($C_7H_{14}O_7$)	• Mannoheptose(만노헵토오스) • Sedoheptulose(세도헵툴로스)

② 5탄당은 사람에게는 영양학적 열량을 제공하지 않으나 초식동물의 주에너지원이고, 6탄당은 식품의 주요 구성당이다.

→ **대표적인 단당류의 이용형태**

분류	종류	특징
6탄당	Glucose(glu)	• 포도당, 혈당의 급원이다. • Starch, Cellulose, Glycogen의 가수분해 산물이다.
	Fructose(fru)	• 과당, 단맛이 가장 강하다. • 과일, 채소, 꿀, 고과당 옥수수시럽 등에 함유된다.
	Galactose(gal)	• 유즙에 함유되어 있는 유당성분으로 갈락토오스 자체로는 존재 안 한다. • 다당류형태인 갈락탄은 해조류에 함유되어 있다. • 단백질이나 지질과 결합하여 뇌조직을 구성한다.
	Mannose	• 구근류를 구성하는 만난의 성분이다. • 환원되어 만니톨이다.
5탄당	Ribose	인산과 결합한 형태로 핵산(RNA)의 기본 틀을 이룬다.
	Xylose	대부분 다당류형태로 식물의 줄기, 잎, 과피 등의 세포막을 구성한다.

(2) 소당류(Oligosaccharides)

단당류 두 분자 이상이 중합되어 형성된 화합물이다.
① 2당류 : Maltose(glu+glu, 맥아당, 전분 구성당), Sucrose(glu+fru, 자당, 설탕, 비환원당으로 당도기준 100), Lactose(gal+glu, 젖당 또는 유당)

> **TIP**
>
> 식품에서 소화·흡수되는 단당류인 포도당(Glucose)
> • 전분(Starch) : 식품에서의 포도당 중합체
> • 글리코겐(Glycogen) : 체내에서의 포도당 중합체

> **TIP**
>
> **부제탄소의 개념**
>
> 다음 그림과 같이 탄소의 4개의 결합손이 각각 다른 원자단과 결합되어 있는 것을 키랄탄소라고 한다. 이때, 단순히 바로 결합되어 있는 원자만을 보는 것이 아니라 전체 원자단을 보고 판단해주어야 한다.
>
> 이 원리를 이용하여 포도당(Glucose)의 구조를 분석해보면 포도당은 탄소가 6개인 육탄당이다. 이때 위에서부터 1번으로 탄소의 번호를 매겨준다면, 1번 탄소의 경우 4개의 결합손 중 2개가 산소와 결합하고 있기에 1번 탄소는 부제탄소가 아니다. 6번 탄소의 경우에도 2개의 결합손이 수소와 결합하고 있다. 그렇기에 포도당의 부제탄소는 총 4개로, 만들어질 수 있는 이성질체는 총 $2^4 = 16$개이다.

② 3당류 : Raffinose(gal+glu+fru, 비환원당), Gentianose(glu+glu+fru)

③ 4당류 : Starchyose(gal+gal+glu+fru)

(3) 다당류(Polysaccharides)

많은 수의 단당류가 결합된 분자량이 매우 많은 고분자 탄수화물로 단일단당류가 중합된 단일다당류와 두 종류 이상의 단당류로 구성된 복합다당류가 있다.

① 단일다당류 : Starch(전분), Cellulose(섬유소), Inulin(돼지감자), Glycogen(동물성 저장다당류), Chitin(갑각류의 골격)

② 복합다당류 : Pectin, Hemicellulose, Chondroitin sulfate, Galactan

3) 탄수화물의 특성

① 물에 잘 녹으나 알코올에는 잘 녹지 않는다.

② 단맛을 가지며 결정체를 만든다.

③ 대부분의 단당류나 이당류는 환원성을 가지고 있다(설탕 제외, 설탕 : 비환원당).

④ 6탄당은 발효당(Zymohexose)으로 효모에 의해 발효되어 알코올과 CO_2를 생성한다.

⑤ 부제탄소(Asymetric carbon, 비대칭탄소) : 탄소 4개의 결합손이 모두 다른 원자 혹은 원자단으로 된 탄소 또는 키랄탄소(Chiral carbon)라고도 한다.

- 포도당의 부제탄소수 : 4개, 광학적 이성체수 : $2^4 = 16$개
- 과당의 부제탄소수 : 3개, 광학적 이성체수 : $2^3 = 8$개

⑥ 당은 입체이성질체로 카르보닐탄소에서 가장 멀리 떨어진 부제탄소의 −OH 위치가 우측이면 D형, 좌측이면 L형으로 분류한다. 천연단당류는 Arabinose를 제외하고 D형이다(부제탄소가 n개이면 이성체수는 2^n이 됨).

⑦ 에피머(Epimer) : 한 특정한 부제탄소원자에 결합된 OH기의 배치가 서로 다른 당을 말한다.

예 Glucose와 Mannose, Glucose와 Galactose

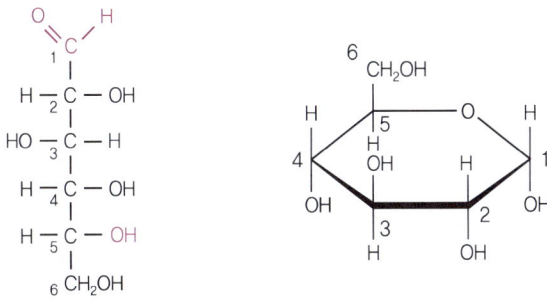

Glucose   Galactose   Glucose   Mannose

[대표적인 에피머]

⑧ 사슬구조는 Fischer식, 고리구조는 Haworth 투영식이라 한다.

[Glucose Fisher식]   [Glucose Haworth 투영식]

⑨ 변선광(Mutarotation) : 용액 중에서 온도와 시간이 경과함에 따라 아노머형이 빠른 내부 전환이 일어나며 선광도가 변하는데, 이를 변선광이라 한다.
- 포도당은 물에 녹이면 α형이 더 달지만 시간이 지나면서 β형으로 전환되고 안정되어 당도가 감소한다.
- 온도에 따라 탄수화물의 단맛이 다르게 느껴진다.

> α-D-Glucose ⇔ **사슬구조** ⇔ β-D-Glucose로 상호변환을 한다.
> 38%   (상온)   62%

- 과당의 β형은 α형에 비해 3배의 단맛을 가지는데, 0℃에서 $\alpha:\beta$는 3:7로서 고온에서의 7:3에 비해 훨씬 당도가 높게 된다.
- 자당은 아노머성 −OH가 없으므로 당도의 기준은 100이 되므로 과당은 130~180, 포도당은 70~80, 맥아당은 40~50 정도이다.

TIP

차가운 귤보다 따뜻한 귤이 더 맛있는 까닭은?

과일의 주요 단맛은 과당에 의해서 발생한다. 과당은 변선광 특징에 의해 단맛이 전환되면서 0℃에서는 비교적 단맛이 강한 β형의 비율이 높고 고온에서는 α형의 비율이 높다. 하지만 대부분 과일은 차가울 때보다 따뜻할 때 더 단맛이 크게 느껴신다. 이는 실제 감미도상으로는 0℃ 귤의 감미도가 높지만 20~25℃의 온도일 때 입에서는 단맛을 가장 강하게 느끼기 때문에 더 달게 느껴진다. 반면에 저온일 때 신맛이 더 강하게 느껴지는 이유도 이와 같다.

2. 다당류의 종류

1) 전분

① 곡류나 서류 등의 저장다당류이다.
② 가루형태로 물보다 무겁기 때문에 침전되어 전분이라 한다.

[Amylose]

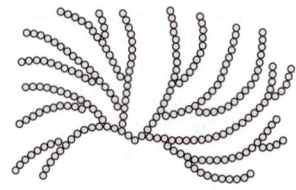
[Amylopectin]

③ 멥쌀은 포도당의 α1 → 4(1번 탄소와 4번 탄소) 결합으로 이루어진 Amylose(20%)와 포도당의 α1 → 4 결합에 α1 → 6의 가지가 결합된 나무형태의 Amylopectin(80%)으로 구성되어 있으며 찹쌀전분은 Amylopectin만으로 되어 있다.

➜ Amylose와 Amylopectin 비교

구분		Amylose	Amylopectin
모양		• 직선형의 분자구조이다. • 6개 포도당이 1회전하는 나선형이다.	가지가 많은 나무형태이다.
결합		α − 1,4 결합	α − 1,4 결합, 분지점 α − 1,6 결합
요오드반응		청색	적갈색
내포화합물		형성한다.	형성하지 않는다.
분자량		40,000~340,000	4,000,000~6,000,000
호화반응		쉽다.	어렵다.
노화반응		쉽다.	어렵다.
X선 분석		결정형	무정형
구성	쌀	20%	80%
	찹쌀	0%	100%

TIP

포도당의 결합

1번 탄소와 4번 탄소란 하워스 투영식에서의 탄소번호를 생각하면 된다. 1 → 4 결합은 포도당 한 분자의 1번 탄소와 다른 포도당의 4번 탄소가 결합한 것이고 1 → 6 결합은 1번 탄소와 다른 포도당의 6번 탄소가 결합한 것이다.

TIP

Amylopectin과 Amylose의 차이

멥쌀은 Amylopectin이 80%, Amylose가 20%, 찹쌀은 Amylopectin이 100%로 구성되어 있다. 그렇기에 아밀로펙틴의 함량에 따라 그 특성의 차이가 나타난다.

Exercise

찹쌀과 멥쌀의 성분상 큰 차이는?
2018

① 단백질함량
② 지방함량
③ 회분함량
④ 아밀로펙틴(Amylopectin) 함량

해설
• 찹쌀 : 아밀로오스 20% + 아밀로펙틴 80%
• 멥쌀 : 아밀로오스 100%

정답 ④

2) 덱스트린(Dextrin, 호정)

전분의 가수분해물을 덱스트린이라고 한다. 전분의 요오드반응은 청색이며, 가수분해하면 Amylodextrin(청색) → Erythrodextrin(적색) → Achromodextrin(무색) → Maltodextrin(무색) → Maltose로 된다.

3. 저장, 가공 중 탄수화물의 변화

1) 전분의 호화

(1) 전분의 호화
① 생전분에 물을 가해 가열한다.
② 물이 스며드는 가역적 수화를 거친다.
③ 전분입자의 수소결합이 끊어져 Micelle 구조가 파괴되는 팽윤 상태가 된다.
④ 전분입자가 붕괴되어 비가역적 투명한 교질용액을 형성하며 효소의 작용이 용이하게 되는데 이것을 호화라 한다.
⑤ 이 상태가 되면 전분은 점성이 높아지고 콜로이드용액이 된다.

(2) 호화에 미치는 영향
① 수분 : 수분의 함량이 많을수록 잘 일어난다.
② Starch 종류 : 전분입자가 작은 쌀(68~78℃), 옥수수(62~70℃) 등 곡류전분은 입자가 큰 감자(53~63℃), 고구마(59~66℃) 등 서류전분보다 호화온도가 높다.
③ 온도 : 온도가 높을수록 호화시간이 빠르다.
④ pH : 알칼리성에서는 팽윤을 촉진하여 호화가 촉진되고, 산성에서는 전분입자가 분해되어 점도가 감소한다.
⑤ 염류 : 대부분 염류는 팽윤제로 호화를 촉진시킨다($OH^- > S^- > Br^- > Cl^-$). 그러나 황산염은 호화를 억제한다.
⑥ 당(탄수화물) : 당을 첨가하면 호화온도가 상승하고 호화속도는 감소한다.

2) 전분의 노화

(1) 전분의 노화
① 호화전분을 실온에 완만 냉각하면 전분입자가 수소결합을 다시 형성해 생전분과는 다른 결정을 형성하는데 이 현상을 노화라고 한다.

TIP
전분의 요오드반응

전분은 Amylopectin과 Amylose 모두 직쇄상의 α-1,4를 가지게 된다. 일렬로 길게 결합을 하다 보면 전분들은 말려서 스프링과 같은 구조를 나타내게 된다. 이때 요오드를 첨가해주면 요오드가 이 원통형의 사이에 결합하여 청색을 띠게 되는 것이다. 이를 요오드반응이라 부르며 전분의 정성 여부를 판단하는 시험법으로 사용한다.

➡ 전분의 호화와 노화의 조건에 대해서 꼼꼼히 이해하고 넘어가세요.

TIP

쌀이 밥이 되는 현상을 호화, 이 밥이 다시 굳는 현상을 노화라고 한다. 그렇기에 생전분과 노화전분은 같지 않다.

구분	호화	노화
수분	함량이 많을수록	30~60%
온도	높을수록	0℃ 전후
pH	알칼리성	산성
전분 종류	입자가 작을수록 쌀, 옥수수 > 감자, 고구마	Amylose가 많을수록

Exercise

전분에 물을 넣고 저어주면서 가열하면 점성을 가지는 콜로이드용액이 된다. 이러한 현상은 무엇인가?
2019

① 호정화 ② 호화
③ 노화 ④ 전분 분해

💬 **해설**
전분의 호화와 호정화는 물 첨가 여부로 구분된다.

🔒 **정답** ②

② 노화된 전분은 효소작용을 받기 힘들어 소화가 잘 되지 않는다.

(2) 노화에 미치는 영향

① 온도 : 노화가 가장 잘 발생되는 온도는 0℃ 정도이며 60℃ 이상, -20℃ 이하에서는 노화가 발생되지 않는다(밥의 냉동 저장).
② 수분함량 : 30~60%의 함수량이 노화되기 쉬우며 30% 이하, 60% 이상에서는 어렵다(비스킷, 건빵).
③ pH : 알칼리성은 노화를 억제하고 산성은 노화를 촉진한다.
④ 전분종류 : Amylose가 많을수록, 전분입자가 작을수록 노화가 빠르다. 감자, 고구마 등 서류전분은 노화되기 어려우나 쌀, 옥수수 등 곡류전분은 노화되기 쉽다.
⑤ 염류 : 대부분 염류는 호화를 촉진하고 노화를 억제한다. 다만, 황산염은 반대로 노화를 촉진한다.
⑥ 기타 : 당은 탈수제로 노화를 억제하며(양갱) 유화제도 노화를 억제한다.

3) 호정화

전분에 물을 가하지 않고 160℃ 이상으로 가열하면 분해되어 호정(Dextrin)으로 변하는 것을 호정화라고 한다. 호화전분보다 물에 잘 녹고 효소작용도 받기 쉬워 소화가 잘 된다.

4) 캐러멜화(Caramelization)

① 당류를 190~200℃ 이상으로 가열하면 탈수·중합 반응에 의해 점성을 띠는 갈색의 Caramel로 변하는 현상을 캐러멜화라고 한다.
② 과당은 Caramel화가 쉽고 포도당은 어렵다.
③ 캐러멜화는 pH 6 정도에서 가장 잘 일어나고 식품 가공·조리 시 풍미에 영향을 준다.

Exercise

다음 중 다른 조건이 동일할 때 전분의 노화가 가장 잘 일어나는 조건은?
2018

① 온도 -30℃
② 온도 90℃
③ 수분 30~60%
④ 수분 90~95%

정답 ③

TIP

호정(Dextrin)
전분을 가수분해하는 과정에서 맥아당까지 최종 분해되기 전 중간단계에서 생성되는 가수분해 산물의 총칭

SECTION 03 단백질

우리 몸을 구성하는 구성 성분의 하나인 동시에 우리 몸의 기관들이 기능을 수행하는 데 필요한 여러 물질과 호르몬들의 주 구성 성분이다. C, H, O, N으로 구성되어 있다.

1. 아미노산의 분류·성질

1) 아미노산의 분류

아미노산은 약 20여 종이며, L형의 입체구조를 이루고 α탄소에 아미노기($-NH_2$)를 갖는 L-α-Aa이다. 또한 생체 내 중성 pH에서 두 개의 이온($-NH_3^+$, $-COO^-$)을 갖는 양쪽성 이온(Zwitter ion)이기도 하다.

$$H_3N^+ - \underset{\underset{R}{|}}{\overset{\overset{H}{|}}{C}} - COO^-$$

R : 탄소사슬인 알킬기

[아미노산의 구조]

① 중성 아미노산 : 글리신(Gly), 알라닌(Ala), 발린(Val), 류신(Leu), 이소류신(Ile), 프롤린(Pro), 아스파라긴(Asn), 글루타민(Gln)
② 산성 아미노산 : 아스파르트산(Asp), 글루탐산(Glu)
③ 염기성 아미노산 : 리신(Lys), 아르기닌(Arg), 히스티딘(His)
④ 방향족 아미노산 : 트립토판(Trp), 티로신(Tyr), 페닐알라닌(Phe)
⑤ 함황 아미노산 : 메티오닌(Met), 시스테인(Cys)
⑥ 함알코올 아미노산 : 세린(Ser), 트레오닌(Thr)

2) 아미노산의 성질

(1) 양성 전해질 및 등전점

아미노산은 양성 전해질(Amphoteric)로 알칼리 중에서는 산으로, 산성 중에서는 알칼리로 작용한다. 양전하의 수와 음전하의 수가 같아 전하가 0이 되는 pH를 등전점(Isoelectric point)이라고 하며 물에 녹지 않아 침전이 최대가 되며 용해도는 최소가 된다.

> **TIP**
>
> **필수아미노산**
>
> 체내에서 합성되지 않거나 합성되더라도 그 양이 매우 적어 생리기능을 달성하기에 충분하지 않아 반드시 음식에서만 섭취해야 하는 아미노산을 필수아미노산이라고 한다.
>
> - 이소류신(Isoleucine, I)
> - 류신(Leucine, L)
> - 리신(Lysine, K)
> - 메티오닌(Methionine, M)
> - 페닐알라닌(Phenylalanine, F)
> - 트레오닌(Threonine, T)
> - 트립토판(Tryptophan, W)
> - 발린(Valine, V)
> - 히스티딘(Histidine, H)
> - 아르기닌(Arginine, R)

> **TIP**
>
> **전해질**
>
> 물처럼 극성을 띤 용매에 녹아서 이온을 형성함으로써 전기가 통하는 물질이다.

> **TIP**
>
> **MSG(Monosodium Glutamate)**
>
> 글루탐산이란 다시마 등에 함유되어 감칠맛을 내는 아미노산이다. 다시마의 감칠맛 성분이 글루탐산으로 규명되면서 여기에 Na^+을 추가하여 첨가물로 사용하는 물질이다.

> **TIP**
>
> **탈탄산반응**
>
> - His(히스티딘) → Histamine(알레르기 물질) : *Morganella morganii*에 의해서 탈탄산
> - Lys(리신) → Cadaverine(부패물질) : 부패에 의해서 탈탄산
> - Tyr(티로신) → Tyramine(생리물질) : 대장균, 장구균에 의해서 탈탄산

> **TIP**
>
> **아미노산의 맛**
>
> - 감칠맛 : 글루탐산, 메티오닌
> - 쓴맛 : 발린, 류신, 프롤린, 트립토판
> - 신맛 : 아스파라긴산, 히스티딘
> - 단맛 : 세린, 글리신, 알라닌

(2) 맛

Glu(글루탐산)이 맛난 맛을 내고, 여기에 Na(나트륨)을 첨가하여 강한 맛난 맛을 지닌 MSG(Monosodium Glutamate)가 되어 조미료로 이용한다.

(3) 탈탄산반응

탈탄산반응으로 카르복실기가 떨어져 생리적 활성물질인 Amine이 된다.

① His(히스티딘) : Histamine(알레르기 유발)
② Lys(리신) : Cadaverine(부패독)
③ 오르니틴 : Putresine(부패독)
④ Tyr(티로신) : Tyramine(생리물질)

(4) 펩타이드결합

한 아미노산의 $-COOH$기와 다른 아미노산의 $-NH_2$기가 탈수·축합하여 Peptide를 결합한다. 펩타이드가 결합한 것으로 아미노산 2분자가 결합한 것을 Dipeptide, 3분자가 결합한 것을 Tripeptide, 10분자 이내를 Oligopeptide, 많은 분자가 결합한 것을 Polypeptide라 한다.

① Dipeptide
- Carnosine(Histidine + β – alanine)
- Anserine(β – alanine + N – methyl histidine)

② Tripeptide : Glutathione(Glutamic acid + Cysteine + Glycine)

③ Pentapeptide : Gramicidin

④ Octapeptide
- Oxytocin(자궁수축호르몬)
- Vasopressin(혈압상승물질)

2. 단백질의 분류·성질

1) 단백질의 분류

(1) 단순단백질

아미노산으로 구성된 단백질이다. Albumin(물, 묽은 염, 알코올, 산, 알칼리 모두에 녹음), Globulin(물에 녹지 않음), Glutelin, Prolamin, Albuminoid(모두에 녹지 않음), Histone(핵단백질 구성, Lys, Arg 등 염기성 아미노산이 많음), Protamine 등이 있다.

> **TIP**
>
> **단백질의 분류**
>
> - 단순단백질 : 아미노산만으로만 구성된 단백질
> - 복합단백질 : 단백질과 단백질 이외의 물질로 구성된 단백질
> - 유도단백질 : 물리적·화학적으로 구조가 변형된 단백질

(2) 복합단백질

단백질과 단백질 이외의 물질로 구성되며, 인단백질, 핵단백질, 당단백질, 색소단백질, 금속단백질 등이 있다.

(3) 유도단백질

물리적·화학적 처리로 3차 구조가 변성된 1차 유도단백질과 Proteose, Peptone, Peptide 등 아미노산, 1차 구조인 펩타이드결합이 분해되어 생성된 2차 유도단백질이 있으며, 1차 유도단백질은 변성 요인이 사라지면 원래대로 복귀된다.

(4) 단백질의 형태

① 섬유상 단백질
- Gly(글리신), Ala(알라닌), Pro(프롤린) 등 작은 아미노산으로 구성된 단백질로 체구성에 이용된다. 매우 안정하고 불용성이다.
- Keratin, Collagen, Myosin, Fibroin 등

② 구상 단백질
- 체내에서 여러 기능적 대사에 관련된 단백질로 효소, 수송단백질, 저장단백질 등에서 볼 수 있는 구상의 단백질이다.
- 효소, 헤모글로빈, 호르몬, Transferrin, Histon 등

2) 단백질의 성질

(1) 투석(Dialysis)

단백질은 고분자화합물로 분자량이 수만~수백만에 이르므로 투석에 의한 반투막을 통과하지 못한다.

(2) 등전점

① 양전하수와 음전하수가 같아 전하가 0이 되는 pH를 등전점(Isoelectric point)이라고 하고, 물에 녹지 않아 침전, 흡착력, 기포력이 최대가 되며 용해도, 점도, 삼투압은 최소가 된다.
② 모든 단백질은 자신의 고유한 등전점 pH값을 가진다.
③ 전기영동(Electrophoresis)상에서 등전점에 도달한 단백질은 이동하지 않으며, 자신의 등전점보다 높은 pH의 용액에 있는 단백질은 −로 하전되어 +극으로 이동하고, 자신의 등전점보다 낮은 pH의 용액에 있는 단백질은 +로 하전되어 −로 이동하게 된다. 우유에 산을 첨가하여 카세인 단백질의 등전점

Exercise

다음 중 단백질의 입체구조를 형성하는 데 기여하고 있지 않은 결합은?
① 수소결합
② 펩타이드(Peptide)결합
③ 글리코시드(Glycoside)결합
④ 소수성 결합

해설
글리코시드(Glycoside)결합은 탄수화물의 구조를 형성하는 결합이다.

정답 ③

Exercise

섬유상 단백질이 아닌 것은?
① 콜라겐 ② 엘라스틴
③ 케라틴 ④ 헤모글로빈

해설
- 섬유상 단백질 : 형태적으로 섬유상은 실모양의 구조단백질로 구성된다(콜라겐, 케라틴, 엘라스틴 등).
- 구상 단백질 : 상대적으로 둥근 모양의 단백질로 헤모글로빈, 효소, 호르몬 등으로 구성된다.

정답 ④

Exercise

등전점에서의 아미노산의 특징이 아닌 것은? 2019
① 침전이 쉽다.
② 용해가 어렵다.
③ 삼투압이 어렵다.
④ 기포성이 최소가 된다.

해설
등전점에서의 아미노산은 침전, 흡착성, 기포성, 탁도가 최대이며 용해도, 삼투압, 기포력, 점도, 팽윤, 수화, 표면장력이 최소가 된다.

정답 ④

TIP

전기영동

어릴 때 했던 사인펜을 이용한 크로마토그래피실험처럼 다양한 분자들이 섞여 있는 혼합체를 이동속도의 차이에 의해서 분리해주던 방법으로 전기영동도 유사하다. 전기영동은 전극을 이용해서 입자를 어느 한 방향으로 이동시키면서 물질을 구분할 수 있다.

인 pH 4.6에 도달하면 석출되어 Curd를 형성하는데 이것으로 Cheese를 만들게 된다.

(3) 용해성

단백질은 물, 묽은 염류, 알코올, 산, 알칼리 등에 대한 용해도가 달라 단백질 분류에 이용된다.

(4) 염석

소량의 중성염을 가하면 정전기적 인력이 변화해 용해도가 증가되는데 이것을 염용효과(Salting-in)라 하고, 고농도의 염에서는 물과의 결합력이 약해져 단백질은 용해도 감소로 석출되는데 이를 염석효과(Salting-out)라 한다. 염석을 이용해 두부 제조에 이용하며 단백질 정제에서 처음에 처리하는 조작으로 주로 황산암모늄염을 이용한다.

3. 단백질의 구조·평가

1) 단백질의 구조

(1) 1차 구조

아미노산이 Peptide결합으로 탈수·축합하여 연결된 아미노산 잔기의 서열(순서가 있는 배열)이며 단백질의 특성을 결정한다. 좌측에 N말단(아미노기 말단)을 1번으로 하여 우측에 C말단(카르복실기 말단)까지 순서가 주어진다.

(2) 2차 구조

단백질에서 자주 발견되는 구조로서 오른나사 방향의 나선구조를 하고 있는 α-helix와 병풍모양의 β-sheet 구조가 있다. α-helix 구조는 1회전에 3.6개의 아미노산 잔기로 구성되었으며 축에 대해 알킬기는 수직의 바깥쪽으로 위치하고 사슬 내 잔기들 사이의 수소결합에 의해 나선구조가 안정화되었다. β-sheet 구조는 사슬 간 수소결합으로 안정되었으며 사슬 간 방향이 같은 병행식과 반대인 역행식이 있다.

(3) 3차 구조

단백질의 3차 구조는 이온결합(정전기적 결합), 수소결합, 소수성 결합, 이황화결합(Disulfide bond)에 의해 안정화되며 한 개의 폴리펩타이드로 구성된다.

TIP

우유를 구성하는 대표적인 단백질인 카세인은 pH 4.6을 등전점으로 가져 이 지점에 도달하면 응고되는 특징을 가진다. 이러한 단백질의 응고되는 성질을 이용해서 제조하는 식품으로는 발효유, 두부 등이 있다.

Exercise

단백질의 구조와 관련된 설명으로 틀린 것은? 2016
① 단백질은 많은 아미노산이 결합하여 형성되어 있다.
② 단백질은 펩타이드 결합으로 구성되어 있으므로 일종의 폴리펩타이드이다.
③ 단백질은 전체적인 구조가 섬유모양을 하고 있는 섬유상 단백질과 공모양을 하고 있는 구상 단백질로 나눌 수 있다.
④ α-나선구조는 단백질의 3차 구조에 해당한다.

해설
단백질은 4차 구조로 구성되어 있다.
• 1차 구조 : 아미노산의 Peptide결합
• 2차 구조 : 오른나사 방향의 나선구조를 하고 있는 α-helix와 병풍모양의 β-sheet 구조
• 3차 구조 : 2차 결합들이 이온결합, 수소결합, 소수성 결합, 이황화결합에 의해 폴리펩타이드로 구성
• 4차 구조 : 3차 구조 단백질 여러 개가 반데르발스(Van der Waals)에 의해 분자적으로 결합

정답 ④

(4) 4차 구조

3차 구조 단백질 소단위 여러 개가 Van der Waals 힘 등의 분자적 결합에 의해 이루는 구조이며 폴리펩타이드가 여러 개 존재한다.

2) 단백질의 평가

(1) 생물가

$$생물가 = \frac{보유\,N양}{흡수\,N양} \times 100$$

흡수된 질소량과 체내에 보유된 질소량의 비율로 구한다. 섭취된 단백질의 아미노산 조성이 신체에 필요한 단백질 섭취 시 높은 생물가를 보이며 그러지 않을 경우 체내에서 배설되는 질소가 증가한다.

(2) 단백가

식품 중 단백질 1g당 제한아미노산 양과 표준단백질 1g당 해당 아미노산 양의 비를 구해 %로 나타낸 것으로 계란의 단백가를 100으로 할 때에 우유는 78이다.

(3) 제한아미노산

한 개의 아미노산이 필요량보다 적으면 나머지 아미노산이 아무리 많아도 정상단백질이 만들어지지 않는데 이 아미노산을 제한아미노산이라 한다.

4. 단백질의 변성

1) 열변성

육류를 가열하면 Collagen 단백질이 열변성하여 가용성인 Gelatin이 된다.

(1) 열변성에 영향을 주는 인자

① 온도 : 단백질은 일반적으로 60~70℃에서 변성이 일어난다. Albumin은 온도가 10℃ 올라가면 변성속도가 20배 빨라진다.
② 수분 : 수분이 많으면 낮은 온도에서 변성이 일어나고, 수분이 적으면 높은 온도에서 변성한다.

TIP

단백가
식품 단백질의 제1제한아미노산(mg)/FAO의 표준 구성 아미노산(mg)×100

Exercise

다음 표는 각 필수아미노산의 표준값이다. 어떤 식품 단백질의 제1제한아미노산이 트립토판인데 이 단백질 1g에 트립토판이 5mg 들어있다면 이 단백질의 단백가는?

필수 아미노산	이소 류신	류신	트립 토판	트레 오닌
표준값 (mg/1g)	40	70	10	40

① 50   ② 200
③ 0.5   ④ 2

해설

단백가
$\frac{5mg}{10mg} \times 100 = 50$

정답 ①

Exercise

두부가 응고되는 현상은 주로 무엇에 의한 단백질의 변성인가?
① 촉매   ② 금속이온
③ 산   ④ 알칼리

해설

두부의 주단백질은 열에 응고되지 않으나 금속이온 존재하에 응고되는 성질을 가진다.
➡ 우유의 카세인이 등전점인 pH 4.6에서 응고되는 현상을 생각하면 됩니다!

정답 ②

③ 염류 : 단백질에 염을 넣으면 변성온도는 낮아지고 변성속도는 빨라진다.
④ pH : 단백질은 등전점에서 가장 응고가 잘 된다.

(2) 변성 단백질의 성질
① 변성 단백질은 용해도가 감소되어 침전력이 커지며 점도는 증가한다.
② Polypeptide 사슬이 풀어져 반응기가 노출되면 소화효소작용을 받기 쉬워 소화가 잘 되며 부패도 빠르다.
③ 효소단백질은 활성을 잃게 된다.

2) 물리적 요인에 의한 변성

(1) 동결

단백질은 $-3℃$ 부근에서 변성이 잘 일어난다.

(2) 표면장력

단백질은 단분자막상태에서 변성하기 쉽다. 계란의 난백을 휘핑하면 거품 표면이 표면장력에 의해 변성되어 점성을 띠게 된다.

3) 화학적 요인에 의한 변성

(1) 유산균 발효제품

젖산발효로 생긴 젖산에 의해 우유 Casein이 등전점인 pH 4.6에 이르러 변성된 것이다.

(2) 설탕

단백질에 설탕 등 당을 넣어 가열하면 당이 단백질을 용해시켜 응고 온도가 올라간다.

(3) 중성염

단백질에 소량의 중성염을 넣으면 단백질분자 사이의 인력을 약화시켜 용해가 잘 된다.

4) 효소에 의한 변성

우유에 응유효소 Rennin을 넣으면 Casein이 Para casein으로 되어 Ca^{2+}과 결합·침전하여 Curd를 생성한다(Cheese).

TIP

변성 단백질의 특징

고온, 강산, 강염기, 알코올, 압력 등에 의해 반응단백질은 본래의 성질을 잃게 되는데 이를 단백질의 변성이라 한다. 단백질의 변성 시 기존의 특성을 잃게 되는데 대표적으로는 면역성, 독성, 효소작용 등 생물학적 특성을 잃게 된다. 또한 기존의 안정된 구조가 변화하면서 반응성이 증가하고 용해도가 급격히 감소하여 응고되기도 한다.

Exercise

다음 중 단백질의 변성을 설명한 것으로 옳지 않은 것은?
① 물리적 원인인 가열, 동결, 고압 등과 효소, 산, 알칼리 등의 화학적 원인에 의해 일어난다.
② 펩타이드결합의 가수분해로 성질이 현저하게 변화한다.
③ 대부분 용해도가 감소하여 응고현상이 나타난다.
④ 단백질의 생물학적 특성인 면역성, 독성, 효소작용 등의 활성이 감소된다.

정답 ②

SECTION 04 지질(지방)

일반적으로 물에 녹지 않고, 유기용매(Ether, Benzen, Chloroform 등)에 녹는 생체물질의 총칭으로 단순지질, 복합지질, 유도지질로 분류한다.

1. 지질의 분류

1) 단순지질

알코올과 지방산의 Ester를 말한다.

(1) 중성지방(Glyceride, Triglyceride, Triacylglycerol, Neutral fat)

① 자연계에 가장 많은 지질의 형태로, 상온에서 액체의 것을 유(油, Oil, 식물성, 대두유, 면실유 등), 고체의 것을 지(脂, Lipid, 동물성, 우지, 돈지)라 한다.
② 일반적 지방의 저장형태로 체지방을 구성한다. 탄소수가 적은 지방산(저급 지방산)은 액체로 존재하며 탄소수가 많은 지방산(고급 지방산)은 고체이나, 이중결합이 있는 불포화지방을 가지는 것은 액체이다.
③ Glycerol에 1개의 지방산이 Ester 결합한 것을 Mono glyceride, 2개가 결합한 것을 Diglyceride, 3개가 결합한 것을 Triglyceride 라고 한다.

[중성지방의 구조]

(2) 왁스(Wax)

고급 지방족 알코올과 고급 지방산 에스테르를 말하며 동식물의 체표면을 보호하는 작용을 한다.

> **TIP**
> **중성지방**
> - 중성지방 = 1분자의 글리세롤 + 3분자의 지방산
> - 중성지방을 가수분해하면 글리세롤과 지방산으로 분해된다.
> - 식품의 변질이라는 것은 고분자물질에서 저분자물질로 변한다는 것이다.
> - 지질이 변패되면 글리세롤과 지방산이 발생한다.

> **TIP**
> **유지**
> 유지 = 유(Oil) + 지(Lipid)
> 액체지질과 고체지질을 총칭하는 말이다. 그렇기에 식용유지라고 함은 유지 중에 식용할 수 있는 액체와 고체지질을 모두 포함하는 명칭이다.

➡ 인지질, 당지질, 유도지질에 속하는 지질의 특징을 모두 기억할 필요는 없어요. 구성되는 원리를 중심으로 이해해주세요!

🗣 TIP

인+지질은 인지질, 당+지질은 당지질, 지질에 의해서 유도되는(분해되어 생성될 수 있는) 지질은 유도지질이라고 한다.

☕ Exercise

다음 중 복합지질에 해당하는 것은?
2020

① 인지질
② 스테롤
③ 지방산
④ 지용성 비타민

💬 해설

지질은 알코올과 지방산으로만 결합된 단순지질과 지방산과 글리세롤 이외에 인, 당, 단백질 등을 함유한 복합지질로 구성된다. 대표적인 복합지질로는 인산을 함유한 인지질, 당을 함유한 당지질이 있다.

🔒 정답 ①

2) 복합지질

지방산과 글리세롤 이외에 인, 당, 단백질 등을 함유하고 있다.

(1) 인지질(Phospholipid)

① 인산을 함유하고 있는 지질로 생체막의 중요한 구성 성분으로는 뇌, 신경, 식품으로는 난황, 대두 등에 많이 존재한다.
② Phosphatidic acid(Glycerol+2지방산+인산)를 기본형태로 한다.

> 예
> • Phosphatidyl choline(레시틴, 유화제)
> • Phosphatidyl ethanolamine(Cephalin)
> • Phosphatidyl serine
> • Phosphatidyl inositol
> • Spingomyelin(Sphingosine+지방산+인산+Choline) 등

(2) 당지질(Cerebroside)

① 당을 함유하고 있는 지질로 신경, 뇌조직 등에 많다.
② Ceramide(Sphingosine+Fatty acid)를 기본형태로 한다.

> 예 Glucocerebroside, Galactocerebroside, Ganglioside

3) 유도지질

지질의 분해에 의해 생성된 글리세롤, 지방산과 Sterol, Terpene 등을 말한다.

(1) Sterol

① Steroid 핵을 갖는 물질로, Sterol은 지방산과 Ester를 이루거나 유리형태로, 동식물체에 널리 분포한다. 동물체에는 콜레스테롤, 담즙산, 7-dehydrocholesterol(비타민 D_3의 전구체), 성호르몬, 비타민 D 등이다.
② 식물계에는 Ergosterol로 효모, 버섯 등에 함유되어 있으며 자외선에 의해 비타민 D_2로 전환된다. Sitosterol(고등식물유), Stigmasterol(대두유) 등이 있다.

(2) Terpene

① Isoprene 구조를 기본으로 한 탄화수소로 지용성 향기나 색소 성분을 이룬다.
② Carotenoid, Limonen, Squalene 등

2. 지방산

대부분 짝수의 탄소로 이루어진 탄화수소로, 말단에 하나의 카르복실기($-COOH$)를 가지며 $R-COOH$로 표시한다. 탄소수가 적은 지방산(2~10, 11~)을 저급 지방산, 많은 수(11 이상)를 고급 지방산이라 하며, 탄소수가 12 이상은 물에 불용이다. 이중결합($C=C$)이 없는 것을 포화지방산, 1개의 것을 단일불포화지방산, 2개 이상의 것을 다가불포화지방산이라 한다.

(a) 포화지방산

(b) 불포화지방산

[포화지방산과 불포화지방산]

1) 포화지방산
① 알킬기 내에 이중결합이 없는 지방산을 말한다.
② 종류(탄소수 : 이중결합수) : 팔미트산(16 : 0), 스테아르산(18 : 0)

2) 불포화지방산
① 알킬기 내에 이중결합이 있는 지방산을 말한다.
② 종류(탄소수 : 이중결합수) : 올레산(18 : 1), 리놀레산(18 : 2), 리놀렌산(18 : 3), 아라키돈산(20 : 4)

TIP

이중결합과 단일결합의 차이

탄소는 4개의 결합자리를 가지고 있다(8p. 부제탄소의 개념 참고). 단일결합이란 탄소의 4개 결합자리가 모두 '포화'되었다는 뜻으로 포화지방산이라고 한다. 반면 불포화지방산이란 탄소의 4개 결합자리 중 한 자리의 여유가 있는 결합이다. 옆에 있는 탄소와 2개의 결합을 하고 아직 자리가 '불포화'되었다고 하여 불포화지방산이라고 한다.

TIP

필수지방산

신체의 여러 생리적 대사를 정상적으로 대사·유지하려면 필수적인 성분이지만, 체내에서 합성되지 않거나 미량 합성되어 부족하므로 식품을 통해서 섭취해야만 한다. 필수지방산으로 리놀레산, 아라키돈산, 리놀렌산이 있다(모두 불포화지방산).

3) 유지의 분류

구분			종류
천연 유지	식물성 유지	식물성유	건성유 : 아마인유, 등유, 들기름
			반건성유 : 참기름, 대두유, 면실유
			불건성유 : 올리브유, 땅콩기름, 피마자유
		식물성지	야자유, 코코아유(저급 포화지방산으로 구성)
	동물성 유지	동물성유 (해산동물유)	어유, 간유
		동물성지	체지방 : 우지, 돈지
			유지방 : 버터
경화유			마가린, 쇼트닝

(1) 건성유

요오드가 130 이상, Linoleic acid, Linolenic acid가 많다.

(2) 반건성유

요오드가 100~130, Oleic acid, Linoleic acid가 많다.

(3) 불건성유

요오드가 100 이하, Oleic acid가 많다.

3. 지방의 물리·화학적 성질

1) 지방의 물리적 성질

(1) 용해성

비극성 탄화수소로 이루어져 물에 녹지 않고 유기용매에 녹는다. 탄소수가 많을수록, 불포화지방산이 적을수록 용해도는 감소한다.

(2) 융점(Melting point)

탄소수가 많을수록 융점이 높고, 이중결합이 많을수록 융점이 낮다. 그러므로 불포화지방산이 적고 포화지방산이 많은 동물성 지방은 상온에서 고체로 존재하고, 식물성 유지는 불포화지방산이 상대적으로 많아 상온에서 액체로 존재한다.

TIP

요오드가

지방산의 이중결합부위에 첨가되는 요오드의 양으로 불포화도를 측정하는 방법이다. 불포화지방산의 이중결합부위는 2개의 결합손을 모두 탄소와 잡고 있기 때문에 요오드 첨가 시 하나의 손을 놓고 요오드와 결합하게 된다. 요오드가가 높을수록 이중결합부위가 많다.

Exercise

건성유의 요오드가는? 2018
① 70 이하   ② 70~100
③ 100~130 ④ 130 이상

🔒 정답 ④

Exercise

다음 중 건성유는? 2015
① 버터   ② 낙화생유
③ 아마인유   ④ 팜유

🔒 정답 ③

Exercise

일반적으로 유지를 구성하는 지방산의 불포화도가 낮으면 융점은 어떻게 되는가?
① 높아진다.
② 낮아진다.
③ 변화가 없다.
④ 높았다가 낮아진다.

해설
- 포화지방산이 불포화지방산에 비하여 융점이 높고 산화안정성이 높아 튀김유로 폭넓게 이용된다.
- 융점(Melting point) : 물질이 고체에서 액체로 상변화가 일어나는 온도. 포화지방산 함량이 높은 돈지(삼겹살 기름)와 불포화지방산 식물성 유지(콩기름)를 생각해 보면, 돈지는 상온에서 고체, 콩기름은 상온에서 액체로 존재한다.

🔒 정답 ①

(3) 비중(Specific gravity)

지방산의 비중은 0.92~0.94이다. 저급 지방산이 많을수록, 불포화도가 낮을수록 비중은 증가한다. 그러므로 지방산 산화에 의해 저급 지방산이 생기면 비중은 증가하게 된다.

(4) 굴절률(Refractive index)

굴절률은 1.45~1.47 정도이며, 분자량 및 불포화도의 증가에 따라 증가한다. 산가가 높은 것일수록, 비누화값이 높을수록, 요오드값이 낮을수록 굴절률이 낮다. 저급 지방산의 버터는 굴절률이 낮고 불포화도가 높은 아마인유는 굴절률이 높다.

(5) 발연점, 인화점, 연소점

① 발연점 : 유지의 가열로 유지 표면에서 엷은 푸른 연기가 발생할 때의 온도로, 푸른 연기는 식품에 좋지 않은 영향을 미치므로 발연점이 높은 유지를 사용하는 것이 바람직하다. 유리지방산의 함량이 많을수록, 노출된 유지의 표면적이 커질수록, 이물질이 많을수록 발연점은 낮아진다.
② 인화점 : 공기와 섞여 발화하는 온도로, 발연점이 높을수록 인화점이 높다.
③ 연소점 : 인화 후 연소를 지속하는 온도로, 발연점이 높을수록 연소점이 높다.

(6) 유화

지방질은 물에 녹지 않지만 분자 내 친수성기와 친유성기(=소수성기)를 가진 레시틴 같은 유화제를 첨가하여 교반·분산시킨 것을 유화라 한다.
① 수중유적형(O/W) : 우유, 아이스크림, 마요네즈
② 유중수적형(W/O) : 버터, 마가린

2) 지방의 화학적 성질

(1) 산가(Acid value)

① 목적 : 유지 중 분해된 유리지방산의 양으로 신선도를 판정한다.
② 정의 : 유지 1g 중 유리지방산을 중화하는 데 소요되는 KOH의 mg수이다.
③ 신선한 유지는 낮고 산패한 것은 높다.
④ 식용유지는 1.0 이하이다.

TIP

유화, 유화제

기름과 물은 섞이지 않는다. 이렇게 섞이지 않는 두 물질을 섞어주는 것이 유화이다. 한쪽에는 친수성기, 다른 쪽에는 친유성을 지녀 두 물질을 섞어줄 수 있는 유화제가 필요하다. 유화제의 특징 중 가장 중요한 것은 HLB(Hydrophlie – Lipophile Balance)값으로 유화제 안에 친수성기와 친유성기의 비율이 어느 정도 되는지를 나타내는 지표이다. HLB값이 높을수록 친수성에 가깝고 HLB값이 낮을수록 친유성에 가깝다.

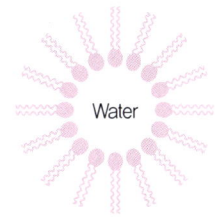

[유중수적형]

[수중유적형]

Exercise

유화제 분자 내의 친수성기와 소수성기의 균형을 나타낸 값은?
2019

① HLB값   ② TBA값
③ 검화가   ④ Rhodan가

해설

HLB값(Hydrophile – Lipophile Balance, 친수성 – 친유성 밸런스)

정답 ①

➡ 신선할수록 혹은 산화될수록 나타나는 화학적 성질에 대해서 알아두세요!

Exercise

유지 1g 중에 존재하는 유리지방산을 중화시키는 데 필요한 KOH의 mg수로 나타내는 값은? 2020
① 아이오딘가
② 비누화가
③ 산가
④ 과산화물가

🔒 정답 ③

(2) 검화가(비누화가, Saponification Value ; S.V)

① 목적 : 유지를 검화(가수분해)하는 데 필요한 KOH의 양으로 유지의 구성을 판정한다.
② 정의 : 유지 1g을 검화하는 데 필요한 KOH의 mg수이다.
③ 유지의 구성 지방산의 분자량이 크면 검화가는 작아서 반비례한다.
④ 채종유는 170, Butter는 220이다.

(3) Ester value

① 목적 : 유지 중 Ester되어 있는 지방산의 양이다.
② 정의 : 유지 1g 중 Ester를 검화하는 데 필요한 KOH의 mg수이다.
③ 신선할수록 검화가와 Ester가의 차이가 작다.
④ Ester가 = 검화가 – 산가

(4) 요오드가(Iodine value)

① 목적 : 이중결합에 첨가되는 요오드의 양으로 불포화도를 측정한다.
② 정의 : 100g의 유지가 흡수하는 I_2의 g수이다.
③ 이중결합의 수에 비례하여 증가한다.
④ 고체지방은 50 이하, 불건성유는 100 이하, 건성유는 130 이상, 반건성유는 100~130 정도이다.

(5) Rhodan value(Thiocyanogen value)

① 목적 : 불포화지방산의 양이다.
② 정의 : 유지 100g에 부가하는 로단$(SCN)_2$의 양을 당량 옥도의 g수로 환산하여 표시한다.
③ Oleic, Linoleic, Linolenic acid의 함량을 결정하는 데 사용한다.

(6) Reichert–Meissl value

① 목적 : 수용성 휘발성 지방산(저급 지방산)의 양이다.
② 정의 : 지방 5g을 알칼리로 비누화하여 산성에서 증류하여 얻은 휘발성 수용성 지방산을 중화하는 데 필요한 0.1N KOH의 mL수이다.
③ 버터의 위조 검정에 이용한다. 보통 23~24로 다른 식용유지보다 높다.

(7) Polenske value

① 목적 : 불용성 휘발성 지방산의 양이다.
② 정의 : 지방 5g을 알칼리로 검화하여 산성에서 증류하여 얻는 휘발성의 불용성 지방산들을 중화하는 데 필요한 0.1N KOH의 mL수이다.
③ 야자유 검정에 이용한다.
- 버터 : 1.5~3.5
- 야자유 : 6.8~18.2

(8) Kirschner value

① 목적 : Butyric acid 함량을 표시하는 값이다.
② 정의 : 지방 5g을 검화하여 얻는 휘발성의 수용성 지방산 중 Butyric acid 양을 중화하는 데 필요한 0.1N $Ba(OH)_2$의 mL/수이다.
③ 버터의 순도나 위조의 여부, 0.1~0.2 정도가 대부분의 유지이다. 우유 19~26, 코코넛기름 1.9, 야자유의 경우는 평균 1.0 정도이다.

(9) Hehner value

① 목적 : (검화 후 형성되는 비누, 즉 지방산의 알칼리염을 무기산으로 분해할 때) 물에서 분리되는 지방산의 양이다.
② 정의 : 어떤 유지 속에 물에 녹지 않는 지방산들의 함량 전체 유지의 양에 대한 백분율로 표시한 값이다.
③ 보통유지는 95 내외, 우유는 87~90, 코코넛기름은 82~90, 소기름은 96~97, 돼지기름은 97 정도이다.

(10) Acetyl value

① 목적 : 유리 OH기를 측정한다.
② 정의 : 아세틸화한 유지 1g을 가수분해할 때 얻는 초산을 KOH으로 중화하고, 중화하는 데 필요한 KOH의 양을 mg수로 표시한다.
③ Hydroxy 지방산의 함량을 표시한다. 피마자기름은 146~150으로 높고 다른 유지는 매우 낮다.

4. 유지의 저장, 조리에 의한 변화

1) 유지의 산패
유지의 변질을 산패라 하며 불쾌한 맛과 냄새가 난다.

(1) 가수분해에 의한 산패
유지가 물, 산, 알칼리, 효소에 의해 지방산과 글리세롤로 분해되면 불쾌한 냄새나 맛을 내는데 대표적으로 Butyric acid가 있다.

(2) 산화에 의한 산패
유지 중 불포화지방산이 대기 중 산소에 의해 산화되어 과산화물을 형성하는 것이다.

(3) 변향
대두유나 채종유 등 식물성 유지는 산패가 일어나기 전 풋내나 비린내 같은 이취를 발생시키는데 이것을 변향이라고 하며, Linolenic acid의 산화에 의해 발생한다.

(4) 가열산화
고온에서 유지를 장시간 가열하면 가열분해로 생성된 물질들이 중합하여 점도, 비중, 굴절률이 증가하고 발연점이 낮아지게 된다. 또한 산가, 과산화물가, 카르보닐가 등이 증가하고 요오드가는 감소하게 된다.

2) 자동산화
유지를 공기 중에 두면 처음 어느 기간 동안은 서서히 산소의 흡수량이 증가하는 유도기(Induction period)를 거친 후 산소흡수량이 급격히 증가하고 Aldehyde나 Ketone이 생성되어 산패취가 나며, 중합체를 형성하여 점도나 비중이 증가하게 된다. 이러한 산화를 자동산화(Autoxidation)라고 한다.

3) 유지의 산패에 영향을 미치는 인자

(1) 지방산의 불포화도
불포화도가 클수록 반응속도가 빨라진다.

(2) 온도
① 온도가 높아질수록 반응속도가 빨라진다.

TIP

유지의 산패
- 가수분해에 의한 산패(물, 산, 알칼리, 효소 등의 영향)
- 산화에 의한 산패. 이러한 산패가 대기 중에서 서서히 일어나는 현상을 자동산화라 한다.

Exercise

지표의 유지를 고온에서 가열하는 경우에 나타나는 변화로 옳은 것은? 2019
① 점도가 낮아진다.
② 아이오딘가(Iodine value)가 낮아진다.
③ 산가(Acid value)가 낮아진다.
④ 과산화물가(Peroxide value)가 낮아진다.

해설
- 고온에서 유지를 장시간 가열하면 가열분해로 생성된 물질들이 중합하여 점도, 비중, 굴절률이 증가하고 발연점이 낮아지게 된다.
- 산가, 과산화물가, 카르보닐가 등이 증가하고 요오드가(아이오딘가)는 감소하게 된다.

정답 ②

TIP

불포화지방산의 이중결합부위는 포화지방에 비하여 불안정하다. 그러므로 불포화도가 클수록 산화가 빨리 일어난다.

Exercise

유지의 산패에 영향을 주는 요인이 아닌 것은? 2020
① 교반
② 금속
③ 효소
④ 지방산의 조성

해설
지방산의 조성이란, 포화도·불포화도를 뜻한다.

정답 ①

② 불포화지방산 자동산화의 Hydroperoxide 생성은 주로 실온에서 일어난다.
③ 식품을 0℃ 이하에서 저장했을 경우에는 0℃ 이상보다 속도가 빠르다.

(3) 금속

① 미량으로도 현저한 촉매작용을 한다.
② 산화 촉진순서 : Cu > Fe > Ni > Sn

(4) 광선

자외선 같은 단파장일수록 촉진한다.

> **TIP**
> 자외선은 참기름의 산화를 촉진한다. 참기름의 병이 어두운 것도 광선을 방지하기 위함이다.

(5) 산소

산소가 많을수록 촉진되나 150mmHg 이상에서는 무관하다.

(6) 수분

수분이 많을수록 촉진된다.

> **TIP**
> 산소가 많을수록 산화가 촉진되기에 사용 후에는 뚜껑을 꼭 닫아 산화를, 즉 산소와의 접촉을 방지해준다.

(7) 생화학적 물질

① Hemoglobin, Cytochrome 등의 Hematin류는 산화를 촉진한다.
② Lipase, Lipoxidase, Lipohydroperoxidase 등 효소는 산화를 촉진한다.
③ Tocopherol류나 Flavonoid 등 항산화제는 Radical과 반응하여 연쇄반응을 중단한다.

SECTION 05 비타민

비타민은 체내 생리대사기능을 올바르게 유지하기 위하여 필요한 미량 유기영양소로, 많은 식품에 들어 있다. 비타민 자체의 용해성에 따라 수용성·지용성 비타민으로 대별된다. 수용성 비타민의 경우 배출이 잘 되어 과잉증 발생 우려가 크지 않으나 지용성 비타민의 경우 배출이 잘 되지 않아 결핍증에 비해 과잉증 발생 우려가 있다.

➡ 여기에서는 각각의 비타민의 역할에 대해서 암기하고 넘어가도록 하세요.

> **TIP**
> 비타민은 체내에서 열량을 내지는 않지만 다양한 생리대사를 유지하는 역할을 하는 영양소이다.

➡ 지용성 비타민 A, D, E, K 꼭 기억하세요! A, D, E, K를 제외한 나머지는 모두 수용성으로 기억하면 편리해요!!

TIP

Provitamin

그 자체로는 비타민으로서 역할하지 않지만 동물의 체내에서 대사과정 중 비타민으로 전환될 수 있는 물질을 뜻한다. 비타민 전구체라고도 한다.

Exercise

다음 지용성 비타민의 결핍증으로 연결이 틀린 것은?　　　2019

① 비타민 A – 각기병
② 비타민 D – 골연화증
③ 비타민 K – 피의 응고 지연
④ 비타민 F – 피부염

💬 **해설**

각기병은 수용성 비타민인 비타민 B_1이 부족할 때 발생하는 결핍증이다.

🔒 **정답**　①

1. 지용성 비타민의 종류

종류	성질	결핍증	식품
A (Retinol)	• Provitamin A(활성도) 　– α – carotene : 53 　– β – carotene : 100 　– γ – carotene : 27 　– Cryptoxanthine : 57 • 알칼리성에 안정 • 단위 1IU : 0.3γ에 해당	야맹증, 안구건조증, 성장 지연, 피부염, 생식 불능	어류의 간유, 소 간, 장어, 버터, 계란, 깻잎, 당근
D (Calciferol)	• 열에 안정, 알칼리성에 불안정 • D_2(Ergostcrol) • D_3(7 – dihydrocholesterol) • 비타민 D는 Ca와 P의 흡수 촉진	• 구루병, 골연화증, 골다공증 • 400IU	우유, 버터, 달걀, 닭간유, 육류, 정어리, 청어
E (Tocopherol)	• 열에 안정 • 지질의 과산화 방지 • 세포막, 생체막의 기능 유지 • 적혈구의 안정화(용혈방지) • 항산화작용	불임증	밀배아유, 상추, 대두유, 계란, 고구마
K (Naphtho quinone)	• K_1과 K_2가 자연계 혈액응고 촉진 • 빛에 의해 쉽게 분해 • 열에 안정 • 강한 산 또는 산화에 불안정	• 저Prothrombin증 • 혈액응고시간 연장	Alfalfa, 시금치, 당근잎, 양배추, 대두, 돼지의 간

2. 수용성 비타민의 종류

종류	성질	결핍증	식품
B_1 (Thiamine)	• 100℃에 안정, 산성에 안정, 알칼리성 분해, 광선에 안정 • 마늘의 Allicin과 결합하여 Alli-thiamine 형성 • 천연식품 중에 유리 Thiamine, Prophosphoric acid ester, Apoenzyme과 결합상태로 존재 • 당질대사 시 조효소 TPP로 작용	각기증상, 식욕부진, 부종, 심장비대, 신경염	곡류, 두류, 마늘, 돼지고기, 생선, 붉은살코기, 효모, 파, 과실, 채소, 버섯

종류	성질	결핍증	식품
B₂ (Riboflavin)	• 열에 안정, 알칼리나 광선에 불안정 • 비타민 C에 의하여 광분해 억제효과 • 당질대사 시 조효소 FAD, FMN으로 작용 Flavin ─ 산성·중성 → Lumichrome 알칼리성 → Lumiflavin	성장률 저하, 피부증상, 구각염	간, 효모, 맥주, 우유, 된장, 간장, 쌀겨, 밀배아, 생선, 과일, 버섯
B₆ (Pyridoxine)	• Adermin이라고도 하며, 알코올에 잘 녹음 • 단백질대사 시 조효소 PLP로 작용	피부증상	곡류의 배아, 간, 효모, 육류, 당밀
B₁₂ (Cobalamin)	항악성 빈혈인자, 동물단백질인자로서 분자 중에 Co를 함유하고 있어 Cobalamin이라고 부른다.	악성 빈혈	소·돼지 간, 해조
엽산 (Folic acid)	• 괴혈병에 소량 투여하면 효과적 • 일종의 Provitamin으로 작용한다.	악성 빈혈	소·돼지 간, 대두, 낙화생, 양배추
Nicotinic acid (Niacin)	• 물과 알코올에 용해, 열·광선·산·알칼리·산화제에 안정 • 트립토판으로부터 생성 • 당질대사 시 조효소 NAD로 작용	Pellagra(피부병)	곡류, 종피, 효모, 육류의 간
Pantothenic acid	CoA의 성분으로 Acctyl CoA와 합성하여 지방산 합성과 탄수화물 대사에 관여	피부증상	소·돼지 간, 난황, 완두
Biotin	Carboxylase 조효소	피부증상	간장, 효모, 우유, 난황
C (L-ascorbic acid)	• 무색결정, 물과 알코올에 용해, 중성에서 불안정, 열에 비교적 안정하나 수용액은 가열에 의해 분해 촉진 • 가열 조리 시 50% 정도 파괴, 호박, 오이, 당근 등의 효소에 의해 10% 파괴 • 콜라겐 합성, 신경전달물질 합성	괴혈병, 상처회복 지연, 피하출혈, 빈혈, 면역기능 감소	피망, 감자, 무, 레몬
P (Citrin)	모세혈관의 침투성을 조절하는 Rutin이나 Hesperidin은 Flavonoid 색소에 속하는 것으로 혈관의 삼투성과 관련이 있으며, 조리와 가공에 의해서 손실이 적으나 저장 중에 변질	출혈경향	메밀, 밀감, 차, 채소

TIP

안정성이 높은 비타민

- 열에 대해 안정성이 높은 비타민
  - 지용성 비타민 : D, E
  - 수용성 비타민 : B_1, B_2
- 알칼리에 대해 안정성이 높은 비타민
  - 지용성 비타민 : 비타민 A
  - 수용성 비타민 : Niacin

Exercise

다음 비타민 중 가열 조리 시에 가장 불안정한 비타민은?

① 비타민 C
② 비타민 A
③ 비타민 D
④ 비타민 E

해설

비타민 C의 경우 결정상태에서는 열에 비교적 안정하나 수용액상태에서는 가열에 의해 분해되므로 채소의 조리 시 고열에 가열하면 비타민 C가 파괴될 우려가 높다.

- 결정상태 – 안정 – 영양제 등
- 수용액상태 – 가열 분해 – 채소 조리

정답 ①

Exercise

다음 영양소 중 열량을 내지 않고 주로 생리기능에 관여하는 영양소로 짝지어진 것은? 2016

① 탄수화물, 지질
② 지질, 단백질
③ 단백질, 무기질
④ 비타민, 무기질

해설

- 탄수화물, 지질, 단백질 : 열량영양소
- 비타민, 무기질 : 생리활성을 담당하는 미량영양소

정답 ④

종류	성질	결핍증	식품
L	L_1(Anthranilic acid), L_2(Adenyl thiomethyl pentose), 젖의 분비를 촉진	쥐의 유즙 분비 저하	간장, 이스트

SECTION 06 무기질

무기질은 체액의 pH, 삼투압 조절, 근육, 신경의 전해질 및 효소대사의 구성 성분이 된다.

1. 무기질의 종류

종류	성질	결핍증	식품
Ca	• 99%가 뼈·치아 구성, 신경흥분성 억제, 백혈구의 식균작용, 혈액응고 • 성인의 체내에 1kg, 인체의 1.5% 차지 • 시금치의 Oxalic acid, 곡류의 Phytic acid는 Ca의 흡수 방해 • 젖산은 Ca 흡수 촉진	척추후만증(곱추병), 신경과민	멸치, 김, 콩, 양배추, 우유, 계란, 고구마
P	• 90%가 뼈성분, 인체 무기질 조성 중 1% 차지 • Ca : P의 비는 유아와 수유부 1 : 1, 성인은 1 : 1.5가 좋음	-	멸치, 새우, 쌀겨, 콩
Fe	Hemoglobin, Myoglobin 형성, 임산부나 생리기의 여성에게 결핍되기 쉬움	빈혈, 피로, 유아발육 부진	조개류, 해조류
Na	• 세포 외 액에 $NaHCO_3$, Na_2PO_4, NaCl으로 존재 • 혈액의 완충작용을 하여 pH를 유지하고, 삼투압 조절 및 심장의 흥분과 근육을 이완시키며, 침·췌액·장액의 pH 유지에 관여	식욕감퇴, 현기증, 위산 감소	소금
K	Na과 함께 근육의 수축과 신경의 자극 전달에 관여할 뿐만 아니라 체액의 완충작용과 세포의 삼투압을 조절하는 역할	구토, 설사, 식육부진	식물성 식품

> **TIP**
>
> **뼈를 구성하는 무기질**
>
> 칼슘(Ca)과 인(P)은 함께 결합하여 뼈를 구성하는 무기질이다. 예를 들어 산적을 만든다면 하나의 재료가 많다고 해도 다른 재료가 부족하면 산적을 만들 수 없다. 이처럼 칼슘과 인은 어느 한쪽이 많아도 한쪽이 부족하면 뼈를 구성할 수가 없다. 만약 한쪽이 무리하게 많다면 그 비율을 맞추기 위해서 뼈 내부에서 해당 성분의 용출을 일으키기에(짝꿍이 없어서 뼈 내부에서 짝꿍을 억지로 끌어오는 것처럼) 1 : 1의 비율로 섭취하는 것이 적절하다.

> **Exercise**
>
> 무기질의 기능으로 가장 거리가 먼 것은?
> ① 체액의 pH 및 삼투압 조절
> ② 근육이나 신경의 흥분
> ③ 단백질의 용해성 증대
> ④ 비타민의 절약
>
> 🔒 정답 ④

종류	성질	결핍증	식품
Mg	식물의 엽록소로 중요한 구성 원소이나 동물에도 중요하며 당질대사에 관여하는 효소의 작용을 촉진시키는 효과	신경의 흥분, 혈관의 확장	식물성 식품, 육류
Cu	조혈작용을 하며 Fe로부터 Hemoglobin이 형성될 때 도움	악성 빈혈	간유, 배아류
Mn	동물 체내에서 효소작용을 활성화하는 역할	뼈 형성 장애	곡류, 두류
Zn	당질대사에 관여하고, Insulin의 구성 성분	–	곡류, 두류
I	혈액에서 갑상선 속으로 들어가서 Thyroxine 등이 됨	갑상선 선종, 비만증	간유, 대구, 굴 및 해조류, 당근, 무, 상추
Co	해산식품에 많으므로 산악지대의 주민에게 결핍되기 쉬움	빈혈	쌀, 콩
S	Cystein, Cystine, Methionine 등 단백질에 존재	–	파, 마늘, 무
Cl	NaCl으로서 세포 외 액의 삼투압 유지, 혈장 속에 많음	–	소금
Al	뼈 및 간장 구성, 독성 없고 식물에 필요	–	명반

2. 산도 및 알칼리도

1) 정의

식품 100g을 연소하여 얻은 회분을 중화하는 데 필요한 0.1N NaOH(산도) 또는 0.1N HCl(알칼리도)의 mL수로 표시한다.

2) 산성 식품

일반적으로 곡류, 육류, 어육, 난류, 버터, 치즈는 산성 식품이며 이들 식품은 P, S, Cl, I 등 산 생성 원소나 탄소원으로 구성되어 체내에서 산성으로 작용한다. 산성 식품 중에서 육류, 어류, 계란 등이 산도가 크다.

3) 알칼리성 식품

채소, 고구마, 과일, 해초, 대두, 우유 등은 알칼리성 식품으로 Ca, Na, Mg, K 등 알칼리 생성 원소가 많다. 알칼리성 식품 중에서는 미역이 알칼리도가 제일 크다.

TIP

- 다량 무기질 : 하루 100mg 이상 섭취, 칼슘(Ca), 인(P), 나트륨(Na), 칼륨(K), 마그네슘(Mg) 등
- 미량 무기질 : 아연(Zn), 철(Fe), 망간(Mn), 구리(Cu) 등

Exercise

미생물의 성장에 많이 필요한 무기 원소이며 메티오닌, 시스테인 등의 구성 성분인 것은? 2018

① S
② Mo
③ Zn
④ Fe

🔒 정답 ①

➡ 새콤하냐고 해서 산성식품이 아닙니다!

Exercise

식품에 함유된 무기물 중에서 산 생성원소는? 2020

① P, S
② Na, Ca
③ Ca, Mg
④ Cu, Fe

💬 해설

- 알칼리 생성 원소 : Li, Na, K, Fe, Co, Zn, Mg, Cu, Ca
- 산 생성 원소 : P, S, Cl, Br, I

🔒 정답 ①

CHAPTER 02 식품의 특수성분 및 변화

SECTION 01 식품의 색

식품에서 색을 내는 성분으로는 자연적으로 식품에 함유되어 있는 자연색소와 착색을 목적으로 첨가되는 인공색소로 구별된다. 자연색소로는 식물성 색소와 동물성 색소로 구별된다.

→ 식품의 색소

구분	종류		특성
식물성 색소	플라보노이드	안토잔틴	수용성
		안토시아닌	
		탄닌	
	클로로필		불용성
동물성 색소	헤모글로빈		혈액
	미오글로빈		근육조직
동식물성 색소	카로티노이드		불용성

> **TIP**
>
> **식품의 색소**
> - 엽록소 : 녹색식물의 잎 속에 존재하는 녹색색소
> - 카로티노이드계 : 황색, 적황색의 비극성인 지용성 색소
> - 플라보노이드계 : 노란색 계통의 수용성 색소
> - 안토시아닌계 : 붉은색 계통의 수용성 색소

1. Carotenoid

Carotenoid는 황색, 적황색 색소로 비극성이므로 물에 녹지 않고 유지나 유기용매에 잘 녹는다.

1) 종류

식물계, 동물계에 널리 분포되어 있으며, 구조에 따라 Carotene과 Xanthophyll로 나눈다.

(1) Carotene

α – carotene(등황색, 당근, 오렌지), β – carotene(당근, 고구마, 호박, 오렌지), γ – carotene(살구), lycopene(적색, 토마토, 수박)

> **TIP**
>
> Carotenoid = Provitamin A
>
> 카로틴은 식물계, 동물계에 모두 분포한다. 대표적 동물 카로틴은 새우나 게의 붉은색인 아스타잔틴(Astaxanthin)이 있다.

(2) Xanthophyll

Lutein(난황, 옥수수, 호박), Cryptoxanthine(감, 귤, 옥수수), Capsanthin(적색, 고추), Astaxanthin(새우, 게, 연어, 송어)

2) 구조

구분	내용
Carotene	Isoprene 단위의 탄화수소로 비극성이므로 석유, Ether에는 잘 녹으나 Ethanol에는 잘 녹지 않는다.
Xanthophyll	Carotene 분자 중 수소가 OH로 치환된 형태로 극성이 되어 Ethanol에는 녹으나 석유, Ether에는 녹지 않는다.

3) 성질

① 이중결합부위에 산화가 이루어진다.

$$Carotenoid \xrightarrow{산화} Epoxide \xrightarrow{산화} Ionone$$

② 식품을 가열처리하면 Provitamin A로서의 효과가 없어진다.
③ 자연계에 대부분 Trans형으로 존재하나 가열, 산, 광선 등에 의해 일부가 Cis형으로 이성화된다.
④ 산이나 알칼리에 안정하다. 산소 존재 시 광선에 의해 영향을 받는다.
⑤ β-ionone ring을 갖는 것이 비타민 A로 전환이 잘 되며, α-carotene, β-carotene, γ-carotene, Cryptoxanthine 등이 있다.

4) Flavonoid(Anthoxantins)계 색소

Flavonoid계에는 Anthoxanthin, Anthocyanin, Tannin 등이 있으며 수용성으로 식물세포의 액포 중에 존재한다.

(1) 구조

Anthoxanthin은 2-phenyl chromone(Flavone)의 구조를 가지고 있으며, Flavones, Flavonols, Isoflavone 등이 있다.

(2) 성질

① Anthoxanthin은 산에 안정하나 알칼리에 불안정하다. Hesperidine은 알칼리에서 황색 또는 짙은 갈색의 Chalcone이 된다. 알칼리성인 $NaHCO_3$를 넣어 만든 빵이 황색으로 변하는 것, 삶은 감자나 삶은 양파, 양배추 등이 황변하는 것은 이 때문이다.

Exercise

천연계 색소 중 당근, 토마토, 새우 등에 주로 들어 있는 것은? 2019
① 카로티노이드(Carotenoid)
② 플라보노이드(Flavonoid)
③ 엽록소(Chlorophyll)
④ 베타레인(Betalain)

정답 ①

TIP

베타 카로틴(β-carotene)의 비타민 A 활성이 가장 높다.

TIP

플라보노이드는 식물의 황색색소지만 주로 배당체형태(무색, 백색)로 식물의 열매와 뿌리에도 존재한다. 무와 감자가 대표적이다.

TIP

$NaHCO_3$ = 탄산수소나트륨

② 황색의 Chalcone을 산성으로 처리하면 원래의 고리구조로 되돌아가 무색이 된다. Flavonoid를 가열 조리하면 배당체가 가수분해되어 노란색이 사라진다.
③ Flavonoid는 금속복합체를 형성하여 착색되는데 Quercetin의 Al염은 황색, Cr염은 적갈색, Fe염은 흑녹색이 된다.

5) Anthocyanin계 색소

Anthocyanin계 색소는 꽃, 과일, 채소에 존재하는 적색, 자색, 청색의 수용성 색소로 '화청소'라 하며 가공 중 pH에 따라 변화한다.

(1) 구조

Anthocyanin은 배당체로 존재하며 가수분해로 인해 비당체인 Anthocyanidin과 당류로 분리된다. Anthocyanidin은 Phenyl기에 붙어 있는 OH기와 Methoxy기의 수에 따라 분류된다.

[Anthocyanidin 분류]

(2) 성질

① Anthocyanin은 pH에 따라 적색(산성) → 자색(중성) → 청색(알칼리성)으로 변색되는 불안정한 색소이다. 또한 아황산가스에 의하여 표백되는 것은 pH의 변화와 강한 환원력에 의해서이다.
② Anthocyanin은 금속과 복합체를 형성하여 착색되는데 주석염은 회색, Fe이나 Al은 청자색을 형성한다.
③ Anthocyanin은 Ascorbinase를 억제하며 비타민 B_2, 비타민 C와 공존 시 색이 퇴색된다.

Exercise

딸기, 포도, 가지등의 붉은색이나 보라색이 가공·저장 중 불안정하여 쉽게 갈색으로 변하는데 이 색소는?
① 엽록소
② 카로티노이드계
③ 플라보노이드계
④ 안토시아닌계

정답 ④

TIP

안토시아닌계 색소의 pH에 따른 변화

구분	산성	중성	알칼리성
블루베리	빨간색 (Red)	엷은 자색 (Faint purple)	담녹색 (Light green)

pH뿐만 아니라 금속이온에 의해서도 색이 변한다.

6) Tannin

탄닌은 식물에 널리 분포하며, 미숙한 과실과 식물종자에 다량 함유되어 있다. 탄닌 그 자체는 무색이나 산화 시 홍색, 흑색을 나타낸다.

(1) 구조

탄닌은 Polyphenol성 화합물로 Catechin(차), Leucoanthocyanin(사과), Chlorogenic acid(커피) 등이 있다.

(2) 성질

① 탄닌은 금속과 반응하여 착색염을 형성하는데 회색, 갈색, 흑청색, 청록색 등을 띤다.
- 차를 경수로 끓이면 2가 양이온에 의해 갈색 침전물이 생긴다.
- 칼로 자른 감의 표면에 탄닌이 철염을 형성하여 흑변한다.

② 과실이 익으면 탄닌은 불용성이 되어 감소된다.

③ 홍차는 녹차의 카테킨류가 Polyphenoloxidase 효소에 의해 산화되어 적색의 Theaflavin을 생성하여 붉게 된다.

> **TIP**
> 탄닌은 식품의 떫은맛 성분이기도 하다.

2. 식물성 색소

1) Chlorophyll(엽록소)

(1) 종류

녹색식물의 잎에 존재하며 Mg을 함유한 4개의 Pyrrol로 구성된 Porphyrin 구조로 Chlorophyll a(청록색)와 b(황록색)가 있으며 3 : 1로 구성되어 있다.

(2) 성질

① **산에 의한 변화** : Chlorophyll은 산성하에서 Porphyrin의 Mg^{2+}이 수소로 치환되어 갈색의 Pheophytin을 형성한다. 계속된 산 처리 시 Phytol기가 분해되어 갈색의 Pheophorbide가 생성된다.

② **알칼리에 의한 변화** : Chlorophyll은 알칼리성에서 Phytol기가 분해되어 녹색의 Chlorophyllide가 되며 이어서 Methyl기가 분해되면 짙은 녹색의 Chlorophylline이 된다.

③ **Chlorophyllase에 의한 변화** : 효소에 의해 Phytol기가 제거되면 녹색의 수용성인 Chlorophyllide의 생성을 거쳐 갈색의 페오포바이드가 형성된다.

> **TIP**
> **시금치를 삶을 때 뚜껑을 여는 이유는?**
> 녹색식물의 잎에 주로 존재하는 초록색 색소인 클로로필은 시금치에 많이 존재한다. 클로로필은 산처리 시 갈색의 페오포르비드를 형성하게 된다. 시금치에는 수산(Oxalic acid)성분이 많이 존재하는데, 시금치를 뚜껑 닫고 삶을 때에는 이 수산에 의해서 수용액이 산성이 되며 페오포르비드가 형성되어 갈색을 띠게 된다. 하지만 수산은 휘발하는 성질이 있기 때문에, 뚜껑을 열고 삶을 때에는 수산이 휘발되어 녹색을 유지하게 된다.

Exercise

채소류에 존재하는 클로로필성분이 페오피틴(Pheophytin)으로 변하는 현상은 다음 중 어떤 경우에 더 빨리 일어날 수 있는가? 2020
① 녹색 채소를 공기 중의 산소에 방치해 두었을 때
② 녹색 채소를 소금에 절였을 때
③ 조리과정에서 열이 가해질 때
④ 조리과정에 사용하는 물에 유기산이 함유되었을 때

🔒 정답 ④

④ 금속과의 반응 : Chlorophyll을 Cu^{2+}, Fe^{2+} 등의 금속으로 가열 처리하면 Mg^{2+}이 치환되어 녹색의 Chlorophyll염을 생성한다.

⑤ 조리과정 중의 변화 : 채소를 끓이면 Chlorophyll은 Pheophytin이 되어 갈색이 된다.

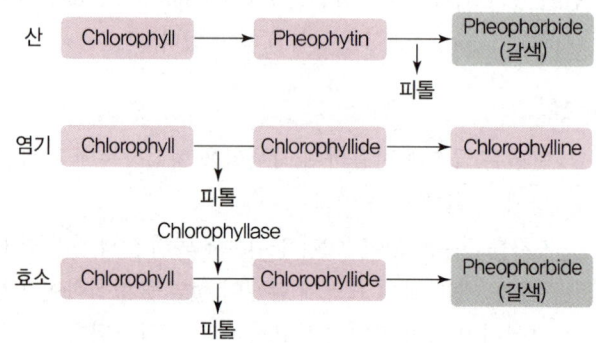

3. 동물성 색소

Heme은 Porphyrin 구조에 철이온이 중앙의 Histidine기와 연결된 구조로 적색을 띠며 혈색소인 Hemoglobin과 육색소인 Myoglobin을 이루고 있다.

1) Myoglobin

Myoglobin은 암적색이지만 산소와 결합 시 선홍색의 Oxymyoglobin이 되고 공기 중 산소에 의해 철이 산화하면 갈색의 Metmyoglobin이 된다. 조리 가열 시 Globin 부분이 변성, 이탈되면 Hematin이 된다. 햄, 베이컨과 같이 발색제인 아질산염을 처리하면 안정한 형태의 Nitrosomyoglobin을 형성하여 가열 조리 시 선홍색을 유지하는데 이것을 가공육의 색고정화라 한다.

2) Hemoglobin

Hemoglobin은 혈액의 붉은 색소로서 4개의 소단위로 구성되었으며 각 소단위는 Globin 분자와 Heme 1분자로 구성되어 있다. 산소운반 작용을 하며 산소와 결합하여 선홍색의 Oxyhemoglobin을 형성하나 산소가 떨어지면 갈색의 Methemoglobin으로 된다. Hemocyanin은 Hemoglobin의 철 대신에 구리를 함유하고 녹청색을 띤다.

Exercise

다음 중 식물성 색소가 아닌 것은?
① 미오글로빈 ② 클로로필
③ 루테인   ④ 카로틴

🔒 정답 ①

TIP

• 미오글로빈(Myoglobin) : 동물의 근육색소
• 헤모글로빈(Hemoglobin) : 동물의 혈색소
• 헤모사이아닌(Hemocyanin) : 연체동물의 혈색소

구분	내용	색
옥시미오글로빈	미오글로빈의 산화형	밝은 붉은색
환원미오글로빈	미오글로빈의 환원형	자주빛 붉은색
메트미오글로빈	옥시미오글로빈의 산화형	갈색
데옥시미오글로빈	미오글로빈에서 산소 제거형	암적색

4. 식품의 갈변

식품이 저장·조리·가공 중에 갈색으로 변하는 현상을 뜻한다. 효소적 갈변과 비효소적 갈변으로 구분된다.

1) 효소적 갈변

효소적 갈변은 주로 과채류의 껍질을 제거하거나 파쇄하여 공기 중에 노출될 때 일어나는 현상으로 관능 및 품질에 영향을 미치기 때문에 이를 방지하기 위해서는 원인이 되는 효소를 불활성화시켜야 한다.

(1) 폴리페놀 옥시다아제(Polyphenol oxidase)에 의한 갈변

① 과채류에 포함된 항산화물질인 폴리페놀(Polyphenol)이 폴리페놀 분해효소인 폴리페놀 옥시다아제에 의해 분해되어 갈색의 Melanin을 생성하는 반응이다.
② 박피나 파쇄에 의해 산소와의 접촉면이 넓어지면 폴리페놀옥시다아제가 활성화되어 폴리페놀의 산화반응을 촉진한다.

(2) 티로시나아제(Tyrosinase)에 의한 갈변

① 감자나 버섯에 많이 함유되어 있는 백색의 아미노산이 티로신 분해효소인 티로시나아제에 의해 분해되어 갈색의 멜라닌(Melanin)을 생성하는 반응이다.
② 박피나 파쇄에 의해 활성화되며, 상처가 난 조직에서도 빠르게 발생한다.

(3) 효소적 갈변의 억제방법

① 저온 유지 : -10℃ 이하에서는 효소의 활성을 억제한다.
② pH 조절 : 효소의 최적 pH는 5.6~6.8이므로 산성으로 유지하여 효소의 활성을 억제한다.
③ 가열 : 효소는 60℃에서 파괴되고, pH 3에서 활성을 상실한다.
④ 산소 제거 : 침지, 산소 제거제, 진공포장을 통해 산소와의 접촉을 차단한다.

2) 비효소적 갈변

(1) 캐러멜화반응(Caramelization reaction)

① 당류의 가열에 의한 열분해 및 중합에 의해 황갈색 내지 흑갈색의 캐러멜(Caramel)물질이 생성되는 과정으로 캐러멜물질 외에도 휘발성·방향족 화합물에 의한 독특한 향을 내는 것이

TIP

식품의 갈변
- 효소적 갈변
  - Polyphenol oxidase : 과일 갈변
  - Tyrosinase : 감자나 버섯 갈변
- 비효소적 갈변
  - 캐러멜반응 : 달고나
  - 마이야르반응 : 된장, 빵

Exercise

우엉의 갈변을 억제시키기 위한 방법이 아닌 것은? 2019
① 비타민 C 첨가
② 산소 첨가
③ 아황산염 첨가
④ 구연산 첨가

정답 ②

TIP

캐러멜화반응은 당류의 가열에 의해, 마이야르반응은 당과 단백질의 반응에 따라 생성된다는 점에서 차이가 있다.

특징이다.
② Glucose의 경우 Sucrose, Fructose보다 탈수가 어려워 열분해에 의한 탈수·축합과정이 일어나기 힘들기 때문에 캐러멜화가 잘 일어나지 않는다.
③ Sucrose는 약 180℃ 이상에서 용융되기 시작하나, 일반적으로 시럽 제조 시에 사용되는 Fructose 및 그 외의 당은 115~150℃의 온도범위를 사용한다.

예 설탕을 가열하여 만든 시럽의 색, 달고나

(2) 마이야르반응(Maillard reaction, Amino carbonyl 반응)

식품 저장 및 가공 중 당의 Carbonyl기와 단백질의 아미노기가 반응하여 Melanoidin 같은 갈색 물질을 생성하여 갈변하는 현상으로 단백질과 환원당을 함께 가열할 때 발생할 수 있다. 주로 가열을 통해 이루어지지만 장기간 보관 시 자연발생적으로 일어날 수 있다.

예 된장의 갈색화, 커피콩 로스팅 시의 갈색화, 구운 빵의 갈색화

(3) 마이야르반응의 억제방법

① pH : pH 1~2 < pH 3~5 < pH 6.5~8.5
② 온도 : 130~150℃에서 최적 반응물을 생성하며 200℃ 이상에서는 발암물질을 생성한다.
③ 수분 : A_w 0.6~0.8에서 최적 반응물을 생성하며 0.8 이후에는 감소한다.

Exercise

메일라드(Maillard)반응에 영향을 주는 인자가 아닌 것은? 2021
① 수분
② 온도
③ 당의 종류
④ 효소

해설
메일라드(마이야르)반응의 최적 조건
- 수분활성도(A_w) : 0.6~0.8
- pH : pH 6.5~8.5 > pH 3~5 > pH 1~2
- 당의 종류 : 환원성 단당류(Hexose, Pentose)
- 온도 : 130~150℃

정답 ④

SECTION 02 식품의 맛

➡ 여기에서는 각각의 물질들이 어떤 맛을 내는 성분 – 맛을 연결시켜 암기해주세요.

혀에는 4종류의 돌기형 유두가 존재하며 유두에 있는 미뢰에 미각수용체가 존재한다. 미각수용체 단백질에 맛의 원인물질이 결합하면 미각신경으로 전달되어 맛을 인지하게 된다.

1. 단맛

① 단맛은 $-OH$, $-NH_2$, $-SO_2$, NH_2기 등의 원자단을 가지는 물질을 '감미발현단'이라고 하며, 여기에 조미단($-H$ 또는 $-CH_2OH$)

이 결합하면 단맛을 나타낸다.
② 설탕은 아노머성 OH가 없으므로 당도의 변화가 없어 단맛의 기준이 되는데 설탕 10% 용액을 100으로 정한다.

→ 식품의 단맛성분

종류	감미도	특징
Sucorse	100	α-glucose와 β-fructose의 카르보닐기가 결합에 참여하여 맛의 변화가 없다.
Fructose	110~150	설탕의 1.03~1.73배, β형이 α형의 3배, 벌꿀에 약 35%, Invert sugar의 감미도 120이다.
Glucose	70	α형이 β형보다 더 달며, β형의 단맛은 α형의 66% 정도이다.
Maltose	50	β형을 물에 타면 α형이 되어 더 달게 된다.
Lactose	20	β형이 α형보다 더 달다.
올리고당	30~50	저칼로리 감미료로 건강기능효과가 있다.
당알코올	–	• Xylitol : 80~110 • Glycerol : 48 • Sorbitol : 50~60 • Erythritol : 60~70 • Inositol : 45 • Mannitol : 45 : 곶감 표면 흰 가루
Amino acid	–	Glycine, Alanine 등이 단맛이다.
Stevioside	설탕의 150~300배	스테비아잎에서 추출한 천연물질로 열량을 내지 않아 저열량식품에 이용되고 있다.
Aspartame (아스파탐)	설탕의 90~200배	Asp+Phe의 디펩타이드로 당뇨병 환자식에 이용한다.
Acesulfame-K	설탕의 130~200배	단맛을 빨리 느끼나 쓴맛이 있어 수크랄로오스 등과 혼용을 권장한다.
수크랄로오스	설탕의 350~600배	설탕과 가장 가까운 특성을 지녀 많이 이용되며 열이나 산에 안정적이다.
Saccharin	설탕의 200~700배	• 용액 0.5% 이상이 되면 쓴맛을 내게 되므로 보통 사용할 농도는 0.02~0.03%이다. Na-saccharin의 감미도는 설탕의 500배 정도이나 농도가 높으면 감미도가 저하된다. • Icecream • 청량음료수·강정·과자 등에 사용하며 설탕 99.5%와 Na-saccharin 0.5%를 섞으면 단맛도 높아지고 맛도 좋아진다(상승효과).

TIP

당류의 감미도
과당 > 전화당 > 자당 > 포도당 > 엿당 > 올리고당 > 유당

TIP

전화당
설탕은 포도당과 과당이 각각 한 분자씩 결합된 이당류로, 전화당은 자당이 분해되어 포도당과 과당이 등량으로 존재하는 혼합물이다. 포도당과 과당이 1:1로 존재하기에 과당보다는 감미도가 낮고 자당보다는 높다.

Exercise

다음 중 감미도가 가장 높은 당은?
2019
① 엿당   ② 전화당
③ 젖당   ④ 포도당

🔒 정답 ②

TIP

사용이 금지된 감미료
둘신, 시클라메이트, 에틸렌글리콜, 페릴라르틴

TIP

맛의 상호작용
- Acidy : 산은 당의 단맛을 증가시킨다.
- Mellow : 염은 당의 단맛을 증가시킨다.
- Winey : 당은 산의 신맛을 감소시킨다.
- Blend : 당은 염의 짠맛을 감소시킨다.
- Sharp : 산은 염의 짠맛을 증가시킨다.
- Soury : 염은 산의 신맛을 감소시킨다.

2. 짠맛

순수한 짠맛은 염화나트륨이지만 무기 및 유기의 알칼리염이 짠맛을 낸다. 이때 양이온이 짠맛을 발현하며 음이온이 조절하는 역할을 한다.

① 짠맛 : NaCl, KCl, NH_4Cl, NaBr, NaI
② 짠맛과 쓴맛 : KBr, NH_4I
③ 쓴맛 : $MgCl_2$, $MgSO_4$, KI
④ 불쾌한 맛 : $CaCl_2$
⑤ 짠맛의 세기 : $Cl > Br > I > CH_3^- > NO_3^-$

3. 신맛

신맛은 H^+의 맛으로 높은 산도를 지닌 무기산 및 산성염 등의 특징이 있으나 해리되지 않은 유기산이 신맛에 더 기여한다. 산미는 −OH, −COOH와 −NH_2에 따라 맛이 다른데, 보통 −OH가 있으면 기본 산미이나 −NH_2가 있으면 쓴맛이 더해진 산미가 된다.

➡ **신맛의 세기 비교**

HCl > HNO_3 > H_2SO_4 > HCOOH > Citric acid > Malic acid > Lactic acid > Acetic acid > Butyric acid

➡ **식품의 신맛성분**

종류	주요 식품
Carbonic acid(탄산)	맥주, 탄산음료
Acetic acid(초산)	식초, 김치류
Oxalic acid(수산)	시금치, 우엉 등의 채소 · 열매 · 잎 · 대 · 뿌리에 존재
Lactic acid(젖산)	김치류, 유제품, 젖산 발효식품
Butyric acid(부티르산)	김치류, 산패식품
Succinic acid(호박산)	청주, 조개류, 사과, 딸기
Malic acid(사과산)	사과, 복숭아, 포도
Tartaric acid(주석산)	포도
Citric acid(구연산)	밀감류, 살구 등 대부분 과일 및 과일주스
Gluconic acid(글루콘산)	양조식품, 곶감
Ascorbic acid(아스코르브산)	비타민 C로 대부분 과실류

Exercise

포도의 신맛의 주성분은? 2015
① 젖산 ② 구연산
③ 주석산 ④ 사과산

💬 **해설**
- 젖산 : 요구르트의 신맛
- 구연산 : 감귤류의 신맛
- 주석산 : 포도의 신맛
- 사과산 : 사과, 복숭아의 신맛

🔒 **정답** ③

4. 쓴맛

쓴맛을 가진 물질은 분자 내 1개의 극성 부위와 1개의 비극성 부위가 요구되며 N≡, =N≡N, -SH, -S-S, -S, =CS, -SO$_2$, -NO$_2$ 등의 원자단이 있다. 무기질은 Ca, Mg, NH$_3$ 등이 쓴맛을 낸다. 쓴맛의 표준은 Alkaloid인 Quinine이며 페놀화합물, Ketone류 및 무기염류 등이 있다.

→ **식품의 쓴맛성분**

종류	물질 및 주요 식품
Alkaloid	• 식물체에 존재하는 질소를 포함한 헤테로고리화합물의 총칭으로서 인체 내에서 특수한 약리작용을 한다. • 차나 커피의 Caffeine, 코코아 초콜릿의 Theobromine, 니코틴, 아트로핀 등이 있다.
폴리페놀성 배당체	식물계에 널리 분포, 과실·채소의 쓴맛성분이다. • Naringin : 감귤류, 자몽 • Quercetin : 양파 • Cucurbitacin : 오이 • Limonene : 감귤류, 레몬
Ketone류	Humulon, Lupulon는 맥주원료인 Hop에 존재하는 쓴맛성분이다.
무기염류	CaCl$_2$, MgCl$_2$

Exercise

코코아 및 초콜릿의 쓴맛성분은?
① Quercetin
② Naringin
③ Theobromine
④ Cucurbitacin

해설
- 차나 커피(Caffein), 코코아나 초콜릿(Theobromine), 니코틴, 아트로핀 등
- Naringin(감귤류, 자몽), Quercetin(양파), Cucurbitacin(오이), Limonene(감귤류, 레몬)
- Humulon, Lupulon(맥주원료인 Hop)

정답 ③

5. 매운맛

매운맛은 황화합물과 산아미드류, 방향족 Aldehyde 및 Ketone류, Amine류 등이 있다.

→ **식품의 매운맛성분**

종류	물질 및 주요 식품
산아미드	• Capsaicine : 고추 • Chavicine : 후추 • Sanshol : 산초
겨자	Allyl isothiocyanate : 고추냉이, 무(Sinigrin의 Myrosinase 분해산물)
황화 Allyl	• Allicine : 마늘, 파, 양파, 부추 Allin $\xrightarrow{\text{allinase}}$ Allylsulfenic acid $\xrightarrow{\text{축합}}$ Allicine • Dimethyl sulfide : 파래, 고사리, 파슬리

Exercise

매운맛성분으로 진저롤이 있는 것은?
① 마늘   ② 생강
③ 고추   ④ 후추

해설
매운맛
- 후추 : 피페린, Chavicine
- 산초 : Sanshol
- 생강 : 진저론, 쇼가올, 진저롤
- 겨자 : 알릴 이소티오시아네이트
- 마늘, 파, 양파 : 알리신

정답 ②

종류	물질 및 주요 식품
방향족 Aldehyde 및 Ketone	• Cinnamic aldehyde : 계피 • Zingerone, Shogaol, Gingerol : 생강 • Curcumin : 울금
Amine	• Histamine : 썩은 생선 • Tyramine : 썩은 생선, 변패간장

6. 감칠맛

감칠맛은 단맛, 신맛, 짠맛, 쓴맛이 어울려 나는 맛이다.

→ **식품의 감칠맛성분**

종류	물질 및 주요 식품
M.S.G (Monosodium Glutamate)	• L-글루탐산에 Na 첨가 • 간장, 된장, 조미료 등
Theanine	• L-글루탐산 유도체 • 차의 감칠맛
Asparagine 및 Glutamine	채소류, 어육류
Sodium succinate	조개
Nucleotides(핵산계)	• Inosinic acid : IMP, 가쓰오부시 • Guanylic acid : GMP, 표고버섯 • GMP > IMP > XMP(Xanthylic acid)
Peptide류	• Carnosine, Methyl carosine : 어육류 • Glutathione : 육류
Choline	Betaine, Carnitine
Trimethylamine Oxide (TMAO)	어류의 맛성분으로 부패 시 세균에 의해 환원되어 비린내성분(TMA)이 된다.
Taurine	오징어
Arginine purine	죽순
Glycine	김
Glutathione	• 가리비 • 식품의 전체 풍미를 증진하는 고쿠미 성분

Exercise

맛을 내는 대표적인 성분의 연결이 틀린 것은?
① 감칠맛 – M.S.G
② 청량감 – 퀴닌
③ 떫은맛 – 탄닌
④ 매운맛 – 캡사이신

해설
퀴닌은 쓴맛성분이다.

🔒 **정답** ②

Exercise

같은 종류의 맛을 느낄 수 있는 것으로 연결된 것은?
① 자일리톨, 타우린
② 주석산, 휴물론
③ 사카린, 나린진
④ 차비신, 캡사이신

해설
차비신은 후추의 매운맛, 캡사이신은 고추의 매운맛이다.

🔒 **정답** ④

7. 떫은맛

떫은맛(Astringent taste)은 단백질 응고에 따른 수렴성 느낌을 맛으로 간주한 것으로, Polyphenol성 물질이 여기에 속하며 대표적으로 Tannin류가 있다. Tannin이 중합·산화되어 불용성이 되면 떫은맛은 사라진다.

① 차 : Catechin
② 밤 : Ellagic acid
③ 커피 : Chlorogenic acid
④ Tannin류 : Gallic acid, Catechin, Shibuol, Choline

Exercise

카레의 노란색을 나타내는 색소는?
① 안토시아닌(Anthocyanin)
② 커큐민(Curcumin)
③ 탄닌(Tannin)
④ 카테킨(Catechin)

해설
- 식품의 색소성분
  - 안토시아닌(Anthocyanin) : 적색, 자색
  - 커큐민(Curcumin) : 황색
- 식품의 맛성분
  - 탄닌(Tannin), 카테킨(Catechin) : 떫은맛
  - 젖산(Lactic acid), 구연산(Citric acid) : 신맛

정답 ②

SECTION 03 식품의 냄새

식품의 냄새와 관계가 있는 것은 저급 지방산의 Ester와 방향족 화합물, 2중·3중 결합화합물, 저분자 알코올, 제3급 알코올, 그 밖에 $-OH$, $-CHO$, Ester 결합, $=CO$, $-C_6H_5$, Ester류, $-NO_2$, $-NH_2$, $-COOH$, $N=C=S$ 등이다.

1. 식물성 식품의 냄새성분

분류	물질 및 주요 식품
에스테르류 (Ester류)	• Amyl formate : 사과, 복숭아 • Isoamyl formate : 배 • Ethyl acetate : 파인애플 • Methyl butyrate : 사과 • Isoamyl acetate : 배, 사과 • Isoamyl isovalerate : 바나나 • Methyl cinnamate : 송이버섯 • Sedanolide : 샐러리 • Apiol : 파슬리
알코올류 (Alcohol류)	• Ethyl alcohol : 술 • Pentanol : 감자 • $\beta-\gamma-$hexenol : 채소 • 1$-$octen$-$3$-$ol : 송이버섯 • 2,6$-$nonadienol : 오이 • Furfuryl alcohol : 커피

Exercise

복숭아, 배, 사과 등 과실류의 주된 향기성분은?
① 에스테르류
② 피롤류
③ 테르펜화합물
④ 황화합물류

정답 ①

분류	물질 및 주요 식품
정유류 (Terpene류)	• Limonene : 오렌지, 레몬 • α-pinene : 당근 • Camphene : 생강 • Geraniol : 오렌지, 레몬 • Menthol : 박하 • Citral : 오렌지, 레몬 • Thujone : 쑥
황화합물	• Methylmercaptane : 무 • Propylmercaptane : 마늘 • Dimethylmercaptane : 단무지 • S-methylmercaptopropionate : 파인애플 • α-methylcaptopropyl alcohol : 파, 마늘, 양파 • Allyl sulfide : 고추냉이, 아스파라거스

2. 동물성 식품의 냄새성분

분류	물질 및 냄새
암모니아 및 Amine류	• Trimethylamine, Piperidine, δ-aminovaleric acid : 어류 비린내 • 황화수소, Indole, Methylmercaptane, Skatole : 고기 썩은 내 • 조개, 김 : Dimethyl sulfide
Carbonyl 화합물 및 지방산류	• 생우유 : Acetone, Acetaldehyde, Propionic acid, Butyric acid, Caproic acid, Methyl sulfide • 버터 : Diacetyl, Propionic acid, Butyric acid, Caproic acid • 치즈 : Ethyl β-methylmercaptopropionate

> **TIP**
> • 식물성 냄새성분
>   - 에스테르류 : 과일류의 냄새성분
>   - 황화합물 : 무, 마늘, 고추냉이 등의 냄새성분
>   - 테르펜화합물 : 오렌지, 레몬, 박하 등의 냄새성분
> • 동물성 냄새성분
>   - 암모니아 및 아민류 : 어류 및 육류의 부패취
>   - 카르보닐화합물 : 우유, 버터, 치즈의 냄새성분

CHAPTER 03 식품과 영양

SECTION 01 영양소의 기능

→ 영양소의 분류

기능	성분		발생열량
에너지영양소	탄수화물		4kcal/1g
	단백질		4kcal/1g
	지방		9kcal/1g
조절영양소	비타민	지용성 비타민	0kcal/1g
		수용성 비타민	0kcal/1g
	무기질	다량 무기질	0kcal/1g
		미량 무기질	0kcal/1g
	물		0kcal/1g

> **TIP**
>
> **영양소**
> 식품에 포함된 물질로, 체내에서 에너지원, 체구성 물질, 생체반응을 조절하는 인자들을 공급함으로써 건강 유지의 작용을 하는 물질이다.

1. 에너지영양소

1) 탄수화물
① 탄소 : 수소 : 산소가 1 : 2 : 1의 비율로 조성된 물질이며, 식품에서 단맛을 내는 성분이다.
② 식물은 광합성으로 얻은 포도당을 뿌리, 열매, 줄기, 잎 등에 녹말, 섬유소형태로 저장한다.
③ 동물은 탄수화물을 당과 글리코겐형태로 저장한다.
④ 에너지를 공급하는 역할로 발생열량은 4kcal/1g이다.

> **TIP**
>
> 포도당은 단백질 절약효과(포도당의 불충분 공급 시 체단백 분해를 통해 에너지를 얻으므로 충분한 공급 시 단백질 절약 효과)와 지방의 불완전산화(탄수화물 섭취량이 극도로 적을 시 지방이 완전히 산화되지 못해 케톤체 생성) 방지 역할도 한다.

2) 단백질
① 탄소, 수소, 산소 이외에 질소를 포함하는 물질이다.
② 생명 유지에 필수적인 영양소로 효소, 호르몬, 항체 등의 주요 생체기능을 수행한다.
③ 근육 등의 체조직을 구성한다.
④ 살아있는 세포 내에 수분 다음으로 다량 존재하는 성분이다.

⑤ 고분자형태인 단백질은 소화과정을 거쳐 아미노산으로 분해되어 체내에 흡수된다.
⑥ 에너지원으로 작용하고, 발생열량은 4kcal/1g이다.

3) 지방
① 탄소, 수소, 산소로 이루어진 유기화합물이다.
② 효율적인 에너지 공급원으로, 발생열량은 9kcal/1g이다.
③ 체온 조절 및 장기 보호기능이 있다.
④ 지용성 비타민의 흡수를 촉진한다.
⑤ 맛, 향미 및 포만감을 제공한다.
⑥ 세포막의 구성 성분 및 호르몬의 전구체이다.

Exercise
다음 중 체내에서 지방의 역할이 아닌 것은?
① 체온 조절 및 장기 보호
② 식품의 단맛과 포만감의 제공
③ 비타민 E의 흡수 촉진
④ 주요 에너지원으로 작용

해설
식품의 단맛은 주로 탄수화물에서 기인한다.

정답 ②

2. 조절영양소

1) 비타민
① 체내의 다양한 생체반응이 일어나는 것을 돕는 조효소의 역할이다.
② 호르몬 분비의 촉진 및 억제작용을 한다.
③ **수용성 비타민** : 조리 중에 쉽게 손실되며 소변을 통해 배출이 쉬워 과잉증은 잘 나타나지 않는다.
④ **지용성 비타민** : 배출이 쉽지 않아 체내에 과잉 축적되어 질병 유발 가능성이 있다.

TIP
지용성 비타민은 물에 녹지 않고 지방과 함께 소화·흡수되는 비타민이므로 지방대사에 이상이 생기면 지용성 비타민의 결핍도 함께 발생한다.

2) 무기질
① 조리 시 파괴되지는 않으나 흡수율이 낮다.
② 신경계의 기능, 대사과정을 촉진 및 관여한다.
③ 수분평형 및 골격구조에 관여한다.
④ 체액의 pH 및 삼투압을 조절한다.

3) 물
① 신체조직을 구성한다.
② 영양소와 노폐물을 운반한다.
③ 체온 조절의 매개체이다.
④ 영양소의 용매작용을 한다.

TIP
성인의 체내 수분함량은 약 50~60%, 노인의 체내 수분함량은 45~50%이다. 이는 근육조직의 감소와 연관이 있다. 근육조직의 약 76%는 수분으로 구성되어 있는데 노화가 진행되면서 근육조직이 감소하고 수분함량도 감소하기 때문이다.

SECTION 02 기초대사와 요인

1. 기초대사량

1) 기초대사량의 정의 및 산출공식

(1) 기초대사량의 정의

① 인체가 기본적인 생체기능을 수행하는 데 필요한 최소한의 열량(식사 후 최소 12시간이 지난 휴식상태에서 생명을 유지하는 데 필요한 최소한의 에너지)이다.

② 기초대사량은 체표면적, 성별, 체온, 나이, 임신 여부 등 다양한 요인에 의해 다르게 나타날 수 있다.

(2) 기초대사량의 산출공식

① 기초대사량의 산출공식 Ⅰ

$$\text{남자(kcal/일)} = 204 - 4 \times \text{연령(세)} + 450.5 \times \text{신장(m)} + 11.69 \times \text{체중(kg)}$$
$$\text{여자(kcal/일)} = 255 - 2.35 \times \text{연령(세)} + 361.6 \times \text{신장(m)} + 9.39 \times \text{체중(kg)}$$

② 기초대사량의 산출공식 Ⅱ

$$\text{남자(kcal/일)} = 1.0\text{kcal} \times 24\text{hr} \times \text{체중(kg)}$$
$$\text{여자(kcal/일)} = 0.9\text{kcal} \times 24\text{hr} \times \text{체중(kg)}$$

2) 기초대사량의 산정 요인

① 동일 연령과 키라도 체표면적이 넓을수록 기초대사량이 높다.
② 여성은 남성보다 지방량이 많고 제지방량이 적기 때문에 기초대사량이 낮다.
③ 주위온도가 낮은 겨울철이 여름철보다 기초대사량이 높으며, 고열발생기에도 기초대사량이 높게 나타난다. 이는 주위환경 변화에 대응하기 위한 에너지 손실 여부에 따라 결정된다.
④ 생후 1~2년의 기초대사량이 가장 높고, 성인 이후 나이가 증가함에 따라 체지방이 증가하므로 기초대사량이 낮아진다.
⑤ 호르몬의 변화에 따라 기초대사량은 영향을 받는다(갑상선대사 항진 시 기초대사량 증가, 기능 저하 시 기초대사량 감소).
⑥ 임신, 수유 시에는 기초대사량이 증가한다.

> **TIP**
> **기초대사량의 증가·감소 요인**
> - 기초대사량의 증가요인 : 체표면적, 성장, 근육량, 남성, 임신, 수유, 배란, 환경온도가 낮을 때, 카페인
> - 기초대사량의 감소요인 : 여성, 영양불량, 환경온도가 높을 때, 월경, 성장기, 나이 증가(성인기 이후)

> **TIP**
> **제지방량**
> 체중에서 체지방량을 뺀 신체질량을 말한다.

⑦ 월경 직전에는 기초대사량이 증가하고 월경 시작 후에는 감소한다.
⑧ 식이섭취량이 감소하면 기초대사량이 감소한다.

2. 식품의 열량가 계산

① 다량 섭취하는 탄수화물, 단백질, 지방은 g이다.
② 미량 영양소인 칼슘과 비타민 B_1, B_2, C, 나트륨은 mg이다.
③ 비타민 A는 IU(International Unit) 또는 μg이다.

[식품의 영양성분 표시]

Exercise

점심 식사로 탄수화물 150g, 단백질 90g, 지질 50g, 나트륨 20mg을 섭취하였다면 점심 식사의 칼로리는 얼마인가?

해설
- 점심 식사의 칼로리
  - 탄수화물 : 150g × 4kcal
    = 600kcal
  - 단백질 : 90g × 4kcal = 360kcal
  - 지질 : 50 × 9kcal = 450kcal
  - 600 + 360 + 450 = 1,410kcal
- 나트륨은 무기질이기 때문에 칼로리를 내지 않는다.

정답 1,410kcal

SECTION 03 영양소의 소화 · 흡수

→ 영양소의 소화 · 흡수

소화기관	소화액	pH	효소	탄수화물	단백질	지방
입	침	–	Amylase	전분 → 덱스트린	–	–
위	위액	1~2	Pepsin	–	단백질 → 펩톤	–
십이지장	쓸개즙	7.8~8.6	Prolipase	–	–	지방 → 지방산, 글리세롤

TIP
쓸개즙은 간에서 만들어져 쓸개에서 농축된 후 십이지장으로 분비된다.

소화기관	소화액	pH	효소	탄수화물	단백질	지방
십이지장	이자액	7~8	Amylase	전분, 덱스트린 → 엿당	-	-
			Trypsin	-	단백질, 펩톤 → 아미노산, 폴리펩타이드	-
			Lipase	-	-	지방 → 지방산, 글리세롤
소장	소장액	7~8	Maltase, Sucrase, Lactase	엿당, 자당, 유당 → 포도당 및 단당류	-	-
			Peptidase	-	폴리펩타이드 → 아미노산	-

> **TIP**
>
> **분해효소**
> - 영양소별 분해효소
>   - 탄수화물 분해효소 : 아밀라아제(Amylase), 말타아제(Maltase), 수크라아제(Sucrase), 락타아제(Lactase)
>   - 단백질 분해효소 : 펩신(Pepsin), 트립신(Trypsin), 펩티다아제(Peptidase)
>   - 지방 분해효소 : 리파아제(Lipase)
> - 소화액별 분해효소
>   - 타액 : Amylase
>   - 위액 : Pepsin
>   - 담즙 : Prolipase
>   - 이자액(체액) : Amylase, Trypsin, Lipase
>   - 소장액 : Maltase, Sucrase, Lactase, Peptidase

1. 영양소의 소화

1) 영양소와 소화

(1) 영양소

탄수화물·단백질·지질 형태로 체내에 들어와서 소화기관을 거치며 가수분해되어 단당류, 아미노산, 지방산의 형태로 소장을 통과하여 흡수된다.

(2) 소화

영양소를 가수분해하여 흡수하기 쉬운 형태로 변화시키는 과정이다.

2) 소화기관

(1) 소화기관의 정의 및 특징

① 소화기관에는 입, 위, 소장, 대장을 거쳐 항문까지 음식물이 통과하는 모든 위장관을 포함한다.
② 소화기관에서는 소화효소가 포함된 소화액뿐만 아니라, 소화관작용을 조절하는 가스트린, 세크레틴 등의 호르몬을 분비한다.

> **TIP**
>
> **영양소의 소화형태**
> 단당류, 아미노산, 지방산

(2) 연동 · 분절 운동

소화기관은 연동운동과 분절운동을 통해 영양소의 이동을 돕는다.
① **연동운동** : 위장관을 따라 음식물이 위에서 아래로 내려갈 수 있도록 돕는 근육의 수축운동이다.
② **분절운동** : 장관의 근육이 수축해서 소화물이 잘게 부서지고 섞이도록 돕는 운동으로 연동운동과 달리 장의 군데군데에 몇 개의 분절이 생기는 형태로 수축한다.

2. 영양소의 흡수

① **흡수** : 소화된 영양소들이 소화관에서 체내로 들어가는 과정이다.
② **탄수화물의 흡수** : 단당류의 형태로 소장 융모의 흡수세포에서 능동수송을 한다.
③ **지방의 흡수** : 지방산과 글리세롤로 분해된 지질은 단순 확산에 의해 소장의 점막세포로 흡수한다.
④ **단백질의 흡수** : 작은 펩타이드와 아미노산 형태의 단백질은 소장 세포로 능동흡수가 된다.
⑤ **비타민의 흡수** : 지용성 비타민은 지질에 따라 확산에 의해 흡수되며 수용성 비타민은 주로 공장에서 능동수송으로 운반한다.
⑥ **물, 무기질의 흡수** : 소장에서 흡수되며 잔여량은 대장에서 흡수한다.

Exercise

지방의 소화효소는?
① 아밀라아제(Amylase)
② 리파아제(Lipase)
③ 프로테아제(Protease)
④ 펙티나아제(Pectinase)

🔒 정답 ②

Exercise

영양소의 소화 · 흡수에 관한 설명으로 옳은 것은? 2015
① 당질의 경우 포도당의 흡수속도가 가장 빠르다.
② 담즙에는 지질 분해효소인 Lipase가 함유되어 있다.
③ 당질은 단당류까지 완전히 분해되어야 흡수될 수 있다.
④ 비타민 C와 유당은 칼슘의 흡수를 억제한다.

💬 **해설**
① 단당류의 흡수속도 : 갈락토오스 110, 포도당 100, 과당 43, 마노스 19
② 담즙은 간에서 만들어져 쓸개에 저장되었다가 십이지장에서 분비된다. 지질 분해효소인 Lipase가 함유되어 있지는 않지만 이자액 중의 Lipase를 활성화시키는 역할을 한다.
③ 당질은 단당류의 형태로 소화관 내에서 흡수된다.
④ 수산(Oxalic acid)과 피트산(Phytic acid)은 칼슘의 흡수를 억제한다.

🔒 정답 ③

CHAPTER 04 식품의 물성

SECTION 01 콜로이드(Colloid, 교질)

1. 진용액과 콜로이드용액

1) 진용액
용매에 용질이 분자나 이온상태로 고르게 녹아 투명한 상태인 용액이라 하며 설탕이나 소금수용액 등이 속한다.

> **TIP**
> - 진용액의 분산질크기 : $1\mu m$ 이하
> - 교질용액의 분산질크기 : $1\mu m \sim 0.1\mu$
> - 부유상태 : 0.1μ 이상

2) 콜로이드(교질)용액

(1) 콜로이드용액

지름이 $1 \sim 100\mu m$ 정도인 미립자가 공기나 액체에서 응집·침전되지 않고 균일하게 분산되어 있는 입자들로 진용액보다 상당히 크기 때문에 빛을 산란시키기도 한다.

(2) 콜로이드상태

전분이나 분유를 물에 넣어 교반하면 녹지 않고 흐린 상태가 되는데 이것을 콜로이드상태라 한다.

> **TIP**
> 소금물이라 한다면 물은 분산매(녹이는 물질), 소금은 분산질(녹는 물질)이 된다.

(3) 콜로이드

콜로이드는 전자현미경으로 볼 수 있으며 반투막은 투과하지 못하지만 여과지는 투과한다.

(4) 분산질과 분산매

분산된 물질을 분산질이라 하며 분산시키는 매개체를 분산매라 한다.

TIP

- **연무질** : 대기 중 고체 및 액체 입자가 부유하는 상태
  - 분산매 : 기체
  - 분산질 : 액체, 고체
- **현탁질** : 액체 속에 현미경으로 보일 정도로 가는 고체입자가 분산하고 있는 상태
  - 분산매 : 액체
  - 분산질 : 고체
- **유탁질** : 액체를 혼합할 때 한쪽 액체가 미세한 입자로 되어 다른 액체 속에 분산해 있는 상태
  - 분산매 : 액체
  - 분산질 : 액체(유탁액)
- **포말질** : 액체나 고체의 내부 또는 표면에 기체가 포함되어 있는 상태
  - 분산매 : 액체 · 고체
  - 분산질 : 기체

Exercise

된장국물 등과 같이 분산질이 고체이고 분산매가 액체 콜로이드상태를 무엇이라 하는가?
① 진용액　② 유화액
③ 졸(Sol)　④ 젤(Gel)

🔒 **정답** ③

TIP

콜로이드의 상태는 액상의 Sol상태와 고상의 Gel상태로 나뉜다.

→ 분산계

분산매	분산질	분산계	예
기체	액체	액체 에어로졸	안개, 연무, 헤어스프레이
	고체	고체 에어로졸	연기, 미세먼지
액체	기체	거품	맥주거품, 생크림
	액체	유탁액	우유, 마요네즈, 핸드크림
	고체	Sol(졸)	된장국, 잉크, 혈액
고체	기체	고체거품	냉동건조식품, 에어로젤, 스티로폼
	액체	Gel(젤)	버터, 초콜릿, 마가린, 젤라틴, 젤리
	고체	고체 Gel(젤)	유리, 루비

2. 콜로이드의 상태

1) Sol

액체 분산매에 액체 또는 고체의 분산질로 된 콜로이드상태로 전체가 액상을 이룬다(우유, 전분액, 된장국, 한천 및 젤라틴을 물에 넣고 가열한 액상).

(1) 친수 Sol

분산매와 분산질의 친화력이 커 전해질을 넣어도 콜로이드상태가 유지된다.

예 전분, 젤라틴수용액

(2) 소수 Sol

분산매와 분산질의 친화력이 작아 전해질을 넣으면 침전이 생긴다.

예 염화은 Sol

2) Gel

친수 Sol을 가열한 후 냉각시키거나 물을 증발시키면 반고체상태가 되는데 이것을 Gel(젤)이라 한다.

예 한천, 젤라틴, 젤리, 잼, 도토리묵, 삶은 계란

(1) Syneresis(이액현상)

장기간 방치된 Gel이 수축하여 분산매가 분리된 상태를 말한다.

(2) Xerogel(건조겔)

Gel이 건조된 상태를 말한다.
예 분말 한천, 판상 젤라틴

3. 콜로이드의 성질

1) 반투성(Dialysis)

반투성은 생체막과 같은 막이 이온이나 저분자물질은 투과시키나 콜로이드 이상 고분자물질은 통과시키지 않는 성질을 말한다. 생체막이 조리 가공 중 파괴되어 반투성을 잃게 되면 생체 내 콜로이드물질이 녹아 나온다.

2) 브라운운동(Brownian motion)

Sol상태에서 불규칙적으로 운동하는 분산매에 따라 충돌하는 분산질도 불규칙운동을 하며 지속적으로 분산하게 되는데 이것을 브라운운동이라 한다.

3) 응결(Coagulation)

소수성 Sol에 전해질을 가해 침전되는 것을 응결이라 하며, 친수성 Sol은 분산질과 결합이 안정되어 침전되지 않으나 분산질과 물분자의 결합을 떨어뜨릴 정도로 많은 양의 전해질을 첨가하면 침전하게 되는데 이것을 염석(Salting-out)이라 하고 두부 제조에 이용한다.

4) 흡착(Adsorption)

콜로이드입자는 표면적이 넓어 흡착이 용이하며 조리과정 중 음식재료가 염류를 쉽게 흡착하는 것을 볼 수 있다.

5) 유화(Emulsification)

분산질과 분산매가 액체인 콜로이드상태를 유탁액(Emulsion)이라 하며 이러한 작용을 유화라 한다. 물과 기름처럼 섞이지 않는 물질이 유탁액을 이루기 위해서는 유화제가 필요한데 양친매성인 유화제는 한 분자 내에 친수성인 $-OH$, CHO, $-COOH$, $-NH_2$ 등의 기능기와 Alkyl기(탄화수소) 같은 소수성 기능기를 가지고 있어 물과 기름의 계면장력을 저하시켜 유탁액을 안정화시킨다.

> **TIP**
> 콜로이드의 성질
> • 반투성
> • 브라운운동
> • 응결
> • 흡착
> • 유화

> **TIP**
> 계면장력
> 서로 다른 두 가지 상태의 물질이 만났을 때 경계면에서 액체의 표면이 스스로 수축하여 가능한 한, 작은 면적을 취하려는 힘이다.

> **Exercise**
>
> 다음 중 수중유적형(O/W) 유화액(Emulsion)이 아닌 것은?
> ① 우유 ② 아이스크림
> ③ 마요네즈 ④ 마가린
>
> 🔒 정답 ④

(1) 유화액의 형태

① 수중유적형(O/W형) : 우유, 마요네즈, 아이스크림
② 유중수적형(W/O형) : 버터, 마가린

(2) 유화제의 종류

Lecithin, Monoglyceride, Diglyceride, Sucrose fatty acid ester 등이 있다.

SECTION 02 Rheology의 개념

> **TIP**
> 리올로지(Rheology)
> 식품의 물성과 관련한 물리적 특징(변형과 유동성)을 말한다.

식품의 기호성은 맛, 색, 향기 및 씹을 때 느끼는 질감에 관계된다. 이때 식품의 경도, 탄성, 점성 등 질감에 관련된 식품의 변형과 유동성 등의 물리적 성질을 리올로지라 한다.

1. Rheology의 종류

1) 점성(Viscosity) 및 점조성(Consistency)

유체의 흐름에 대한 저항성을 나타내며, 점성은 균일한 형태와 크기를 가진 단일물질 Newton 유체(물, 시럽 등)에, 점조성은 다른 형태와 크기를 가진 혼합물질인 비 Newton 유체(토마토케첩, 마요네즈 등)에 적용된다.

2) 탄성(Elasticity)

외부 힘에 의해 변형된 후 외부 힘을 제거 시 원상태로 되돌아가려는 성질을 말한다.
예 고무줄, 젤리

3) 소성(Plasticity)

> **TIP**
> 항복치
> 일정한 힘을 가해 유체의 유동이 시작되는 힘

외부 힘에 의해 변형된 후 외부 힘을 제거해도 원상태로 되돌아가지 않는 성질(버터, 마가린, 생크림)을 말한다. 생크림처럼 작은 힘에는 탄성을 보이다 더 큰 힘을 가하면 소성을 보이는 것을 항복치라 하며 이러한 성질을 가소성이라 한다.

4) 점탄성(Viscoelasticity)

(1) 점탄성의 정의

외부 힘이 작용 시 점성 유동과 탄성 변형이 동시에 발생하는 성질을 말한다.

예 Chewing gum, 빵 반죽

(2) 점탄성체의 성질

① 예사성(Spinability) : 청국장, 계란 흰자 등에 막대 등을 넣고 당겨 올리면 실처럼 가늘게 따라 올라오는 성질을 말한다.
② Weissenberg 효과 : 연유 중에 막대 등을 세워 회전시키면 탄성에 의해 연유가 막대를 따라 올라오는 성질을 말한다.
③ 경점성(Consistency) : 점탄성을 나타내는 식품의 경도(밀가루반죽 경점성은 Farinograph로 측정)를 말한다.
④ 신전성(Extensibility) : 반죽이 국수같이 길게 늘어나는 성질(밀가루반죽 신전성은 Extensograph로 측정)을 말한다.

2. 유체 및 반고체 Rheology

1) Newton 유체

① 전단력에 대하여 속도가 비례적으로 증감하는 것을 Newton 유체라 하며 단일물질, 저분자로 구성된 물, 청량음료, 식용유 등의 묽은 용액이 Newton 유체의 성질을 갖는다.
② 다음 그림 (a)는 Newton 유체의 특성을 나타내며, 그림 (b)는 전단속도 변화에 대한 점도의 일정함을 나타낸다.

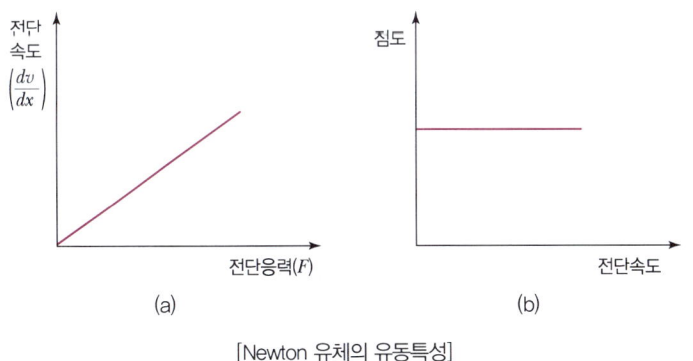

[Newton 유체의 유동특성]

Exercise

유체의 흐름에 대한 저항을 의미하는 물성 용어는? 2021
① 점성(Viscosity)
② 점탄성(Viscoelasticity)
③ 탄성(Elasticity)
④ 가소성(Plasticity)

🔒 **정답** ①

Exercise

컵에 들어 있는 물과 토마토케첩을 유리막대로 저을 때 드는 힘이 서로 다른 것은 액체의 어떤 특성 때문인가?
① 거품성 ② 응고성
③ 유동성 ④ 유화성

💬 **해설**
① 거품성 : 액체를 흔들 때 거품이 일어나는 성질
② 응고성 : 액체가 뭉쳐 딱딱하게 굳어지는 성질
③ 유동성 : 액체가 흐름을 만들어 움직이는 성질
④ 유화성 : 서로 다른 두 가지의 액체가 분산하여 섞이는 성질

🔒 **정답** ③

TIP

뉴턴 · 비뉴턴 유체
- 뉴턴(Newton) 유체 : 전단력에 대하여 속도가 비례적으로 증감하는 유체(물, 청량음료)를 말한다.
- 비뉴턴 유체 : 뉴턴 유체가 아닌 모든 유체를 말한다.
  - 유사가소성(Pseudoplastic) 유체 : 전단응력을 주면 점도가 감소하는 유체(케첩, 연유)
  - 팽창성(Dilatant) 유체 : 전단응력을 주면 점도가 증가하는 유체(땅콩버터, 슬러리)
  - 빙햄(Bingham) 유체 : 전단력이 항복점 이상이 되면 흐르는 유체(케첩, 마요네즈, 치약)

2) 비Newton 유체

① Colloid용액, 토마토케첩, 버터 등의 혼합물질로 구성된 반고체식품은 Newton 유체 성질이 없어 전단력과 전단속도 사이의 유동이 곡선을 나타내며 이 유체를 비Newton 유체라 한다.

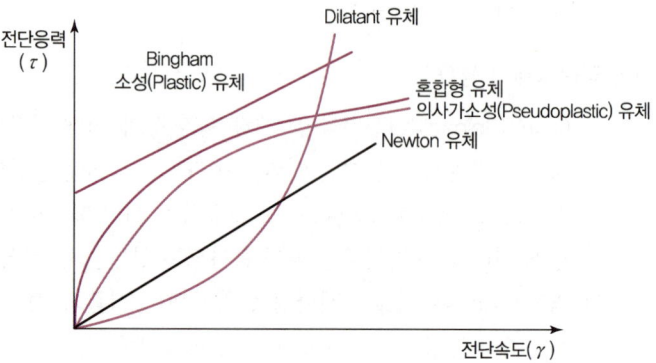

[비Newton 유체의 유동곡선]

② 전단속도 증가에 따라 전단력의 증가폭이 감소하는 유체를 유사가소성(Pseudoplastic) 유체라 하고 전단속도 증가에 따라 전단력의 증가폭이 증가하는 유체를 Dilatant 유체라 한다.

③ 생크림과 같이 반고체식품에서 약한 전단력에 탄성을 보이다 좀 더 강한 전단력에 소성을 보일 때 이 힘을 항복치(Yield value)라 하며 전단속도 증가에 따라 전단력의 증가폭이 일정한 유체를 Bingham 소성 유체라 하고 항복치를 가지면서 의사가소성 또는 Dilatant 성질을 나타내는 것을 혼합형 유체라 한다.

④ 시간에 따른 유동특성 변화에 따라 전단력이 작용할수록 점조도가 감소하는 Thixotropic 유체와 전단력이 작용할수록 점조도가 증가하는 Rheopectic 유체로 구분된다.

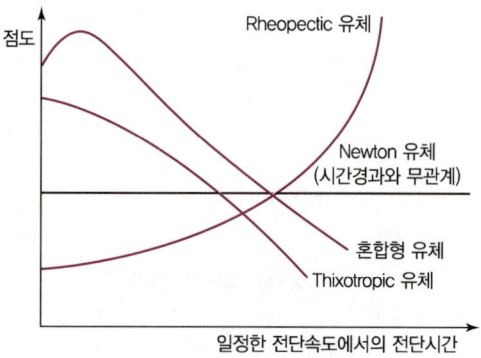

[전단시간에 따른 유체의 유동곡선]

Exercise

유체의 종류 중 소시지, 슬러리, 균질화된 땅콩버터는 어떤 유체의 성질을 갖는가? 2021
① 뉴턴(Newton)유체
② 유사가소성(Pseudoplastic) 유체
③ 팽창성(Dilatant) 유체
④ 빙햄(Bingham)유체

🔒 정답 ③

TIP

• 레오페틱성(Rheopectic) 유체 : 힘을 가해줄수록 전단속도는 감소하고, 점도가 증가하는 유체(예 크림, 계란 흰자)
• 틱소트로피(Thixotropic) 유체 : 힘을 가해줄수록 전단속도는 증가하고, 점도가 감소하는 유체(예 마요네즈, 케첩)

CHAPTER 05 식품과 효소

SECTION 01 효소

1. 효소의 정의

효소란 화학적인 대사 반응을 일반적인 반응보다 더욱 빠르게 일어날 수 있도록 반응속도를 증가시키는 촉매(Catalyst) 활성을 갖는 물질로, 아미노산으로 구성된 단백질을 말한다.

> **TIP**
>
> **효소의 기능**
>
> 효소는 반응을 더욱 빠르게 일어나게 해주는 촉매의 역할이다. 효소가 없더라도 반응은 일어날 수 있으며, 효소는 재활용이 가능하기 때문에 반응을 마친 후에는 또 다른 기질의 촉매작용을 할 수 있다.

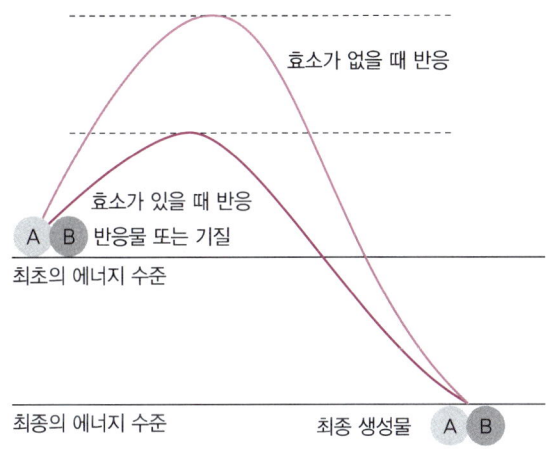

[효소의 존재 여부에 따른 반응의 차이]

2. 효소의 구성

전효소(Apoenzyme) + 보조효소(Coenzyme) = 완전효소(Holoenzyme)

Exercise

다음 중 활성을 띠는 효소로 적합한 것은?

① Coenzyme
② Apoenzyme
③ Holoenzyme
④ Twinenzyme

🔒 정답 ③

1) 효소(Enzyme)

단백질로만 구성되어 있는 효소를 뜻한다.

2) 전효소(Apoenzyme)

① 결손효소라고도 불리며, 대부분 단백질로 구성되어 있는 분자단으로 보조효소 없이는 비활성 상태인 효소이다.
② 모든 효소가 보조효소를 필요로 하지는 않는데, 보조효소가 필요하지 않은 단백질로만 구성된 효소의 경우 효소(Enzyme)로 칭하며 그 자체로 활성화될 수 있다.

3) 보조효소(Coenzyme)

전효소에 결합하여 효소의 활성화를 돕는 분자로 주로 비타민이 보조효소의 전구체로 작용한다.

4) 완전효소(Holoenzyme)

전효소와 보조효소가 결합하면 단백질에 비타민 등이 결합된 복합단백질을 구성하게 된다. 전효소와 보조효소는 결합을 해야 효소활성을 가지게 되는데 이를 완전효소라 한다.

3. 효소의 특징 – 기질 특이성

효소가 기질과 결합하여 반응을 촉매하는 과정에서 각각의 효소는 자신과 함께 작용할 반응물을 선택하는 특이성을 가진다. 이것은 열쇠와 자물쇠처럼 효소와 기질의 삼차적 구조와 밀접한 관련이 있는 것으로 알려져 있다.

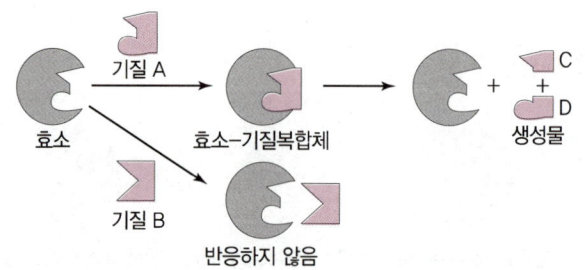

TIP

효소의 기질 특이성

침에 있는 효소인 Amylase는 탄수화물을 분해하는 효소로, 탄수화물에만 특이성을 가지며 단백질은 분해하지 못한다. Lipase 또한 지질에만 특이성을 가지는데, 이것이 바로 소화효소의 기질 특이성에 의한 것이다.

Exercise

다음 중 효소의 특이성으로 적절한 것은?

① 기질 특이성
② 온도 특이성
③ 생성물 특이성
④ 시간 특이성

🔒 정답 ①

4. 효소반응에 영향을 미치는 인자

1) 온도

효소는 단백질로 고온에서 불활성화된다. 대부분 효소는 생체 온도인 30~40℃에서 최적 활성을 나타낸다.

2) pH

대부분 생체와 유사한 중성 pH에서 최적 활성을 보이나 위장에서 작용하는 Pepsin은 위산에 따른 pH 2가 최적 조건이다.

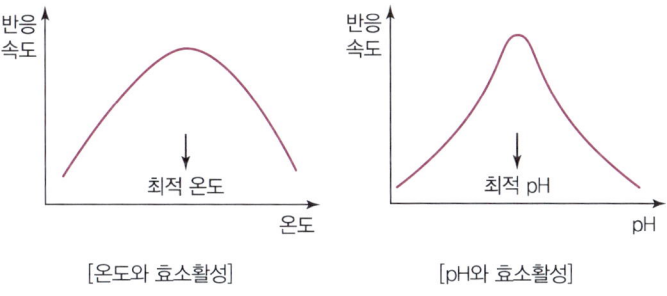

[온도와 효소활성]   [pH와 효소활성]

3) 효소농도 및 기질농도

효소농도는 일정하며 재활용되므로 기질농도에 따라 반응속도가 결정된다. 미카엘리스-멘텐(Michaelis-Menten) 효소반응 속도 그래프에서 반응 초기에 기질 농도에 따라 반응속도가 비례적으로 증가한다(1차 방정식). 그러나 반응 후기에 들어서면 기질을 증가해도 더 이상 증가하지 않는다(0차 방정식).

4) 저해제 및 촉진제

비가역적 저해제는 효소를 불활성화시키며, 가역적 저해제는 활성부위에 결합하는 경쟁적 저해제, 조절부위에 결합하는 비경쟁적 저해제, 효소기질 복합체에 결합하는 무경쟁적 저해제가 있다. 조절효소에서 저해제가 있으면 S자형의 반응속도 곡선이 오른쪽으로 이동하여 반응이 느려지며, 촉진제가 작용하면 반응속도 곡선이 왼쪽으로 이동하여 반응이 빨라진다.

Exercise

다음 중 효소반응에 영향을 미치는 요인으로 적절하지 않은 것은?
① 온도　② 촉진제
③ pH　④ 시간

정답 ④

SECTION 02 효소의 분류

1. 효소 군의 분류

효소는 그 역할에 따라 6가지로 분류한다.

1) 1군[산화 · 환원효소(Oxidoreductase)]
산화 · 환원 반응에 관여하는 효소로 탈수소효소(Dehydrogenase), Oxidase, Reductase 등이 있다.

2) 2군[전이효소(Transferase)]
한 기질에서 다른 기질로(분자 간) 기능기 등을 옮기는 반응에 관여하며 인산기를 전이하는 Kinase나 Transferase 등이 있다.

3) 3군[가수분해효소(Hydrolase)]
탄수화물, 단백질, 지방, 핵산의 결합을 가수분해하는 효소 군으로 Peptidase, Glycosidase, Lipase, Esterase, Nuclease 등이 있다.

4) 4군[탈리효소(Lyase)]
기질에서 기능기를 분리하거나 부가하는 효소로 Carboxylase, Decarboxylase, Synthetase 등이 있다.

5) 5군[이성화효소(Isomerase)]
기질(분자) 내 기능기의 이동에 의해 이성화반응을 촉매하며 Isomerase, Mutase 등이 있다.

6) 6군[연결효소(Ligase)]
ATP를 소모하여 두 분자를 결합시키는 반응을 촉매하며 DNA Ligase가 있다.

> **TIP**
>
> **가수분해효소**
>
> 사람에 소화에 관여하는 효소는 대부분 3군에 속하는 가수분해효소로, 가수분해란 물이 존재하는 조건에서 물과 반응하여 하나였던 큰 분자가 작은 분자나 이온으로 분해되는 현상을 뜻한다. 탄수화물을 단당류로, 단백질을 아미노산으로, 지방을 지방산으로 분해하는 소화작용은 이러한 가수분해효소에 의해서 이루어진다.

2. 식품과 효소

1) 가수분해효소

→ 가수분해효소의 종류

효소	작용	분포
탄수화물		
α-amylase	전분, Glycogen 등 Amylose의 α-1,4 결합을 무작위로 절단, 포도당+α 한계 덱스트린 생성	-
β-amylase	전분, 글리코겐 등의 비환원성 말단에서 Maltose 단위로 α-1,4 결합 절단, 맥아당+β limit dextrin 생성	엿기름, 대두, 고구마
Maltase	맥아당 → 포도당	맥아, 곰팡이, 효모
Inulase	Inulin → 과당	곰팡이
Cellulase	섬유소 β-1,4 결합 절단 → 포도당	곰팡이, 세균
Pectinase	Pectin → 갈락토오스	곰팡이, 세균
Zymase	과당 → Ethanol	효모
Glucose Isomerase	Glucose → Frutose	-
Lactase	유당 → 포도당+Galactose	곰팡이, 세균, 효모
Invertase	설탕 → 포도당+과당	곰팡이, 효모
단백질		
Pepsin	단백질 → Polypeptide+아미노산	발아종자, 세균, 위액
Trypsin	단백질 → Polypeptide+아미노산	췌액
Rennin	Casein → Paracasein+Peptide	위액
Peptidase	Peptide → Polypeptide+아미노산	췌액, 장액
Papain	단백질 → Polypeptide+아미노산	Papaya 열매
지방		
Lipase	지방 → 지방산+Glycerol	종자, 곰팡이, 췌장
Lecithase A	Lecithin → Lysolecithin+지방산	종자, 췌액
Lecithase B	Lysolecithin → Glycero 인산+Choline+지방산	췌액, 장액, 세균
Chlorophyllase	엽록소 → Phytol	식물체

TIP

효소의 명명

효소를 명명할 때는 기질(Substrate)의 이름 뒤에 –ase를 붙여서 명명한다. 그렇기에 Amylose를 분해하는 효소는 Amylase가 되는 것이고, Lactose를 분해하는 효소는 Lactase가 된다. 그러나 오래전부터 사용되는 이름은 관용명을 그대로 사용하는 경우가 있는데, 대표적인 효소로 Pepsin, Trypsin 등이 있다.

Exercise

다음 중 소화효소와 그 기질이 적절하게 연결된 것은?

① Amylase - 지방
② Lipase - 탄수화물
③ Peptidase - 단백질
④ Pepsin - 식이섬유

🔒 정답 ③

2) 산화효소

➜ 산화효소의 종류

효소	작용	분포
Alcohol oxidase	Ethyl alcohol → 초산	효모
Polyphenol oxidase	Polyphenol → 갈색 색소	동식물체
Tyrosinase	Tyrosine → Melanine 색소	동식물체
Peroxidase	H_2O_2로 과산화물 생성	곡류, 동식물체
Catalase	$H_2O_2 \rightarrow H_2O + O_2$	세균, 동물
Ascorbic acid oxidase (Ascorbinase)	Ascorbic acid → Dehydroascorbic acid	당근

CHAPTER 06 식품성분의 분석

SECTION 01 식품 속 수분함량

1. 상압가열건조법

1) 원리
검체를 물의 끓는점보다 약간 높은 온도 105℃에서 상압 건조시켜 그 감소되는 양을 수분량으로 하는 방법이다. 가열에 불안정한 성분과 휘발성분을 많이 함유한 식품에 있어서는 정확도가 낮은 결점이 있으나 측정 원리가 간단하여 여러 가지 식품에 많이 이용된다.

> **TIP**
> **상압가열건조법의 특징**
> - 무게분석방법
> - 항량이 될 때까지 충분히 건조단계를 거쳐야 한다.
> - 수분정량의 결과는 퍼센트(%)값으로 산출한다.

2) 실험방법
① 미리 가열하여 항량으로 한 칭량접시에 검체 3~5g을 정밀하게 단다.
② 뚜껑을 약간 열어 놓고 식품마다 규정된 온도의 건조기에 넣어 3~5시간 건조한 후 데시케이터에서 약 30분간 식히고 질량을 측정한다.
③ 다시 칭량접시를 1~2시간 건조하여 항량이 될 때까지 같은 조작을 반복한다.

> **TIP**
> - 상압가열건조법의 가열온도 : 105~110℃
> - 감압가열건조법의 가열온도 : 98~100℃

3) 수분함량의 계산

$$수분(\%) = \frac{b-c}{b-a} \times 100$$

여기서, a : 칭량접시의 질량(g)
b : 칭량접시와 검체의 질량(g)
c : 건조 후 항량이 되었을 때의 질량(g)

2. 감압가열건조법

1) 원리
100℃ 이상의 고온에서 시료를 가열시키지 않고 100℃ 이하에서 시료의 수분을 휘발시키기 때문에 비교적 열에 불안정한 식품의 수분을 분석하는 데에 사용한다.

> **TIP**
> **식품 속 수분함량분석법**
> 상압가열건조법, 감압가열건조법, 칼피셔법이 있다.

> **TIP**
> - 국수, 식빵 등은 미리 건조하여 가루로 한 다음에 실험을 실시한다.
> - 연유, 생달걀 등은 해사와 유리봉을 넣은 칭량병을 미리 건조한 다음에 실험을 실시한다.

2) 실험방법

① 100~110℃로 건조하여 항량으로 한 칭량병에 검체 2~5g을 정밀히 달아 넣고 일정 온도(일반적으로 98~100℃)로 조절한 후 감압건조기에 넣고 감압하여 약 5시간을 건조한다.
② 세기병(황산)을 통하여 습기를 제거한 공기를 건조기에 조용히 넣어 기내가 상압으로 되었을 때 칭량병을 꺼내어 데시케이터에서 식힌 다음 질량을 측정한다.
③ 다시 칭량병을 감압건조기에 넣고 한 시간을 건조하여 항량이 될 때까지 같은 조작을 반복한다.

3. 칼피셔법

칼피셔(Karl Fisher)법에 의한 수분 정량은 피리딘 및 메탄올의 존재하에 물이 요오드 및 아황산가스와 정량적으로 반응하는 것을 이용하여 칼피셔시액으로 검체의 수분을 정량하는 방법이다.

SECTION 02 회분분석

> **TIP**
> **탄화**
> 유기물을 적당한 조건하에서 가열하면 열분해하여 비결정성 탄소를 생성하는 현상이다.
> 예 나무가 목탄이 되는 현상

1. 원리

식품을 도가니에 넣고 직접 550~600℃의 온도에서 가열하면 유기물은 완전히 산화·분해되어 많은 가스를 발생하고 타르(Tar)모양으로 되며 점차로 탄화(炭火)한다. 회분(Ash)이란 음식물 속에 들어 있는 무기물 또는 그것의 전체 분량에 대한 비율을 뜻하는 말로 유기물을 탄화하고 남은 재를 뜻한다.

2. 실험방법

① **도가니의 항량** : 깨끗한 도가니를 전기로 또는 가스버너에서 600℃ 이상으로 여러 시간 강하게 가열한 후 데시케이터에 옮겨 실온으로 식힌 다음 질량을 측정한다.
② **검체의 전처리** : 검체를 도가니에 정밀하게 무게를 달아 넣고 필요하다면 예비탄화를 진행한다.

③ 회화 : 용기를 그대로 회화로에 옮겨 550~600℃에서 2~3시간을 가열하여 백색~회백색의 회분이 얻어질 때까지 계속한다.
④ 칭량 : 회화가 끝난 후, 가열을 멈추고 그대로 식혀 온도가 약 200℃로 되었을 때 데시케이터에 옮겨 식힌 후 칭량한다.
⑤ 계산 : 회화한 다음 데시케이터에 옮겨 식히고 실온으로 되면 곧 칭량하여 검체의 회분량(%)을 산출한다.

Exercise

식품의 조회분 정량 시 시료의 회화 온도는? 2016, 2021
① 105~110℃
② 130~135℃
③ 150~200℃
④ 550~600℃

🔒 정답 ④

3. 회분함량의 계산

$$회분(\%) = \frac{W_1 - W_0}{S} \times 100$$

여기서, W_1 : 회화 후의 도가니와 회분의 질량(g)
W_0 : 항량이 된 도가니의 질량(g)
S : 검체의 채취량(g)

Exercise

식품 중의 회분(%)을 회화법에 의해 측정할 때 계산식이 옳은 것은? (단, S : 건조 전 시료의 무게, W : 회화 후의 회분과 도가니의 무게, W_0 : 회화 전 도가니의 무게)

① $\frac{(W-S)}{W_0} \times 100$
② $\frac{(W_0-W)}{S} \times 100$
③ $\frac{(W-W_0)}{S} \times 100$
④ $\frac{(S-W_0)}{W} \times 100$

🔒 정답 ③

SECTION 03 조지방분석

1. 조지방분석법의 원리

일반적으로 물에 녹지 않고 유기용매에 녹는 물질을 지방이라고 한다. 조지방분석(속슬렛추출법)은 이 원리를 이용하여 속슬렛추출장치로 에테르를 순환시켜 검체 중의 지방을 추출하여 정량한다.

TIP

에테르에 지방을 녹여 속슬렛추출장치를 통해 추출하는 분석법으로 속슬렛추출법 또는 에테르추출법이라 한다.

2. 실험방법

① 미세한 분말로 전처리한 검체 2~10g을 용기에 담아 100~105℃의 건조기에서 2~3시간 건조한 후, 데시케이터에서 식히고 속슬렛추출장치의 추출관에 넣는다.
② 추출플라스크에 무수에테르 약 $\frac{1}{2}$ 용량을 넣어 추출관 및 냉각관

TIP

데시케이터(Desiccator)
물체가 건조상태를 유지하도록 보존하는 용기이다.

Exercise

속슬렛추출법에 의해 지질 정량을 할 때 추출용매로 사용하는 것은?
2020

① 증류수
② 에탄올
③ 메탄올
④ 에터

해설

에터 혹은 에테르(Ether)이다.

정답 ④

을 연결하여 50~60℃의 수욕상에서 8~16시간을 추출한다.
③ 추출이 끝난 후, 추출플라스크의 에테르가 전부 추출관에 옮겨지면 추출플라스크를 떼어 수욕 중에서 에테르를 완전히 증발시킨다.
④ 98~100℃의 건조기에 넣어 약 1시간 항량이 될 때까지 건조한 다음 데시케이터에서 식히고 칭량한다.

3. 조지방함량의 계산

$$조지방(\%) = \frac{W_1 - W_0}{S} \times 100$$

여기서, W_1 : 조지방을 추출하여 건조시킨 추출플라스크의 무게(g)
W_0 : 추출플라스크의 무게(g)
S : 검체의 채취량(g)

SECTION 04 조단백분석

1. 킬달(Kjeldahl)법의 원리

TIP

- 단백질식품 중 질소의 비율 : 16%
- 질소계수 : 6.25 ($\frac{100}{16} = 6.25$)

단백질은 C, H, O로만 구성된 탄수화물, 지방과 달리 C, H, O, N으로 구성되어 있다. 이러한 질소는 식품단백질의 구성비중에서 평균적으로 약 16%를 차지한다. 이에 단백질의 정량 시 구한 질소값에 6.25(질소계수, $\frac{100}{16}$)를 곱하여 조단백질의 양을 구할 수 있다. 이렇게 질소량을 측정하여 조단백의 양을 구하는 장치를 킬달(Kjeldahl)장치라 하고 킬달분석법이라 한다.

2. 실험방법

TIP

Kjeldahl법에 의한 질소 정량 시 행하는 실험순서
분해 → 증류 → 중화 → 적정

TIP

- 단백질 정량분석법 : 킬달(Kjeldahl) 반응

① 분해 : 질소를 함유한 유기물(단백질)은 촉매의 존재하에서 황산으로 가열 분해하면, 질소는 황산과 결합하여 황산암모늄을 생성한다.
② 증류 : 이 황산암모늄에 NaOH을 가하여 알칼리성으로 하고, 유리된 NH_3를 수증기 증류하여 희황산으로 포집한다.
③ 중화 : 증류된 포집액을 일정량의 붕산용액에 흡수·중화시킨다.

④ 적정 : 이 포집액을 NaOH으로 적정하여 질소의 양을 구하고 질소 계수를 곱하여 조단백의 양을 산출한다.

• 단백질 정성분석법
  – 닌하이드린(Ninhydrin)반응
  – 뷰렛(Biuret)반응
  – 밀론(Millon)반응

3. 계산식

$$\text{총질소(\%)} = 0.7003 \times (a-b) \times \frac{100}{\text{검체의 채취량(mg)}}$$

여기서, a : 공시험에서 중화에 소요된 0.05N 수산화나트륨액의 mL수
b : 본시험에서 중화에 소요된 0.05N 수산화나트륨액의 mL수

SECTION 05 탄수화물분석

명칭	목적	정의
몰리슈(Molisch) 반응	탄수화물의 정성 검출	당용액에 α-나프톨과 황산을 작용시켜 보라색의 착색물질을 생성하는 반응
펠링(Fehling)반응	환원당의 정성 검출	펠링용액(주석산, 수산화나트륨 혼합수용액)에 의하여 환원당이 적색의 침전을 만드는 반응
요오드(Iodine, 아이오딘)반응	전분의 정성 검출	전분에 요오드용액을 가하면 청색으로 변하는 반응

Exercise

다음 중 환원당을 검출하는 시험법은? 2015, 2020
① 닌하이드린(Ninhydrin)시험
② 사카구치(Sakaguchi)시험
③ 밀론(Millon)시험
④ 펠링(Fehling)시험

정답 ④

PART

02

식품위생

CHAPTER 01 식품위생의 개요
CHAPTER 02 식중독
CHAPTER 03 식품과 감염병
CHAPTER 04 식품위생관리
CHAPTER 05 식품위생행정

CHAPTER 01 식품위생의 개요

SECTION 01 식품위생의 개념

1. 식품위생 및 용어의 정의

1) 식품위생의 정의

➜ 세계보건기구 및 식품위생법의 식품위생 정의

구분	정의
세계 보건기구 (WHO)	식품원료의 재배 · 생산 · 제조로부터 유통과정을 거쳐 최종적으로 사람에게 섭취되기까지의 모든 단계에 걸친 식품의 안전성(Safety), 건전성(Soundness), 완전성(Wholesomeness)을 확보하기 위한 모든 수단을 말한다.
식품위생법	식품, 식품첨가물, 기구 또는 용기 · 포장을 대상으로 하는 음식에 관한 위생을 말한다.

2) 용어의 정의

① 식품 : 모든 음식물(의약으로 섭취하는 것 제외)을 말한다.
② 식품첨가물 : 식품을 제조 · 가공 · 조리 또는 보존하는 과정에서 감미(甘味), 착색(着色), 표백(漂白) 또는 산화 방지 등을 목적으로 식품에 사용되는 물질을 말한다. 이 경우 기구(器具) · 용기 · 포장을 살균 · 소독하는 데에 사용되어 간접적으로 식품으로 옮아갈 수 있는 물질을 포함한다.
③ 화학적 합성품 : 화학적 수단으로 원소(元素) 또는 화합물에 분해 반응 외의 화학반응을 일으켜서 얻은 물질을 말한다.
④ 기구 : 식품 또는 식품첨가물에 직접 닿는 기계 · 기구나 그 밖의 물건을 말한다.
⑤ 용기 · 포장 : 식품 또는 식품첨가물을 넣거나 싸는 것으로서 식품 또는 식품첨가물을 주고받을 때 함께 건네는 물품을 말한다.
⑥ 위해 : 식품, 식품첨가물, 기구 또는 용기 · 포장에 존재하는 위험요소로서 인체의 건강을 해치거나 해칠 우려가 있는 것을 말한다.
⑦ 집단급식소 : 영리를 목적으로 하지 아니하면서 특정 다수인에게

Exercise

세계보건기구(WHO)에 따른 식품위생의 정의 중 식품의 안전성 및 건전성이 요구되는 단계는? 2021
① 식품의 재료, 채취에서 가공까지
② 식품의 생육, 생산에서 섭취의 최종까지
③ 식품의 재료 구입에서 섭취 전의 조리까지
④ 식품의 조리에서 섭취 및 폐기까지

🔒 정답 ②

Exercise

식품위생법상 용어에 대한 정의로 옳은 것은? 2021
① 식품첨가물 : 화학적 수단으로 원소 또는 화합물에 분해반응 외의 화학반응을 일으켜 얻는 물질
② 기구 : 식품 또는 식품첨가물을 넣거나 싸는 물품
③ 위해 : 식품, 식품첨가물, 기구 또는 용기 · 포장에 존재하는 위험요소로 인체의 건강을 해치거나 해칠 우려가 있는 것
④ 집단급식소 : 영리를 목적으로 불특정 다수에게 음식물을 공급하는 대형 음식점

🔒 정답 ③

계속하여 음식물을 공급하는 급식시설로서 대통령령으로 정하는 시설을 말한다.
⑧ 식품이력추적관리 : 식품을 제조·가공단계부터 판매단계까지 각 단계별로 정보를 기록·관리하여 그 식품의 안전성 등에 문제가 발생할 경우 그 식품을 추적하여 원인을 규명하고 필요한 조치를 할 수 있도록 관리하는 것을 말한다.
⑨ 식중독 : 식품 섭취로 인하여 인체에 유해한 미생물 또는 유독물질에 의하여 발생하였거나 발생한 것으로 판단되는 감염성 질환 또는 독소형 질환을 말한다.

2. 식품위생법

1) 식품위생법의 정의

식품위생법이란 식품으로 인하여 생기는 위생상의 위해(危害)를 방지하고 식품영양의 질적 향상을 도모하며 식품에 관한 올바른 정보를 제공함으로써 국민 건강의 보호·증진에 이바지함을 목적으로 한다.

2) 식품위생법의 체계

① **총칙** : 용어의 정의 및 식품취급의 기준 제시
② **식품과 식품첨가물** : 위해식품 및 식품첨가물에 관한 기준 및 규격
③ **기구와 용기·포장** : 기구 및 용기·포장에 관한 기준 및 규격
④ **표시** : 유전자변형식품 등의 표시
⑤ **식품 등의 공전(公典)** : 식품, 첨가물의 기준 및 규격
⑥ **검사 등** : 위해평가, 안전성 검사, 자가품질검사 등에 대한 기준
⑦ **영업** : 시설기준 및 영업허가기준, 영업자 준수사항
⑧ **조리사 등** : 조리사와 영양사 관련 법률
⑨ **식품위생심의위원회** : 식품위생심의위원회의 운영 관련 법률
⑩ **식품위생단체 등** : 식품산업협회, 식품안전정보원 등
⑪ **시정명령과 허가취소 등 행정제재** : 식품위생법 위반 시의 제재

TIP

식품안전나라

식품안전나라(식품안전정보포털)는 식약처에서 국민이 안전하고 건강한 음식을 섭취하는 데에 도움이 될 수 있는 정보를 공유하고 있는 사이트이다. 위해한 식품정보 및 식품안전 관련 이슈와 뉴스를 손쉽게 확인할 수 있다.
출처 : www.foodsafetykorea.go.kr

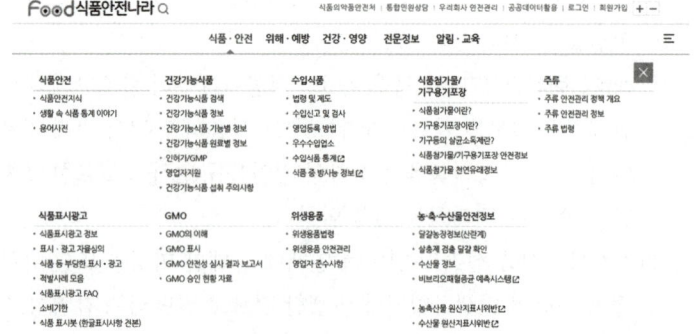

[식품안전나라 사이트]

3. 식품위생의 위해요소

1) 발생성분에 따른 위해요인

(1) 생물학적 위해요소(Biological hazards)

제품에 내재하면서 인체의 건강을 해할 우려가 있는 병원성 미생물, 부패미생물, 병원성 대장균(군), 효모, 곰팡이, 기생충, 바이러스 등

(2) 화학적 위해요소(Chemical hazards)

제품에 내재하면서 인체의 건강을 해할 우려가 있는 중금속, 농약, 항생물질, 항균물질, 사용기준 초과 또는 사용 금지된 식품첨가물 등 화학적 원인물질

(3) 물리적 위해요소(Physical hazards)

제품에 내재하면서 인체의 건강을 해할 우려가 있는 인자 중에서 돌조각, 유리조각, 플라스틱조각, 쇳조각 등

2) 생성원인에 따른 위해요인

(1) 내인성(內因性) 위해요소

식품원료에 함유되어 있어 섭취 시 인체에 유해·유독한 영향을 미칠 수 있는 성분

예 복어의 Tetrodotoxin, 버섯의 Muscarine, 감자의 Solanine 등

Exercise

식품을 통해 발생할 수 있는 위해요소 중 발생원인이 다른 것은?
① Dioxine ② Solanine
③ Gossypol ④ Muscarine

해설

다이옥신(Dioxine)
자동차 배출가스, 플라스틱제품 등의 쓰레기 소각과정, 즉 염소 함유 유기화합물의 소각과정에서 배출된다.

정답 ①

(2) 외인성(外因性) 위해요소

식품의 생육·생산·제조·유통·소비과정 중 외부로부터 의도적·비의도적으로 오염 및 혼입되어 위해를 일으킬 수 있는 성분

예 농산물의 잔류농약, 식품첨가물, 공장폐수, 방사선조사물질 등

(3) 유인성(誘因性) 위해요소

식품의 제조·가공·저장·유통 등의 과정 중 물리적·화학적 및 생리적 작용에 의해 식품에 유해물질이 생성된 것

예 벤조피렌(Benzopyrene), 니트로소아민(Nitrosoamine) 등

SECTION 02 식품과 미생물

1. 미생물의 일반생리

1) 미생물의 분류

미생물이라는 용어는 작다는 의미(Micro)와 생물이라는 의미(Organism)를 합한 것으로 눈에 보이지 않는, 서로 연관이 매우 적은 다양한 생물 집단을 뜻한다. 육안으로 식별할 수 없는 생물로 세균, 균계의 곰팡이, 원생생물, 바이러스 등이 있으며 현미경 관찰 시 크기는 nm~mm 단위이다.

→ 미생물의 분류학적 위치

영역(Domain)	계(Kingdom)	종류	
진핵생물역	동물계	동물	
	식물계	식물	
	원생생물계	유글레나, 아메바	
	균계	조상균류 (접합균류, 난균류)	*Mucor, Rhizopus, Absidia*
		자낭균류	*Aspergillus, Penicillium*, 효모
		담자균류	버섯, 효모
		불완전균류	*Aspergillus, Penicillium*, 효모
진정세균역	진정세균계	세균, 방선균	
고세균역	고세균계	고세균	

Exercise

다음 중 미생물의 명명에서 종의 학명(Scientific name)이란?
2018, 2020

① 속명과 종명
② 목명과 과명
③ 과명과 종명
④ 과명과 속명

🔒 정답 ①

2) 미생물의 명명법

> 계(Kingdom) – 문(Phyla) – 강(Class) – 목(Order) – 과(Family) – 속(Genus) – 종(Species)

① 모든 학명은 2명법(속명 + 종명)을 사용한다.
② 속명의 첫 알파벳은 대문자로 시작하며 나머지는 모두 소문자로 한다.
③ 라틴어를 사용하고 이탤릭체로 쓴다.

3) 미생물의 생육인자

(1) 영양원

에너지의 생산, 세포 구성 성분 생합성 등 미생물 생육에 필요한 대량 영양원으로 탄소원, 질소원 및 미량 영양원으로 무기염류와 비타민 등이 필요하다.

① 탄소원 : 미생물 영양원 중 가장 중요한 유기물로 호흡, 발효 대사과정에서 이용하며 주로 당류를 탄소원으로 이용한다.
② 질소원 : 단백질, 핵산, 세포의 구성 성분으로 주로 아미노산을 통해 유기질소형태로 이용한다.
③ 무기염류 : 세포성분으로 사용되며 그 외에 세포 내 삼투압 조절 및 조효소의 보조인자로 이용한다. 황(S), 인(P), 칼륨(K), 칼슘(Ca), 마그네슘(Mg), 철(Fe) 등이 필요하며, 그중 황(S)과 인(P)은 생체에너지 생성에 필수인자이기에 미생물 생육에 필수적으로 공급되어야 한다.

(2) 온도

① 미생물의 생육온도

분류	최저(℃)	최적(℃)	최고(℃)	종류
저온균	0~5	10~20	25~30	*Pseudomonas*, *Achromobacter*, *Flavobacterium*, *Vibrio* 등 수생세균
중온균	15~20	30~40	40~45	대부분 병원성 세균, 곰팡이, 효모
고온균	40~45	50~60	70~80	*Bacillus coagulance*, 퇴비균, 메탄균

② 미생물은 생육 최적 온도에서 가장 활발하게 생육한다.

Exercise

대부분의 식중독세균이 발육하지 못하는 온도는?

① 37℃ 이하   ② 27℃ 이하
③ 17℃ 이하   ④ 7℃ 이하

💬 해설
중온성 세균
35℃ 내외에서 생육이 가장 활발하며 10~50℃ 사이에서 생존 가능한 세균으로 대부분의 식중독을 일으키는 병원성 세균은 중온성이다.

🔒 정답 ④

③ 대부분의 병원성 미생물은 중온균이므로 미생물의 제어를 위해서 미생물 성장이 어려운 온도환경을 구성해주어야 한다.
④ 0℃ 이하의 냉동조건에서는 일부 저온성 세균을 제외하고는 생육을 할 수 없다.

(3) pH

→ 미생물의 최적 생육 pH

구분		최소 pH	최적 pH
세균	산성 미생물	–	pH 0~5.5
	중성 미생물	–	pH 5.5~8.0
	알칼리성 미생물	–	pH 8.5~11.5
효모		pH 4.0~8.5	pH 4.0~4.5
곰팡이		pH 2.0~9.0	pH 3.0~3.5

중성 pH 식품(우유, 육류)에서는 세균에 의한 변질 가능성이 높고, 산성 pH 식품(과일주스)에서는 효모나 곰팡이에 의한 변질 가능성이 높다.

(4) 삼투압

대부분 미생물은 저삼투압상태에서 증식하며 고삼투압상태에서 생육이 힘들다.

① 염도 : 염도가 높은 곳에서만 생존이 가능한 미생물을 호염성균(소금농도 15% 이상), 염도가 높은 곳에서 더 잘 생존하는 미생물을 내염균이라 한다. 식품에 존재하는 호염성균으로는 *Halobacterium*, *Halococcus*, 내염성균으로는 *Pseudomonas*, *Achromobacter*, *Flavobacterium*, *Vibrio* 등이 있다.
② 당도 : 당도가 높은 조건에서 생존하는 미생물을 호당성균(설탕농도 65% 이상)이라 하며 다당류에 비하여 삼투압 효과가 크게 나타난다. 호당성균으로는 *Schizosaccharomyces*, *Aspergillus glaucus* 등이 있다.

(5) 수분

일반적으로 수분 13% 이하에서는 미생물이 생육할 수 없다.

→ 미생물의 최저 수분활성도(A_w)

분류	최저 A_w	분류	최저 A_w
세균	0.91	호염세균	0.75
효모	0.88	내건성 곰팡이	0.65
곰팡이	0.80	내압효모	0.60

Exercise

다음 중 효모가 서식할 수 없는 식품은 무엇인가?
① 빵　② 막걸리
③ 레몬즙　④ 김밥

해설
레몬의 pH는 2~3 정도이다. 효모가 서식 가능한 최소 pH는 4 이상이기 때문에, 산성의 레몬즙에서는 서식할 수 없다.

정답 ③

TIP

삼투압

삼투압은 어떠한 용매의 농도가 높을 때, 물이 농도가 낮은 쪽에서 높은 쪽으로 이동할 때 생기는 압력이다. 고염이나 고당의 조건에서는 미생물 외부의 염이나 당의 농도가 높기 때문에 미생물 내부의 물이 세포 밖으로 이동하게 되면서 탈수에 의해 미생물이 사멸하게 된다. 이외에도 삼투압에 의해 원형질이 분리되면 미생물이 사멸되기도 한다.

(6) 산소

① 편성호기성균
- 반드시 산소가 있어야만 생육하는 균
- *Bacillus*, *Pseudomonas* 등, 곰팡이, 산막효모

② 미호기성균
- 생육에 적은 양의 산소(5% 내외)만을 필요로 하는 균
- 대부분 젖산균, *Campylobacter*

③ 통성혐기성균(임의성균)
- 대장균(*Escherichia. coli*)처럼 산소 유무와 상관없이 잘 자라며 산소가 있으면 더 잘 자라는 균
- 대장균군, 효모

④ 편성혐기성균
- 산소가 없어야만 생육할 수 있는 균
- 보툴리눔균, 파상풍균 등, *Clostridium*

4) 미생물의 생육곡선(Growth curve)

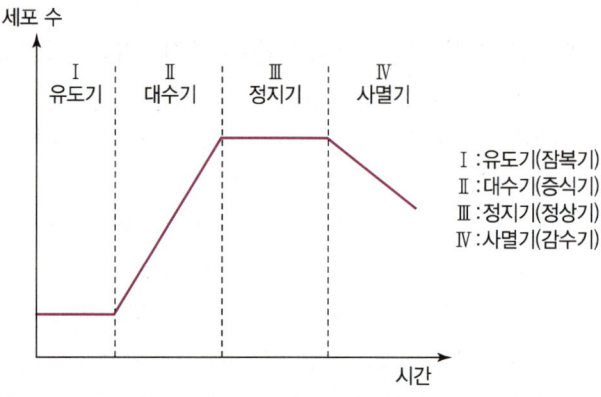

[미생물의 증식곡선]

Ⅰ : 유도기(잠복기)
Ⅱ : 대수기(증식기)
Ⅲ : 정지기(정상기)
Ⅳ : 사멸기(감수기)

(1) 유도기(Lag phase, Induction period)
① 미생물이 증식을 준비하는 시기
② 효소, RNA는 증가, DNA는 일정
③ 초기 접종균수를 증가하거나 대수 증식기균을 접종하면 기간이 단축

Exercise

미생물의 생육기간 중 물리·화학적으로 감수성이 높으며 세대기간이나 세포의 크기가 일정한 시기는?
2018

① 유도기 ② 대수기
③ 정상기 ④ 사멸기

🔒 정답 ②

(2) 대수기(Logarithmic phase)

① 대수적으로 증식하는 시기
② RNA는 일정, DNA는 증가
③ 세포질 합성속도와 세포수 증가속도가 비례
④ 세대시간, 세포의 크기 일정
⑤ 생리적 활성이 크고 예민
⑥ 증식속도는 영양원, 온도, pH, 산소 등에 따라 변화

(3) 정지기(Stationary phase)

① 영양물질의 고갈로 증식수와 사멸수가 같음
② 세포수 최대
③ 포자 형성 시기

(4) 사멸기(Death phase)

① 생균수보다 사멸균수가 많아짐
② 자기소화(Autolysis)로 균체 분해

Exercise

세균의 생육에 있어 RNA는 일정, DNA는 증가하고 세포의 활성이 가장 강하고 예민한 시기는? 2020
① 유도기 ② 대수기
③ 정상기 ④ 사멸기

🔒 정답 ②

2. 식품의 변질

1) 식품의 변질 분류 및 변질인자

(1) 식품의 변질 분류

① 부패(Putrefaction) : 단백질이 미생물에 의해 악취와 유해물질을 생성한다.
② 산패(Rancidity) : 지질이 산소와 반응하여 변질되어 이미, 산패취, 과산화물 등을 생성한다.
③ 변패(Deterioration) : 미생물에 의해 탄수화물이 변질된다.
④ 발효(Fermentation) : 미생물이 유기화합물을 분해하여 알코올과 유기산을 포함한 유용한 유기물을 생성한다.

(2) 식품의 변질인자

① 온도 : 미생물의 발육온도에 따라 저온균(10~20℃), 중온균(30~40℃), 고온균(50~60℃)으로 나누며 부패세균은 대부분 중온균이다.
② 수분 : 미생물이 이용할 수 있는 수분은 유리수로서 수분활성도(Water Activity ; A_w)로 표시하며, 미생물의 생육에 필요한 최저 A_w값은 세균 0.91, 효모 0.88, 곰팡이 0.80으로 세균

Exercise

식품성분 중 주로 단백질이나 아미노산 등의 질소화합물이 혐기성 미생물에 의해 분해되어 유해성 물질을 생성하는 현상은? 2020
① 부패 ② 산패
③ 변패 ④ 발효

🔒 정답 ①

> **TIP**
> **식품에서의 변질 방지**
> 식품에서의 변질을 막는 것은 식품의 변질인자를 제어하는 데에 있다. 세균이 잘 자라는 조건에서 서식할 수 없는 조건으로 바꾸어 주는 것이다. 온도를 제어하는 방법으로는 냉장과 냉동 저장, 수분을 제어하는 방법으로는 건조, 산소를 제어하는 방법으로는 가스치환포장법(MAP)이 있다.

은 A_w가 높을수록 잘 번식하고 곰팡이는 내건성이 강하다.
③ pH : 부패세균은 pH 7 내외의 중성에서, 곰팡이는 pH 4~6인 산성에서 최적 생육한다.
④ 산소 : 산소요구성에 따라 호기성, 미호기성, 혐기성, 통성혐기성(임의성)균으로 구분된다.
⑤ 식품성분 : 부패세균은 단백질을 좋아하며, 곰팡이는 주로 탄수화물식품에서 쉽게 번식한다.
⑥ 잠재적 위해식품 : 단백질함량이 많고, A_w가 0.96~0.98 정도로 높으며 중성의 pH를 가진 식품이 위험온도대(5~60℃)에 장시간 놓이면 세균의 번식이 쉽게 발생할 수 있다.

2) 식품의 변질에 따른 변화

(1) 저분자물질 생성

미생물에 의한 분해작용으로 식품 내의 고분자물질이 분해되어 저분자물질을 생성한다.
① 단백질 → 아미노산 → 아민, 암모니아, 황화수소, 인돌
② 지질 → 지방산, 글리세롤, 에스테르
③ 탄수화물 → 유기산, 알데하이드, 에탄올

(2) 관능적 변화

① 조직의 물러짐 : 점질물, 곰팡이균사
② 악취성분 : 황화수소(H_2S), 인돌, 메르캅탄, 암모니아, 스카톨, 알코올류, TMA
③ 이미성분 : 유기산류, 알코올류, 이산화탄소
④ 색소의 변색 : 갈변, 곰팡이균총, 미생물의 2차 생성물
⑤ 유해성분 생성 : 아미노산의 탈탄산반응에 의해 생성된 Histamine (알레르기 유발), Putresine(부패독), Cadaverine(부패독) 등

> **TIP**
> **식품의 악취성분**
> 식품의 악취성분인 황화수소, 인돌, 암모니아는 단백질의 저분자물질이다. 그렇기에 단백질식품인 육류나 생선의 부패 시 발생하는 악취의 주원인이 된다. 메르캅탄은 황화합물로 부패계란, 스카톨은 대변의 악취성분이다.

SECTION 03 살균과 소독법

1. 살균과 소독의 종류

1) 멸균
살아 있는 미생물의 영양세포와 포자까지 사멸하여 무균의 상태로 만드는 조작이다.

(1) 영양세포
미생물이 활발히 대사하는 상태의 세포이다.

(2) 포자
균류가 무성생식의 수단으로 형성하는 생식세포이지만 일부 세균류 등의 생물군에서는 불리한 환경에서 살아남는 생존형태이기도 하다. 일부 식중독균은 생존이 어려운 환경에서 포자를 형성하며 생성되는 포자는 100℃ 가열, 산, 알칼리, 건조, 방사선 조건에 매우 강한 내성을 보인다.

2) 살균(Sterilization)
모든 세균, 진균의 영양세포는 사멸시키나 포자는 잔존하는 조작이다.

3) 소독
대부분의 병원성 세균, 진균은 사멸시키나 비병원성 미생물은 사멸하지 않아도 무방한 상태이다.

4) 방부
부패미생물의 생육을 억제한다.

2. 살균법 및 소독법

1) 식품의 살균법

(1) 상업적 살균
중심부 온도를 63℃ 이상에서 30분간 가열 살균하거나 이와 동등 이상의 효과가 있는 방법으로 가열 살균한다.

Exercise

미생물의 영양세포 및 포자를 사멸시키는 것으로 정의되는 용어는?
① 간헐 ② 가열
③ 살균 ④ 멸균

🔒 정답 ④

TIP

살균과 소독의 이용
- 멸균 : 캔 · 병조림 · 레토르트식품
- 살균 : 장기보존하고자 하는 일반식품
- 소독 : 기구설비 및 장비, 공간
- 세척 : 빨래

(2) 상업적 멸균

기밀성이 있는 용기·포장에 넣은 후 밀봉한 제품의 중심부 온도를 120℃ 이상에서 4분 이상 멸균처리하거나 이와 동등 이상의 효과가 있는 방법으로 멸균처리를 한다.

(3) 우유살균법

① 저온 장시간 살균법(LTLT법, Low Temperature Long Time) : 62~63℃에서 30분간
② 고온 단시간 살균법(HTST법, High Temperature Short Time) : 72~75℃에서 15초 내지 20초간
③ 초고온 순간 처리법(UHT법, Ultra High Temparature) : 130~150℃에서 0.5초 내지 5초간

2) 소독법

(1) 물리적 소독법

① 건열멸균법
- 160~170℃의 건열멸균기에서 1~2시간 가열하는 방법
- 초자기구

② 화염멸균법
- 알코올램프나 가스버너 등으로 가열하는 방법
- 백금이, 시험관 입구

③ 자비소독법
- 끓는 물(100℃)에서 30분 가열하는 방법
- 식기, 도마, 주사기

④ 증기소독법
- 100℃의 유동수증기를 사용하는 방법
- 식기

⑤ 고압증기멸균법
- 고압증기멸균기(Autoclave)에서 15lb, 121℃, 15~20분 처리하는 방법
- 초자기구, 고무제품, 배지 등, 약액

⑥ 간헐멸균법
- 100℃, 30분, 3일에 걸쳐서 처리하는 방법
- 통조림, 캔에서 포자멸균 시

> **TIP**
> **저온 장시간 살균**
> 저온 장시간 살균의 63℃는 소결핵균 살균을 위해 설정된 한계온도이다. 저온살균을 최초 개발한 파스퇴르의 이름을 따서 Pasteurization이라고도 한다.

⑦ 일광소독법
- 일광에 1~2시간 처리하는 방법
- 결핵 등 일반 감염병 환자의 의복, 침구류

⑧ 자외선살균법
- 260nm로 50cm 내에서 조사하는 방법
- 공기, 물, 무균실 등에 사용

⑨ 방사선조사법
- ^{60}Co의 선을 이용하는 방법
- 포장된 통조림

⑩ 여과제균법
- 여과기를 이용하여 세균을 제거하는 방법
- 비가열배지 등

(2) 화학적 소독법

① 승홍($HgCl_2$) : 단백질 응고작용으로 살균, 0.1% 이용, 손소독
② 머큐로크롬 : 단백질 응고작용으로 살균, 2% 이용, 상처소독
③ 과산화수소(H_2O_2) : 산화작용으로 살균, 3% 이용, 상처소독·구내염
④ 석탄산(Phenol)수 : 단백질 응고작용으로 살균, 3% 이용, 선박·기차소독
⑤ 크레졸 : 단백질 응고작용으로 살균, 3% 용액 이용, 배설물소독
⑥ 양성(역성)비누 : 세포막 파괴로 살균, 0.1% 이용, 손소독
⑦ 에틸알코올 : 단백질 응고와 탈수작용에 의한 살균, 70% 이용, 손소독
⑧ 포르말린 : 단백질 응고작용으로 살균, 0.1% 용액, 창고 등 훈증소독

TIP

화학적 소독제의 사용조건
- 용해성이 높을 것
- 살균력과 침투력이 강할 것
- 사용이 간편할 것
- 인체에 무해할 것
- 부식성과 표백성이 없을 것
- 사용 후에 수세가 가능할 것
- 값이 저렴하고 구하기 쉬울 것

Exercise

식품을 가공하는 종업원의 손소독에 가장 적합한 소독제는?
① 역성비누 ② 크레졸
③ 생리식염수 ④ 승홍

해설
- 역성비누 : 세포막 파괴로 살균을 하는 소독제로 손소독에 적절하다.
- 크레졸 : 단백질 응고작용을 일으켜 소독을 하며 배설물소독에 적절하다.
- 생리식염수 : 체액과 유사한 농도를 가진 등장액으로 소독작용이 없다.
- 승홍 : 단백질 응고작용으로 살균을 하는 소독제이나 점막에 자극이 있다. 살균력이 강하여 낮은 농도로 희석하여 의료기관에서 손소독 시 주로 이용한다.

정답 ①

SECTION 04 식품의 보존

1. 온도 조절을 이용한 보존

물과 염류를 제외한 대부분의 식품원료로 사용되는 유기물은 쉽게 변질되는 특성을 가진다. 이에 식품의 온도 조절을 통해 미생물을 저해하며, 효소의 작용을 억제해주고, 식품성분 간 반응을 통한 변질을 억제하는 보존법이다.

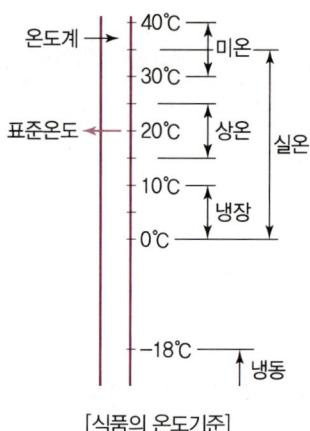

[식품의 온도기준]

1) 냉장법

(1) 냉장법의 정의

0~10℃로 식품을 저장하는 방법으로 주로 과채류와 육류 등 수분이 높아 변질되기 쉬운 원료를 단기간 저장하기 위한 온도저장 보존법이다.

(2) 냉장법의 장점

① 미생물 생육 억제
② 호흡, 발근, 발아 등의 억제
③ 효소적 반응 등 화학반응에 의한 품질 저하 억제

(3) 냉장법의 단점

① 저온균의 생육이 가능하여 변질 가능성이 존재
② 장기보존에 적합하지 않음

2) 냉동법

−18℃ 이하로 식품을 저장하는 방법으로 온도뿐만 아니라 수분을 조절하여 식품을 장기간 저장하는 장기보존법이다.

(1) 냉동법의 장점

① 미생물의 생육 억제
② 수분을 빙결시켜 수분활성도를 낮춰 품질 저하 억제

(2) 냉동법의 단점

수분이 승화하는 과정에서 드립 발생 및 건조현상이 발생

(3) 식품의 동결곡선

식품을 냉동 시 품온이 내려가며 식품의 동결점에 도달하게 되고 식품 내의 수분이 얼기 시작한다. 하지만 동결점에서 모든 수분이 어는 것이 아니며 일부분의 수분만이 얼기 시작하므로 완전히 빙결에 도달할 때까지는 다소의 시간이 필요하다.

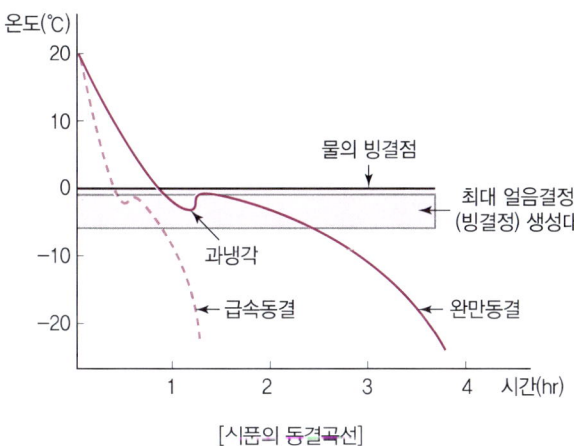

[식품의 동결곡선]

① **최대 빙결정 생성대** : 육류와 어류 기준으로 −5℃에서 전 수분의 80%가량이 얼게 되므로 동결점인 −5~−1℃ 사이를 말한다.
② **완만동결과 급속동결** : 식품을 냉동할 때 완만하게 온도를 내려주면 소수의 얼음핵만이 생성되어 서서히 성장하여 큰 얼음결정을 만들게 되므로 식품의 품질을 저하시키게 된다. 반면에 식품을 냉동할 때 급속하게 온도를 내려주면 동시에 수많은 작은 얼음입자가 생성되므로 얼음결정이 작아 식품의 조직손상을 방지하여 식품의 품질을 우수하게 유지할 수 있다.

TIP

냉동 시 얼음결정에 의한 변화

빙결정이 결정화되면서 생기는 얼음입자에 의해서 세포가 파괴될 수 있으며, 빙결정이 생기며 탈수에 의해서도 세포가 파괴될 수 있다. 이렇게 생성된 빙결정은 해동 시 드립으로 유출되어 식품의 품질에 영향을 준다.

Exercise

식품을 동결할 때 최대 빙결정 생성대의 일반적인 온도범위는?
① 0~5℃
② −5~−1℃
③ −10~−6℃
④ −15~−11℃

해설

최대 빙결정 생성대

식품의 약 80% 수분이 빙결되는 범위로 약 −5~−1℃를 거치게 되는데 이 온도대를 30분 이내에 통과하는 것을 급속동결이라 하며, 60분가량에 통과하는 것을 완만동결이라 한다.

정답 ②

> **TIP**
>
> **냉동화상(프리저번, Freezer burn)**
> 냉동 저장 중 얼음이 승화하여 노출된 지방성분이 공기 중 산소에 의해 변질, 변색되어 색이 갈변되는 현상이다.

이처럼 온도를 빠르게 낮춰주어 최대 빙결정 생성대를 30분 내로 통과하는 방법을 급속동결이라 하며 온도를 완만하게 낮춰 최대 빙결정 생성대를 통과하는 시간이 30분 이상 소요되는 방법을 완만동결이라 한다.

➜ 완만동결과 급속동결의 차이

구분	완만동결 (Slow freezing)	급속동결 (Quick freezing)
최대 빙결정 생성대 통과시간	30분 이상	30분 이내
빙결정형태	모양이 다양하며 결정이 크다.	모양이 균일하고 결정이 작다.
식품형태	식품형태 파손	냉동 시 모양 변화 최소
입자		

2. 수분활성도를 이용한 보존

1) 건조법

(1) 건조법의 정의

① 식품 내의 수분을 건조 혹은 승화에 의해 제거하여 수분활성도를 낮춤으로써 식품의 변질을 방지하는 보존법이다.
② 건조를 통하여 화학반응, 효소반응을 저하시키고 미생물 생육을 억제하는 보존법이다.

(2) 열풍건조법(Hot air drying)

더운 바람을 식품에 불어주면 열이 공기의 대류에 의해 식품에 공급되어 식품을 건조시키는 방법이다.

① 장점
  • 설비 및 운영가격이 저렴하다.
  • 건조시간이 짧다.

② 단점
  • 열에 민감한 비타민 C 등 영양성분의 손실이 크다.
  • 색소성분의 파괴로 품질의 저하를 가져올 수 있다.

> **Exercise**
>
> 동결건조에 대한 설명으로 틀린 것은?
> ① 향미성분의 손실이 적다.
> ② 감압상태에서 건조가 이루어진다.
> ③ 다공성 조직을 가지므로 복원성이 좋다.
> ④ 열풍건조에 비해 건조시간이 짧다.
>
> 정답 ④

- 휘발성 성분의 손실로 향미가 감소한다.
- 표면경화와 조직의 수축을 가지고 온다.

(3) 동결건조법(Freeze drying)

식품을 급속동결하여 식품 중의 수분을 냉각시킨 후, 얼음을 진공 중에서 승화시켜 제거하는 건조법이다.

① 장점
- 향미나 영양성분이 그대로 유지되어 품질이 우수하다.
- 표면경화나 조직의 수축 등 구조적 변화가 거의 없어 재수화성이 우수하다.

② 단점
- 고가의 설비가 필요해 가격이 높다.
- 건조시간이 길다.
- 산화에 의한 변질이 일어날 가능성이 높다.

2) 염장법

(1) 염장법의 정의

식품에 10% 이상의 소금을 사용하여 식품 외부환경의 염도가 높아지면 삼투압에 의하여 식품 내부의 수분이 식품 외부로 이동하게 되어 식품 내부의 수분활성도를 낮춰 식품을 보존하는 방법이다.

(2) 염장법에 의한 식품보존의 원리

① 탈수에 의한 미생물의 사멸
② 소금에 함유된 염소(Cl) 자체의 살균효과
③ 용존산소 감소효과에 따른 화학반응 억제
④ 단백질 변성에 의한 효소작용 억제

(3) 염장법의 종류

① 건염법 : 10~15%의 소금을 식품에 직접 접촉시켜 식염을 침투시키는 염장법
② 염수법 : 20~25%의 소금을 물에 희석하여 식품을 담그는 염장법

Exercise

수분활성도(A_w)를 저하시켜 식품을 저장하는 방법만으로 나열된 것은?
① 동결저장법, 냉장법, 건조법, 염장법
② 냉장법, 염장법, 당장법, 동결저장법
③ 냉장법, 건조법, 염장법, 당장법
④ 염장법, 당장법, 동결저장법, 건조법

해설
냉장법으로 수분활성도가 저하되지는 않는다.

🔒 **정답** ④

Exercise

식품을 저장할 때 사용되는 식염의 작용기작 중 미생물에 의한 부패를 방지하는 가장 큰 이유는?
① 나트륨이온에 의한 살균작용
② 식품의 탈수작용
③ 식품용액 중 산소용해도의 감소
④ 유해세균의 원형질 분리

🔒 **정답** ②

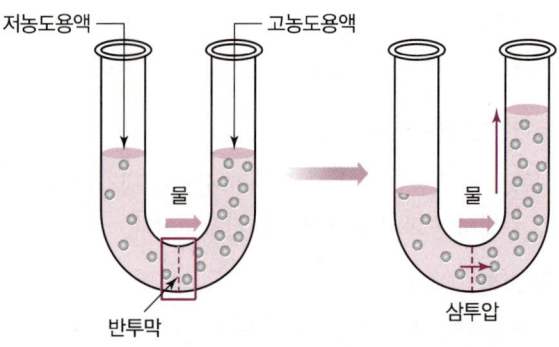

[삼투압의 원리]

> **TIP**
> **역삼투압**
> 삼투압은 농도가 낮은 곳에서 높은 곳으로 용매가 이동하게 된다. 역삼투압은 이러한 용매의 흐름을 반대로 바꿔주기 위해서 용매의 농도가 높은 곳에 강한 압력을 주어 농도가 낮은 곳으로 용매를 이동시켜주는 현상이다.

3) 당장법

(1) 당장법의 정의

고농도의 설탕을 이용하여 식품의 삼투압을 높혀 식품을 장기보존하는 저장법으로 주로 과일·채소류에 사용된다. 일반적으로 미생물은 50%의 당 농도에서 생육이 억제되나 효모는 당 함량이 80% 이상의 조건에서도 생육이 가능하다.

> **Exercise**
> 당장(당절임)의 원리 및 특징과 관련이 없는 것은?
> ① 삼투압
> ② 원형질 분리
> ③ 수분활성
> ④ 포자 형성
>  정답 ④

(2) 당장법에 의한 식품보존의 원리

① 삼투압에 의한 수분활성도 저하
② 탈수에 의한 미생물의 생육 억제
③ 세포의 원형질을 분리시킴으로써 변질 방지
④ 당류의 방부효과 : 생육 억제효과(과당 > 포도당 > 설탕 > 유당)

3. 기체 조절을 이용한 보존

1) 농산물의 생리

식물은 수확 후에도 호기적인 호흡을 통해 얻어진 에너지를 이용하여 지속적으로 성장하여 싹튀움, 뿌리성장, 신장, 발아작용을 하게 된다. 더불어 수확 후에도 생산되는 에틸렌은 호흡으로 인한 대사과정을 더욱 빠르게 일으키게 된다. 이러한 농산물의 지속적인 호흡은 식물의 화학적 변화와 연화작용을 일으켜 식품으로써의 효용을 떨어트린다.

2) MA(Modified Atmosphere) 저장

기체의 조성(질소 78%, 산소 21%, 이산화탄소 0.03% 등)을 변경함으로써 저장기간을 증대시키는 식품의 저장방법이다. 초기 기체 조성

> **TIP**
> MAP(Modified Atmosphere Packaging)
> 가스치환 포장

을 조절한 후 더 이상 통제하지 않는 방법이기에 CA 저장에 비하여 포괄적인 개념으로 주로 포장법에 사용한다.

→ 충전제의 종류와 목적

종류	목적
산소	적색육의 변색 방지와 혐기성 미생물의 성장 억제
이산화탄소	호기성 미생물과 곰팡이의 성장과 산화 억제
질소	불활성 가스로 식품의 산화를 방지하며 플라스틱필름을 통해 확산하는 속도를 늦춰 충전 및 서포팅가스로 사용
수소, 헬륨	분자량이 적어 주로 포장으로 인한 가스누설 검지를 위해 사용

3) CA(Controlled Atmosphere) 저장

대기 중의 산소와 이산화탄소의 농도를 조절하여 식품을 장기저장할 수 있는 저장법으로 주로 과일의 저장 시 사용한다. 과일을 저장할 때에는 호흡을 방지하고자 이산화탄소의 농도를 1~5%까지 증가하고 산소를 3% 이하로 감소해 호흡을 최대한 억제하는 저장법이다.

4. 비가열처리법

1) 방사선조사법

생물체에 방사선을 조사하여 저장성을 향상시키는 저장법이다. 방사선원소가 방출하는 고속도의 입자 또는 방사에너지로서 입자선인 α, β선과 중성자, 파동선인 γ, X선 등을 이용한다. 식품조사 시에는 ^{60}Co의 γ선을 사용한다.

(1) 방사선조사의 목적

① 1kGy 이하의 저선량 방사선조사
- 발아·발근 억제(양파, 감자 등)
- 기생충의 사멸
- 과실류의 숙도 조절(토마토, 망고, 바나나 등)
- 식품의 저장수명 연장

② 1kGy 이상의 고선량 방사선조사
- 식중독균의 사멸
- 바이러스의 사멸

③ 10kGy 이하의 방사선조사 : 모든 미생물을 완전히 사멸시키지는 못하지만, 식품에서는 10kGy 이하의 에너지를 주로 사용한다.

Exercise

과일의 CA(Controlled Atmosphere) 저장조건에서 기체 조성은 어떻게 변화시키는가? 2021
① 산소의 증가
② 이산화탄소의 증가
③ 질소의 증가
④ 에틸렌가스의 감소

해설
일반적인 대기의 기체는 산소가 약 21% 포함되어 있으며 이를 통해 호기성 미생물은 호흡을 통해 생명활동을 유지할 수 있게 된다. 그렇기에 식품 저장 시 CA 포장의 주요 원리는 산소를 저감화하고 이를 이산화탄소로 치환하여 호기성 미생물을 억제함에 있다.

정답 ②

TIP

방사선조사법의 장점

식품의 방사선조사는 침투력이 강해 식품을 포장한 상태로 내부 살균을 할 수 있다. 또한 열처리를 동반하지 않기에 냉살균이라고도 한다.

(2) 방사선조사에 대한 감수성

해충 > 대장균균 > 무아포 형성균 > 아포 형성균 > 아포 > 바이러스

2) 자외선처리법

살균력이 가장 강한 260nm 자외선을 이용하여 공기, 기구, 식품 표면, 투명한 음료수 등에 이용한다.

자외선소독의 원리
- 자외선의 파장이 생물체의 표면에 닿아서 핵산(DNA, RNA)을 손상시킴으로써 살균효과가 나타난다. 식품 혹은 조리기구나 접시 등에 남아서 음식을 오염시키는 주원인인 미생물이 자외선을 쪼이게 되면 미생물의 세포막이 터지고 핵산이 손상되어 제대로 된 기능을 할 수 없게 된다.
- 자외선은 X선이나 γ선보다 투과성이 낮기 때문에 이 파장은 기구의 내부로 투과하지 못하고 직접 자외선이 닿는 부분만 소독되므로 식품 표면 살균 시 사용된다.

5. 훈연법

참나무, 떡갈나무 등을 불완전연소하여 나온 연기성분인 알데하이드류, 알코올류, 페놀류, 산류 등 살균성분을 식품에 침투시켜 저장성을 높이는 방법이다. 가열에 의한 건조효과도 있고 독특한 향미를 부여하며 육류나 어류제품에 사용된다. 침엽수는 수지(Resin)가 많아 나쁜 냄새가 나므로 사용하지 않는다.

Exercise

고기의 훈연 시 적합한 훈연제로 짝지어진 것은? 2020
① 왕겨, 옥수수속, 소나무
② 참나무, 떡갈나무, 밤나무
③ 향나무, 전나무, 벚나무
④ 보릿짚, 소나무, 향나무

해설
훈연법
- 참나무, 떡갈나무, 밤나무 등을 불완전연소하여 나온 연기성분인 알데하이드류, 알코올류, 페놀류, 산류 등 살균성분을 식품에 침투시켜 저장성을 높이는 방법이다. 가열에 의한 건조효과도 있고 독특한 향미를 부여하며 육류나 어류 제품에 사용된다. 침엽수는 수지(Resin)가 많아 나쁜 냄새가 나므로 사용하지 않는다.
- 침엽수 : 잎이 대개 바늘같이 뾰족한 수목으로 소나무, 향나무, 전나무, 잣나무 등

정답 ②

SECTION 05 식품첨가물

1. 식품첨가물의 정의

① **식품위생법** : 식품을 제조·가공·조리 또는 보존하는 과정에서 감미(甘味), 착색(着色), 표백(漂白) 또는 산화방지 등을 목적으로 식품에 사용되는 물질을 말한다. 이 경우 기구(器具)·용기·포장을 살균·소독하는 데에 사용되어 간접적으로 식품으로 옮아갈 수 있는 물질을 포함한다.

② **FAO 및 WHO 합동 식품첨가물 전문위원회(JECFA)** : 식품의 외관, 향미, 조직, 저장성을 향상시키기 위한 목적으로 식품에 미량으로 첨가하는 비영양성 물질이다.

③ **CODEX(Codex Alimentarius)** : 식품의 제조, 가공, 보존 또는 저장을 돕기 위해 사용되는 물질로, 일반적으로는 식품의 성질이나 외관을 변화시키지 않거나 미세하게 변화시키는 목적으로 사용된다. 이들은 통상적으로 식품에 그 자체로는 영양을 공급하지 않으며, 주로 식품의 맛, 색, 질감, 저장성 등을 개선하는 역할을 한다.

> **TIP**
> **CODEX**
> 국제식품규격위원회가 설정한 식품의 안전 및 품질에 대한 기준 및 규격이다.

> **Exercise**
> 식품첨가물의 첨가량을 결정하는 데 있어서 가장 중요한 사항은 무엇인가?
> ① 제품의 소비기한
> ② 첨가물의 가격
> ③ 1일 섭취 허용량
> ④ 첨가물 사용 후기
> 🔒 정답 ③

2. 식품첨가물의 구비 조건

① 인체에 무해해야 한다.
② 체내에 축적되지 않아야 한다.
③ 미량으로 효과가 있어야 한다.
④ 이화학적 변화에 안정해야 한다.
⑤ 식품의 제조가공에 필수불가결해야 한다.
⑥ 저렴해야 한다.
⑦ 영양가를 유지시키고 외관을 좋게 해야 한다.
⑧ 첨가물을 확인할 수 있어야 한다.

> **TIP**
> 식품첨가물이 제조과정에서 모두 변형되고 사라진다면, 첨가물을 얼마나 넣었는지 최종식품에서 확인을 할 수가 없으므로 첨가물을 남용하는 문제점이 발생할 수 있다. 그렇기에 식품첨가물은 최종제품에서도 확인을 할 수 있는 물질이어야 한다.

> **Exercise**
> 식품첨가물과 관련된 설명으로 적합하지 않은 것은?
> ① 사용목적에 따른 효과를 소량으로도 충분히 나타낼 수 있는 첨가물질
> ② 저장성을 향상시킬 목적의 의도적 첨가물질
> ③ 식욕증진 목적의 첨가물질
> ④ 포장의 적응성을 높일 목적으로 식품에 첨가하는 물질
> 🔒 정답 ③

Exercise

식용착색료로서의 구비 조건이 아닌 것은?
① 독성이 없을 것
② 체내에 축적되지 않을 것
③ 미량으로 착색 효과가 클 것
④ 영양소를 함유하지 않을 것

🔒 정답 ④

Exercise

산화방지제에 대한 설명으로 옳은 것은?
① 제품의 영양가를 유지한다.
② 해충의 발생을 억제한다.
③ 갈변을 억제한다.
④ 유지의 산화를 방지한다.

🔒 정답 ④

3. 식품첨가물의 종류

① 변질 방지 : 보존료, 살균제, 산화방지제
② 품질개량 및 품질유지 : 밀가루 개량제, 증점제(호료), 유화제, 이형제, 피막제
③ 식품 제조 : 추출용제, 껌기초제, 팽창제
④ 관능 부가 : 감미료, 향미증진제, 착색료, 향료, 발색제, 표백제
⑤ 영양 강화 : 영양강화제
⑥ 가공보조제 : 살균제, 여과보조제, 이형제, 제조용제, 청관제, 추출용제, 효소제

➜ 식품첨가물의 종류

용어	정의
가공보조제	식품의 제조 과정에서 기술적 목적을 달성하기 위하여 의도적으로 사용되고 최종 제품 완성 전 분해·제거되어 잔류하지 않거나 비의도적으로 미량 잔류할 수 있는 식품첨가물
감미료	식품에 단맛을 부여하는 식품첨가물
고결방지제	식품의 입자 등이 서로 부착되어 고형화 되는 것을 감소시키는 식품첨가물
거품제거제	식품의 거품 생성을 방지하거나 감소시키는 식품첨가물
껌기초제	적당한 점성과 탄력성을 갖는 비영양성의 씹는 물질로서 껌 제조의 기초 원료가 되는 식품첨가물
밀가루 개량제	밀가루나 반죽에 첨가되어 제빵 품질이나 색을 증진시키는 식품첨가물
발색제	식품의 색을 안정화시키거나, 유지 또는 강화시키는 식품첨가물
보존료	미생물에 의한 품질 저하를 방지하여 식품의 보존기간을 연장시키는 식품첨가물
분사제	용기에서 식품을 방출시키는 가스 식품첨가물
산도조절제	식품의 산도 또는 알칼리도를 조절하는 식품첨가물
산화방지제	산화에 의한 식품의 품질 저하를 방지하는 식품첨가물
살균제	식품 표면의 미생물을 단시간 내에 사멸시키는 작용을 하는 식품첨가물
습윤제	식품이 건조되는 것을 방지하는 식품첨가물
안정제	두 가지 또는 그 이상의 성분을 일정한 분산 형태로 유지시키는 식품첨가물
여과보조제	불순물 또는 미세한 입자를 흡착하여 제거하기 위해 사용되는 식품첨가물

용어	정의
영양강화제	식품의 영양학적 품질을 유지하기 위해 제조공정 중 손실된 영양소를 복원하거나, 영양소를 강화시키는 식품첨가물
유화제	물과 기름 등 섞이지 않는 두 가지 또는 그 이상의 상(Phases)을 균질하게 섞어주거나 유지시키는 식품첨가물
이형제	식품의 형태를 유지하기 위해 원료가 용기에 붙는 것을 방지하여 분리하기 쉽도록 하는 식품첨가물
응고제	식품 성분을 결착 또는 응고시키거나, 과일 및 채소류의 조직을 단단하거나 바삭하게 유지시키는 식품첨가물
제조용제	식품의 제조·가공 시 촉매, 침전, 분해, 청징 등의 역할을 하는 보조제 식품첨가물
젤형성제	젤을 형성하여 식품에 물성을 부여하는 식품첨가물
증점제	식품의 점도를 증가시키는 식품첨가물
착색료	식품에 색을 부여하거나 복원시키는 식품첨가물
청관제	식품에 직접 접촉하는 스팀을 생산하는 보일러 내부의 결석, 물때 형성, 부식 등을 방지하기 위하여 투입하는 식품첨가물
추출용제	유용한 성분 등을 추출하거나 용해시키는 식품첨가물
충전제	산화나 부패로부터 식품을 보호하기 위해 식품의 제조 시 포장 용기에 의도적으로 주입시키는 가스 식품첨가물
팽창제	가스를 방출하여 반죽의 부피를 증가시키는 식품첨가물
표백제	식품의 색을 제거하기 위해 사용되는 식품첨가물
표면처리제	식품의 표면을 매끄럽게 하거나 정돈하기 위해 사용되는 식품첨가물
피막제	식품의 표면에 광택을 내거나 보호막을 형성하는 식품첨가물
향미증진제	식품의 맛 또는 향미를 증진시키는 식품첨가물
향료	식품에 특유한 향을 부여하거나 제조공정 중 손실된 식품 본래의 향을 보강시키는 식품첨가물
효소제	특정한 생화학 반응의 촉매 작용을 하는 식품첨가물

CHAPTER 02 식중독

SECTION 01 식중독의 분류 및 발생현황

1. 식중독의 분류

> **TIP**
> **바이러스성 식중독**
> 로타바이러스A군, 노로바이러스, 아스트로바이러스, 장관아데노바이러스

구분		종류
세균성	감염형	살모넬라, 장염비브리오, 병원성 대장균
	독소형	황색포도알균, 보툴리눔균
	감염독소형(중간형)	퍼프린젠스, 세레우스
자연독	동물성	복어, 조개류, 독어류
	식물성	독버섯, 감자, 독미나리
화학적	유해화학물질	농약, 중금속, 유해첨가물
바이러스성	바이러스	노로바이러스
곰팡이독	미코톡신(Mycotoxin)	아플라톡신, 황변미독, 푸사륨속, 맥각독

2. 식중독의 발생현황

가장 발생률이 높은 식중독은 세균성 식중독이다. 하지만 대부분은 구토, 발열 등 치사율이 높지 않다. 이러한 세균성 식중독은 대기 및 해수의 온도가 높아지는 여름철에 발생이 증가한다. 화학적 식중독의 경우에는 발생률은 낮지만 주로 만성 독성을 일으키기 때문에 치사율이 높다.

SECTION 02 세균성 식중독

생물학적 식중독은 세균 또는 바이러스에 의해서 발생하는 식중독을 말한다. 그중 세균성 식중독은 감염형, 독소형, 감염독소형으로 구분된다.

1. 감염형 식중독

식품과 함께 섭취한 다량의 미생물이 체내에서 증식되어 급성 장염 증세를 일으키는 것을 말한다.

1) 살모넬라 식중독

(1) 원인균 및 특징

① 원인균 : *Salmonella enteritidis*, *Sal. typhimurium*, *Sal. thomson*, *Sal. derby* 등
② 특징 : 그람음성균, 무포자간균, 주모성으로 잠복기는 보통 12~24시간이며, 구토·복통·설사·발열의 일반적 급성 장염 증상을 보이나 38℃를 넘는 고열이 주증상이다.

(2) 원인식품 및 예방

① 원인식품 : 육류, 난류, 우유 및 그 가공품 등이 주오염식품이며 쥐 등에 의해서도 전파된다.
② 예방 : 쥐, 파리, 바퀴벌레 등 위생해충의 예방, 식품의 가열조리, 급랭, 저온보존 및 손씻기 등 개인위생을 철저히 한다.

2) 장염비브리오 식중독

(1) 원인균 및 특징

① 원인균 : *Vibrio parahaemolyticus*
② 특징 : 그람음성균, 무포자간균, 단모균, 활모양의 호상균으로 3~4% 염에서 살 수 있는 호염균이다. 잠복기는 평균 10~18시간이며, 주된 증상은 복통, 구토, 설사, 발열 등의 전형적인 급성 위장염 증상이다.

(2) 원인식품 및 예방

① 원인식품 : 어패류의 생식에 의해 감염될 수 있다.
② 예방 : 가열 살균하며 저온저장, 손 등의 소독 및 담수 세척 등을 한다.

Exercise

감염형 식중독이 아닌 것은? 2020
① 살모넬라균 식중독
② 포도상구균 식중독
③ 장염비브리오균 식중독
④ 캠필로박터균 식중독

해설
- 감염형 식중독 : 살모넬라, 장염비브리오, 캠필로박터, 병원성 대장균 식중독
- 독소형 식중독 : 황색포도상구균, 클로스트리디움 보툴리눔 식중독

정답 ②

➡ 살모넬라, 리스테리아에 의한 식중독 발병률이 가장 높아요. 발병률이 높은 만큼 출제율도 높아지겠죠?

Exercise

병원성 장염비브리오균의 최적 증식온도는? 2020
① -5~5℃   ② 5~15℃
③ 30~37℃   ④ 60~70℃

해설
장염비브리오를 포함한 대부분의 병원성 미생물은 중온균으로 최적 증식온도는 30~37℃이다.

정답 ③

> **TIP**
>
> **용혈성 요독증후군**
>
> 어린아이들이 햄버거를 먹고 신부전증을 일으키는 경우가 종종 발생한다. 이것은 장출혈성 대장균에 의해 발병하는 질병으로, 주로 햄버거 속의 장출혈성 대장균이 존재하는 패티를 완전 조리하지 못하고 섭취하였을 때 발생하기 때문에 햄버거병이라고도 한다. 이를 제어하기 위해서는 장출혈성 대장균이 사멸할 수 있도록 충분히 가열 조리를 해주어야 한다.

> **TIP**
>
> **병원성 대장균의 원인식품**
>
> 병원성 대장균은 동물의 대장에서 주로 오염될 수 있다. 그렇기에 동물의 분변에 오염된 농산물, 채소나 동물의 다짐육을 이용한 햄버거, 햄 등의 가공식품에서 오염되기가 쉽다. 동물의 내장 속에 존재하기 때문에, 일반적인 근육조직에는 존재하지 않지만 내장부위와 교차오염의 가능성이 높은 다짐육에서 검출률이 높다.

3) 병원성 대장균 식중독

(1) 원인균 및 특징

① 원인균
- 장관병원성 대장균(*Enteropathogenic E. Coli* ; EPEC) : 유아설사증
- 장관침입성 대장균(*Enteroinvasive E. Coli* ; EIEC) : 세포침입성
- 장관독소원성 대장균(*Enterotoxigenic E. Coli* ; ETEC) : 여행자설사증, 장독소 생성
- 장관응집성 대장균(*Enteroaggregative E. Coli* ; EAEC) : 장점막에 부착하여 독소를 생성
- 장관출혈성 대장균(*Enterohemorrhagic E. Coli* ; EHEC) : O157 : H7, Verotoxin 생성, 혈변과 심한 복통

② 특징 : 그람음성균, 무포자간균, 통성혐기성, 유당을 분해하여 산과 가스 생성, 잠복기는 평균 10~24시간이며, 장관출혈성의 경우 혈변과 심한 복통을 동반하나 고열은 발생하지 않는다.

(2) 원인식품 및 예방

① 원인식품 : 오염된 햄, 소시지, 크로켓, 채소샐러드 및 햄버거와 같은 가공품 등이 있다.
② 예방 : 식품이 사람이나 동물의 분변에 오염되지 않도록 하고, 개인위생을 철저히 한다.

4) 캠필로박터 식중독

(1) 원인균 및 특징

① 원인균 : *Campylobacter jejuni* 및 *Campylobacter coli*
② 특징 : 그람음성균, 무포자나선균, 미호기성균, 고온균(최적 42~45℃), 잠복기는 2~7일이며 급성 장염 증상을 보인다. 최근 하반신마비를 일으키는 길랭바레증후군으로 주목받고 있다.

(2) 원인식품 및 예방

① 원인식품 : 식육·가금류·개·고양이 등에 널리 분포하며, 닭같이 체온이 높은 가금류에 많다.
② 예방 : 가열 조리 및 위생관리를 철저히 하고, 소량의 균으로도 발병하므로 칼, 도마로부터의 2차 오염 방지에 노력한다.

5) 리스테리아 식중독

(1) 원인균 및 특징

① 원인균 : *Listeria monocytogenes*

② 특징 : 그람양성균, 무포자간균, 냉장세균, 잠복기는 확실하지 않다. 위장증상, 수막염, 임산부의 자연유산 및 사산을 일으킨다.

(2) 원인식품 및 예방

① 원인식품 : 식육제품·유제품·가금류 및 가공품 등이다.

② 예방 : 가열 조리, 저온증식이 가능하므로 냉장고에서 장기보관을 피하며 육제품이나 유제품 가공 시 오염되지 않도록 한다.

6) 예르시니아 식중독

(1) 원인균 및 특징

① 원인균 : *Yersinia enterocolitica*

② 특징 : 그람음성균, 단간균, 저온균으로 잠복기는 2~7일이며 급성 장염 증상을 보인다.

(2) 원인식품 및 예방

① 원인식품 : 덜 익은 돼지고기나 쥐의 분변 등으로 오염된 물에 의해 감염된다.

② 예방 : 돼지 보균율이 높으므로 오염 방지가 중요하다. 열에 약하므로 가열 조리하고, 저온 증식이 가능하므로 장기간 저온보관을 피하며 약수터 등 물의 오염을 예방하는 것이 중요하다.

2. 독소형 식중독(외독소)

미생물에 의해 생성된 독소가 식품과 함께 섭취되어 일어나는 식중독이다.

1) 황색포도상구균 식중독

(1) 원인균, 독소 및 특징

① 원인균 : *Staphylococcus aureus*

② 독소 : Enterotoxin(장독소)

Exercise

리스테리아증(Listeriosis)에 대한 설명 중 틀린 것은? 2016

① 면역능력이 저하된 사람들에게 발생하여 패혈증, 수막염 등을 일으킨다.
② 리스테리아균은 고염, 저온상에서 성장하지 못한다.
③ 인체 내의 감염은 오염된 식품에 의해 주로 이루어진다.
④ 야생동물 및 가금류, 오물, 폐수에서 많이 분리된다.

🔒 정답 ②

TIP

독소형 식중독이 생산하는 독소
- 황색포도상구균 : Enterotoxin(장독소)
- 보툴리눔 : Neurotoxin(신경독소), 치사율 높음

> **TIP**
>
> **황색포도상구균**
>
> 황색포도상구균은 말 그대로 미생물의 모양을 나타낸 이름이다. '황색+포도상(狀)+구균'이란 황색의 포도모양을 한 동그란 모양의 균이라는 뜻이다.
>
> ➡ 균의 모양으로 이름을 지어놓은 경우가 많으니 이러한 것을 생각하면서 공부하면 좀더 쉽게 이해할 수 있어요.

- 독소의 경우 내열성이 커서 100℃에서 1시간 가열로 활성을 잃지 않으며, 120℃에서 20분 동안 가열하여도 완전히 파괴되지 않는다(고압증기멸균에서 파괴되지 않음). Lard 중에서 218~248℃로 30분 이상 가열하면 파괴된다.
- 균체가 중성에서 증식할 때 독소를 생산하며 산성하에서는 독소를 생산하지 못한다.
- 균 자체는 100℃에서 30분이면 사멸된다(균은 비교적 열에 약함).
- 단백질 분해효소에 의해 파괴되지 않는다.
- 저온에서는 균이 증식하지 못하므로 독소도 생산하지 못한다.
③ 특징 : 그람양성균, 포도알균(포도상구균), 잠복기는 평균 3시간(가장 짧음), 증상은 급성 위장염으로 구토가 주증상이다. 피부상재균으로 상처에 고름을 형성하여 화농균이라고도 한다.

(2) 원인식품 및 예방
① 원인식품 : 손으로 조리한 김밥, 도시락, 초밥 등의 복합조리식품이 있다.
② 예방 : 손에 상처가 있는 조리자는 조리에 참여하지 말고, 조리된 식품은 저온보관한다.

2) 보툴리눔 식중독

(1) 원인균, 독소 및 특징

① 원인균 : *Clostridium botulinum*
② 독소 : 단백질성 Neurotoxin(신경독소)으로 사망률이 50%로 높으나 열에 약하여 100℃에서 10분, 80℃에서 30분이면 파괴된다.
③ 특징 : 그람양성균, 포자(곤봉모양) 형성, 혐기성간균, 토양·하천·호수·바다흙·동물의 분변에 존재, A~G형 7종 중 A, B, E형이 사람에게 중독을 일으킨다. 잠복기는 보통 12~30시간이며 주증상은 구토, 복통, 설사에 이어 신경증상을 보이며 호흡마비 후 사망에 이른다.

> **TIP**
>
> **보톡스의 원리**
>
> - 보톡스란 바로 Botulinum이 생산하는 Toxin인 Neurotoxin을 정제해서 만드는 화합물이다. 보툴리눔이 생산하는 Neurotoxin은 신경독소로 신경을 마비시키는 증상을 일으킨다. 이에 착안해서 근육을 마비시키는 주사제를 개발한 것이다.
> - Botox = Botulinum + toxin

(2) 원인식품 및 예방
① 원인식품 : 육류 및 통조림, 훈제어류 등이 있다.

② 예방 : 통조림 제조 시에 충분히 살균하고, 독소는 열에 약하므로 충분히 가열한다.

3. 감염독소형(중간형) 식중독

식품과 함께 섭취한 다량의 미생물이 장내에서 장독소를 분비하여 식중독이 발생한다.

1) 웰치(Welchii)균 식중독

(1) 원인균 및 특징

① 원인균 : *Clostridium perfringens*
② 특징 : 그람양성균, 포자 형성 간균, 혐기성균, 잠복기는 평균 8~20시간이며 급성 장염 증상을 보인다.

(2) 원인식품 및 예방

① 원인식품 : 오염된 육류 · 조류식품이나 쥐 · 가축의 분변에 의해 감염된다.
② 예방 : 분변오염 방지, 식품의 가열 조리, 급랭, 저온보관 및 손씻기 등 개인위생을 철저히 한다.

2) 세레우스균 식중독

(1) 원인균 및 특징

① 원인균 : *Bacillus cereus*
② 특징 : 그람양성균, 포자 형성 간균, 호기성균, 잠복기는 평균 8~16시간이며 설사형은 살모넬라균과 비슷하며 구토형은 황색포도상구균과 비슷한 증상을 보인다.

(2) 원인식품 및 예방

① 원인식품 : 원인균과 포자가 자연계에 널리 분포하여 식품에 오염될 기회가 많다.
② 예방 : 식품의 가열 조리, 급랭, 저온보관 및 손씻기 등 개인위생을 철저히 한다.

Exercise

병원성 세균 중 포자를 생성하는 균은?
① 바실루스 세레우스
 (*Bacillus cereus*)
② 병원성 대장균
 (*Escherichia coli* O157 : H7)
③ 황색포도상구균
 (*Staphylococcus aureus*)
④ 비브리오 파라해모리티쿠스
 (*Vibrio parahaemolyticus*)

해설
바실루스 세레우스(*Bacillus cereus*)
• 그람양성균의 포자 형성을 하는 호기성균이다.
• 토양세균으로 원인균과 포자가 자연계에 널리 분포하여 식품에 오염될 기회가 많다.

정답 ①

4. 기타 식중독

1) 비브리오패혈증 식중독

(1) 원인균 및 특징

① 원인균 : *Vibrio vulnificus*

② 특징 : 장염비브리오균과 유사하지만 간경변 등 기초질환자의 패혈증에 의한 사망률(50%)이 매우 높고, 피부 상처를 통한 연조직감염이 발생된다.

(2) 원인식품 및 예방

① 원인식품 : 어패류의 생식과 상처 난 부위의 바닷물감염으로 발생할 수 있다.

② 예방 : 간질환, 알코올중독 환자는 어패류 생식을 금하며 상처가 있을 경우 바닷물에 들어가는 것을 주의한다.

2) 알레르기 식중독

(1) 원인균 및 특징

① 원인균 : *Morganella morganii*

② 특징 : 그람음성균, 무포자간균, 호기성균으로 잠복기는 1시간 이내이며 알레르기 증상이다.

(2) 원인식품 및 예방

① 원인식품 : 꽁치, 고등어, 정어리 등의 등푸른생선에 오염되어 히스티딘(Histidine)을 탈탄산시켜 히스타민(Histamine)을 생성함으로써 알레르기를 일으킨다.

② 예방 : 어류를 충분히 세척하고 가열·살균하여 섭취한다.

3) 사카자키 식중독

(1) 원인균 및 특징

① 원인균 : *Chronobacter sakazakii*, *Enterobacter sakazakii*

② 특징 : 그람음성균, 통성혐기성 간균, 체외로 분비된 섬유상 바이오필름으로 건조에 강하다. 증상은 장염, 수막염으로 신생아는 60%, 영아는 20%의 높은 사망률을 보인다.

(2) 원인식품 및 예방

① 원인식품 : 조제분유 및 영유아식품

TIP

병원성을 가지는 비브리오속

- 장염비브리오 : *Vibrio parahaemolyticus*
- 비브리오패혈증 : *Vibrio vulnificus*
- 비브리오콜레라 : *Vibrio cholerae*

Exercise

히스타민을 생성하는 대표적인 균주는?

① *Bacillus subtilis*
② *Bacillus cereus*
③ *Morganella morganii*
④ *Aspergillus oryzae*

해설

Morganella morganii(*Proteus morganii*로 불리기도 함)는 히스티딘을 히스타민으로 탈탄산반응을 유발하여 알레르기를 일으키는 부패세균이다.

정답 ③

TIP

히스티딘(Histidine)

염기성 아미노산의 하나로 고등어 등 등푸른생선에 많이 포함되어 있다. 히스티딘상태로는 알레르기반응을 일으키지 않지만 *Morganella morganii*에 의해 분해되어 알레르기반응을 일으킨다.

② 예방 : 가열살균을 철저히 하며 분유를 70℃ 이상의 물에 타는 것이 중요하다.

4) 바이러스 식중독
겨울철 식중독의 대표이며 발생률이 증가하고 있다.

(1) 원인균 및 특징
① 원인균 : *Norwalk virus*, *Norovirus*(노로바이러스)
② 특징 : 바이러스로 식품에서 증식되지 않고 생체 내에서 증식하여 분변을 통해 오염된다. 잠복기는 12~48시간 이내이며 구토, 설사, 복통 등 급성 장염 증상을 보인다.

(2) 원인식품 및 예방
① 원인식품 : 사람의 분변에 오염된 식품으로 전파되며 우리나라의 경우 겨울철 생굴 등 비가열식품에 의해 많이 발생한다.
② 예방 : 굴 등 생식품의 섭취를 피하고 가열처리를 한다.

5) 장구균
장구균은 대장균군에 속하며 식중독균은 아니지만, 냉동상태 저항성이 강하므로 냉동식품에 대한 분변오염의 지표가 된다.

(1) 원인균 및 특징
① 원인균 : *Enterococcus faecalis*와 *Streptococcus bovis* 등의 두 개 속이 여기에 속한다.
② 특징 : 그람양성균, 구균, 분변 중 대장균의 $\frac{1}{10}$ 이지만, 동결에 강한 저항성을 보인다.

(2) 원인식품 및 예방
① 원인식품 : 오염된 치즈, 소시지, 분유, 두부 가공품 등이 있다.
② 예방 : 분변오염 방지, 식품의 가열 조리, 급랭, 저온보관 및 손씻기 등 개인위생을 철저히 한다.

Exercise

노로바이러스에 대한 틀린 설명은?
① 구토, 복통을 유발한다.
② 식중독 증상이 심하고 발병 시 대부분은 치명적인 경우가 많다.
③ 오염된 지하수, 물로부터 감염될 수 있다.
④ 학교 급식에서 식중독이 발생한 사례가 있다.

해설

노로바이러스
- 겨울철 대표 식중독이며 생굴 및 환자의 구토물, 대변에 의해 오염된 물로부터 감염, 대형화 증가 추세이다.
- 열에 약하므로 100℃에서 10분간 가열하면 사멸된다.
- 물리・화학적으로 안정된 구조를 가지며 무증상 감염도 있으나 대체로 급성 장염 증상으로 구토, 설사, 복통이 있으며 치사율은 낮다.

정답 ②

SECTION 03 자연독 식중독

세균성 식중독에 비해 발생률이 낮고 환자수는 적으나 사망률이 매우 높다.

1. 버섯 식중독

1) 버섯 식중독의 특징
① 우리나라 자연독에 의한 식중독 중 가장 발생률이 높으며 사망률도 높다.
② Muscarine, Muscaridine, Choline, Neurine, Phalline, Amanitatoxin, Agaricic acid, Pilztoxin 등의 독성분이 있다.
③ 중독증상은 위장장애형(화경·외대 버섯), 콜레라증상형(알광대 버섯), 신경장애형(광대·땀 버섯), 혈액독형(긴대안장버섯), 뇌증형(미치광이버섯) 등 5가지가 있다.

2) 독버섯의 감별법(절대적인 것은 아님)
① 색깔이 진하고 화려한 것은 유독하다.
② 악취가 나는 것은 유독하다.
③ 점액성 유즙을 분비하는 것은 유독하다.
④ 줄기에 턱이 있는 것은 유독하다.
⑤ 끓일 때 은수저를 검게 변화시키는 것은 유독하다.
⑥ 줄기가 세로로 갈라지기 쉬운 것은 무독하다.

2. 동물성 식중독

1) 복어 중독
복어의 난소 > 간 > 창자 > 피부 등의 순서로 있는 Tetrodotoxin이라는 독소에 의해 발생되며, 증상으로는 지각이상·운동장애·호흡장애·위장장애·혈액순환장애·뇌증 등이 나타난다. 예방법은 복어 조리자격증을 취득한 전문조리사가 만든 요리만을 먹고, 유독부위는 피하여 식용한다.

Exercise

버섯류의 독성분이 아닌 것은?
① 무스카린(Muscarine)
② 팔린(Phalline)
③ 아미그달린(Amygdalin)
④ 아마니타톡신(Amanitatoxin)

해설
아미그달린(Amygdalin)
청매의 독성분으로 청산(HCN)이 있다.
🔒 정답 ③

Exercise

식중독 증상에서 Cyanosis 현상이 나타나는 어패류는?
① 섭조개, 대합 ② 바지락
③ 복어   ④ 독꼬치

해설
- Tetrodotoxin : 복어의 난소와 간장에 많이 존재하는 복어독으로 신경에 작용하여 Cyanosis를 일으키는 신경독소이다.
- Cyanosis : 청색증이라고도 한다. 피부와 점막, 즉 입술, 손톱, 귀 등의 피부 조직이 푸르스름하게 변하는 증상으로 Tetrodotoxin으로 인해 발생한다.

🔒 정답 ③

2) 조개 중독

조개류 독소에는 마비성(삭시톡신), 신경성(코노톡신), 기억상실성(도모산), 설사성(오카다산) 등이 있으며 수온이 9~15℃가 되는 봄철 유독플랑크톤이 번성하는데, 이를 섭취한 조개류에서 발생된다.

(1) 마비성 조개 중독

섭조개, 대합, 홍합 등이 중장선에 독소를 축적하여 마비성 중독을 일으킨다.
① 독성분 : Saxitoxin, Gonyautoxin, Protogonyautoxin
② 특징 : 잠복기는 식후 30분~3시간이며, 입술·혀·사지의 마비·보행 불능, 언어장애 등의 증상이 나타나고 심하면 호흡마비로 사망할 수 있다.

(2) 설사성 조개 중독

① 독성분 : Okadaic acid(오카다산)
② 특징 : 바지락, 가리비, 홍합, 민들조개 등에 존재하며 설사, 복통이 주증상이다.

(3) 베네루핀 조개 중독

① 독성분 : Venerupin
② 특징 : 모시조개, 굴, 바지락의 중장선에 존재하며 간장독으로 잠복기는 1~2일이다. 주증상으로 권태감·두통·구토·미열·복통·황달 등이 일어난다.

3) 테트라민 중독

독성분은 Tetramin으로 소라고둥, 조각매물고둥이 원인이며 두통, 현기증, 눈 깜박거림 등의 증상을 보인다.

4) 시구아테라 중독

독성분은 Ciguatoxin, 열대 독어가 원인으로 설사, 마비를 동반하며 뜨거운 것에 닿으면 차갑게 느껴지는 등의 냉온감각 이상현상인 드라이아이스 감각증상을 보인다.

TIP
- 마비성 조개독 : 삭시톡신(Saxitoxin), 고니오톡신(Gonyautoxin), 프로토고니오톡신(Protogonyautoxin)
- 설사성 조개독 : 오카다산(Okadaic acid)
- 간장독 : 베네루핀(Venerupin)

Exercise

굴, 모시조개 등이 원인이 되는 동물성 중독성분은?
① 테트로도톡신
② 삭시톡신
③ 리코핀
④ 베네루핀

해설

베네루핀
- 굴, 모시조개, 바지락의 중장선에 존재하는 간장독이다.
- 잠복기는 1~2일, 증상은 권태감·두통·구토·미열·복통·황달 등이 있다.

정답 ④

3. 식물성 식중독

➡ 자연독성분(식물성·동물성)은 원인과 성분을 정확히 연결할 수 있어야 풀 수 있는 문제가 많이 출제돼요!

세균성 식중독에 비해 발생률은 낮지만 계절에 상관없이 발생하고 대부분이 만성 중독을 일으킨다.

① 감자 : 독성분은 솔라닌(Solanine)이라는 배당체이고, 싹이 발아한 부위에 많다. 조리 시에 발아부위나 녹색껍질부위를 완전히 제거해야 한다. 부패감자의 독성분은 Sepsin이다.

② 청산배당체(Cyan 배당체)
- 청매(미숙한 매실)나 복숭아씨, 살구씨 등의 아미그달린(Amygdalin)
- 오색콩의 리나마린(Linamarin)
- 수수의 두린(Dhurrin)

③ 독미나리 : 독성분은 Cicutoxin이다.
④ 피마자 : 독성분은 Ricinine, Ricin 등이다.
⑤ 목화씨 : 독성분은 Gossypol이다.
⑥ 독보리 : 독성분은 유독 Alkaloid인 Temuline이다.
⑦ 꽃무릇 : 독성분은 맹독성 알칼로이드인 Lycorin이다.
⑧ 바꽃(부자) : 독성분은 알칼로이드인 Aconitine, Mesaconitine 등의 맹독성분이다.
⑨ 가시독말풀 : 독성분은 알칼로이드인 Hyoscyamine, Scopolamine, Atropine 등이다.
⑩ 미치광이풀 : 독성분은 알칼로이드인 Hyoscyamine, Atropine 등이다.
⑪ 붓순나무 : 독성분은 Shikimin, Shikimitoxin, Hananomin 등이다.
⑫ 고사리 : 독성분은 Ptaquiloside 배당체이다.
⑬ 소철 : 독성분은 Cycasin 배당체이다.
⑭ 콩류 : 독성분은 트립신 저해물질(Trypsin inhibitor)이다.

🍲 Exercise

면실 중에 존재하는 항산화성분으로 강력한 항산화력이 인정되나 독성 때문에 사용되지 못하는 것은?
① 커큐민(Curcumin)
② 고시폴(Gossypol)
③ 구아이아콜(Guaiacol)
④ 레시틴(Lecithin)

💬 해설
- 커큐민 : 카레에 존재하는 노란색의 색소
- 구아이아콜 : 향료로 사용되는 식품 첨가물
- 레시틴 : 난황에 주로 존재하는 인지질의 하나

🔒 정답 ②

SECTION 04 곰팡이독(Mycotoxin) 식중독

곰팡이가 생산하는 2차 대사산물 중 사람이나 온혈동물에게 해를 주는 물질은 Mycotoxicosis(곰팡이독 중독증)라고 한다.

1. 곰팡이독(Mycotoxin)의 특징

① 곡류 등 탄수화물이 풍부한 농산물을 원인식품으로 하는 경우가 많다.
② *Aspergillus*속에 의한 사고는 여름(열대지역)에, *Fusarium*속에 의한 사고는 한랭기(한대지역)에 많이 발생한다.
③ 곰팡이는 수확 전후에 오염되는 경우가 많으며, 생육에 적합한 조건에 영향을 받는다.
④ 전염성이 없으며 항생물질 등의 효과를 기대하기 어렵다.
⑤ 저분자화합물로 열에 안정하여 가공 중 파괴되지 않는다.
⑥ 만성 독성이 많으며 발암성인 것이 많다.

TIP

곰팡이의 감염에 의해서 생산되는 2차 대사산물로 인축에 해로운 작용을 하는 곰팡이독의 총칭을 Mycotoxin이라고 한다. Aflatoxin, Citrinin, Patulin 모두 Mycotoxin에 포함된다.
- *Aspergillus* spp. : Aflatoxin(간장독)
- *Penicillium citrinum* : Citrinin(신장독)
- *Penicillium expansum* : Patulin(신경독)

2. 곰팡이독(Mycotoxin)의 분류

(1) 간장독

Aflatoxin(*Aspergillus flavus*), Sterigmatocystin(*Asp. versicolar*), Rubratoxin(*Penicillium rubrum*), Luteoskyrin(*Pen. islandicum*, 황변미), Ochratoxin(*Asp. ochraceus*, 커피콩), Islanditoxin(*Pen. islandicum*, 황변미)

(2) 신장독

Citrinin(*Penicillium citrium*, 태국 황변미), Citreomycetin, Kojic acid(*Asp. oryzae*)

(3) 신경독

Patulin(*Pen. patulum*, *Pen. expansum*), Maltoryzine(*Asp. oryzae var microsporus*), Citreoviridin(*Pen. citreoviride*, 독시카리움 황변미)

(4) Fusarium(붉은곰팡이)속 곰팡이독소

Zearalenone(발정유발물질), Sporofusariogenin(무백혈구증 – 조혈계 이상)

(5) 기타 곰팡이독소

Sporidesmin, Psoralen(광과민성 피부염 물질), Slaframine(유연증후군 – 침흘림 유발) 등이 알려져 있다.

Exercise

Mycotoxin 중 신장독으로 알려진 성분은?
① 시트리닌(Citrinin)
② 아플라톡신(Aflatoxin)
③ 파튜린(Patulin)
④ 류테오스키린(Luteoskyrin)

정답 ①

Exercise

곰팡이의 대사산물 중 사람에게 질병이나 생리작용의 이상을 유발하는 물질이 아닌 것은?
① Aflatoxin ② Citrinin
③ Patulin   ④ Saxitoxin

정답 ④

3. 맥각 중독

맥각(Ergot)은 자낭균류에 속하는 맥각균(*Claviceps purpurea*)이 맥류(보리, 밀, 호밀, 귀리)의 꽃 주변에 기생하여 발생하는 균핵(Sclerotium)으로, 이것이 혼입된 곡물을 섭취하면 맥각 중독(Ergotism)을 일으킨다.

맥각독의 성분은 Ergotoxin, Ergotamine, Ergometrin 등이며 이것은 수확 전에 가장 심하고 저장기간이 길면 서서히 상실된다.

SECTION 05 화학물질과 식중독

Exercise

농약 잔류성에 대한 설명으로 틀린 것은? 2019
① 농약의 분해속도는 구성 성분의 화학구조의 특성에 따라 각각 다르다.
② 잔류기간에 따라 비잔류성, 보통 잔류성, 잔류성, 영구 잔류성으로 구분한다.
③ 유기염소계 농약은 잔류성이 있더라도 비교적 단기간에 분해·소멸된다.
④ 중금속과 결합한 농약들은 중금속이 거의 영구적으로 분해되지 않아 영구 잔류성으로 분류한다.

해설
- 유기염소계 : 살충효과가 크고 인체독성이 낮으나 잔류성이 길며 구조가 안정하여 자연상태에서 분해되지 않아 생태계 파괴를 일으킨다.
- 유기인제 : 살충효과는 좋으나 인체독성이 비교적 높다. 현재 가장 많이 사용되는 농약의 종류이다.

정답 ③

1. 잔류농약

1) 유기인제

유기인제는 현재 가장 많이 사용되고 있으며, 살충효과는 좋으나 인체독성이 높아 문제가 되고 있다. 작용방식은 아세틸콜린에스테라아제(Acetylcholin esterase) 효소를 저해하여 마비에 의한 살충효과를 나타낸다. 대표적인 것으로 파라티온, 말라티온, 나레드, 다이아지논, DDVP 등이 있고, 주로 신경독을 일으킨다. 중독증상은 식욕부진·구토·전신경련·근력감퇴·동공축소 등이며, 예방법은 살포할 때의 흡입을 주의하고, 수확 전 살포를 금지하며 중독 시 아트로핀(Atropin)을 주사한다.

2) 카바메이트제

유기인제와 더불어 많이 사용되고 있으며, 유기인제에 비해 인체독성이 낮다. 작용방식은 유기인제와 마찬가지로 아세틸콜린에스테라아제(Acetylcholin esterase) 효소를 저해하므로 살충효과를 나타낸다. 대표적인 것으로 카바릴, 프로폭서, 알디카브 등이 있고, 중독증상 및 예방법은 유기인제와 유사하다.

3) 유기염소제

살충효과가 크고 인체독성이 낮으며 잔류성이 길어(2~5년) 세계적으로 많이 사용하였으나 구조가 매우 안정하여 자연상태에서 분해가 잘 되지 않고 생태계를 파괴하므로 1970년 초 세계적으로 사용 금지되었다. 대표적으로 DDT, BHC, 알드린, 엔드린, 헵타클로르 등이 있으며, 직접 신경에 작용하는 살충방식이다. 잔류성이 크고 지용성이기 때문에 인체의 지방조직에 축적되며 환경호르몬으로 현재도 문제가 되고 있다. 증상은 복통·설사·구토·두통·시력감퇴·전신권태 등이며 예방은 농약 살포 시 흡입에 주의하는 것이다.

> **TIP**
> - 유기인제 : 파라티온, 말라티온, 다이아지논
> - 유기염소제 : DDT, BHC, 클로르덴, 헵타클로르

4) 유기수은제

살균제로 종자소독, 토양소독, 벼의 도열병 방제 등에 사용된다. 대표적인 것으로는 페닐수은, 초산페닐수은 등이 있으며, 중독되면 시야협착, 언어장애, 보행장애, 정신착란 등의 중추신경 증상을 보인다.

5) 기타

(1) 유기불소제

아코니타아제 효소를 억제하여 중독시키며 프라톨, 퓨졸, 니졸 등이 있다.

(2) 보르도(Bordeaux)액

살균제로 황산구리수용액을 생석회에 반응시켜 사용한다.

2. 중금속

1) 중금속

만성 중독이 많으며, 중독 시 기체화된 상태에서의 호흡기를 통한 흡수가 가장 크다(호흡기 > 피부 > 경구).

2) 중금속의 종류

(1) 납(Pb)

① 특징 : 페인트, 안료, 도료, 화장품, 장난감 등의 안정제로 쓰이며 인쇄활자와 유약도 문제가 된다. 체내에 유입 시 50%가 흡수되며 그중 90%가 뼈에 축적되어 조혈계에 영향을 준다.
② 중독증상 : 정상적 혈구 감소, 염기성 적혈구 증가, 빈혈, 변비, 연선통(복부통증), 치아 착색, 안면창백 등이 나타나며, 급성 중독 시 사지마비, 사망에 이를 수 있다.

> **TIP**
>
> **미나마타병**
>
> 미나마타병은 일본의 미나마타시에서 메틸수은이 포함된 조개와 어류를 장기간 섭취한 주민들에게서 집단적으로 발생한 질병이다. 공장에서 불법으로 방류한 폐수를 섭취한 어패류에 수은이 축적되고, 이를 주민들이 섭취한 것이 원인으로 밝혀졌으며 신경장애 증상을 일으킨다.

> **TIP**
>
> **이타이이타이병**
>
> 일본의 한 지역 광산에서 아연을 제련하면서 광석에 포함된 카드뮴을 제거하지 않고 그대로 강에 폐기한 것이 원인이다. 이 카드뮴이 강에 용출되어 이를 식수나 농업용수로 사용하여, 직접 혹은 용수에 오염된 농산물에 의해서 사람에게 중독증상을 일으켰다. 골다공증을 일으켜 뼈가 구부러지고 변형이 일어나 고통이 심하여 '아프다 아프다'란 뜻으로 이타이이타이병으로 명명되었다.

> **Exercise**
>
> 식품용기의 도금이나 도자기의 유약성분에서 용출되는 성분으로 칼슘(Ca)과 인(P)의 손실로 골연화증을 초래할 수 있는 금속은?
> ① 납   ② 카드뮴
> ③ 수은   ④ 비소
>
> 🔒 **정답** ①

(2) 수은(Hg)

① **특징**: 유기수은이 무기수은보다 흡수율이 높아 독성이 더 강하다. 공장폐수에 많아 1956년 일본 미나마타병의 원인이 되기도 하였다.

② **중독증상**: 신경장애로 보행 곤란, 언어장애, 정신장애 및 급발성 경련을 나타낸다.

(3) 카드뮴(Cd)

① **특징**: 각종 도금에서 용출되어 문제가 되고, 일본에서 폐광의 광산폐수에 의해 오염된 음식을 섭취하여 이타이이타이병이 발생하였으며 주로 40대 다산모에서 발생하였다.

② **중독증상**: 신장장애로 신장 위축과 변형에 따라 골다공증, 골연화증이 발생하여 가벼운 충격에도 뼈가 부서지는 고통을 느낀다.

(4) 비소(As)

① **특징**: 도자기, 법랑의 안료에 이용되며 비소농약에 의해 오염되기도 한다. 1955년 일본에서 실수로 비소가 인산나트륨에 오염이 된 비소 조제분유사건이 발생하였다.

② **중독증상**: 피부가 까맣게 변하는 흑피증, 손발바닥이 각질화되는 각화증이 생긴다.

(5) 크롬(Cr)

① **특징**: 상온에서 녹이 슬지 않아 도금이나 합금에 널리 이용된다. 6가 크롬이 가장 독성이 크며 환원시켜 3가 크롬으로 저독화시킨다.

② **중독증상**: 단백질 궤양성이 높아 비중격천공(콧구멍 사이 막의 구멍)이나 피부암을 유발할 수 있다.

(6) 구리(Cu)

① **특징**: 구리용기의 녹(녹청)에 의하거나 동클로로필린 등의 착색제 남용으로 유입된다.

② **중독증상**: 인체 필수성분으로 메스꺼움, 구토, 땀흘림의 증상을 보인다.

(7) 주석(Sn)

① **특징**: 통조림의 납관으로 이용되며 과일통조림 등 산성 상태

에서 용출된다.

② 중독증상 : 독성이 약하며 구역질, 권태로움 등이 나타난다.

(8) 안티몬(Sb)

① 특징 : 법랑이나 도자기 안료에 이용된다.

② 중독증상 : 구역질, 복통, 설사, 쇠약, 허탈 등이 나타나고, 급성 시 사망할 수 있다.

(9) 아연(Zn)

① 특징 : 아연 도금한 기구나 용기에서 용출된다.

② 중독증상 : 약한 독성으로 구역질, 설사 등이 나타난다.

3. 유해식품첨가물

1) 유해식품첨가물의 정의

안정성이 입증되지 않거나 독성이 강하여 사용 금지된 식품첨가물을 말한다.

2) 유해식품첨가물의 종류

(1) 유해감미료

① 둘신(Dulcin) : 설탕의 250배 감미도이며, 찬물에 잘 녹지 않는다. 음료수, 절임류에 사용되었으나 혈액독, 중추신경장애 등 만성장애를 일으켜 사용이 금지되었다.

② 시클라메이트(Cyclamate) : 설탕의 50배 감미도이며, 결정성 분말로 발암성, 방광염을 일으켜 사용이 금지되었다.

③ p-니트로-o-톨루이딘(p-nitro-o-toluidine) : 설탕의 200배 감미도이며, 일본에서 물엿에 첨가되어 사망사고가 발생해 살인당, 원폭당이라 불렸다. 구역질, 황달, 혼수상태, 사망 등의 증상이 있다.

④ 에틸렌글리콜(Ethylene glycol) : 차량의 부동액으로 사용되고 있으며, 감주, 팥앙금에 사용되었다. 증상은 호흡곤란, 의식불명, 신경장애 등이 있다.

⑤ 페릴라르틴(Perillartine) : 설탕의 2,000배 감미도이며, 자소유에서 만들어지고 신장염을 일으킨다.

Exercise

다음 중 우리나라에서 허용된 식품첨가물은?

① 론갈리트   ② 살리실산
③ 아우라민   ④ 구연산

해설

- 유해감미료 : 둘신, 시클라메이트, 에틸렌글리콜, 페릴라르틴
- 유해착색료 : 아우라민, 로다민 B, 수단Ⅲ, p-니트로아닐린
- 유해보존료 : 붕산, 포름알데하이드, 승홍, 우로트로핀
- 유해표백제 : 론갈리트, 3염화질소
- 유해살균제 : 붕산, 살리실산, 승홍, 포름알데하이드

정답 ④

Exercise

단무지에 사용되었던 황색의 유해 착색제는? 2021
① 테트라진(Tetrazine)
② 아우라민(Auramine)
③ 로다민(Rhodamine)
④ 시클라메이트(Cyclamate)

해설
- 로다민 : 소시지, 어묵에 사용되었던 분홍색의 유해착색제
- 시클라메이트 : 유해감미료

정답 ②

TIP

포름알데하이드
물에 녹기 쉬운 무색의 가스살균제로 방부력이 강하여 0.1%로써 아포균에 유효하며, 단백질을 변성시키고 두통, 위통, 구토 등의 중독증상을 일으키는 물질이다. 방부력이 강해 동물의 박제 등에도 사용된다.

(2) 유해착색료

식용 타르색소는 산성인데 염기성인 것은 불법이다.

① 아우라민(Auramine) : 염기성 황색색소로 과자, 단무지, 카레 가루 등에 사용되었으나 간암을 유발시키고, 구토, 사지마비, 의식불명의 증상을 보인다.

② 로다민 B(Rhodamine B) : 분홍색의 염기성 색소로 과자, 생선 어묵, 생강 등에 사용되었으며 전신착색, 색소뇨, 구토, 설사, 복통의 증상을 보인다.

③ 수단 Ⅲ(Sudan Ⅲ) : 붉은색의 색소로 가짜 고춧가루에 사용되었다.

④ p-니트로아닐린(p-nitroaniline) : 황색의 지용성 색소로 과자에 이용되었으며 청색증 및 신경독을 일으켰다.

⑤ 말라카이트 그린(Malachite green) : 금속광택의 녹색색소로 양식어류의 물곰팡이와 세균 사멸에 이용되었으나 발암성이 있는 것으로 알려졌다.

⑥ 실크 스칼렛(Silk scalet) : 붉은색의 수용성 색소로 의류에 사용되나 식품에 이용된 예도 있다. 증상은 구토, 복통, 두통, 오한 등이다.

(3) 유해보존료

① 붕산(H_3BO_3) : 살균소독제 및 베이컨, 과자 등에 사용되었다. 증상은 식욕감퇴, 장기출혈, 구토, 설사, 홍반 등이 있으며, 사망에 이를 수도 있다.

② 포름알데하이드(Formaldehyde) : 살균·방부 작용이 강하여 주류, 장류 등에 사용되었다. 증상은 소화장애, 구토, 호흡장애 등이다.

③ β-나프톨(β-naphthol) : 간장의 방부제로 사용되었다. 증상은 신장장애, 단백뇨 등을 일으킨다.

④ 승홍($HgCl_2$) : 주류 등에 방부제로 사용되었다. 증상은 신장장애, 구토, 요독증 등을 일으킨다.

⑤ 우로트로핀(Urotropin) : 식품에 방부제로 사용되었으나 독성이 있어 금지되었다.

(4) 유해표백제

① 론갈리트(Rongalit) : 물엿, 연근, 우엉 등에 표백을 목적으로 사용되었다. 포름알데하이드가 흘러나와 문제가 되었으며 신장에 독성을 나타낸다.
② 3염화질소(Nitrogen trichloride, NCl_3) : 밀가루의 표백 및 숙성에 사용되었으며 개에게서 히스테리적 증상을 보인다.

4. PCB(Polychlorinated Biphenyl) 중독

1968년에 일본의 카네미사에서 미강유 제조과정 중 열매체로 사용되는 PCB가 미강유 탈취공정에서 잘못 새어 나와 미강유에 혼입되어 발생한 사건으로 피부염증을 동반한 탈모, 신경장애, 내분비교란 등의 카네미유증을 일으켰다. PCB는 지용성의 매우 안정한 화합물이지만 자연에서 쉽게 분해되지 않아 체내에 유입되고 지방조직에 축적되어 환경호르몬으로 작용한다.

> **TIP**
>
> **PCB(Polychlorinated Biphenyl)**
> 물에 불용성이고 유기용매에 용해도가 좋으며 산과 알칼리에도 안정적이지만, 토양과 해수에 오래 잔류하며, 인체에 들어갔을 때 간과 피부에 상해를 주어 사용이 금지되었다.

CHAPTER 03 식품과 감염병

SECTION 01 주요한 경구감염병과 예방대책

➡ 경구감염병과 식중독의 차이를 알아두세요! 경구감염병의 원인으로는 세균, 바이러스, 원충이 있어요. 질병의 원인균이 무엇인지, 식중독과 감염병의 차이가 무엇인지에 포인트를 맞춰 학습하세요!

Exercise

감염병과 그 병원체의 연결이 틀린 것은?
① 유행성 출혈열 : 세균
② 돈단독 : 세균
③ 광견병 : 바이러스
④ 일본뇌염 : 바이러스

해설
유행성 출혈열은 한탄바이러스가 병원체이다.

🔒 정답 ①

Exercise

감염병 중 바이러스에 의해 감염되지 않는 것은?
① 장티푸스
② 폴리오
③ 인플루엔자
④ 유행성 간염

해설
장티푸스(*Salmonella typhi*)는 세균이다.

🔒 정답 ①

1. 경구감염병의 종류

1) 장티푸스(Typhoid fever)
① 원인균 : *Salmonella typhi*
② 특징 : 환자나 보균자의 분변에 오염된 음식이나 물에 의해 직접 감염되며 매개물에 의해 간접 감염되기도 한다. 잠복기는 1~2주이며 권태감, 식욕부진, 오한, 40℃ 전후의 고열이 지속되며 백혈구의 감소, 장미진 등의 증상이 나타난다.
③ 예방 : 환자·보균자의 색출 관리, 분뇨·물·음식물의 위생처리, 매개곤충 차단, 예방접종 등을 실시한다.

2) 파라티푸스(Paratyphoid fever)
① 원인균 : *Salmonella parantyphi*
② 특징 : 잠복기는 3~6일이며, 증상 등은 장티푸스와 비슷하다.
③ 예방 : 장티푸스와 비슷하다.

3) 콜레라(Cholera)
① 원인균 : *Vibrio cholera*
② 특징 : 환자나 보균자의 분변이 배출되어 식수, 식품 특히 어패류를 오염시키고 경구로 감염되어 집단적으로 발생할 수 있다. 잠복기는 수 시간~5일이며 주증상은 쌀뜨물과 같은 수양성 설사, 심한 구토, 발열, 복통이 발생한다. 또한 맥박이 약하고 체온이 내려가 청색증이 나타나며 심하면 탈수증으로 사망할 수 있다.
③ 예방 : 물과 음식은 반드시 가열 섭취하고 저온저장하며 손씻기 등 개인위생을 철저히 한다. 또한 예방접종 및 항구나 공항의 검역을 철저히 한다.

4) 세균성 이질(Shigellosis)

① 원인균 : *Shigella dysenteriae*
② 특징 : 환자와 보균자의 분변이 식품이나 음료수를 통해 경구로 감염된다. 잠복기는 2~7일이며 발열, 오심, 복통, 설사, 혈변 등의 증상이 나타난다.
③ 예방 : 물과 음식은 반드시 가열 섭취하고 저온저장하며 손씻기 등 개인위생을 철저히 한다. 예방접종은 아직까지는 없다.

5) 아메바성 이질(Amoebic dysentery)

① 원인균 : 원충인 *Entamoeba histolytica*
② 특징 : 환자의 분변 중에 배출된 원충이나 낭포가 물과 음식을 통해 경구로 감염된다. 잠복기는 3~4주 정도이며, 변 중에는 점액이 혈액보다 많은 것이 특징이다.
③ 예방 : 장티푸스와 비슷하고, 면역이 없으므로 예방접종은 필요 없다.

6) 급성 회백수염(소아마비, 폴리오)

① 원인균 : *Poliomyelitis virus*
② 특징 : 환자나 보균자의 분비물과 분변에 의해 오염된 음식물을 통해 경구로 감염된다. 잠복기는 7~12일 정도이며 발열·두통·구토 증상이 발생한 후 목과 등에 운동마비가 나타난다. 감염된 환자 중 증상이 나타나는 환자의 비율이 매우 낮다(1,000 대 1).
③ 예방 : 예방접종이 가장 효과적이며 생균 백신(Sabin), 사균 백신(Salk) 모두 유효하다.

7) 유행성 간염

① 원인균 : *Hepatitis virus A*
② 특징 : 환자의 분변으로 인해 음료수나 식품이 오염되어 경구로 감염된다. 잠복기는 3주 정도이며 발열, 두통, 위장장애를 거쳐서 황달증상이 나타난다.
③ 예방 : 경구로 감염되므로 장티푸스 예방법에 따르며, 집단생활에서 잘 나타나므로 개인위생을 철저히 하도록 한다.

Exercise

콜레라의 특징이 아닌 것은?
2019, 2021

① 호흡기를 통하여 감염된다.
② 외래감염병이다.
③ 감염병 중 급성에 해당한다.
④ 원인균은 비브리오균의 일종이다.

해설
콜레라는 콜레라균에 오염된 식수, 어패류에 의해 경구감염된다.

정답 ①

Exercise

공항이나 항만의 검역을 철저히 할 경우 막을 수 있는 감염병은?
2019

① 이질   ② 콜레라
③ 장티푸스 ④ 디프테리아

해설
콜레라
*Vibrio Cholera*가 분비한 독소에 의해서 설사를 일으키는 급성 장관 감염병의 한 종류이다. 우리나라에서는 직접 발병하는 경우는 거의 드물고 주로 해외에서 감염 후 국내 유입을 통해 발병되는 경우가 많기 때문에 철저한 검역을 통해 예방할 수 있다.

정답 ②

Exercise

세균에 의한 경구감염병은?
① 유행성 간염
② 콜레라
③ 폴리오
④ 전염성 설사증

해설
콜레라는 세균성이고 나머지는 바이러스이다.

정답 ②

> **Exercise**
>
> 수인성 전염병에 속하지 않는 것은?
> ① 장티푸스 ② 이질
> ③ 콜레라 ④ 파상풍
>
> **해설**
> **수인성 감염병**
> 장티푸스, 파라티푸스, 콜레라, 이질 등이 있다.
> ④ 파상풍은 흙이나 금속류에 존재하는 파상풍균의 포자가 상처를 통해 감염되어 발생한다.
>
> 정답 ④

> **Exercise**
>
> 경구감염병의 특징에 대한 설명 중 틀린 것은?
> ① 감염은 미량의 균으로도 가능하다.
> ② 대부분 예방접종이 가능하다.
> ③ 잠복기가 비교적 식중독보다 길다.
> ④ 2차 감염이 어렵다.
>
> 정답 ④
>
> 다음 중 경구감염병에 관한 설명으로 틀린 것은? 2020
> ① 경구감염병은 병원체와 고유숙주 사이에 감염환이 성립되어 있다.
> ② 경구감염병은 미량의 균량으로도 발병한다.
> ③ 경구감염병은 잠복기가 길다.
> ④ 경구감염병은 2차 감염이 발생하지 않는다.
>
> 정답 ④
>
> **해설**
> **경구감염병의 특징**
> • 물, 식품이 감염원으로 운반매체이다.
> • 병원균의 독력이 강해서 식품에 소량의 균이 있어도 발병한다.
> • 사람에서 사람으로 2차 감염된다.
> • 잠복기가 길고 격리가 필요하다.
> • 지역적·집단적으로 발생한다.
> • 환자 발생에 계절이 영향을 미친다.

8) 감염성 설사증

① 원인균 : 감염성 설사증 바이러스

② 특징 : 환자의 분변에 의해 오염된 식품이나 음료수를 거쳐서 경구로 감염된다. 잠복기는 2~3일로 주로 복부팽만감, 심한 설사 등의 증상을 일으킨다.

③ 예방 : 물과 음식은 반드시 가열 섭취하고 저온저장하며 손씻기 등 개인위생을 철저히 한다.

9) 천열(泉熱, Izumi fever)

① 원인균 : *Yersinia pseudotuberculosis*

② 특징 : 산간지역의 오염된 식품이나 음료수에 의해 경구로 감염된다. 잠복기는 7~9일 정도로 고열, 설사, 복통 등의 증상이 나타난다.

③ 예방 : 물과 음식은 반드시 가열 섭취하고 저온저장하며 손씻기 등 개인위생을 철저히 한다. 조리기구에 의한 2차 오염을 차단해야 한다.

2. 경구감염병과 세균성 식중독의 비교

경구감염병	세균성 식중독
• 물, 식품이 감염원으로 운반매체이다. • 병원균의 독력이 강하여 식품에 소량의 균이 있어도 발병한다. • 사람에서 사람으로 2차 감염된다. • 잠복기가 길고 격리가 필요하다. • 면역이 있는 경우가 많다. • 감염병 예방법	• 식품이 감염원으로 증식매체이다. • 균의 독력이 약하다. 따라서 식품에 균이 증식하여 대량으로 섭취하여야 발병한다. • 식품에서 사람으로 감염(종말감염)된다. • 잠복기가 짧고 격리가 불필요하다. • 면역이 없다. • 식품위생법

SECTION 02 인수공통감염병과 예방대책

1. 인수공통감염병의 종류

1) 탄저(Anthrax)
① 병원체 : *Bacillus anthracis*(탄저균)
② 특징 : 포자 형성 세균으로 아포 흡입에 의한 폐탄저, 경구감염으로 장탄저를 일으키며 주로 피부의 상처로 인한 피부탄저가 가장 많다. 4~5일 잠복기 후 고열, 악성 농포, 궤양, 폐렴, 임파선염, 패혈증을 일으킨다.
③ 예방 : 예방접종을 하고 이환동물을 조기 발견하여 처리한다.

2) 파상열(Brucellosis, 브루셀라병)
① 병원체
 - *Brucella melitensis* : 양이나 염소에 감염
 - *Brucella abortus* : 소에 감염
 - *Brucella suis* : 돼지에 감염
② 특징 : 감염된 소, 양 등의 유제품 또는 고기를 통해 감염된다. 잠복기는 보통 7~14일이며, 가축에게는 유산을 일으키고 사람에게는 열이 40℃까지 오르다 내리는 것이 반복되므로 파상열이라고 한다.
③ 예방 : 예방접종을 하고, 이환동물을 조기 발견하며 우유, 유제품을 철저히 살균한다.

3) 결핵(Tuberculosis)
① 병원체 : 인형 결핵균(*Mycobacterium tuberculosis*), 우형 결핵균(*Mycobacterium bovis*), 조형 결핵균(*Mycobacterium avium*) 세 가지가 있다.
② 특징 : 감염된 소의 우유로 감염되고 잠복기는 1~3개월이다. 증상은 기침이 2주 이상 지속되고, 흉통, 고열, 피 섞인 가래가 나오며 폐의 석회화가 진행된다.
③ 예방 : 정기적인 Tuberculin 검사로 감염된 소를 조기 발견하여 적절한 조치를 하고 우유를 완전히 살균한다. BCG 예방접종을 실시한다.

TIP
인수공통감염병
- 장출혈성 대장균감염증
- 일본뇌염
- 브루셀라증
- 탄저병
- 공수병(광견병)
- 중증 급성 호흡기증후군(SARS)
- 큐열
- 결핵

Exercise
인수공통감염병으로서 동물에게는 유산을 일으키고, 사람에게는 열성질환을 일으키는 것은?
① 돈단독 ② Q열
③ 파상열 ④ 탄저

해설
열성 질환이란 고열, 발진을 동반하는 질환을 뜻한다.

정답 ③

Exercise
우유에 의해 사람에게 감염되고, 반응검사에 의해 음성자에게 BCG 접종을 실시해야 하는 인수공통전염병은?
① 결핵 ② 돈단독
③ 파상열 ④ 조류독감

정답 ①

Exercise
인수공통감염병과 관계가 먼 것은?
① 결핵 ② 탄저병
③ 이질 ④ Q열

해설
세균성 이질(Shigellosis)
- *Shigella dysenteriae*
- 환자와 보균자의 분변이 식품이나 음료수를 통해 경구로 감염된다.
- 잠복기는 2~7일이며 발열(38~39℃), 오심, 복통, 설사 시 점액과 혈변을 배설한다.

정답 ③

Exercise

인수공통감염병에 관한 설명 중 틀린 것은? 2020

① 동물들 사이에 같은 병원체에 의하여 전염되어 발생하는 질병이다.
② 예방을 위하여 도살장과 우유 처리장에서는 검사를 엄중히 해야 한다.
③ 탄저, 브루셀라병, 야토병, Q열 등이 해당된다.
④ 예방을 위해서는 가축의 위생관리를 철저히 하여야 한다.

💬 **해설**
인수공통감염병이란 사람과 동물 사이에 상호 전파되는 병원체에 의해 전염되는 질병이다.

🔒 **정답** ①

Exercise

인수공통감염병에 대한 설명 중 틀린 것은?

① 질병의 원인은 모두 세균이다.
② 원인세균 중에는 포자(Spore)를 형성하는 세균도 있다.
③ 사람과 동물에게 모두 전염될 수 있다.
④ 접촉감염, 경구감염 등이 있다.

💬 **해설**
인수공통감염병
- 결핵
  - 인형 결핵균(*Mycobacterium tuberculosis*)
  - 우형 결핵균(*Mycobacterium bovis*)
  - 조형 결핵균(*Mycobacterium avium*)
- 파상열
  - *Brucella melitensis*(양, 염소)
  - *Brucella abortus*(소)
  - *Brucella suis*(돼지)
- 야토병
  - *Pasteurella tularensis*
  - *Francisella tularensis*
- 리스테리아증 : *Listeria monocytogenes*
- 광우병(소해면상뇌증, Bovine Spongiform Encephalopathy ; BSE) : Prion 단백질

🔒 **정답** ①

---

4) 돈단독증(Swine erysipeloid)

① 병원체 : *Erysipelothrix rhusiopathiae*
② 특징 : 돼지에 의해 경구적으로 감염된다. 잠복기는 1~3일로 단독무늬 발진이 생기며 종창, 관절염, 패혈증이 나타난다.
③ 예방법 : 예방접종하고 이환동물은 조기 발견하여 격리·소독한다.

5) 야토병(Tularemia, 튜라레미아증)

① 병원체 : *Francisella tularensis*
② 특징 : 산토끼고기와 박피로 감염되고, 잠복기는 3~4일이다. 증상은 발열, 오한이 있고 침입된 피부에 농포가 생기며 임파선이 붓고 악성 결막염을 유발한다.
③ 예방법 : 응집반응으로 진단하고 산토끼고기는 가열 조리하며 경피감염을 주의하고 취급업자는 예방접종을 한다.

6) Q열(Q fever)

① 병원체 : 리케차, *Coxiella burnetii*
② 특징 : 염소, 소, 양, 유즙 및 배설물에 의해 감염된다. 잠복기는 15~20일이며, 증상은 발열, 오한, 두통, 흉통 등이 발생한다.
③ 예방법 : 진드기를 구제하며, 우유살균, 정기진단을 한다.

7) 리스테리아증(Listeria증)

① 병원체 : *Listeria monocytogenes*
② 특징 : 병에 감염된 동물과 접촉하거나 식육, 유제품 등을 통해 경구적으로 감염된다. 소·말·양·염소·닭·오리 등에 널리 감염되며 잠복기는 3~7일이고 수막염, 패혈증 등을 일으킨다. 임산부의 자궁내막염 및 유산의 원인이기도 하다.
③ 예방법 : 식품은 가열 살균하고 예방접종을 한다.

2. 인수공통감염병의 예방

① 예방접종하고, 이환동물을 조기 발견하여 격리치료를 실시한다.
② 이환동물이 식품으로 취급되지 않도록 하며 우유 등의 살균처리를 한다.
③ 수입되는 유제품, 가축, 고기 등의 검역을 철저히 한다.

SECTION 03 기생충

1. 감염원에 따른 분류

1) 채소류 매개 기생충
중간숙주 없이 충란 등에 의해 직접 감염된다.

(1) 회충(Ascaris lumbricoides)

선충류 중 가장 크다(30cm 내외).
① 감염경로 : 주로 채소를 통하여 경구로 감염된다. 소장 내 기생하며 하루에 10만여 개의 알을 산란한다.
② 증상 : 심할 경우에는 권태, 피로감, 두통, 구토, 장폐색증 등이 나타난다.
③ 예방 : 채소를 흐르는 물에서 5회 이상 세척해야 한다.

(2) 십이지장충(구충, Ancylostoma duodenale)

입에 갈고리모양 구조를 가지고 있다.
① 감염경로 : 채소를 통한 경구감염과 자충이 노출된 피부로 감염된다. 주로 공장에서 서식한다.
② 증상 : 빈혈, 구토 등 채독증을 일으킨다.
③ 예방 : 오염된 지역에서 맨발로 다니는 것을 피하며, 채소를 충분히 세척하거나 가열한다.

(3) 동양모양선충(Trichostrongylus orientalis)

① 감염경로 : 주로 경구로 감염되고, 소장 상부에서 기생한다.
② 증상 : 감염되어도 알지 못하며, 병해는 그다지 크지 않다.
③ 예방 : 채소를 충분히 세척하거나 가열한다.

(4) 편충(Trichocephalus trichiurus)

채찍모양을 하고 있다.
① 감염경로 : 채소를 통한 경구감염이다.
② 특징 : 열대와 아열대 지역에 많다.
③ 예방 : 흙을 만지고 난 후 손을 깨끗이 씻는다. 채소를 충분히 씻거나 가열한다.

➡ 각각의 기생충이 어떠한 숙주를 매개로 감염되는지를 중심으로 공부하세요! 각 기생충을 예방하는 방법은 숙주를 제거하거나 가열 살균을 통해 사멸시킨 후 섭취하는 방법입니다.

Exercise

기생충란을 제거하기 위한 가장 효과적인 야채 세척방법은? 2019
① 수돗물에 1회 씻는다.
② 소금물에 1회 씻는다.
③ 흐르는 수돗물에 5회 이상 씻는다.
④ 물을 그릇에 받아 2회 세척한다.

💬 해설
- 채소류 매개 기생충을 제거하는 방법이다.
- 성충이 낳은 충란이 채소 표면에 부착되어 있기 때문에 흐르는 물에 수 차례 씻어 제거한다.

🔒 정답 ③

Exercise

채독증의 원인으로 피부감염이 가능한 기생충은?
① 회충
② 구충(십이지장충)
③ 편충
④ 요충

💬 해설
기생충은 주로 경구감염을 일으키지만 구충은 경구감염과 피부감염을 동시에 일으킨다.

🔒 정답 ②

(5) 요충(Enterobius vermicularis)

① 감염경로 : 성충이 새벽에 항문에 내려와 산란하므로 항문소양증이 생기며, 긁으면 충란이 손톱에 의해 입으로 옮겨져 자가감염이 될 수 있다. 유치원이나 가족 간의 단체감염이 많다.
② 특징 : 도시에서 단체감염이 많으며, 항문 근처에 산란하므로 스카치테이프법으로 검사한다.
③ 예방 : 가족 전체가 구충하고 손 등을 깨끗이 씻는다.

2) 수육 매개 기생충
하나의 중간숙주를 가진다.

(1) 유구조충(Taenia solium)

① 감염경로 : 돼지고기로부터 감염되고, 입 주위에 갈고리를 가지고 있어서 갈고리촌충이라고 한다. 분변으로 배출된 충란을 중간숙주인 돼지가 섭취하여 유구낭충이 되며, 사람이 감염된 돼지고기를 덜 익혀 먹으면 감염된다.
② 예방 : 돼지고기의 생식을 금하고, 완전히 익혀 먹도록 한다.

(2) 무구조충(Taenia saginata)

① 감염경로 : 입 주위에 갈고리가 없어 민촌충이라고 하며, 감염된 소고기를 불충분하게 가열하여 먹거나 날것으로 먹으면 감염된다.
② 예방 : 소고기의 생식을 금하고, 완전히 익혀 먹도록 한다.

(3) 선모충(Trichinella spiralis)

① 감염경로 : 돼지 · 개 · 고양이 등 여러 포유동물에서 감염된다.
② 예방 : 돼지고기의 생식을 금하고, 완전히 익혀 먹도록 한다.

(4) 톡소플라스마(Toxoplasma gondii)

임산부에게 유산, 사산, 기형아 등을 일으킨다.

① 감염경로 : 돼지 · 개 · 고양이 등에 감염되며, 사람은 감염된 돼지고기를 덜 익혀 섭취하여 감염된다. 또한 고양이 배설물 중 오시스트(Oocyst, 포낭체)로 인해 식품이 오염된다.
② 예방 : 돼지고기의 생식을 금하고 고양이의 배설물에 의한 식품오염을 방지한다.

Exercise

불충분하게 가열된 소고기를 먹었을 때 감염될 수 있는 기생충질환은?
2015
① 간디스토마   ② 아니사키스
③ 무구조충   ④ 유구조충

해설
- 무구조충의 중간숙주 : 소고기
- 유구조충의 중간숙주 : 돼지고기

정답 ③

Exercise

기생충과 중간숙주의 연결이 틀린 것은?
2020
① 광절열두조충 – 양
② 간디스토마 – 잉어
③ 유구조충 – 돼지
④ 무구조충 – 소

해설
① 광절열두조충 – 반담수어

정답 ①

(5) 만손열두조충(스파르가눔증)

① 감염경로 : 감염된 개구리, 뱀 등을 덜 익혀 섭취하여 감염된다. 유충인 스파르가눔에 의한 감염증상으로 눈이나 뇌 등에 침범하여 동통, 지각이상현상 등을 보이기도 한다.

② 예방 : 개구리, 뱀 등의 생식을 금한다.

3) 어패류 매개 기생충

2개의 중간숙주를 가진다.

(1) 간디스토마(간흡충, Clonorchis sinensis)

우리나라에서 감염률이 가장 높은 기생충으로 낙동강, 영산강, 금강 등지에서 지역적 유행으로 발생한다.

① 감염경로 : 물속의 충란에서 부화된 유충 → 제1중간숙주(왜우렁이)에서 포자낭충과 레디아유충 상태를 거쳐서 유미유충 → 제2중간숙주(잉어, 붕어 등의 담수어)에서 유구낭충으로 기생 → 사람이 생식하여 감염되어 황달, 간경변 등을 일으킨다.

② 예방 : 담수어의 생식을 금한다.

(2) 폐디스토마(폐흡충, Paragonimus westermanii)

① 감염경로 : 물속의 충란에서 부화된 유충 → 제1중간숙주(다슬기)에서 유미유충 → 제2중간숙주(민물의 게, 가재 등)에서 피낭유충 → 사람이 생식하여 감염되어 장 외벽을 뚫고 폐에서 기생한다.

② 예방 : 게나 가재의 생식을 금한다.

(3) 요코가와흡충(장흡충, Metagonimus yokogawa)

① 감염경로 : 물속의 충란에서 부화된 유충 → 제1중간숙주(다슬기)에서 유미유충 → 제2중간숙주(붕어, 은어 등의 담수어)에서 피낭유충 → 사람이 생식하여 감염된다.

② 예방 : 담수어 생식을 금한다.

(4) 광절열두조충(긴촌충, Diphyllobothrium latum)

① 감염경로 : 물속의 충란에서 부화된 유충 → 제1중간숙주(물벼룩) → 제2중간숙주(농어, 연어, 숭어 등의 반담수어) → 사람이 생식하여 감염된다.

② 예방 : 반담수어의 생식을 금한다.

Exercise

민물고기를 생식한 일이 없는데도 간흡충에 감염될 수 있는 경우는?
① 덜 익힌 돼지고기 섭취
② 민물고기를 취급한 도마를 통한 감염
③ 매운탕 섭취
④ 공기를 통한 감염

해설
감염된 어패류를 취급한 작업도구에 의해서도 교차오염될 수 있다.

정답 ②

Exercise

폐디스토마를 예방하는 가장 옳은 방법은? 2015
① 붕어는 반드시 생식한다.
② 다슬기는 흐르는 물에 잘 씻는다.
③ 참게나 가재를 생식하지 않는다.
④ 소고기는 충분히 익혀서 먹는다.

정답 ③

Exercise

제1중간숙주가 다슬기이고, 제2중간숙주가 참게, 참가재인 기생충은?
① 요충
② 분선충
③ 폐디스토마
④ 톡소플라스마

해설

구분	1중간 숙주	2중간 숙주
간디스토마 (간흡충)	쇠우렁이	잉어, 붕어 등 담수어
폐디스토마 (폐흡충)	다슬기	민물의 게, 가재
요코가와흡 충(장흡충)	다슬기	붕어, 은어 등 담수어
광절열두조 충(긴촌충)	물벼룩	농어, 연어, 숭어 등의 반담수어

정답 ③

---

(5) 유극악구충(Gnathostoma spinigerm)

① 감염경로 : 물속의 충란에서 부화된 유충 → 제1중간숙주(물벼룩) → 제2중간숙주(미꾸라지, 가물치, 뱀장어 등의 담수어) → 최종 숙주인 개나 고양이 등에 기생 → 사람이 생식하여 감염된다.

② 예방 : 담수어의 생식을 금한다.

(6) 아니사키스(Anisakis)

고래, 돌고래 등 바다 포유류의 기생충이다.

① 감염경로 : 분변에 의한 충란 → 제1중간숙주 갑각류(크릴새우) → 제2중간숙주(오징어, 갈치, 고등어 등) → 고래 → 사람이 생식하여 감염된다.

② 예방 : 해산 어류의 생식을 금한다.

2. 모양에 따른 분류

1) 선충류

선모양으로 회충, 십이지장충, 요충, 동양모양선충, 편충, 아니사키스 등이 있다.

2) 엽충류

잎사귀모양으로 간흡충, 폐흡충, 요코가와흡충 등이 있다.

3) 조충류

마디로 이루어진 촌충으로 광절열두조충, 유구조충, 무구조충 등이 있다.

SECTION 04 위생동물

1. 쥐

1) 쥐의 분류
① 가주성 쥐 : 집 근처에 사는 쥐를 말한다. 시궁쥐(Rattus norvegicus), 지붕쥐(곰쥐, Rattus rattus), 생쥐(Mus musculus)
② 들쥐 : 야생에서 서식하는 쥐를 말한다. 등줄쥐(Apodemus agrarius)

2) 쥐의 특징
① 야간활동성이고 잡식성이며, 문치가 매우 빠르게 자라므로 생후 2주부터 단단한 물질을 갉아 자라는 만큼 마모시킨다.
② 생후 10주 전후로 교미를 하며 임신기간은 22일이다. 평균 8마리 내외의 새끼를 낳고 수명은 1~2년이다.
③ 구토능력이 없으므로 음식에 대한 경계심이 강하다.
④ 쥐 매개 질병
  - 쥐벼룩 : 흑사병(페스트), 발진열
  - 털진드기 : 쯔쯔가무시병(양충병)
  - 생쥐진드기 : 리케차폭스
  - 쥐 분변 : 살모넬라증
  - 쥐 분뇨 : 렙토스피라증
  - 등줄쥐 : 신증후군출혈열(유행성 출혈열)

3) 쥐의 구제
① 개체수가 가장 적은 겨울철이 최적기이다(봄>가을>여름>겨울).
② **물리적 처리** : 서식처나 먹을 것을 제거하는 환경 개선(가장 영구적이고 이상적)이나 쥐덫 및 쥐틀을 설치한다.
③ **생물학적 처리** : 천적인 고양이, 족제비, 개, 부엉이 등을 이용한다.
④ **화학적 처리** : 급성 살서제(안투, 아비산, 인화아연)나 만성 살서제(와파린) 등을 사용한다.

➡ 여기에서는 위생동물의 종류에 대해서만 전반적으로 이해하며 학습하세요.

TIP
위생동물이 식품에 위해를 주는 방법
- 병원균이 있는 배설물이나 분비물을 전파하는 방법
- 병원체를 보관하는 병원소가 되는 방법

Exercise
쥐와 관련되어 감염되는 질병이 아닌 것은?
① 유행성 출혈열
② 살모넬라증
③ 페스트
④ 폴리오

해설
폴리오는 Poliomyelitis virus에 의해서 발생한다.

정답 ④

> 국민보건수준의 향상으로 위생동물에 의해 매개되는 질병의 발생률이 감소되고 있습니다.

2. 모기

1) 모기의 분류

① 장각아목 – 모기과
② 학질모기아과 : 학질모기(Anopheles sinensis, 말라리아모기 – 중국얼룩날개모기)
③ 보통모기아과 : 집모기속, 숲모기속, 늪모기속
- **집모기속** : 빨간집모기, 작은빨간집모기(Clux tritaeniorhynchus, 일본뇌염모기)
- **숲모기속** : 이집트숲모기(Aedes aegypti), 토고숲모기(Aedes togoi)

2) 모기의 특징

① 흡수형의 긴 구기로 흡혈을 하고 뒷날개는 퇴화하여 평균곤이 되었으며 야간활동성이지만, 숲모기는 주간활동성이다.
② 수명은 1달로 교미 시 수컷 30~40마리가 지상 1~3m에서 군무를 취하면 암컷이 하나씩 그 속을 내려오며 교미가 이루어진다.
③ 일조시간이 10시간 이내가 되면 월동을 준비하고 성충으로 월동하나 숲모기는 알로 월동한다.
④ 모기 매개 질병
- 학질모기 : 말라리아
- 작은빨간집모기 : 일본뇌염
- 이집트숲모기 : 황열, 뎅기열
- 토고숲모기 : 사상충증

3) 모기의 구제

① 가장 이상적이고 영구적인 방법은 발생원을 제거하는 것으로 알을 물에 낳으므로 주변에 물이 고인 곳을 제거한다.
② **물리적 구제** : 방충망을 설치하고 유문등, 살문등 등의 트랩을 이용한다.
③ **생물학적 구제** : 성충 천적(거미, 잠자리), 유충 천적(송사리, 히드라, 플라나리아, 잠자리유충), 선충류, 불임수컷 방산
④ **화학적 구제(제)** : 살충제(나레드, 다이아지논, 디크로보스(DDVP), 디메토에이트, 피레트린), 발육억제제(디플루벤주론), 기피제(벤질벤조에이트)

3. 파리

1) 파리의 분류
① 곤충강 – 파리목, 환봉아목
② 집파리과 : 집파리, 큰집파리, 아기집파리(딸집파리), 침파리(흡혈성)
③ 검정파리과 : 검정파리, 금파리, 띠금파리(구더기증)
④ 쉬파리과 : 쉬파리(유생생식, 구더기증)
⑤ 체체파리과 : 체체파리(아프리카 수면병)

2) 파리의 특징
① 기계적 전파자 : 한 장소에서 다른 장소로 병원균을 운반한다.
- 병원균이 있는 배설물이나 분비물을 섭취한다.
- 토하는 습성이 있다.
- 몸과 다리에 강모가 많아 체표면에 병원체를 묻힌다.
- 다리의 욕반에 붙여서 전파한다.

② 주간활동성이고 유충은 구더기이며 수명은 1달이다. 흡수형의 구기 끝에 대형의 순판을 가지고 있으며, 순판은 스펀지처럼 먹이를 흡수하는 역할을 한다.
③ 파리 매개 질병 : 세균성 이질, 장티푸스, 콜레라, 살모넬라, 아메바성 이질, 결핵

3) 파리의 구제
① 가장 이상적이고 영구적인 방법은 발생원을 제거하는 것으로 쓰레기통은 꼭 뚜껑을 덮고 방충망을 설치하며 수세식 화장실을 사용하고 축사 등을 위생적으로 관리한다.
② 화학적 살충제 : 나레드, 다이아지논, 디크로보스(DDVP), 디메토에이트, 피레트린

4. 바퀴

1) 바퀴의 분류
① 곤충강 – 바퀴목
② 독일바퀴(*Blattella germanica*) : 15mm 소형, 전국적 분포, 전흉배판에 두 개의 흑색종대

③ 이질바퀴(Periplaneta americana) : 40mm 대형, 남부지방, 전흉배판에 황색윤상무늬
④ 먹바퀴(Periplaneta fliginosa) : 38mm 대형, 제주도, 날개 위에 깊은 골선
⑤ 집바퀴(Periplaneta japonica) : 25mm 중형, 중부지방, 흑색, 전흉배판이 오목 볼록한 형태로 암컷은 날개가 반만 형성

2) 바퀴의 특징

① 기계적 전파자 : 한 장소에서 다른 장소로 병원균을 운반한다.
② 야행성, 군집성, 잡식성이고 저작형의 씹는 입을 가지고 있다.
③ 암컷은 평균 8회 난협(알주머니)을 산출하여 복부 끝에 붙이고 다니다 부화 시 내려놓는다. 수명은 3개월~1년이다.
④ 바퀴 매개 질병 : 알레르기, 결막염, 수인성 감염병

3) 바퀴의 구제

① 환경적 구제 : 음식물을 관리하고 청소를 철저히 한다.
② 바퀴트랩을 설치하거나 독먹이 및 연무식 살충제(다이아지논, 벤디오카브)를 사용한다.

Exercise

다음 중 바퀴벌레의 생태가 아닌 것은?
① 야간활동성 ② 독립생활성
③ 잡식성 ④ 가주성

해설

바퀴
- 국내에는 독일바퀴, 이질바퀴, 먹바퀴, 집바퀴 등이 가주성으로 서식하고 있다.
- 기계적 전파자 : 한 장소에서 다른 장소로 병원균을 운반한다.
- 야행성, 군집성, 잡식성이고 입은 저작형이다.
- 암컷은 평균 8회 난협(알주머니)을 산출하여 복부 끝에 붙이고 다니다 부화 시 내려놓는다.
- 수명 : 3개월~1년

정답 ②

5. 진드기

1) 진드기의 분류

① 거미강 – 진드기목
② 진드기(Tick) : 3mm 내외의 대형 진드기로 후기문아목에 속하는 참진드기와 물렁진드기(공주진드기)가 여기에 속한다.
③ 좀진드기(Mite, 응애) : 수 μm 내외의 크기로 전기문·중기문·무기문 아목이 여기에 속하며 옴진드기, 집먼지진드기, 털진드기, 모낭진드기(여드름진드기), 생쥐진드기 등이 있다.

2) 진드기의 특징

① 거미강에 속하므로 4쌍의 다리를 가지며 미세형이라 쉽게 발견할 수 없다.
② 집먼지진드기의 경우 소파, 침구류 등에 서식하며 유기물을 섭취하는데, 피부를 통해 수분이 흡수되므로 습도가 중요 생장인자이다.

③ 진드기 매개 질병
- 참진드기 : Q열, 라임병, 록키산홍반열
- 물렁진드기 : 진드기 매개 재귀열
- 옴진드기 : 피부염
- 집먼지진드기 : 알레르기
- 털진드기 : 쯔쯔가무시병(양충병)
- 모낭진드기 : 여드름
- 생쥐진드기 : 리케차폭스

3) 진드기의 구제

① 집먼지진드기 : 가습기 사용을 금하고 침구류 세탁을 자주 한다.
② 털진드기 : 집 주변의 잡초를 제거하고, 긴소매, 긴바지 등을 입으며, 기피제를 사용한다.
③ 참진드기, 물렁진드기 : 기피제를 사용하고 산행 후에는 샤워를 한다.
④ 기피제 : 벤질벤조에이트, 다이메틸 프탈레이트(DMP), 디메틸 카베이트, 헥산디올

> **Exercise**
>
> 각 위생동물과 관련된 식품, 위해와의 연결이 틀린 것은?
> ① 진드기 : 설탕, 화학조미료 – 진드기노증
> ② 바퀴벌레 : 냉동 건조된 곡류 – 디프테리아
> ③ 쥐 : 저장식품 – 장티푸스
> ④ 파리 : 조리식품 – 콜레라
>
> **해설**
>
> 바퀴벌레는 20℃ 이하에서 생육을 못하며 기계적 전파자로 수인성 감염병을 전파한다. 바퀴벌레를 제외한 대다수의 위생동물이 냉동상태에서는 생육이 어렵다.
>
> **정답** ②

CHAPTER 04 식품위생관리

SECTION 01 개인위생관리

1. 식품위생종사자의 위생관리

식품위생종사자는 개인위생관리를 통해 제조현장에 발생원인이 되는 이물질을 출입 전에 완전히 제거해야 한다. 더불어 작업자를 통해 발생할 수 있는 교차오염을 사전에 예방해야 한다.

➡ 작업장에서의 개인위생관리

구분	내용
손씻기	1. 흐르는 온수로 손을 적시고, 일정량의 액체비누를 바른다(일반적인 바형태의 고체비누는 세균으로 감염될 수 있음). 2. 비누와 물이 손의 모든 표면에 묻도록 한다. 3. 손바닥과 손바닥을 마주 대고 문질러 준다. 4. 손바닥과 손등을 마주 대고 문질러 준다. 5. 손바닥을 마주 대고 손깍지를 끼고 문질러 준다. 6. 손가락 등을 반대편 손바닥에 대고 문질러 준다. 7. 엄지손가락을 다른 편 손바닥으로 돌려주면서 문질러 준다. 8. 손가락을 반대편 손바닥에 놓고 문지르며 손톱 밑을 깨끗하게 한다. 9. 흐르는 온수로 비누를 헹구어 낸다. 10. 종이타월이나 깨끗한 마른 수건으로 손의 물기를 제거한다(젖은 타월에는 세균이 서식할 수 있음).
위생모 착용	1. 위생모는 머리카락이 나오지 않도록, 머리 뒷부분과 귀가 보이지 않도록 덮개를 내려 착용하고, 턱끈은 잘 매도록 한다. 2. 모발에 세균이 부착되어 있으므로 바르게 착용하여야 한다. 3. 작업장에 출입하는 모든 인원(방문객 포함)은 반드시 규정에 따라 위생모를 착용하도록 한다. 4. 두발은 짧게 하고, 긴 머리는 반드시 묶어서 모자 속으로 넣어 외부로부터 오염물질이나, 머리카락이 들어가서 식품을 오염시키지 않도록 한다.

TIP

흐르는 물에 비누로 손을 씻을 경우 세균의 98% 이상, 손을 씻은 후 소독액을 분사할 경우 세균의 99.9% 이상이 제거된다.

Exercise

개인위생을 설명한 것으로 가장 적절한 것은? 2021
① 식품종사자들이 사용하는 비누나 탈취제의 종류
② 식품종사자들이 일주일에 목욕하는 횟수
③ 식품종사자들이 건강, 위생복장 착용 및 청결을 유지하는 것
④ 식품종사자들이 작업 중 항상 장갑을 끼는 것

💬 해설
개인위생
식품종사자들이 건강, 위생복장 착용 및 청결을 유지하는 것으로 경구감염병 예방에 중요하다.

🔒 정답 ③

구분	내용
마스크 착용	1. 마스크는 백색으로 된 것을 착용한다. 2. 입과 코가 보이지 않도록 써야 하며, 코 부위를 눌러 착용한다. 3. 기침이나 재채기를 통하여 각종 세균의 오염 가능성이 있으므로 제조, 포장라인에는 반드시 마스크를 착용해야 하며, 항상 깨끗하게 관리해야 한다.
작업장 출입	1. 작업장 출입 시 위생복을 착용한다. 2. 위생복의 지퍼는 위까지 채워서 착용하여야 한다. 3. 손과 발 일부를 제외한 신체부위가 노출되지 않아야 한다. 4. 깨끗한 위생복을 착용하여 몸을 가림으로써 먼지, 이물, 세균 등이 제품을 오염시키지 않도록 한다. 5. 위생복장 차림으로 외부를 출입하지 않도록 하고, 세탁을 자주 하여 청결하게 위생복관리를 한다
개인 용품	장신구 · 휴대품(시계, 반지, 휴대폰, 라이터 등)은 틈새에 교차오염의 매개체가 될 수 있으며, 식품 내 이물 혼입의 원인이 되거나, 기계에 들어가 안전사고의 원인이 될 수 있으므로 작업장에 반입하지 않도록 한다.

Exercise

식품 취급현장에서 장신구와 보석류의 착용을 금하는 이유로 적합하지 않은 것은?
① 기계를 사용할 경우 안전사고가 발생할 수 있으므로
② 부주의하게 식품 속으로 들어갈 수 있으므로
③ 장신구는 대부분 미생물에 오염되어 있으므로
④ 작업자들의 복장을 통일하기 위하여

🔒 **정답** ④

2. 식품위생종사자의 건강진단

1) 건강진단

식품위생법에 따라 식품위생종사자는 1년마다 1회 건강진단을 받아야 한다.

대상	건강진단항목
식품 또는 식품첨가물(화학적 합성품 또는 기구 등의 살균 · 소독제는 제외)을 채취 · 제조 · 가공 · 조리 · 저장 · 운반 또는 판매하는 데 직접 종사하는 사람(단, 영업자 또는 종업원 중 완전 포장된 식품 또는 식품첨가물을 운반하거나 판매하는 데 종사하는 사람은 제외)	• 장티푸스(식품위생 관련 영업 및 집단급식소 종사자만 해당) • 파라티푸스 • 폐결핵

Exercise

집단급식소종사자(조리하는 데 직접 종사하는 자)의 정기 건강진단 항목이 아닌 것은?
① 장티푸스
② 폐결핵
③ 파라티푸스
④ 조류독감

🔒 **정답** ④

2) 영업에 종사하지 못하는 질병의 종류

① 결핵(비감염성인 경우는 제외)
② '감염병의 예방 및 관리에 관한 법률 시행규칙' 제33조 제1항에 해당하는 감염병
③ 피부병 또는 그 밖의 고름 형성(화농성) 질환

Exercise

식품위생분야 종사자의 건강진단 규칙에 의해 조리사들이 받아야 할 건강진단 항목과 그 횟수가 맞게 연결된 것은? 2021
① 장티푸스 : 1년마다 1회
② 폐결핵 : 2년마다 1회
③ 파라티푸스 : 6개월마다 1회
④ 장티푸스 : 18개월마다 1회

해설
식품위생종사자의 건강진단항목 및 횟수
장티푸스, 폐결핵, 파라티푸스는 1년마다 1회 건강진단을 받아야 한다.

정답 ①

④ 후천성 면역결핍증(감염병의 예방 및 관리에 관한 법률 제19조에 따라 성매개감염병에 관한 건강진단을 받아야 하는 영업에 종사하는 사람만 해당)

3) 영업에서 제외되는 증상

① 발열 또는 감기(재채기) 등의 증상, 설사를 동반하는 복통 또는 구토 등의 증상, 폐와 관련된 증상, 인후염·후두염 등 업무에 부적합한 증상을 보이는 자는 업무에서 제외시켜야 한다.
② 베이거나 데인 상처, 염증, 종기가 있으면 가능한 업무에서 제외시켜야 한다. 피치 못하게 업무에 참여할 경우에는 반창고를 붙인 후 합성수지로 된 일회용 장갑을 낀 후 식품과 접촉하지 않는 업무에 투입되어야 한다.

SECTION 02 식품 관련 시설 위생관리

1. 식품제조시설의 위치

① 건물의 위치는 축산폐수·화학물질, 그 밖에 오염물질의 발생시설로부터 식품에 나쁜 영향을 주지 아니하는 거리를 두어야 한다.
② 건물의 구조는 제조하려는 식품의 특성에 따라 적정한 온도가 유지될 수 있고, 환기가 잘 될 수 있어야 한다.
③ 건물의 자재는 식품에 나쁜 영향을 주지 아니하고 식품을 오염시키지 아니하는 것이어야 한다.

2. 식품의 작업장

① 작업장은 독립된 건물이거나 식품 제조·가공 외의 용도로 사용되는 시설과 분리(별도의 방을 분리함에 있어 벽이나 층 등으로 구분하는 경우)되어야 한다.
② 작업장은 원료처리실·제조가공실·포장실 및 그 밖에 식품의 제조·가공에 필요한 작업실을 말하며, 각각의 시설은 분리 또는 구획(칸막이·커튼 등으로 구분하는 경우)되어야 한다. 단, 제조공정의 자동화 또는 시설·제품의 특수성으로 인하여 분리 또는

구획할 필요가 없다고 인정되는 경우로서 각각의 시설이 서로 구분(선·줄 등으로 구분하는 경우)될 수 있는 경우에는 그러하지 아니하다.

③ 작업장의 바닥·내벽 및 천장 등은 다음과 같은 구조로 설비되어야 한다.
- 바닥은 콘크리트 등으로 내수 처리를 하여야 하며, 배수가 잘 되도록 하여야 한다.
- 내벽은 바닥으로부터 1.5m까지 밝은색의 내수성으로 설비하거나 세균 방지용 페인트로 도색하여야 한다. 단, 물을 사용하지 않고 위생상 위해 발생의 우려가 없는 경우에는 그러하지 아니하다.
- 작업장의 내부 구조물, 벽, 바닥, 천장, 출입문, 창문 등은 내구성, 내부식성 등을 가지고, 세척·소독이 용이하여야 한다.

④ 작업장 안에서 발생하는 악취·유해가스·매연·증기 등을 환기시키기에 충분한 환기시설을 갖추어야 한다.

⑤ 작업장은 외부의 오염물질이나 해충, 설치류, 빗물 등의 유입을 차단할 수 있는 구조이어야 한다.

⑥ 작업장은 폐기물·폐수 처리시설과 격리된 장소에 설치하여야 한다.

3. 식품취급시설 등

① 식품을 제조·가공하는 데 필요한 기계·기구류 등 식품취급시설은 식품의 특성에 따라 식품 등의 기준 및 규격에서 정하고 있는 제조·가공기준에 적합한 것이어야 한다.

② 식품취급시설 중 식품과 직접 접촉하는 부분은 위생적인 내수성 재질(스테인리스·알루미늄·강화플라스틱(FRP)·테프론 등 물을 흡수하지 아니하는 것)로서 씻기 쉬운 것이거나 위생적인 목재로서 씻는 것이 가능한 것이어야 하며, 열탕·증기·살균제 등으로 소독·살균이 가능한 것이어야 한다.

③ 냉동·냉장 시설 및 가열처리시설에는 온도계 또는 온도를 측정할 수 있는 계기를 설치하여야 한다.

➡ 식품제조시설의 관리방법을 모두 외우려고 하지 마세요! 대신 꼼꼼히 읽어보고 인과관계를 생각하면서 합리적으로 판단하시면 됩니다!

Exercise

식품공장의 위생관리방법으로 적합하지 않은 것은?
① 환기시설은 악취, 유해가스, 매연 등을 배출하는 데 충분한 용량으로 설치한다.
② 조리기구나 용기는 용도별로 구분하고 수시로 세척하여 사용한다.
③ 내벽은 어두운색으로 도색하여 오염물질이 쉽게 드러나지 않도록 한다.
④ 폐기물·폐수 처리시설은 작업장과 격리된 장소에 설치·운영한다.

해설
내벽은 밝은색으로 도색하여 오염물질이 쉽게 드러나도록 한다.

🔒 **정답** ③

Exercise

식품공장의 작업장 구조와 설비에 대한 설명으로 틀린 것은?
① 출입문은 완전히 밀착되어 구멍이 없어야 하고 밖으로 뚫린 구멍은 방충망을 설치한다.
② 천장은 응축수가 맺히지 않도록 재질과 구조에 유의한다.
③ 가공장 바로 옆에 나무를 많이 식재하여 직사광선으로부터 공장을 보호하여야 한다.
④ 바닥은 물이 고이지 않도록 경사를 둔다.

해설
공장 주변에 나무를 식재하면 위생동물의 서식 가능성이 높아지기 때문에 가공장 옆에 나무를 많이 식재하지 않는다.

🔒 **정답** ③

SECTION 03 식품의 위생검사

1. 식품의 이물시험법

1) 체분별법
검체가 미세한 분말일 때 적용한다.

2) 여과법
검체가 액체 또는 용액으로 할 수 있을 때 적용한다.

3) 와일드만 플라스크법
곤충 및 동물의 털과 같이 물에 잘 젖지 아니하는 가벼운 이물 검출에 적용한다.

4) 침강법
쥐똥, 토사 등의 비교적 무거운 이물의 검사에 적용한다.

5) 금속성 이물(쇳가루)시험법
분말제품, 환제품, 액상 및 페이스트제품, 코코아 가공품류 및 초콜릿류 중 혼입된 쇳가루 검출에 적용한다.

2. 식품의 미생물검사법

1) 세균발육
장기보존식품 중 통·병조림식품, 레토르트식품에서 세균의 발육 유무를 확인하기 위한 시험법으로 가온보존시험을 기본으로 한다.

2) 세균수
세균수 측정법은 일반세균수를 측정하는 표준평판법, 건조필름법 또는 자동화된 최확수법(Automated MPN)을 사용한다.

Exercise

광물성 이물, 쥐똥 등의 무거운 이물을 비중의 차이를 이용하여 포집, 검사하는 방법은? 2015, 2020
① 정치법 ② 여과법
③ 침강법 ④ 체분별법

🔒 정답 ③

TIP

가온보존시험

시료 5개를 개봉하지 않은 용기·포장 그대로 배양기에서 35~37℃, 10일간 보존한 후, 상온에서 1일간 추가로 방치하고 관찰한다. 용기·포장이 팽창 또는 새는 것은 세균발육 양성으로 하고 가온보존시험에서 음성인 것은 세균시험을 한다.

3) 대장균 및 대장균군

(1) 정성시험

추정 – 확정 – 완전 시험을 통해 정성분석을 한다.

구분	대장균	대장균군
추정	EC broth	Lactose broth
확정	EMB	BGLB → Endo, EMB
완전	Gram염색	Gram염색

(2) 정량시험(건조필름법)

① 채취된 샘플 25g을 생리식염수 225mL에 희석하여 균질화한 것을 시험용액으로 한다.
② 시험용액 1mL와 10배 단계 희석액 1mL씩을 각 희석수별로 무균적으로 취하여 선택배지에 2매 이상씩 분주한다.
③ 고체배지에 분주한 용액은 균일하게 Spread 한다. 액체배지를 이용하고자 멸균 페트리접시에 접종한 시험용액은 액체배지를 약 15~20mL를 분주하고 조용히 회전하여 좌우로 기울이면서 검체와 배지를 잘 혼합하고 응고시킨다.
④ 접종이 완료된 배지는 미생물별 적절한 온도와 시간을 배양한다.
⑤ 1개의 배지평판당 15~300개의 집락을 생성한 평판을 택하여 집락수를 계산하는 것을 원칙으로 한다.

3. 식품의 독성검사

1) 급성 독성시험

① 시험하고자 하는 물질을 동물에 1회 투여하여 치사량을 구하는 시험이다.
② 투여한 실험동물의 반수가 사망하는 양을 LD_{50}(Lethal Dose, 반수치사량)이라 하며, 체중 1kg당 mg으로 표시한다. 또한 수치가 작을수록 독성이 크다.
③ 실험동물은 2개 종 이상으로 한다.

2) 아급성 독성시험

① LD_{50}의 양을 $\frac{1}{2}$, $\frac{1}{4}$, $\frac{1}{8}$ 식으로 1~3개월간 투여하여 관찰한다.
② 만성 독성시험을 위한 예비시험으로 실시한다.

> **TIP**
>
> **최확수법**(Most Probable Number ; MPN)
>
> 균수측정법의 하나로 단계적으로 희석한 시료를 접종하여 배양한다. 배양 후 탁도, 색깔의 변화, 가스 생산 등에 의해 세균 증식을 판정한다. 증식을 나타내는 배양기수의 패턴에서 통계학적 계산으로 만든 표에 의해 원래의 시료 내 생균수를 추정한다. 주로 대장균군의 수치를 확률적으로 산출하는 데 사용하는 방법으로 검체 100mL(또는 100g)에 존재하는 대장균군의 수를 표시하는 데 사용한다.

> **Exercise**
>
> 대장균 검사 시 MPN이 250이라면 검체 1L 중에는 얼마의 대장균군이 있는가? 2020
> ① 25 ② 250
> ③ 2,500 ④ 25,000
>
> **해설**
> MPN(Most Probable Number) 대장균군의 수치를 확률적으로 산출하는 분석법으로 검체 100mL, 100g 중의 수로 표기한다.
>
> **정답** ③

3) 만성 독성시험

① 6개월 이상 투여하여 독성을 검사하며 투여용량은 최대 내량 및 그 이하 농도를 시험한다. 최대 내량은 대조군과 비교해 10% 이상 체중 감소가 없으며, 동물의 수명에 어떠한 영향을 미치지 않는 최대 용량을 말한다.

② 최대 무작용량을 구하는 것이 목적이다. 최대 무작용량이란 대상 동물에 평생 지속적으로 투여하여도 어떠한 독성이 나타나지 않는 양이다.

4) 1일 섭취허용량(Acceptable Daily Intake ; ADI)

최대 무작용량의 $\frac{1}{100}$을 체중 1kg당 1일 섭취허용량으로 정한다. $\frac{1}{100}$은 안전계수로 동물과 사람의 차이 $\frac{1}{10}$과 사람 간의 차이 $\frac{1}{10}$을 적용한 값이다.

CHAPTER 05 식품위생행정

SECTION 01 식품공전

1. 정의

식품위생법에 의하여 판매를 목적으로 하는 식품 또는 첨가물의 제조, 가공, 조리 및 보존의 방법에 관한 기준과 그 식품 또는 첨가물의 성분에 관한 규칙을 정하여 고시할 수 있다고 정하고 있다. 이 근거에 의하여 규정된 식품, 첨가물의 기준 및 규격을 수록한 공전으로 식품의약품안전처에서 제·개정 업무를 수행하고 있다.

> **Exercise**
> 식품위생검사 시 기준이 되는 식품의 규격과 기준에 대한 지침서는?
> 2018
> ① 식품학사전
> ② 식품위생검사 지침서
> ③ 식품공전
> ④ 식품품질검사 지침서
>
> 🔒 정답 ③

2. 구성

1) 총칙

식품공전의 수록범위는 다음과 같으며 하기에 해당하는 제품은 식품공전의 적용을 받는다. 단, 식품 중 식품첨가물의 사용기준은 '식품첨가물의 기준 및 규격'을 우선 적용한다.
① 식품위생법 제7조 제1항의 규정에 따른 식품의 원료에 관한 기준, 식품의 제조·가공·사용·조리 및 보존방법에 관한 기준, 식품의 성분에 관한 규격과 기준·규격에 대한 시험법
② '식품 등의 표시·광고에 관한 법률' 제4조 제1항의 규정에 따른 식품·식품첨가물 또는 축산물과 기구 또는 용기·포장 및 '식품위생법' 제12조의2 제1항에 따른 유전자변형식품 등의 표시기준
③ 축산물 위생관리법 제4조 제2항의 규정에 따른 축산물의 가공·포장·보존 및 유통의 방법에 관한 기준, 축산물의 성분에 관한 규격, 축산물의 위생등급에 관한 기준

> **Exercise**
> 우리나라의 식품첨가물 공전에 대한 설명으로 가장 옳은 것은?
> 2021
> ① 식품첨가물의 제조법을 기술한 것
> ② 식품첨가물의 규격 및 기준을 기술한 것
> ③ 식품첨가물의 사용효과를 기술한 것
> ④ 외국의 식품첨가물 목록을 기술한 것
>
> 🔒 정답 ②

2) 식품 일반에 대한 공통기준 및 규격

식품에 사용되는 원료의 기준, 제조·가공기준, 식품 일반의 기준 및 규격, 보존 및 유통기준에 대해서 기술한다. 식품 일반의 기준의 경

우, 식품이라면 일반적으로 준수해야 할 이물과 위생지표균 및 식중독균에 대한 기준규격이 포함된다. 식품 일반에 대한 공통기준과 장기보존식품의 기준식품별 기준규격과 동시에 적용하여야 한다.

3) 영·유아용, 고령자용 또는 대체식품으로 표시하여 판매하는 식품의 기준 및 규격

① 영·유아용으로 표시하여 판매하는 식품 : 아래 '5) 식품별 기준 및 규격'의 ① 과자류, 빵류 또는 떡류~㉓ 즉석식품류에 해당하는 식품(단, 특수영양식품, 특수의료용도식품은 제외) 중 영아 또는 유아를 섭취대상으로 표시하여 판매하는 식품으로서, 그대로 또는 다른 식품과 혼합하여 바로 섭취하거나 가열 등 간단한 조리과정을 거쳐 섭취하는 식품을 말한다.

② 고령자용으로 표시하여 판매하는 식품(고령친화식품) : 아래 '5) 식품별 기준 및 규격'의 ① 과자류, 빵류 또는 떡류~㉔ 기타 식품류(다만, 기타 가공품은 제외)에 해당하는 식품 중 고령자를 섭취대상으로 표시하여 판매하는 식품으로서, 고령자의 식품 섭취나 소화 등을 돕기 위해 식품의 물성을 조절하거나, 소화에 용이한 성분이나 형태가 되도록 처리하거나, 영양성분을 조정하여 제조·가공한 것을 말한다.

③ 대체식품으로 표시하여 판매하는 식품 : 동물성 원료 대신 식물성 원료, 미생물, 식용곤충, 세포배양물 등을 주원료로 사용하여 기존 식품과 유사한 형태, 맛, 조직감 등을 가지도록 제조하였다는 것을 표시하여 판매하는 식품을 말한다.

4) 장기보존식품의 기준 및 규격

장기보존을 목적으로 한 식품의 기준 및 규격을 기술한다.

① 통·병조림 식품 : 식품을 통 또는 병에 넣어 탈기와 밀봉 및 살균 또는 멸균한 것을 말한다.

② 레토르트(Retort)식품 : 단층 플라스틱필름이나 금속박 또는 이를 여러 층으로 접착하여, 파우치와 기타 모양으로 성형한 용기에 제조·가공 또는 조리한 식품을 충전하고 밀봉하여 가열살균 또는 멸균한 것을 말한다.

③ 냉동식품 : 제조·가공 또는 조리한 식품을 장기보존할 목적으로 냉동처리, 냉동 보관하는 것으로서 용기·포장에 넣은 식품을 말한다. 가열하지 않고 섭취하는 냉동식품과 가열하여 섭취하는 냉동식품이 포함된다.

Exercise

식품첨가물 공전에 의한 도량형 연결이 잘못된 것은? 2016
① 길이 – nm ② 용량 – mL
③ 넓이 – cm³ ④ 중량 – kg

해설

계량 등의 단위
도량형은 미터법에 따라 다음의 약호를 쓴다.
• 길이 : m, dm, cm, mm, μm, nm
• 용량 : L, mL, μL
• 중량 : kg, g, mg, μg, ng
• 넓이 : dm², cm²

정답 ③

Exercise

식품첨가물 공전의 총칙과 관련된 설명으로 옳지 않은 것은? 2019
① 중량백분율을 표시할 때는 %의 기호를 쓴다.
② 중량백만분율을 표시할 때는 ppb 기호로 쓴다.
③ 용액 100mL 중의 물질함량(g)을 표시할 때에는 w/v%의 기호를 쓴다.
④ 용액 100mL 중의 물질함량(mL)을 표시할 때에는 v/v%의 기호를 쓴다.

해설

• 식품공전에 따른 중량표시기준
 – 중량백분율 : %
 – 용액 100mL 중의 물질함량(g) : w/v%
 – 용액 100mL 중의 물질함량(mL) : v/v%
 – 중량백만분율 : mg/kg, ppm, mg/L
 – 중량 10억분율 : μg/kg, ppb, μg/L
• 식품공전에 따른 온도표시기준
 – 표준온도 : 20℃
 – 상온 : 15~25℃
 – 실온 : 1~35℃
 – 미온 : 30~40℃

정답 ②

5) 식품별 기준 및 규격

24개의 식품유형에 대한 개별 기준 및 규격을 기술한다. 각 식품유형에 대한 정의와 원료 구비조건, 제조·가공 기준, 유형별 기준규격과 이에 따른 시험방법 등을 기술한다.

① 과자류, 빵류 또는 떡류
② 빙과류
③ 코코아가공품류 또는 초콜릿류
④ 당류
⑤ 잼류
⑥ 두부류 또는 묵류
⑦ 식용유지류
⑧ 면류
⑨ 음료류
⑩ 특수영양식품
⑪ 특수의료용도식품
⑫ 장류
⑬ 조미식품
⑭ 절임류 또는 조림류
⑮ 주류
⑯ 농산가공식품류
⑰ 식육가공품 및 포장육
⑱ 알가공품류
⑲ 유가공품류
⑳ 수산가공식품류
㉑ 동물성 가공식품류
㉒ 벌꿀 및 화분가공품류
㉓ 즉석식품류
㉔ 기타 식품류

6) 식품접객업소(집단급식소 포함)의 조리식품 등에 대한 기준 및 규격

'식품접객업소(집단급식소 포함)의 조리식품'이란 유통판매를 목적으로 하지 아니하고 조리 등의 방법으로 손님에게 직접 제공하는 모든 음식물(음료수, 생맥주 등 포함)을 말한다. '식품별 기준 및 규격'과 동일하거나 유사한 품목의 경우 '식품첨가물의 기준 및 규격'을 적용할 수 있다. 식품접객업소에서 사용 가능한 원료의 기준, 조리 및 관리기준, 조리 식품·접객용 음용수·조리기구 등의 기준에 대해서 기술한다.

7) 검체의 채취 및 취급방법
검사대상의 분석 진행을 위해 일부의 검체를 채취할 때의 검체 채취의 일반원칙 및 취급요령에 대해서 다룬다. 검체의 채취 시에는 제품의 원상태를 그대로 유지하여 변질이 일어나지 않도록 실험실까지 운반하는 것을 원칙으로 한다.

8) 별표
① [별표 1] "식품에 사용할 수 있는 원료"의 목록
② [별표 2] "식품에 제한적으로 사용할 수 있는 원료"의 목록
③ [별표 3] "한시적 기준·규격에서 전환된 원료"의 목록
④ [별표 4] 식품 중 농약 잔류허용기준
⑤ [별표 5] 식품 중 동물용 의약품의 잔류허용기준
⑥ [별표 6] 식품 중 농약 및 동물용 의약품의 잔류허용기준 면제물질

Exercise

분석용 시료의 조제에 관한 설명 중 가장 적절한 것은?
① 쌀, 보리처럼 수분이 비교적 적은 것은 불순물을 제거·분쇄하여 30메시 체에 쳐서 통과된 것을 사용한다.
② 채소, 과일류는 믹서로 갈아서 펄프상태로 만들어 실온에 보관한다.
③ 버터, 마가린 등의 유지류는 잘게 썰어서 105℃로 건조시켜 분쇄한다.
④ 우유는 크림을 분리시켜 아래 층의 것만을 시료로 사용한다.

해설
분석용 시료의 조제는 원료시료가 변질되지 않도록 운반하는 데에 있다. 변질이 일어나지 않고 시료 전체가 균질하게 채취되어 원료의 상태가 유지되었는가를 판단한다.

정답 ①

SECTION 02 식품의 표시기준

1. 식품 표시사항의 정의
식품표시란 식품에 관한 식품의 표시기준에 관한 사항 및 영양성분 표시에 관한 정보를 제품의 포장이나 용기에 표시하는 것을 뜻한다. 식품표시의 목적은 식품의 위생적인 취급을 도모하고 소비자에게 정확한 정보를 제공하며 공정한 거래질서를 확립하고자 함이다.

2. 식품의 표시기준

1) 식품 등의 공통 표시기준
① 식품, 식품첨가물 또는 축산물
  • 제품명, 내용량 및 원재료명

Exercise

다음 중 식품표시의 목적으로 옳지 않은 것은?
① 소비자가 식품의 원재료와 영양 성분을 정확히 알 수 있도록 하기 위함
② 식품의 품질을 보장하고, 위생적인 생산 과정을 인증하기 위함
③ 제조업체가 원하는 대로 식품 정보를 자유롭게 표시할 수 있도록 하기 위함
④ 알레르기 유발 성분 등을 표시하여 소비자의 건강을 보호하기 위함

정답 ③

- 영업소 명칭 및 소재지
- 소비자 안전을 위한 주의사항
- 제조연월일, 소비기한 또는 품질유지기한

② 기구 또는 용기·포장
- 재질
- 영업소 명칭 및 소재지
- 소비자 안전을 위한 주의사항
- 식품용이라는 단어 또는 식품용 기구를 나타내는 도안

③ 건강기능식품
- 제품명, 내용량 및 원료명
- 영업소 명칭 및 소재지
- 소비기한 및 보관방법
- 섭취량, 섭취방법 및 섭취 시 주의사항
- 건강기능식품이라는 문자 또는 건강기능식품임을 나타내는 도안
- 질병의 예방 및 치료를 위한 의약품이 아니라는 내용의 표현
- 기능성에 관한 정보 및 원료 중에 해당 기능성을 나타내는 성분 등의 함유량

2) 주표시면

용기·포장의 표시면 중 상표, 로고 등이 인쇄되어 있어 소비자가 식품 또는 식품첨가물을 구매할 때 통상적으로 소비자에게 보여지는 면으로서 도 1에 따른 면
- 제품명
- 내용량 및 내용량에 해당하는 열량

3) 정보표시면

용기·포장의 표시면 중 소비자가 쉽게 알아볼 수 있도록 표시사항을 모아서 표시하는 면
- 식품유형
- 영업소(장)의 명칭(상호) 및 소재지
- 소비기한(제조연월일 또는 품질유지기한)
- 원재료명
- 주의사항 등

TIP

스티커로 표시된 제품의 주표시면 및 정보표시면 구분

스티커로 표시된 제품의 경우에는 스티커의 1/2이 주표시면, 1/2이 정보표시면이 된다.

Exercise

다음 중 주표시면에 필수적으로 들어가야 하는 내용으로 옳지 않은 것은?
① 제품명
② 소비기한
③ 내용량
④ 내용량에 해당하는 열량

정답 ②

TIP

식품 등의 세부표시기준

식품의 처리·제조·가공 시에 사용한 원재료명, 성분명 또는 과실·채소·생선·해물·식육 등 여러 원재료를 통칭하는 명칭을 제품명 또는 제품명의 일부로 사용하고자 하는 경우에는 해당 원재료명(식품의 원재료가 추출물 또는 농축액인 경우 그 원재료의 함량과 그 원재료에 함유된 고형분의 함량 또는 배합 함량을 백분율로 함께 표시한다) 또는 성분명과 그 함량(백분율, 중량, 용량)을 주표시면에 14포인트 이상의 글씨로 표시하여야 한다.

예 흑마늘○○(흑마늘 ○○%)

주표시면(앞면)

정보표시면(뒷면)

주표시면(앞면, 윗면) 　 정보표시면(뒷면)

주표시면(앞면, 윗면) 　 정보표시면(뒷면) 　 주표시면(앞면, 윗면, 뒷면) 　 정보표시면(양측면)

주표시면(표시면적의 2/3)
정보표시면(표시면적의 1/3)

주표시면(앞쪽 2개면)
정보표시면(뒤쪽 1개면)

출처 : 식품 등의 표시기준 [별지 1] 용기포장의 주표시면 및 정보표시면 구분
[도 1. 용기·포장의 주표시면 및 정보표시면 구분]

4) 영양표시

제품을 구성하고 있는 영양성분에 대한 정보를 제시하는 것을 뜻한다. 영양에 대한 정보를 정확하게 제시함으로 소비자가 영양적으로 적절한 제품을 선택할 수 있게 해주는 것에 의의를 둔다. 영양표시에는 영양성분표시와 영양강조표시가 있다.

① 영양성분표시

제품의 일정량에 함유된 영양성분의 함량을 표시하는 것으로 영양성분 함량은 식품 중 먹을 수 있는 부위를 기준으로 산출한다.

- 표시성분 : 열량, 나트륨, 탄수화물, 당류, 지방, 트랜스지방, 포화지방, 콜레스테롤 및 단백질

② 영양강조표시

제품에 함유된 영양성분의 함유사실 또는 함유정도를 "무", "저", "고", "강화", "첨가", "감소" 등의 특정한 용어를 사용하여 표시하는 것

영양성분	강조표시	표시조건
열량	저	식품 100g당 40kcal 미만 또는 식품 100mL당 20kcal 미만일 때
	무	식품 100mL당 4kcal 미만일 때
나트륨/소금(염)	저	식품 100g당 120mg 미만일 때 * 소금(염)은 식품 100g당 305mg 미만일 때
	무	식품 100g당 5mg 미만일 때 * 소금(염)은 식품 100g당 13mg 미만일 때

TIP

ZERO 음료수의 열량 표시

영양표시기준에 따르면 식품 100mL당 열량이 4kcal 미만일 때는 0으로 표기할 수 있다. 그러므로 'ZERO'라고 강조된 음료수의 경우 200mL를 섭취하였을 때에는 약 8kcal 이하의 열량이 존재할 수 있다는 뜻이다.

Exercise

다음 중 영양강조표시에 대하여 옳지 않은 것은?

① 저염 : 식품 100g당 120mg 미만일 때
② 무염 : 식품 100g당 5mg 미만일 때
③ 저열량 : 식품 100mL당 60kcal 미만일 때
④ 무열량 : 식품 100mL당 4kcal 미만일 때

🔒 정답 ③

영양성분	강조표시	표시조건
당류	저	식품 100g당 5g 미만 또는 식품 100mL당 2.5g 미만일 때
	무	식품 100g당 또는 식품 100mL당 0.5g 미만일 때
지방	저	식품 100g당 3g 미만 또는 식품 100mL당 1.5g 미만일 때
	무	식품 100g당 또는 식품 100mL당 0.5g 미만일 때
트랜스지방	저	식품 100g당 0.5g 미만일 때
포화지방	저	식품 100g당 1.5g 미만 또는 식품 100mL당 0.75g 미만이고, 열량의 10% 미만일 때
	무	식품 100g당 0.1g 미만 또는 식품 100mL당 0.1g 미만일 때
콜레스테롤	저	식품 100g당 20mg 미만 또는 식품 100mL당 10mg 미만이고, 포화지방이 식품 100g당 1.5g 미만 또는 식품 100mL당 0.75g 미만이며, 포화지방이 열량의 10% 미만일 때
	무	식품 100g당 5mg 미만 또는 식품 100mL당 5mg 미만이고, 포화지방이 식품 100g당 1.5g 또는 식품 100mL당 0.75g 미만이며 포화지방이 열량의 10% 미만일 때
식이섬유	함유 또는 급원	식품 100g당 3g 이상, 식품 100kcal당 1.5g 이상일 때 또는 1회 섭취참고량당 1일 영양성분기준치의 10% 이상일 때
	고 또는 풍부	함유 또는 급원 기준의 2배
단백질	함유 또는 급원	식품 100g당 1일 영양성분 기준치의 10% 이상, 식품 100mL당 1일 영양성분 기준치의 5% 이상, 식품 100kcal당 1일 영양성분 기준치의 5% 이상일 때 또는 1회 섭취참고량당 1일 영양성분기준치의 10% 이상일 때
	고 또는 풍부	함유 또는 급원 기준의 2배
비타민 또는 무기질	함유 또는 급원	식품 100g당 1일 영양성분 기준치의 15% 이상, 식품 100mL당 1일 영양성분 기준치의 7.5% 이상, 식품 100kcal당 1일 영양성분 기준치의 5% 이상일 때 또는 1회 섭취참고량당 1일 영양성분 기준치의 15% 이상일 때
	고 또는 풍부	함유 또는 급원 기준의 2배

SECTION 03 HACCP

> **TIP**
>
> **HACCP**
> - HA(Hazard Analysis)+CCP(Critical Control Point)
> - 위해요소+중점관리기준

1. HACCP(위해요소 중점관리기준) 제도의 정의

① 식품의 생산부터 소비자까지 모든 단계에서 식품의 안전성을 확보하기 위하여 모든 식품공정을 체계적으로 관리하는 제도이다.
② 미국의 NASA(미항공우주국)에서 시작되었으며 GMP(우수제조기준, Good Manufacturing Practice)를 바탕으로 발전하였다.
③ 위해요소 분석을 뜻하는 HA(Hazard Analysis)와 중요관리점을 뜻하는 CCP(Critical Control Point)를 의미하며 해썹 또는 식품안전관리인증기준이라 한다.
④ 7원칙 12절차로 구성되며 12절차는 준비의 5절차, 실행의 7절차(원칙)로 이루어져 있다.

> **TIP**
>
> HACCP 12절차=준비의 5절차+7원칙

> **Exercise**
>
> HACCP의 7원칙이 아닌 것은?
> 2016
>
> ① 제품설명서 작성
> ② 위해요소 분석
> ③ 중요관리점 결정
> ④ CCP 한계기준 설정
>
> 🔒 정답 ①

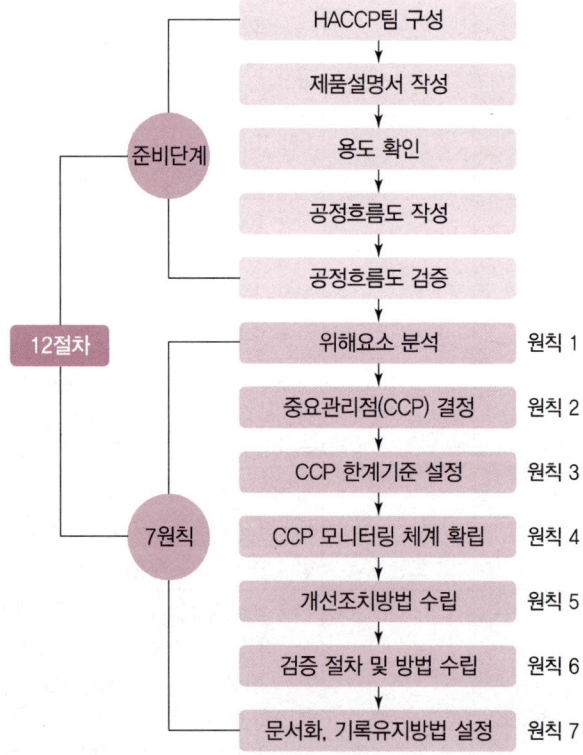

[HACCP의 7원칙 12절차]

2. HACCP 제도의 준비단계(5절차)

1) HACCP팀 구성(절차 1)
HACCP을 기획하고 운영할 수 있는 전문가로 구성된 HACCP팀을 구성한다. HACCP팀에는 공정 및 품질 관리자, 생산 및 위생 담당자, 화학적·미생물적 안전관리자가 포함되어야 한다.

2) 제품설명서 기술(절차 2)
제품의 위해요소(HA) 및 중요관리점(CCP)을 정확히 파악하기 위한 단계로, 개발하려는 제품의 특성 및 포장·유통방법을 자세히 기술한다.

3) 의도된 제품의 용도 확인(절차 3)
개발하려는 제품의 타깃소비층 및 사용 용도를 확인하는 단계로, 타깃소비층에 따라 위험률 및 위해요소의 허용한계치가 달라질 수 있다.

4) 공정흐름도 작성(절차 4)
원료의 입고부터 완제품의 보관 및 출고까지의 전 공정을 한눈에 확인할 수 있도록 흐름도를 작성한다. 이때, 제조공정에 필요한 설비배치도 및 작업자 이동경로 등 공정 운영 시 필요한 도면을 모두 작성한다. 이를 통해 제품의 공정상 교차오염 및 2차 오염 가능성을 판단할 수 있다.

5) 공정흐름도 검증(절차 5)
현장에서 공정흐름도가 제대로 작성되었는지 검증한다. 이를 통해 위해가 발생할 수 있는 지점을 판단한다.

3. HACCP 제도의 실행단계(HACCP 7원칙)

1) 위해요소 분석(원칙 1)
식품공정의 단계별로 잠재적인 생물학적·화학적·물리적 위해요소를 분석한다.

생물학적 위해요소	화학적 위해요소	물리적 위해요소
• 병원성 미생물 • 효모 • 곰팡이 • 바이러스	• 잔류농약 • 첨가물(착색제, 보존료 등)	• 이물 • 금속물질 • 기타

> **TIP**
> - CCP-B
>   - 생물학적 중요관리점
>   - Critical Control Point-Biological
> - CCP-C
>   - 화학적 중요관리점
>   - Critical Control Point-Chemical
> - CCP-P
>   - 물리적 중요관리점
>   - Critical Control Point-Physical

> **Exercise**
>
> HACCP에 의한 위해요소의 구분 및 그 종류와 예방대책의 연결이 틀린 것은?
> ① 생물학적 위해 : *E. coli* O157 : H7 – 적절한 요리시간과 온도 준수
> ② 물리적 위해 : 유리 – 이물관리
> ③ 화학적 위해 : 농약 – 환경위생관리 철저
> ④ 생물학적 위해 : 쥐 – 침입 차단 등의 구서대책 마련
>
> 🔒 정답 ③

> **Exercise**
>
> HACCP에 관한 설명으로 틀린 것은?
> ① 위해 분석(Hazard analysis)은 위해 가능성이 있는 요소를 찾아 분석·평가하는 작업이다.
> ② 중요관리점(Critical control point) 결정이란 관리가 안 될 경우 안전하지 못한 식품이 제조될 가능성이 있는 공정의 결정을 의미한다.
> ③ 한계기준(Critical limit)이란 위해분석 시 정확한 위해도평가를 위한 지침을 말한다.
> ④ HACCP의 7개 원칙에 따르면 중요관리점이 관리기준 내에서 관리되고 있는지를 확인하기 위한 모니터링방법이 설정되어야 한다.
>
> 📖 **해설**
> 한계기준 설정
> 한계기준(Critical limit)은 위해도평가를 위한 지침이 아니라 안전을 평가하는 기준치이다.
>
> 🔒 정답 ③

2) 중요관리점(CCP) 결정(원칙 2)

각 위해요소를 예방·제거하거나 허용수준 이하로 감소시키는 절차이다.

3) 한계기준 설정(원칙 3)

안전을 위한 절대적 기준치로 온도, 시간, 무게, 색 등 간단히 확인할 수 있는 기준을 설정한다.

4) CCP 모니터링 체계 확립(원칙 4)

모니터링의 절차는 한계기준에 벗어난 것을 찾아내는 것으로 단체급식소 등에서는 모니터링하는 자를 조리원 중에서 선정한다.

5) 개선조치방법 수립(원칙 5)

모니터링 결과 한계기준을 벗어났을 때 개선조치를 하는 것으로 한계기준을 벗어난 제품을 식별·분리하는 즉시적 조치와 동일 사고 방지를 위해 정비, 교체, 교육 등을 하는 예방적 조치가 있다.

6) 검증 절차 및 방법 수립(원칙 6)

효과적으로 시행되는지를 검증하는 것으로 HACCP 계획 검증, 중요관리점 검증, 제품검사, 감사 등으로 구성된다.

7) 문서화, 기록 유지방법 설정(원칙 7)

HACCP 시스템을 문서화하기 위한 효과적인 기록 유지 절차를 정한다.

4. HACCP 제도의 용어 정의

1) 위해요소 중점관리기준(HACCP)

식품의 원료나 제조·가공 및 유통의 전 과정에서 위해물질이 해당 식품에 혼입되거나 오염되는 것을 사전에 방지하기 위하여 각 과정을 중점적으로 관리하는 기준

2) 위해요소

식품위생법 제4조(위해식품 등의 판매 등 금지)의 규정에서 정하고 있는 인체의 건강을 해할 우려가 있는 생물학적·화학적 또는 물리적 인자를 말한다.

3) 위해요소 분석

식품안전에 영향을 줄 수 있는 위해요소와 이를 유발할 수 있는 조건이 존재하는지의 여부를 판별하기 위하여 필요한 정보를 수집하고 평가하는 일련의 과정을 말한다.

4) 중요관리점

HACCP을 적용하여 식품의 위해를 방지·제거하거나 허용수준 이하로 감소시켜서 해당 식품의 안전성을 확보할 수 있는 단계 또는 공정(관리점(Control point)은 위해요소를 관리할 수 있는 중요한 단계·과정 또는 공정)을 말한다.

> **Exercise**
>
> 식품위해요소 중점관리기준(HACCP) 중에서 식품의 위해를 방지·제거하거나 안전성을 확보할 수 있는 단계 또는 공정을 무엇이라 하는가? 2020
> ① 위해요소 분석
> ② 중요관리점
> ③ 관리한계기준
> ④ 개선조치
>
> 🔒 정답 ②

5) 한계기준

중요관리점에서의 위해요소 관리가 허용범위 이내로 충분히 이루어지고 있는지의 여부를 판단할 수 있는 기준이나 기준치를 말한다.

6) 모니터링

중요관리점에서 설정된 한계기준을 적절히 관리하고 있는지 확인하기 위하여 수행하는 일련의 계획된 관찰이나 측정 행위를 말한다.

7) 개선조치

모니터링의 결과가 중요관리점의 한계기준을 이탈할 경우에 취하는 일련의 조치를 말한다.

8) 검증

해당 업소에서의 위해요소 중점관리기준의 계획이 적절한지의 여부를 정기적으로 평가하는 조치를 말한다.

9) HACCP 적용업소

식품의약품안전처장이 이 기준에 따라 고시하는 HACCP을 적용하는 식품을 제조·가공·조리하는 업소 또는 집단급식소를 말한다.

[HACCP 인증마크]

5. HACCP 인증 적용 대상

HACCP 인증 필수 적용대상 외에도 식품 및 즉석판매제조가공업소, 건강기능식품 및 식품첨가물제조가공업소, 식품소분업, 집단급식소 및 기타 식품판매업소, 식품접객업소(위탁급식영업) 등 식품의 제조·가공·유통·외식·급식의 모든 분야에 적용된다.

➡ **HACCP 적용 대상**
식품안전에 대한 중요성과 관심이 높아지면서 HACCP 필수 적용 분야는 점차 확대되고 있습니다. 적용 업종까지 암기할 필요는 없습니다.

➡ **식품안전관리인증의 적용 업종 및 대상 식품**

적용 업종	세부 적용 업종 및 대상 식품
식품 제조·가공업소	1. 수산가공식품류의 어육가공품류 중 어묵·어육소시지 2. 기타 수산물가공품 중 냉동 어류·연체류·조미가공품 3. 냉동식품 중 피자류·만두류·면류 4. 과자류, 빵류 또는 떡류 중 과자·캔디류·빵류·떡류 5. 빙과류 중 빙과 6. 음료류[다류(茶類) 및 커피류는 제외한다] 7. 레토르트식품 8. 절임류 또는 조림류의 김치류 중 김치(배추를 주원료로 하여 절임, 양념혼합과정 등을 거쳐 이를 발효시킨 것이거나 발효시키지 아니한 것 또는 이를 가공한 것에 한한다) 9. 코코아가공품 또는 초콜릿류 중 초콜릿류 10. 면류 중 유탕면 또는 곡분, 전분, 전분질원료 등을 주원료로 반죽하여 손이나 기계 따위로 면을 뽑아내거나 자른 국수로서 생면·숙면·건면 11. 특수용도식품 12. 즉석섭취·편의식품류 중 즉석섭취식품 12의 2. 즉석섭취·편의식품류의 즉석조리식품 중 순대 13. 식품제조·가공업의 영업소 중 전년도 총 매출액이 100억 원 이상인 영업소에서 제조·가공하는 식품
건강기능식품 제조업소	영양소, 기능성 원료
식품첨가물 제조업소	식품첨가물, 혼합제제류
식품접객업소	위탁급식영업, 일반음식점영업, 휴게음식점영업, 제과점영업

* 이 외 적용 업종 : 즉석판매제조·가공업, 식품소분판매업(식품소분업, 기타 식품판매업), 집단급식소식품판매업소, 집단급식소, 식품제조·가공업[(주류제조, 운반급식(개별 또는 벌크 포장)], 식품냉동·냉장업이 해당

PART

03

식품가공

CHAPTER 01 식품가공
CHAPTER 02 곡류 및 서류 가공
CHAPTER 03 두류가공
CHAPTER 04 과일 및 채소 가공
CHAPTER 05 유지 가공
CHAPTER 06 육류 가공
CHAPTER 07 수산물 가공
CHAPTER 08 유제품 가공
CHAPTER 09 알가공
CHAPTER 10 발효식품 제조
CHAPTER 11 식품품질관리

CHAPTER 01 식품가공

식품가공은 식품원료를 처리하여 가공식품을 제조하는 일련의 과정을 뜻하는 것으로 가공식품의 취급 · 가공 · 저장 · 조리 등의 전 과정이 포함된다.

→ **식품가공의 목적**

사회적	식품학적
• 계획적 생산과 분배 • 경제적인 유통과 적재 • 식품의 손실 방지 • 가격 안정 도모	• 소화, 흡수를 도와 영양소 이용률 증대 • 맛과 풍미의 개선 • 독성 물질 및 위해물질 제거 • 안전성 증대

또한, '가공식품'이라 함은 식품원료(농 · 임 · 축 · 수산물 등)에 식품 또는 식품첨가물을 가하거나, 그 원형을 알아볼 수 없을 정도로 변형(분쇄, 절단 등)시키거나 이와 같이 변형시킨 것을 서로 혼합 또는 이 혼합물에 식품 또는 식품첨가물을 사용하여 제조 · 가공 · 포장한 식품을 말한다.

→ **주요 단위조작 및 원리**

원리	단위조작
열전달	데치기, 끓이기, 볶음, 찜, 살균
기계적 조작	분쇄, 제분, 압출, 성형, 수송, 정선
물질 이동	추출, 증류, 용해
유체의 흐름	수세, 세척, 침강, 원심분리, 교반, 균질화

SECTION 01 선별

1. 선별의 정의 및 특징

수확한 원료를 크기, 무게, 모양, 비중, 색깔 등에 따라 분리하고 이물질을 제거하는 공정으로 가공 시 조작공정(살균, 탈수, 냉동)을 표준화, 작업능률 향상, 원가절감효과를 준다.

2. 선별의 분류

1) 무게에 의한 선별
과일(사과, 배, 오렌지 등), 채소(무, 당근, 감자 등), 달걀, 육류, 생선 등을 선별한다.

2) 크기에 의한 선별
① 체(Sieve) 분리 : 크기 선별에 많이 이용하고, 체의 단위인 1mesh는 가로, 세로 1인치(2.54cm)에 들어 있는 눈금의 수로 나타내며 mesh가 클수록 가는 체(평판체 : 곡류, 밀가루, 소금 선별)이다.
② 회전원통체, 롤러선별기 등(과일, 채소 선별)
③ 사별 공정
  • 정선·조질된 원료를 가루와 기울로 분리하는 공정이다.
  • 원료의 공급속도, 입자의 크기, 수분 등에 의해 효율이 결정된다.

3) 모양에 의한 선별
① 작업의 효율을 위해 폭과 길이에 따라 선별한다(감자, 오이, 곡류).
② 디스크형, 실린더형

> **Exercise**
> 식품원료를 광학선별기로 분리할 때 사용되는 물리적 성질은?
> 2018
> ① 무게   ② 색깔
> ③ 크기   ④ 모양
>
> **해설**
> 식품선별의 원리
>
> | 물리적 성질 | 선별기 |
> |---|---|
> | 무게 | 저울 |
> | 색깔 | 광학 |
> | 크기 | 체 |
> | 모양 | 타공 |
>
> 정답 ②

SECTION 02 세척

1. 건식 세척
① 크기가 작고 기계적 강도가 있으며 수분함량이 적은 곡류, 견과류 세척에 이용한다.
② 시설비, 운영비가 적게 들고 폐기물처리가 간단하지만, 재오염 가능성이 크다.
③ **송풍분류기**(Air classifier) : 송풍 속에 원료를 넣어 부력과 공기마찰로 세척한다.
④ **마찰세척**(Abrasion cleaning) : 식품재료 간 상호 마찰에 의해 분리한다.
⑤ **자석세척**(Magnetic cleaning) : 원료를 강한 자기장에 통과시켜 금속 이물질을 제거한다.

> **TIP**
> 건식 세척 vs 습식 세척
> • 비용 : 습식>건식
> • 효과 : 습식>건식
> • 폐기물량 : 습식>건식

> **Exercise**
> 식품재료들이 서로 부딪히거나 식품재료와 세척기의 움직임에 의해 생기는 부딪히는 힘으로 오염물질을 제거하는 세척방법은? 2018
> ① 마찰세척   ② 부유세척
> ③ 자석세척   ④ 정전기세척
>
> 정답 ①

⑥ 정전기적 세척(Electrostatic cleaning) : 원료를 함유한 미세먼지를 방전시켜 음전하로 만든 후 제거하는 것으로 차세척(Tea cleaning)에 이용한다.

2. 습식 세척

① 원료의 토양, 농약 제거에 이용한다.
② 건식 세척보다 효과적이며 손상이 감소되나 비용이 많이 들고 수분으로 인해 수분활성도가 높아져 부패가 용이하다.
③ 침지세척(Soaking cleaning) : 물에 담가 오염물질 제거, 분무세척 전처리로 이용한다.
④ 분무세척(Spray cleaning) : 컨베이어 위 원료에 물을 뿌려 세척한다.
⑤ 부유세척(Flotation cleaning) : 밀도와 부력 차이로 세척, 상승류에 밀려 이물질을 제거한다(완두콩, 강낭콩 등).
⑥ 초음파세척(Ultrasonic washing) : 수중에 초음파를 사용하여 세척한다(달걀, 과일, 채소류).

Exercise

습식 세척방법에 해당하는 것은?
① 분무세척   ② 마찰세척
③ 풍력세척   ④ 자석세척

🔒 정답 ①

SECTION 03 분쇄

1. 분쇄의 정의 · 목적 · 비율

1) 분쇄의 정의

고체원료를 충격력, 압축력, 전단력을 이용해 작게 만드는 공정이다.

2) 분쇄의 목적

① 절단 : 과채류 · 육류 등을 일정 크기로 자르는 것(절단기)이다.
② 파쇄 : 충격에 의해 작은 크기로 부수는 조작(파쇄기)이다.
③ 마쇄 : 전단력에 의해 파쇄보다 더 작은 상태로 만드는 것(미트초퍼, 마쇄기)이다.
④ 유효성분의 추출효율을 증대한다.
⑤ 건조, 추출, 용해력을 향상한다.
⑥ 혼합능력과 가공효율이 증대된다.

Exercise

다음 중 분쇄의 목적이 아닌 것은?
① 유용 성분의 추출 용이
② 흡수성의 안정화
③ 건조, 추출, 용해 능력 향상
④ 혼합능력 개선

🔒 정답 ②

⑦ 원료의 경도와 마모성, 열에 대한 안정성, 원료의 구조, 수분함량 등을 고려하여 분쇄기를 선정한다.

3) 분쇄비율

① 분쇄기의 분쇄능력이나 성능 결정, 클수록 분쇄능력이 크다.

② 분쇄비율 = $\dfrac{\text{원료입자 평균 크기}}{\text{분쇄입자 평균 크기}}$

③ 조분쇄기(Coarse crusher)는 8 이하, 미분쇄기(Fine grinder)는 100 이상이다.

2. 분쇄기

1) 분쇄기의 종류

(1) 해머밀(Hammer mill)

① 회전축에 해머가 장착되어 분쇄하고 막대, 칼날, T자형 해머 등이 있다.
② 임팩트밀, 다목적밀, 설탕, 식염, 곡류, 마른 채소, 옥수수전분 등에 사용한다.

(2) 볼밀(Ball mill)

① 회전원통 속에 금속, 돌 등과 원료를 함께 회전하여 분쇄한다.
② 곡류, 향신료 등 수분 3~4% 이하 재료에 적당하다.

(3) 핀밀(Pin mill)

① 고정판과 회전원판 사이에 막대모양 핀이 있어 고속 회전으로 분쇄한다.
② 설탕, 전분, 곡류 등 건식과 콩, 감자, 고구마의 습식에 사용한다.

(4) 롤밀(Roll mill)

① 두 개의 회전금속롤 사이에 원료를 넣어 분쇄한다.
② 밀가루 제분, 옥수수·쌀가루 제분에 이용한다.

(5) 디스크밀(Disc mill)

① 홈이 파인 두 개의 원판 사이에 원료를 넣어 분쇄한다.
② 옥수수, 쌀의 분쇄에 이용한다.

TIP

분쇄기 선정 시 고려해야 할 사항
- 원료의 경도와 마모성
- 원료의 열에 대한 안정성
- 원료의 구조

Exercise

회전자에 의해 강한 원심력을 받아 고정자와 회전자 사이의 극히 좁은 틈을 통과하여 유화시키는 유화기는?
2018

① 오토마이저(Automizer)
② 진동밀(Vibration mill)
③ 링롤러밀(Ring Roller mill)
④ 콜로이드밀(Colloid mill)

해설
콜로이드밀은 전단력에 의해 분산과 유화가 일어난다.

정답 ④

(6) 콜로이드밀(Colloid mill)
① 비교적 습기가 많은 고체물질을 대략 $1\mu m$ 정도로 미세하게 분쇄한다.
② 돼지껍질, 연골, 내장 등에 이용한다.

(7) 습식 분쇄
① 고구마·감자의 녹말제조, 과일·채소의 분쇄, 생선이나 육류 가공 시 이용한다.
② 맷돌, 절구나 고기를 가는 Chopper 등이 있다.

2) 분쇄기의 분류

(1) 입자크기에 의한 분쇄기의 분류

구분	종류
초분쇄기	조분쇄기, 선동분쇄기, 롤분쇄기 등
중분쇄기	원판분쇄기, 해머밀 등
미분쇄기	볼밀, 로드밀, 롤밀, 진동밀, 터보밀, 버밀, 핀밀 등
초미분쇄기	제트밀, 콜로이드밀 등

(2) 힘에 의한 분쇄기의 분류

구분	종류
충격형 분쇄기	해머밀, 볼밀, 핀밀 등
전단형 분쇄기	디스크밀, 버밀, 콜로이드밀 등
압축형 분쇄기	롤밀 등
절단형 분쇄기	절단분쇄기 등

Exercise
충격력을 이용하여 원료를 분쇄하는 해머밀(Hammer mil)은 어느 종류의 분쇄기에 속하는가? 2018
① 조분쇄기 ② 중분쇄기
③ 미분쇄기 ④ 초미분쇄기

정답 ②

SECTION 04 혼합

두 가지 이상의 다른 원료가 화학적인 결합을 하지 않고 섞여 균일한 물질을 얻는 공정으로 혼합, 교반, 유화, 반죽 등이 있다.

1. 혼합의 종류

1) 고체혼합
① 유사한 크기, 밀도, 모양을 가진 것이 잘 혼합된다.
② 크기 차이가 75μm 이상이면 혼합이 안 되고 쉽게 분리되지만, 10μm 이하이면 잘 혼합된다.

2) 액체혼합
① 교반은 액체 간·액체와 고체 간·액체와 기체 간 혼합, 유화는 섞이지 않는 두 액체의 혼합이다.
② 점도가 큰 액체의 혼합에는 큰 동력이 필요하다.
③ 아이스크림 제조, 밀가루반죽, 음료 제조, 초콜릿 제조 등에 교반기를 이용한다.

2. 혼합기의 종류

1) 고체 – 고체 혼합기
① 고체 간 혼합에는 회전이나 뒤집기를 이용한다.
② 텀블러(곡류), 리본혼합기(라면수프), 스크루혼합기 등이 있다.

2) 고체 – 액체 혼합기(반죽교반기)
① S자형 반죽기, 제과 제빵용 밀가루반죽에 이용한다.
② 페달형 팬혼합기는 달걀, 크림, 쇼트닝 등 과자원료 혼합에 이용한다.

3) 액체 – 액체 혼합기
① 용기 속 임펠러로 액체 혼합(패들교반기, 터빈교반기, 프로펠러교반기 등)을 한다.
② 혼합효과를 높이기 위해 방해판 설치, 경사, 원심력, 상승류 등을 이용한다.

4) 유화기
(1) 교반형 유화기(균질기)
액체에 강한 전단력을 작용하여 혼합 균질화한다.

TIP
- 혼합 : 고체 – 고체
- 교반 : 액체 – 액체·고체·기체
- 유화 : 섞이지 않는 두 액체(물 – 기름)

Exercise

수직 스크루혼합기의 용도로 가장 적합한 것은?
① 점도가 매우 높은 물체를 골고루 섞어준다.
② 서로가 섞이지 않는 두 액체를 균일하게 분산시킨다.
③ 고체분말과 소량의 액체를 혼합하여 반죽상태로 만든다.
④ 많은 양의 고체에 소량의 다른 고체를 효과적으로 혼합시킨다.

해설
스크루혼합기는 고체 – 고체 혼합기이다.

정답 ④

> **TIP**
> 오버런(Over run)
> 냉동 중에 혼합물이 공기의 혼입에 의하여 부피가 증가되는 현상이다. 일반적으로 아이스크림의 경우 원료 대비 약 80~100%의 오버런을 진행한다.

(2) 가압형 유화기

좁은 구멍을 높은 압력으로 통과 시 분쇄 혼합을 한다.

(3) 고압균질기

① 지방구를 0.1~2㎛로 작게 형성한다.
② 크림층 생성 방지, 점도 향상, 조직 연성화, 소화 향상 효과가 있다.
③ 믹스의 기포성을 좋게 하여 Over run이 증가한다.
④ 아이스크림의 조직을 부드럽게 한다.
⑤ 숙성(Aging)시간을 단축한다.

SECTION 05 성형

1. 성형의 정의

원료에 물을 넣거나 가열하여 물렁물렁하게 만든 것을 적당한 물리적 과정을 거쳐 일정한 모양으로 만드는 공정으로 주로 제과, 제빵, 과자류에 이용한다.

2. 성형의 종류

1) 주조성형

일정한 모양의 틀에 원료를 넣고 가열 또는 냉각하여 성형한다(빙과, 빵, 쿠키).

2) 압연성형

반죽을 회전롤 사이로 통과시켜 면대를 만들어 세절하거나 압절 성형한다(국수, 비스킷 등).

3) 압출성형

> **TIP**
> 압출면
> • 반죽을 압출기의 작은 구멍으로 뽑아낸 국수
> • 당면, 마카로니 등

반죽 등 반고체원료를 노즐 또는 Die를 통해 강한 압력으로 밀어내어 성형한다(스낵, 마카로니 등).

4) 응괴성형

건조분말을 수증기로 뭉치게 하고 건조하여 응괴성형을 하며, 물에 쉽게 용해된다(인스턴트커피, 분말주스, 조제분유 등).

5) 과립성형

젖은 상태의 분체원료를 회전틀에서 당액이나 코팅제를 뿌려 과립성형을 한다(초콜릿볼, 과립형 껌 등).

SECTION 06 분리

1. 원심분리와 분리공정

1) 원심분리의 정의

두 가지 이상의 혼합물을 나누어 구분하는 공정이다. 이 과정을 통해 목적하는 물질을 분리하여 사용할 수 있다. 전분 제조 및 유가공공정에서 주로 사용한다.

> **TIP**
> 원심분리 시 입자가 크고 밀도가 클수록 분리가 잘 일어난다.

2) 분리공정의 종류

(1) 침강분리

밀도차가 클 때 중력에 의해 자연침강으로 분리한다(전분, 과즙, 양조).

(2) 원심분리

밀도차가 비슷할 때 원심력을 이용하여 분리한다(우유크림층, 주스).

> **TIP**
> 버터 제조공정 중 우유와 크림을 분리시켜줄 때 사용하는 방법이 원심분리법이다.

2. 액체-액체 원심분리기

① 두 가지 이상의 밀도가 다른 액체를 원심력을 이용하여 분리한다.
② 수직축을 회전시켜 밀도가 무거운 물질은 바깥쪽, 가벼운 물질은 안쪽으로 이동 분리한다.
③ 원심침강기, 원심탈수기, 원심여과기가 있다.

Exercise

회전속도를 동일하게 유지할 때, 원심분리기 로터(Rotor)의 반지름을 2배로 늘리면 원심효과는 몇 배가 되는가?   2021
① 0.25배   ② 0.5배
③ 2배   ④ 4배

해설
- 동일한 rpm을 유지할 경우 원심력은 로터 반지름에 비례적으로 증가한다.
- 회전속도를 높이면 속도의 배로 원심력은 증가한다.

정답 ③

④ 회전수는 rpm(rotation per minute, 분당회전수)으로 표시, 시료를 넣을 때는 대칭이 되도록 넣고, 고속원심분리기는 냉각장치, 진공장치가 필요하다.
⑤ 디스크형 원심분리기(Disc-bowl centrifuge) : 우유의 크림 분리, 유지 정제 시 비누물질 제거, 과일주스의 청징 및 효소의 분리 등에 널리 이용된다.

SECTION 07 여과

1. 여과의 정의

액체 속에 들어 있는 침전물이나 입자를 분리시키는 공정이다(유체로부터 고체입자를 분리).

2. 여과기와 막여과

1) 여과기의 종류

(1) 중력여과기

중력을 이용한 일반 여과를 말한다.

(2) 감압여과기

감압장치(모터, Aspirator)를 이용하여 빠르게 여과하고, 막여과에 이용한다.

(3) 가압여과기

압력을 가해 대량의 여과에 이용한다(필터프레스 등).

(4) 스펀지여과기

스펀지 등의 흡착성이 있는 여과재를 이용한 여과이다.

TIP

여과 조제
여과속도를 개선하기 위해 첨가하는 흡착성의 물질로 규조토, 활성탄, 실리카겔, 셀룰로오스 등이 사용된다.

2) 막여과

여과하는 물질의 크기에 따라 막을 이용하여 분리하는 여과의 한 종류이다.

(1) 정밀여과

세균이나 색소 제거에 이용, 바이러스나 단백질은 통과한다.

(2) 한외여과

바이러스나 단백질 같은 고분자물질 제거, 당과 같은 저분자물질은 통과한다.

(3) 역삼투

① 반투막을 이용하여 물 같은 용매에서 당이나 염 같은 용질을 분리한다.
② 아세트산 셀룰로오스, 폴리설폰 등을 이용한다.
③ 자연스런 삼투압에 대해 반대로 용질을 남기고 이동해야 하므로 농도가 짙은 쪽에 압력을 가한다.
④ 바닷물의 담수화 등에 이용한다.
⑤ 염과 같은 저분자물질의 분리에 이용한다.

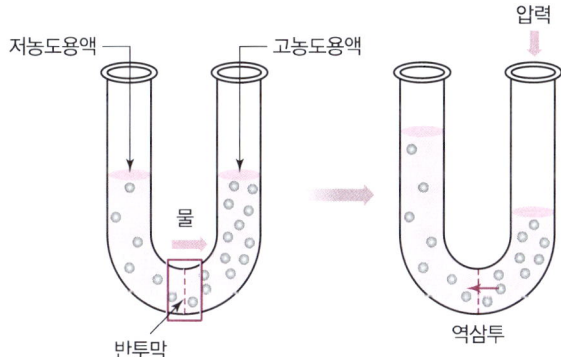

(4) 투석법

염이나 당 같은 저분자는 통과하지만 단백질 같은 고분자는 통과하지 못하는 반투막을 이용하여 분리한다.

SECTION 08 추출

고체 또는 액체 혼합물 속의 어떤 물질을 뽑아내는 일이다.

1. 기계적 추출

① 고체에 압력을 가해 고체 중 액체를 분리한다.
② 식물성 유지 분리, 치즈 제조, 주스 착즙에 이용한다.
③ 스크루식 압착기, 롤러압착기, 엑스펠러, 케이지프레스 등이 있다.

2. 용매 추출

고체 또는 액체의 혼합물에 용매(溶媒)를 가하여 혼합물 속의 어떤 물질을 용매에 녹여 뽑아내는 일이다.
① 특정 용매를 이용하여 용해도 차이에 의해 용해된 물질을 분리한다.
② 농도차가 클수록, 온도가 높을수록, 표면적이 클수록 잘 된다.
③ 추출제 : 물, Benzene, N-hexane, 에탄올 등
④ 대두·옥수수 등에서 식물유지를 추출, 사탕수수·사탕무 등에서 설탕을 추출한다.
⑤ **용출** : 동물성 유지를 가열하여 분리하는 것이다.

3. 초임계 유체 추출

① 유기용매 대신 초임계 가스를 용매로 사용한다.
② 초임계 유체는 기체상과 액체상이 공존하는 임계 부근의 유체이다.
③ 기체성질로 침투율과 추출효율이 높고 액체밀도가 높아 용해도가 증가한다.
④ 에탄, 프로판, 에틸렌, 이산화탄소 등을 이용한다.
⑤ 카페인, 참기름의 추출 등에 사용한다.
⑥ 장점
- 낮은 온도 조작으로 고온 변성·분해가 없다.
- 추출유체는 기체가 되어 잔류하지 않는다.
- 용매의 순환으로 재이용이 가능하다.

TIP

초임계 유체
물질의 온도와 압력이 임계점(Supercritical point)을 넘어 액체와 기체를 구분할 수 없는 상태가 된 유체를 말한다.

Exercise

식품성분의 초임계 유체 추출에 주로 사용되는 물질은?
① 질소　　　② 산소
③ 암모니아　④ 이산화탄소

해설
초임계 유체로는 에탄, 프로판, 에틸렌, 이산화탄소 등이 이용된다.

정답 ④

- 이산화탄소의 경우 초임계 온도 31℃, 압력 93bar로 상온조작이 가능하다.

⑦ 단점
- 300kgf/cm² 이상의 고압을 사용하므로 장치나 구조에 제약이 있고, 연속조작이 불가하다.
- 무카페인커피, 향신료 추출, EPA 등 고도 불포화지방산 추출 등 특정 고부가가치 상품에만 적용한다.
- 압착 또는 초임계 추출로 얻은 원유에 자연정치, 여과 등의 추가 공정을 실시하는 주된 이유는 침전물 등의 이물질을 제거하려는 것이다.

TIP

초임계 추출의 사용
저온 추출로 인해 성분의 변화 및 독성 없이 추출이 가능하기에 건강기능식품의 원료, 디카페인커피, 참기름 추출 등에 사용된다.

SECTION 09 건조

1. 건조의 특징

① 수분이 감소하여 수분활성도도 감소하고, 미생물이나 효소작용을 억제한다.
② 성분 농축에 따른 새로운 풍미, 색이 향상된다.
③ 중량 감소에 따른 수송과 포장의 간편성이 있다.
④ **탈수식품** : 특성은 손상하지 않고 수분만 제거, 복원이 가능하다(인스턴트커피).
⑤ **건조식품** : 수분 제거로 농축되어 새로운 특성이 생성된다(건조오징어, 곶감, 육포).
⑥ **표면피막 경화현상** : 두께가 두껍고 내부 확산이 느린 식품을 급격히 건조 시 발생한다(겉은 딱딱, 속은 촉촉).

➡ 각 건조기의 장단점 및 강점을 구분해주세요!

2. 건조장치

1) 열풍건조기
가열된 공기를 대류나 강제순환에 의해 트레이에 제품을 올려서 건조한다.

Exercise

주로 물빼기의 목적으로 행해지는 건조법은? 2019
① 일건   ② 음건
③ 열풍건조   ④ 동결건조

🔒 정답 ③

(1) 회분식

빈건조기, 캐비닛건조기 등이 있다.

(2) 연속식

터널건조기, 컨베이어건조기, 유동층 건조기, 분무건조기 등이 있다.

(3) 병행식

공기흐름과 식품 이동이 같은 방향, 초기 건조가 좋으나 최종 건조가 좋지 않아 내부 건조가 잘 되지 않거나 미생물이 번식할 수 있다.

(4) 향류식

공기흐름과 식품 이동이 반대 방향, 초기 건조는 좋지 않으나 최종 건조가 높아 과열 우려가 있다.

2) 분무건조기

① 열에 약한 제품에 이용하고, 분유, 주스분말, 커피, 차 등이 있다.
② 액상 식품을 분무장치로 열풍에 분무하여 건조한다.
③ 대부분 건조가 항률건조이다.
④ 원심 분무건조기 : 액체 속의 고형분 마모의 위험성이 가장 낮고 원료유량을 독립적으로 변화시킬 수 있는 분무장치이다.

3) 드럼건조기

① 가열된 회전원통 표면에 건조할 제품을 묻혀 전도에 의한 건조를 말한다.
② 긁기용 칼날로 연속식 제품을 회수한다.

4) 동결건조기

① 수분을 얼려 승화시켜 건조, 고비용 제품에 이용한다.
② 냉각기 온도는 $-40℃$, 압력은 $0.098mmHg$이다.
③ 형태가 유지되고 다공성이므로 복원력이 좋다.
④ 향미 보존, 식품성분 변화가 작다.

TIP

총괄 건조효율이 가장 높은 건조기는 드럼건조기이다.

Exercise

동결건조에 대한 설명으로 옳지 않은 것은?
① 식품조직의 파괴가 작다.
② 주로 부가가치가 높은 식품에 사용한다.
③ 제조단가가 적게 든다.
④ 향미성분의 보존성이 뛰어나다.

해설

동결건조법은 미생물균주의 장기보존에도 사용된다.
• 수분을 얼려 승화시켜 건조, 고비용 제품에 이용한다.
• 품질 손상 없이 2~3%의 저수분 상태로 건조할 수 있다.
• 냉각기 온도 $-40℃$, 압력 $0.098mmHg$이다.
• 형태가 유지되고 다공성이므로 복원력이 좋다.
• 향미가 보존되고 식품 성분 변화가 작다.
• 쉽게 흡습하고 잘 부서져 포장이나 수송이 곤란하다.

정답 ③

SECTION 10 농축

1. 농축의 목적

① 식품 중 수분을 제거하여 용액의 농도를 높이는 조작이다.
② 결정, 건조제품을 만들기 위한 예비단계로 이용한다.
③ 잼과 같이 농축에 의한 새로운 풍미를 제공한다.
④ 저장성, 보존성 향상, 수송비 절약효과가 있다.
⑤ 잼, 엿, 캔디, 천일염, 연유 등이 있다.
⑥ 점도 상승, 거품 발생, 비점 상승, 관석이 발생한다.

2. 농축의 종류

1) 증발농축

① 식품을 가열하여 용매를 증발시켜 농축한다.
② 이중솥, 표준증발관, 진공 감압증발관 등이 있다.
③ 고열에 의한 착색을 방지하기 위해 저압, 저온을 이용한 감압농축법을 주로 이용한다.
④ 판형 열교환기 : 과일주스나 연유처럼 열에 민감하고 점도가 낮은 식품을 가열할 때 사용하며, 식품공업에서 가장 널리 사용되고 있다.
⑤ 진공증발기 : 열에 의한 영양소 피괴를 최소화하기 위해 가능한 한 낮은 온도에서 농축하기 위한 장치이다.

2) 냉동농축

수용액의 수분을 얼리고 얼음결정을 제거하여 농축하는 방법으로 열에 민감한 제품에 이용한다.

3) 막농축

한외여과나 역삼투압을 이용하여 농축, 열을 가하지 않으므로 에너지 절약, 성분의 농축 및 분리가 가능하다.

> **TIP**
> **건조와 농축**
> • 공통점 : 수분을 제거하는 공정
> • 차이점
>   - 건조 → 최종산물이 고체
>   - 농축 → 최종산물이 액체

SECTION 11 저장

1. 레토르트

'레토르트(Retort)식품'이라 함은 제조·가공 또는 위생처리된 식품을 12개월을 초과하여 실온에서 보존 및 유통할 목적으로 단층 플라스틱필름이나 금속박 또는 이를 여러 층으로 접착하여, 파우치와 기타 모양으로 성형한 용기에 제조·가공 또는 조리한 식품을 충전하고 밀봉하여 가열살균 또는 멸균한 것을 말한다.

> **TIP**
> **레토르트 살균**
> 레토르트식품은 중심온도 120℃, 4분 처리로 미생물을 포자까지 살균하여 장기보존이 가능한 식품이다. 후살균 되는 제품군으로 공기를 최대한 제거 (탈기)하고 열처리해야 목표한 멸균효율을 달성할 수 있다.

2. 통·병조림

'통·병조림 식품'이라 함은 제조·가공 또는 위생처리된 식품을 12개월을 초과하여 실온에서 보존 및 유통할 목적으로 식품을 통 또는 병에 넣어 탈기와 밀봉 및 살균 또는 멸균한 것을 말한다.

3. 진공포장

'진공포장'은 가스치환포장의 일환으로 플라스틱필름으로 포장된 식품의 내부에서 공기를 탈기하여 진공상태로 만든 저장방법이다. 탈기하여 내부의 기체를 모두 제거한 상태로 후살균을 진행하므로 외부로부터 미생물의 오염 및 호기성 미생물의 성장을 방지해준다. 탈기를 진행하여 부피를 감소시키기에 수송·저장에도 편리하다.

SECTION 12 가공설비

1. 이송기

① 벨트컨베이어(Belt conveyor) : 벨트 위에서 제품 운반
② 스크루컨베이어(Screw conveyor, 나선형 컨베이어) : 스크루의 회전운동으로 분체, 입체, 습기가 있는 재료나 화학적 활성을 지니고 있는 고온물질을 트로프(Trough) 또는 파이프(Pipe) 내에서 회전시켜 운반

> **TIP**
> **컨베이어(Conveyor)**
> 재료 또는 화물을 일정한 거리 사이를 자동으로 연속 운반하는 기계장치이다.

③ 버킷엘리베이터(Bucket elevator) : 버킷에 제품을 실어 아래위로 연결된 컨베이어로 운반
④ 스로어(Thrower) : 단단한 고체제품을 높은 곳에서 스로어를 이용하여 굴려서 운반

2. 이음쇠

① 티 : 유체의 흐름을 두 방향으로 분리한다.
② 엘보 : 유체의 흐름을 직각으로 바꾸어 준다.
③ 크로스 : 유체의 흐름을 세 방향으로 분리한다.
④ 유니언 : 관을 연결할 때 사용한다.

3. 밸브

① 체크밸브 : 유체가 한 방향으로만 흐르도록 하여 역류 방지를 목적으로 하는 밸브
② 안전밸브 : 유체의 압력이 임계점 이상 올라갈 경우 유체를 배출하여 기기를 보호하는 밸브
③ 슬루스밸브 : 상하로 미끄러지는 유체를 조절하는 밸브
④ 글로브밸브 : 유체의 흐름을 바꾸거나 유량을 조절할 때 사용하는 밸브
⑤ 플러시밸브 : 한 번 밸브를 누르면 일정량의 유체가 나온 후 자동적으로 잠기는 밸브

Exercise

식품가공에서 사용하는 파이프의 방향을 90° 바꿀 때 사용되는 이음은?
2015, 2021
① 엘보　　② 래터럴
③ 크로스　　④ 유니온

정답 ①

TIP

식품제조기기를 만들 때 사용하는 소재

식품제조기기는 식품이랑 직접 접촉하는 표면이기에, 금속이 식품으로 용출되지 않아야 하며, 부식되지 않는 특징을 가져야 한다. 이때 사용하는 것이 18-8 스테인리스강이다. 18-8 스테인리스강은 크로뮴 18%, 니켈 8%를 철에 가하여 만든 것으로 부식되지 않는 특징을 가지고 있어 식품가공기기를 만들 때 주로 사용한다.

CHAPTER 02 곡류 및 서류 가공

> **TIP**
> 쌀 = 왕겨층 + 겨층 + 배아 + 배유부

쌀, 밀, 보리, 잡곡류를 이용하는 곡류와 고구마, 감자 등을 이용한 서류의 경우 가격이 저렴하며 탄수화물의 주급원이기에 식품산업 전반에서 폭넓게 사용된다. 제분, 도정 등의 1차 가공과 밥, 면, 떡, 과자류 제조 등의 2차 가공으로 구분된다.

SECTION 01 도정

> **TIP**
> - 현미
>   - 겨층 섭취의 비율이 높다.
>   - 단백질 및 미량 영양소 섭취비율이 높다.
>   - 소화흡수율이 낮다.
> - 백미
>   - 배유부 섭취의 비율이 높다.
>   - 탄수화물 섭취의 비율이 높다.
>   - 소화흡수율이 높다.

1. 도정의 특징

수확한 쌀과 보리의 배아(3%)와 겨층(5%, 과피, 종피, 호분층)을 제거하여 배유부만을 얻는 조작으로 배아와 겨층은 단백질, 지방, 비타민의 함유량이 높으며, 배유는 탄수화물의 함유량이 높다. 도정 시 겨층을 완전히 제거하면 소화흡수율이 높아지지만 탄수화물 외의 영양소 섭취에 어려움이 있다.

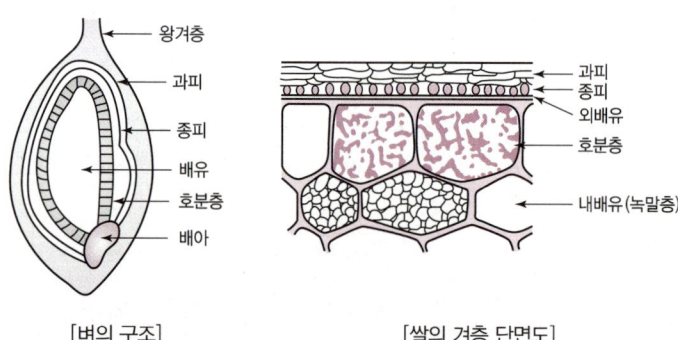

[벼의 구조]   [쌀의 겨층 단면도]

> **Exercise**
> 현미를 백미로 도정할 때 쌀겨층에 해당되지 않는 것은?
> ① 과피   ② 종피
> ③ 왕겨   ④ 호분층
>
> 정답 ③

1) 쌀의 도정에 따른 분류

종류	특성	도정률(%)	도감률(%)	소화율(%)
현미	벼의 왕겨층 제거, 벼중량 80%, 벼용적 $\frac{1}{2}$	100	0	95.3
5분도미	겨층, 배아의 50% 제거	96	4	97.2
7분도미	겨층, 배아의 70% 제거	94	6	97.7
백미	겨층, 배아의 100% 제거	92	8	98.4
배아미	배아가 떨어지지 않도록 도정	–	–	–
주조미	술의 제조에 이용, 순수 배유만 남음	75 이하	–	–

2) 도정률과 도감률

구분	내용
도정률(%)	• 현미중량에 대한 백미의 중량비 • $\frac{현미무게 - 겨층무게}{현미무게} \times 100$
도감률(%)	• 제거되는 쌀겨의 비율 • $\frac{현미중량 - 백미중량}{현미중량} \times 100$

2. 도정의 원리

① 마찰(Friction) : 도정기와 곡물 사이를 비빈다.
② 찰리(Resultant tearing) : 강한 마찰작용으로 표면을 벗긴다.
③ 절삭(Shaving) : 금강사로 곡물조직을 깎아낸다(연삭 : 강한 절삭, 연마 : 약한 절삭).
④ 충격(Impact) : 도정기와 곡물을 충돌시킨다.

Exercise

벼 50kg에서 정미 42kg, 왕겨 5kg, 겨층 3kg이 나왔다면 도정률은 약 얼마인가?
① 90% ② 93%
③ 95% ④ 97%

해설

$\frac{현미무게 - 겨층무게}{현미무게} \times 100$
$= \frac{(벼 - 왕겨) - 겨층무게}{(벼 - 왕겨)} \times 100$
$= \frac{(50 - 5) - 3}{(50 - 5)} \times 100$
$= \frac{45 - 3}{45} \times 100$
$= 93.33333 ≒ 93\%$

정답 ②

Exercise

곡물 도정의 원리에 속하지 않는 것은? 2020
① 마찰 ② 마쇄
③ 절삭 ④ 충격

정답 ②

SECTION 02 제분

1. 제분의 정의 및 공정

1) 제분의 정의
쌀이나 보리처럼 외피가 단단하지 않고 배유가 부드러워 도정하기 어려운 밀이나 옥수수 등의 곡류를 부수어 가루로 만드는 공정이다.

2) 밀의 제분
밀 단백질인 글루테닌(탄성)과 글리아딘(점성)에 의해 생성된 글루텐(Gluten)으로 인한 점성이 특징이다.

원료 밀 → 정선 → 수분 조절(조질) → 배합 → 파쇄 → 체질 → 분쇄 → 체질 → 밀가루 → 숙성 → 영양 강화 → 포장 → 제품

[밀의 제분공정]

(1) 조질(Tempering and Conditioning)

밀의 외피와 배유가 도정하기 좋은 상태로 물성을 변화시키는 공정으로 밀의 외피(섬유질 결착)와 배유(유연해짐)의 분리를 용이하게 할 목적이다. 이 공정을 통해 외피와 배유가 분리되면 밀기울의 혼입이 줄어들게 되는데, 이 과정이 제대로 진행되지 않을 경우 밀가루에 밀기울이 혼입되어 품질 저하를 가져온다.

① Tempering : 밀의 수분함량은 10% 전후이다. 여기에 수분함량을 15% 전후로 상향 조절하는 공정이다.

② Conditioning : 수분을 상향 조정한 밀을 45℃에서 2~3시간 방치하는 공정이다.

(2) 숙성(Maturing)

밀을 약 6~8주간 저장하면서 천천히 산화시키며 제품의 안전성을 가지고 오는 공정이다. 이 과정에서 밀가루의 카로티노이드 등의 환원성 물질이 산소에 의해 산화되어 밀가루 고유의 색으로 자동산화된다. 식품가공 시에는 시간과 비용 절감을 목적으로 과산화벤조일, 과산화암모늄, 아조디카르본아미드, 이산화염소 등의 밀가루 개량제를 사용하여 가공효율을 높인다.

① 과산화벤조일 · 과산화암모늄의 사용기준 : 밀가루류 0.3g/kg 이하
② 아조디카르본아미드의 사용기준 : 밀가루류 45mg/kg

TIP

쌀은 배유가 단단하다. 그렇기에 외피를 제거한 후 배유를 이용할 수 있다. 하지만 밀은 쌀과 달리 배유가 부드러워 외피를 벗기는 과정에서 배유가 부서져 도정을 할 수 없다.

TIP

- 조질 = 템퍼링(Tempering) + 컨디셔닝(Conditioning)
- 목적 : 외피와 배유를 도정하기 쉬운 상태로 만든다.

Exercise

밀의 제분공정 중에서 수분함량을 13~16%로 조절한 후, 겨층과 배유가 잘 분리되도록 하기 위한 조작과 가열온도를 옳게 연결한 것은?
2021

① 템퍼링, 40~60℃
② 컨디셔닝, 40~60℃
③ 템퍼링, 20~25℃
④ 컨디셔닝, 20~25℃

정답 ②

③ 이산화염소의 사용기준 : 30mg/kg, 빵류 제조용 밀가루의 사용에 한한다.

(3) 영양 강화

비타민, 무기질 등 영양소를 첨가한다.

2. 밀가루

1) 밀가루의 품질과 용도

밀가루의 등급은 회분함량에 의해 결정되며 용도는 글루텐의 함량에 따라 결정된다. 회분함량이 0.6% 이하는 1등급, 0.9% 이하는 2등급, 1.6% 이하는 3등급 밀가루이다.

밀가루의 품질은 건부량과 습부량에 의해서 결정되는데 강력분의 경우 탄성이 높아서 제빵용으로 주로 이용되며 중력분의 경우 면류의 제조, 박력분의 경우 튀김 및 과자류의 제조에 주로 사용된다.

$$습부율(\%) = \left(\frac{습부량}{밀가루중량}\right) \times 100, \quad 건부율(\%) = \left(\frac{건부량}{밀가루중량}\right) \times 100$$

→ 밀가루의 품질과 용도

종류	건부량	습부량	원료 밀	용도	글루텐 성질
강력분	13% 이상	40% 이상	유리질 밀	제빵	거칠고 강하다.
중력분	10~13%	30~40%	중간질 밀	면류	곱고 약하다.
박력분	10% 이하	30% 이하	분상질 밀	과자	아주 곱고 약하다.

2) 밀가루의 품질분석

밀가루의 물리적 특성을 분석하는 방법이다.

(1) 아밀로그래프(Amylograph)

점도 변화에 따른 전분질의 호화온도와 제빵에서의 $\alpha-$amylase의 역가를 측정한다.

TIP

글루텐
호밀과 밀 등에 존재하는 불용성 단백질

TIP

- 건부량(Dry gluten) : 건조 글루텐함량
- 습부량(Wet gluten) : 수분 함유 글루텐 함량

Exercise

일반적으로 제면용으로 가장 적당하고, 많이 사용되는 밀가루는?
2018
① 강력분　　② 준강력분
③ 중력분　　④ 박력분

💬 해설
- 강력분 : 식빵 및 빵류
- 중력분 : 제면
- 박력분 : 튀김, 과자, 쿠키, 비스킷

🔑 정답 ③

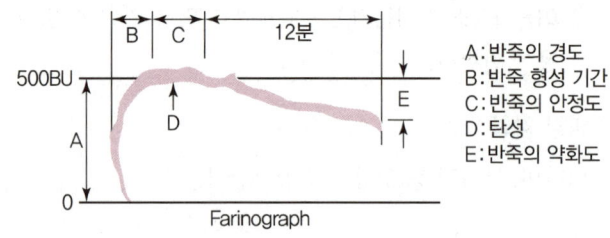

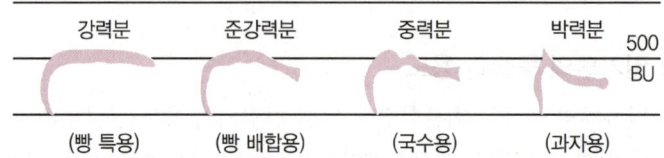

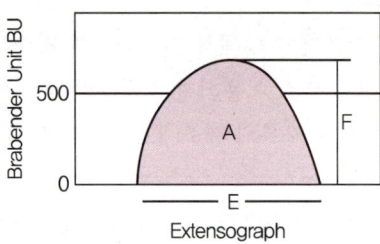

A : 클수록 반죽에 탄력이 있다.
E : 불어나기 쉽다.
F : 강인하며, 당기는 데 힘이 든다.

강력분	박력분	아주 연한 반죽	아주 단단한 반죽
A … 대	A … 소	A … 소	A … 중
E … 대	E … 소	E … 대	E … 소
F … 대	F … 소	F … 소	F … 대

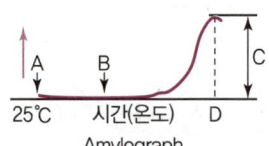

A : 특정 개시온도(25℃)
B : 호화 개시온도
C : 최고점도
D : 최고점도의 온도

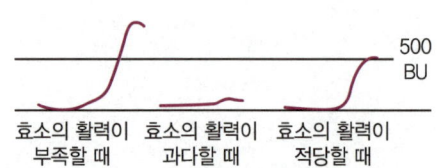

[Farinograph, Extensograph, Amylograph의 구조도]

(2) 익스텐소그래프(Extensograph)

일정한 경도의 반죽 신장도와 인장응력, 즉 발효에 의한 팽창성 질을 측정한다.

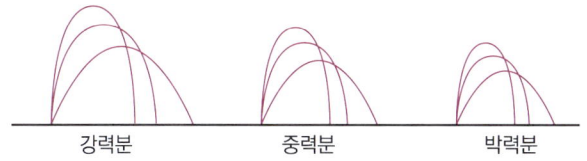

[밀가루 종류별 익스텐소그램]

(3) 패리노그래프(Farinograph)

밀가루반죽의 반죽 형성 능력과 형성된 반죽의 점탄성을 측정한다.

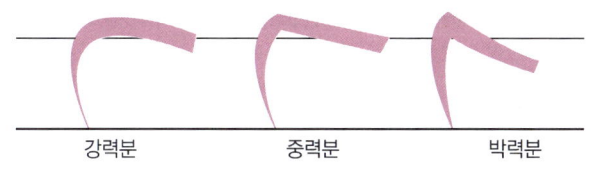

[밀가루 종류별 패리노그램]

SECTION 03 제면

제면은 중력분 밀가루에 물과 소금을 넣어서 반죽을 한 다음에 국수를 뽑은 것을 말한다.

1. 제면 시 소금 첨가

① 반죽 점탄성이 증가한다.
② 소금의 흡습성을 이용하여 건조속도를 조절한다.
③ 미생물 번식 및 발효를 억제한다.

2. 면류의 분류

① 신연면 : 반죽을 길게 늘어뜨려 뽑아내는 국수
　　예 우동, 중화면, 소면 등

Exercise

제면과정 중에 소금을 넣는 이유로 거리가 먼 것은? 2019
① 반죽의 탄력성을 향상시키기 위해
② 면의 균열을 막기 위해
③ 제품의 색깔을 희게 하기 위해
④ 보존성을 향상시키기 위해

🔒 정답 ③

TIP
- 생면 : 30~35% 정도의 수분 함유
- 건면 : 수분함량 14~15% 이하로 건조

② 선절면 : 반죽을 넓게 면대로 만들어 가늘게 절단한 국수
  예) 생면, 건면 등
③ 압출면 : 반죽을 압출기의 작은 구멍으로 뽑아낸 국수
  예) 당면, 마카로니 등

SECTION 04 제빵

1. 제빵의 정의
밀가루를 반죽하여 이산화탄소로 팽창시켜 구운 것을 말한다.

1) 발효빵
효모로 팽창시킨 것을 말한다.
예) 식빵

2) 무발효빵
팽창제로 팽창시킨 것을 말한다.
예) 비스킷, 카스텔라, 케이크

2. 원료
빵의 원료는 기본적으로 밀가루, 효모, 소금, 물 네 가지이고, 그 외 설탕, 지방, 이스트푸드 등이 있다.

1) 기본원료
(1) 제빵용 밀가루의 조건
  ① 수분 15% 이하
  ② 회분이 적은 것
  ③ 글루텐함량(건부량)이 13% 이상인 강력분
  ④ 냄새가 없고 흰 것
  ⑤ 숙성기간이 지난 것

Exercise

밀가루의 제빵 특성에 영향을 주는 가장 중요한 품질요인은?
① 회분함량
② 색깔
③ 단백질함량
④ 당함량

해설
밀가루는 단백질함량에 따라 강력분, 중력분, 박력분으로 구분된다.

정답 ③

(2) 효모

Saccharomyces cerevisia

(3) 소금의 역할

① 풍미 향상

② 글루텐 탄력성 증가

③ 효모 발효 조절

④ 젖산균, 유해균 생육 억제

2) 기타 원료

(1) 설탕의 역할

① 효모 발효 활성화

② 캐러멜화로 독특한 색 부여

③ 향기 부여

④ 반죽의 점탄성·안정성 향상

⑤ 단맛 부여

⑥ 노화 방지

(2) 지방의 역할

① 빵 부드러움 부여

② 노화 방지

③ 풍미, 색 향상

(3) 이스트푸드

① 효모 영양성분(황산암모늄, 인산수소칼슘)

② Gluten 개량제

Exercise

제빵공정에서 밀가루를 체로 치는 가장 큰 이유는? 2020

① 불순물을 제거하기 위하여

② 해충을 제거하기 위하여

③ 산소를 풍부하게 함유시키기 위하여

④ 가스를 제거하기 위하여

정답 ③

TIP

이스트푸드

이스트(효모, Yeast)가 잘 성장할 수 있도록 효모의 먹이가 되는 성분이다.

CHAPTER 03 두류가공

콩은 단백질, 지방질, 탄수화물이 고르게 분포되어 있어 영양학적으로 우수한 식품이다. 두부는 콩을 물에 충분히 침지·마쇄하여 끓인 후 여과·압착하여 두유를 만들고 응고제를 첨가하여 제조되는 식품이다.

SECTION 01 두부

1. 두부의 제조공정

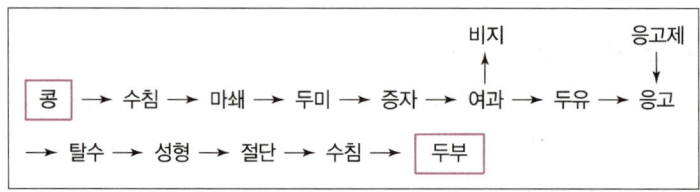

[두부의 제조공정]

> **TIP**
> 절단 이후의 수침 과정은 제조 과정에서 사용된 응고제를 제거하여 쓴맛을 감소시키는 역할을 한다.

1) 원료인 콩

두부는 콩의 단백질성분을 응고시켜서 제조하는 제품으로 두부 안에 함유된 단백질의 응고가 두부의 형성 과정에서 가장 중요하다. 콩의 수용성 단백질함량이 높을수록 두부의 제조 수율이 높아지기 때문에 가장 중요하게 판단된다. 콩 단백질은 약 90%가 수용성으로 존재하며 대표적으로는 글리시닌(Glycinin)과 알부민(Albumin)이 있다.

> **TIP**
> **콩 단백질**
> 글리시닌(Glycinin)과 알부민(Albumin)

2) 수침

원료인 콩을 물에 충분히 침지시켜 마쇄를 용이하게 하는 것이 목적이다. 온도가 높을수록 물의 흡수가 빠르고, 낮을수록 흡수가 느려지므로 침지시간은 여름에는 5~8시간, 겨울에는 14~18시간이 적당하다. 물의 침지시간이 길어질수록 콩의 성분물질이 분해되거나 콩

> **TIP**
> **수침의 목적**
> 콩의 마쇄를 용이하게 한다.
> • 여름: 5~8시간
> • 겨울: 14~18시간

단백질의 변성이 올 수 있기 때문에 적당한 시간 동안 침지하는 것이 중요하다.

3) 마쇄

콩 내부 세포를 파괴시켜 단백질을 추출하는 것이 목적이다. 미세하게 마쇄할수록 추출률이 높아지지만 너무 미세하게 마쇄할 경우, 이후 비지 분리 시 어려움이 생기게 된다.

4) 증자(가열)

마쇄한 원료인 콩을 여과하여 비지를 분리하기 전에 끓이는 공정이다. 증자를 통해 단백질의 추출 수율을 높이고, 트립신 저해제 등의 효소를 불활성화시키며 살균하는 것이 목적이다.

가열온도는 100℃가 적당하고 가열온도가 너무 높거나 가열시간이 길면 단백질의 변성으로 인해 수율이 감소하며, 지방의 산패로 맛이 변하고 조직이 단단해진다. 100℃보다 낮거나 너무 단시간 살균하면 단백질의 추출 수율이 낮아지며 살균이 부족해 여러 미생물이 잔존할 수 있고, 콩 비린내가 남아 두부의 향미에 안 좋은 영향을 미친다. 가열 시 단백질이나 사포닌으로 인한 거품이 형성될 수 있으므로 이를 제거하기 위해 소포제를 첨가할 수 있다.

5) 응고

응고제를 가하여 단백질과 지방을 함께 응고시킨다. 응고제의 종류에 따라 두부의 맛과 촉감 수율이 달라질 수 있다.
① 간수 : 염화마그네슘($MgCl_2$), 황산마그네슘($MgSO_4$)
② 황산칼슘 응고제 : 응고반응이 염화물에 비해 느려 보수성, 탄력성이 좋은 두부를 생산한다.
③ 염화칼슘 응고제 : 칼슘 첨가로 영양 보강, 응고작용이 좋다.
④ Glucono-δ-lactone 응고제 : 부드러운 조직감을 가지나 신맛이 있을 수 있다.

2. 두부의 종류

1) 두부

두류(두류분 포함, 100%, 단, 식염 제외)를 원료로 하여 얻은 두유액에 응고제를 가하여 응고시킨 것

TIP

증자온도
- 증자온도가 높을 경우 : 단백질 변성으로 추출 수율 감소, 물성 감소
- 증자온도가 낮을 경우 : 미생물 잔존 가능성 존재, 단백질 추출 수율 감소, 관능 감소

TIP

소포제
증자 시 거품 형성을 방지하고자 사용하는 첨가물
예 식용유

➡ 응고제별 특징을 알아두세요.

Exercise

두부 제조 시 단백질 응고제로 쓸 수 있는 것은? 2016, 2019
① $CaCl_2$ ② NaOH
③ Na_2CO_3 ④ HCl

해설

구분	장점	단점
염화칼슘 ($CaCl_2$)	응고가 빠르고 압착 시 물빠짐이 좋다.	• 수율이 낮다. • 두부가 거칠고 딱딱하다.
황산칼슘 ($CaSO_4$)	조직이 연하고 수율이 좋다.	• 물에 잘 녹지 않아 사용이 어렵다. • 맛이 떨어진다.
염화마그네슘 ($MgCl_2$)	보수력이 좋고 맛이 좋다.	압착 시 물빠짐이 좋지 않다.
글루코델타락톤	응고력이 우수하고 수율이 좋다.	• 조직감이 연하다. • 응고제 자체의 신맛이 있다.

정답 ①

> **TIP**
> 두부는 콩을 분쇄하고 응고제 등을 이용하여 콩 단백질을 석출한 식품이기에 두류가공품 중 소화율이 가장 높다.

2) 유바
두류를 일정한 온도로 가열 시 형성되는 피막을 채취하거나 이를 가공한 것

3) 가공두부
두부 제조 시 다른 식품을 첨가하거나 두부에 다른 식품이나 식품첨가물을 가하여 가공한 것(단, 두부가 30% 이상이어야 함)

4) 묵류
전분질원료, 해조류 또는 곤약을 주원료로 하여 가공한 것

SECTION 02 영양저해인자

> **TIP**
> 콩에는 단백질 분해효소인 트립신의 작용을 억제하는 트립신 저해제(Trypsin inhibitor)가 포함되어 있다. 콩은 단백질 함량이 높은 식품이기 때문에 트립신 저해제를 섭취하게 되면 단백질 소화에 문제가 일어날 수 있다. 이에 콩 섭취 시에는 가열 등을 통해 트립신 저해제를 불활성화시킨 후 섭취해야 한다.

① 트립신 저해제 : 단백질 분해효소인 트립신의 작용을 억제하여 소화작용을 방해하므로 열에 의해 불활성화시킨다.
② Phytate : Ca, Mg, P, Fe 등과 복합체 형성 흡수를 방해한다.
③ 혈구응집소(Hemagglutinin) : 적혈구와 결합하여 응고작용, 열처리·위장 내 산에 의해 파괴된다.

CHAPTER 04. 과일 및 채소 가공

과일 및 채소는 비타민과 무기질을 포함한 많은 생리활성물질과 미량 영양소를 섭취하기에 우수한 식품이다. 하지만 선도 유지가 중요하며 유통과정에서도 발아, 후숙, 노화 등이 일어날 수 있으므로 가공에 주의를 기울여야 한다. 주로 통·병 조림 및 과채가공품의 제조, 잼류 제조에 사용된다.

SECTION 01 과채가공품

곡류·서류·두류와는 다르게 저장 및 유통기간 중에 성분 변화가 빠르게 일어나기 때문에 저장 및 유통기간 중의 변화를 올바르게 이해하는 것이 중요하다. 과실 및 채소의 특성은 다음과 같다.

> **TIP**
> **과실류 저온저장**
> - 산소 1~5%, 이산화탄소 2~10%(산소를 감소시키고 이산화탄소를 증가시킴)
> - 과실류 호흡 억제
> - 에틸렌가스 생성 방지
> - 품질 유지 및 저장기간 연장

1. 호흡 및 숙성

① 과채류의 종류 및 숙성도에 따라 호흡과 숙성도의 차이가 존재한다.
② 호흡은 온도가 상승할수록 증가하며 효소활동을 촉진하여 품질에 영향을 미친다.
③ 호흡과 숙성으로 수확 후에도 지속적으로 성숙한다.
④ 원물의 호흡속도에 따라 저장성을 결정하므로 과채류의 보관 시에는 가스치환을 통해 호흡량을 조절하여 저장성을 증대한다.

2. 에틸렌(Ethylene)의 발생

① 에틸렌은 무색의 기체로 과채류의 성장에 영향을 미치는 식물호르몬이다.
② 과채류의 성장, 개화, 숙성을 유도 및 조절하나 과숙에 영향을 미쳐 변질을 유도하는 원인 중 하나이다.

③ 과채류의 가공 중에는 기체 조절을 통해 에틸렌의 발생을 조절한다.

3. 증산작용

① 내부의 수분이 기공을 통해 외부로 빠져나가 제품의 수분함량이 감소하는 작용이다.
② 제품의 신선도가 떨어지며 중량이 감소하고 제품 표면에 주름 생성의 원인이 된다.
③ 보관온도를 내리고 공기순환을 적게 하며 습도를 높게 유지함으로써 방지한다.

SECTION 02 통조림

1. 통조림 제조

과일 및 채소류를 장기보존을 하기 위한 대표적인 방법으로 주로 유리병·금속관·레토르트 파우치에 포장하며 밀봉·살균·멸균 처리를 통해 미생물의 성장 및 변질을 방지한다.

원료 → 세척 → 조리 → 담기 → 주입액 넣기 → 탈기 → 밀봉 → 살균 → 냉각 → 제품

[통조림의 제조공정]

TIP
통조림 제조의 4대 공정
탈기 → 밀봉 → 살균 → 냉각

1) 원료
제품의 숙성을 고려하여 완숙 이전의 과실을 사용한다.

2) 전처리
(1) 세척
  침지법, 교반, 분무법 등

(2) 데치기
  80~90℃에서 2~3분 습식 가열

Exercise
과일, 채소류를 블랜칭(Blanching)하는 목적이 아닌 것은?
① 향미성분을 보호한다.
② 박피를 용이하게 한다.
③ 변색을 방지한다.
④ 산화효소를 불활성화시킨다.

정답 ①

① 식품 내의 산화효소 불활성화 및 미생물 살균효과로 장기보존에 용이하다.
② 이미·이취의 제거로 제품 품질을 향상한다.
③ 제품 표면의 왁스 제거 및 원료 박피에 용이성을 부여한다.
④ 변색 및 변패를 방지한다.
⑤ 불순물로 인한 혼탁 방지 및 제품 연화를 통한 충진 용이성을 부여한다.

(3) 박피

칼, 열탕법, 증기법, 알칼리처리법(1~3%, NaOH), 산처리법(1~3%, HCl), 기계법

① 산박피(처리)법 : 20℃에서 30~60분 산처리(1~3%, HCl) → 물로 세척
② 알칼리박피(처리)법 : 30℃에서 10분 혹은 100℃ 이상 15~30초 알칼리처리(1~3%, NaOH) → 물로 세척

3) 담기(충진)

① 식품과 주입액(과실 : 20~50% 당액, 채소 : 15~20% 소금물)을 용기에 넣는 것을 말한다.
② 맛과 방향을 주며 내용물 형상 유지 및 손상을 방지한다.
③ 멸균으로 인한 부피 팽창 시의 파손을 방지하기 위해 내부에 0.2~0.4cm의 공극(Head space)을 준다.

4) 당액 조제

$$w_1 x + w_2 y = w_3 z$$
$$y = \frac{w_3 z - w_1 x}{w_2}$$
$$w_3 - w_1 = w_2$$

여기서, w_1 : 담는 과실의 무게(g)
w_2 : 주입 당액의 무게(g)
w_3 : 통 속의 당액 및 과실의 전체 무게(g)
x : 과육의 당도(%)
y : 주입액의 농도(%)
z : 제품 규격 당도(%)

TIP

감귤류의 경우 산박피법, 복숭아의 경우 알칼리박피법이 적절하다.

Exercise

알칼리박피방법으로 고구마나 과실의 껍질을 벗길 때 이용하는 물질은?
2015, 2019
① 초산나트륨
② 인산나트륨
③ 염화나트륨
④ 수산화나트륨

정답 ④

TIP

헤스페리딘
• 감귤통조림의 혼탁유발물질이다.
• 감귤류 과일에 많이 존재하는 플라보노이드계 색소 중의 플라바논(Flavanone) 배당체이다. 지질과산화물 형성을 억제하며, 노화 지연 등의 항산화 효과, 항염증효과, 모세혈관 보호 및 항암작용, 콜레스테롤을 낮추는 작용을 하지만 감귤가공품에서 혼탁의 원인이 되기도 한다.
• 박피를 통해 제거한다.

5) 탈기(Exhausting)

① 병이나 파우치 내의 공기를 제거하는 조작이다.
② 호기성 세균 및 곰팡이의 생육을 억제 및 산화를 방지한다.
③ 맛·향·색소의 변화와 영양소의 파괴를 방지한다.
④ 내용물이 부풀어 오르거나 팽창하는 것을 방지한다.
⑤ 탈기방법
  - 가열탈기법 : 가밀봉한 채 가열탈기 후 밀봉한다.
  - 열간충진법 : 뜨거운 식품을 담고 즉시 밀봉한다.
  - 진공탈기법 : 진공하에서 밀봉한다.
  - 치환탈기법 : 질소 등 불활성 가스로 공기치환을 한다.

6) 살균(Sterilization)

① 식품의 살균 시에는 맛·향·색 등을 고려하여 미생물 사멸의 유효성이 존재하는 최저조건을 설정하여 상품가치 손실을 최소화한다.
② 통·병조림의 경우 호기성 미생물의 성장이 억제되기 때문에 혐기조건에서 성장하는 병원성 미생물인 *Clostridium botulinum*을 살균지표로 설정, *Clostridium botulinum*의 최저 생육 pH는 4.6이므로 이를 고려하여 열처리조건을 설정한다.
  - 산성 식품(Acid food) : pH 4.6 이하
  - 저산성 식품(Low acid food) : pH 4.6 이상
③ 레토르트 멸균 : 제품의 중심온도가 120℃로 4분간 또는 이와 같은 수준으로 열처리한다.

2. 통조림 변패

1) 평면 산패

① 가스 비형성 세균의 산생성으로 발생한다.
② 주로 *Bacillus* 속 호열성 세균의 살균 부족으로 발생한다.
③ 통조림 외관은 이상 없으나 산에 의해 신맛이 생성된다.

2) 황화수소 흑변(Sulfide spoilage)

육류 가열로 발생된 −SH기가 환원되어 H_2S 생성, 통조림 금속재질과 결합하여 흑변한다.

TIP
탈기가 불충분할 때에는 플리퍼(Flipper)를 유발할 수 있다.

TIP
세균발육실험
통·병조림식품, 레토르트식품에서 세균의 발육 유무를 확인하기 위한 시험법이다. 상온(일반세균) 및 고온(고온성 세균)에서 10일 전후로 보관한 후 세균발육 유무를 판정한다.

Exercise
어떤 통조림이 대기압 720mmHg인 곳에서 관내 압력은 350mmHg이었다. 대기압 750mmHg에서 이 통조림의 진공도는?
① 350mmHg ② 370mmHg
③ 380mmHg ④ 400mmHg

해설
진공도 = 대기압 − 관내 기압
       = 750 − 350
       = 400mmHg

정답 ④

3) 주석의 용출

① 산이나 산소 존재 시 주석이 용출된다.

② 통조림 개봉 시 산소에 의해 다량 용출되므로 먹고 남은 것은 다른 용기에 보관한다.

4) 통조림 외관상 변패

(1) Flipper

한쪽 면이 부풀어 누르면, 소리 내고 원상태로 복귀 – 충진 과다, 탈기 부족

(2) Springer

한쪽 면이 심하게 부풀어 누르면 반대편이 튀어나옴 – 가스 형성 세균, 충진 과다 등

(3) Swell

관의 상하면이 부풀어 있는 것 – 살균 부족, 밀봉 불량에 의한 세균오염

① Soft swell : 부풀어 있는 면을 손가락으로 누르면 다소 회복되지만 정상적 상태 유지는 어려운 상태

② Hard swell : 부풀어 있는 면을 손가락으로 눌러도 전혀 들어가지 않는 상태

(4) Buckled can

관의 내압이 외압보다 커 일부 접합부분이 돌출한 변형관 – 가열 살균 후 급격한 감압 시

(5) Panelled can

관의 내압이 외압보다 낮아 찌그러진 위축변형관 – 가압 냉각 시

(6) Pin hole

관에 작은 구멍이 생겨 내용물이 유출된 것

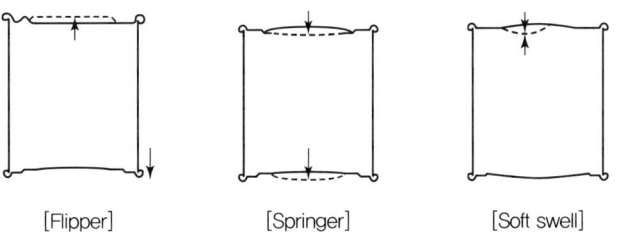

[Flipper]   [Springer]   [Soft swell]

TIP

- 진공도 = 대기압 − 관내 기압
- 진공도가 304~380mmHg일 때 양호하다고 판단한다.

Exercise

통조림 제조 시 탈기가 불충분할 때 관이 약간 팽창하는 것을 무엇이라고 하는가? 2021
① 플리퍼 ② 수소 팽창
③ 스프링거 ④ 리이킹

정답 ①

Exercise

통조림검사 시 세균에 의한 산패, 내용물의 과다 주입 등으로 뚜껑 등이 약간 부풀어 올라와 있고 손가락으로 누르면 원래대로 돌아가지만 다른 쪽이 부푸는 현상을 무엇이라고 하는가? 2020
① 플리퍼(Flipper)
② 소프트스웰(Soft swell)
③ 스프링어(Springer)
④ 하드스웰(Hard swell)

정답 ③

5) 산성 통조림의 홍변(Cyanidin)

① 과일과 채소에는 안토시아닌의 전구물질이며 성장 촉진역할을 하는 무색의 류코안토시아닌(Leucoanthocyanin)이 다량으로 함유되어 있다.
② 통조림 가열 후 냉각이 적절히 이루어지지 않고 35~45℃에서 장시간 머무를 경우 류코안토시아닌이 시아닌(Cyanin)으로 변하며 제품의 홍변을 일으킨다.

SECTION 03 과일잼

1. 과일잼의 정의

과일 및 채소에 함유되어 있는 펙틴과 산의 성질을 이용하여 삼투압 공정으로 만드는 과채가공품이다.

2. 젤리화

과실 중 펙틴(1~1.5%), 유기산(0.3%, pH 2.8~3.3), 당(당분, 60~65%)이 Gel을 형성하는 것이다.

1) 유기산

① 최적 pH는 3.0~3.5이며, pH가 이보다 낮을 시 젤리화력이 저하한다.
② 대부분 딸기, 자몽, 사과의 경우 자체 함유된 유기산으로 인해 pH 4.0 이하로, 추가적으로 유기산을 첨가해주지 않으나, 일부 유기산함량이 낮은 과일류의 경우 젖산(Lactic acid)을 첨가해준다.

2) 펙틴

① 프로토펙틴, 펙틴, 펙틴산으로 분류한다.
② 미숙과는 불용성의 프로토펙틴, 완숙과는 가용성의 펙틴, 과숙과는 불용성의 펙틴산 형태로 존재한다.
③ 프로토펙틴과 펙틴산은 젤리화가 되기 어렵기 때문에 완숙과를 준비한다.

TIP

젤리화의 3요소
- 펙틴 : 1~1.5%
- 유기산 : 0.3%, pH 2.8~3.3
- 당 : 60~65%

Exercise

잼 제조 시 겔(Gel)화의 조건으로 적합한 것은?
① 당도 60~65%
② 펙틴 2.0~2.5%
③ 산도 0.5%
④ pH 4.0

정답 ①

④ 메톡실기(Methoxyl)함량
  - 7% 이상 – 고메톡실펙틴 : 유기산과 수소결합형 젤(Gel)을 형성한다.
  - 7% 이하 – 저메톡실펙틴 : 칼슘 등 다가이온이 산기와 결합하여 망상구조를 형성한다.
⑤ 펙틴함량
  - 펙틴함량이 적을 경우 : 가당량을 높여준다.
  - 펙틴함량이 0.75% 이하일 경우 : 가당량을 높여도 젤리화가 불량이다.
  - 펙틴함량이 1.5% 이상일 경우 : 산농도가 낮고 가당량이 30%인 경우에도 젤리화가 일어나지만 산농도가 0.35% 이하일 경우 젤리화가 이루어지지 않는다.
  - 펙틴함량 : 1.0~1.5%가 적당하다.

> **TIP**
> 젤리의 강도는 펙틴의 농도, 펙틴의 결합도에 의해 결정한다.

> **TIP**
> 사과, 포도, 오렌지, 감귤, 자두는 산과 펙틴의 농도가 높다.

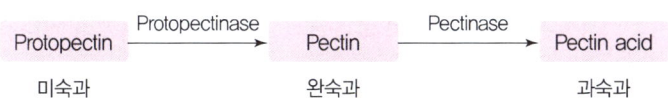

[숙도에 따른 Pentin의 변화]

> **TIP**
> 프로토펙틴(Protopectin)과 펙틴산(Pectin acid)은 젤리화되지 않는다.

3) 당분
① 젤리화에 60~65% 당농도가 필요하다.
② 당분의 농도가 높으면 제품에서 설탕이 석출한다.
③ 당분의 농도가 낮을 경우 젤리의 품질이 떨어지며 저장성이 낮아진다.
④ 고메톡실펙틴의 경우 설탕 첨가에 의해 젤리의 강도를 높여준다.

3. 잼류 제조

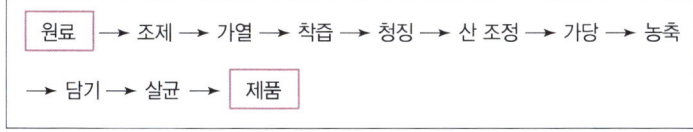

[잼류의 제조공정]

1) 알코올 Test에 의한 가당량 결정

알코올 테스트법은 시험관에 과즙을 소량 넣고 동량의 96% 알코올을 첨가하여 응고 펙틴으로 정량하는 것을 말한다.

→ 펙틴함량 검정 및 가당량

Alcohol test 결과	Pectin함량	가당량
전체가 Jelly 모양으로 응고하거나 큰 덩어리 형성	많다.	과즙의 $\frac{1}{3} \sim \frac{1}{2}$
여러 개 Jelly 모양 덩어리 형성	적당하다.	과즙과 같은 양
작은 덩어리가 생기거나 전혀 생기지 않음	적다.	농축하거나 Pectin이 많은 과즙 사용

Exercise

젤리점(Jelly point)의 판정방법이 아닌 것은? 2021
① 당도계법
② 컵법(Cup test)
③ 스푼법(Spoon test)
④ 펙틴법(Pectin test)

🔒 정답 ④

2) 잼류 완성점(Jelly point) 결정법

(1) 스푼시험

나무주걱으로 잼을 떠서 기울여 액이 시럽상태가 되어 떨어지면 불충분한 것, 주걱에 일부 붙어 떨어지면 적당하다.

(2) 컵시험

물컵에 소량 떨어뜨려 바닥까지 굳은 채로 떨어지면 적당한 것, 도중에 풀어지면 불충분한 것이다.

(3) 온도법

잼에 온도계를 넣어 104~106℃가 되면 적당하다.

(4) 당도계법

굴절당도계 이용, 잼 당도가 65% 정도가 적당하다.

SECTION 04 기타 과채류의 제조공정

1. 건조법

1) 동결건조

원료를 저온으로 급속동결한 후 감압을 통해 얼음을 승화시켜 건조하는 방법이다.
① 식품성분의 변화가 작으며 맛과 향이 유지
② 제품의 외형 유지에도 좋아 고품질의 제품 생산
③ 설비비용이 비싸며, 건조시간이 열풍건조에 비하여 긴 편

TIP

• 동결건조
  – 운영비용이 비싸기에 고부가가치 식품에 주로 사용한다.
  – 냉각 → 승화를 이용한 건조이다.
• 분무건조 : 유제품, 건조커피 등 액상 제품에 사용한다.

2) 열풍건조

제품을 열풍에 노출시켜 건조하는 방법이다.
① 설비비용이 저렴하고 건조시간이 짧아 대량 생산에 적합
② 고온의 열풍을 불어주기 때문에 제품의 영양소 손실이 비교적 큰 편
③ **분무건조** : 열풍건조법 중의 하나로 액체식품을 분무하여 표면이 극대화된 식품입자가 열풍에 노출되어 신속하게 건조되는 방법으로 주로 과일주스의 건조에 사용

3) 유황훈증

유황을 태워 연기로 건조하는 방법이다.
① 효소(Oxidase)가 많이 함유된 과채류의 경우 건조 시 효소에 의한 갈변 발생
② **곶감** : 효소의 불활성을 통한 갈변 방지 및 고유의 색 부여
③ 미생물의 생육이 억제되어 저장성 증대

2. 청징법

과실주스의 제조 시 펙틴, 단백질, 섬유소 등의 부유물질을 제거하여 투명성을 제공하기 위한 공정으로 난백법, 카세인, 젤라틴, 효소사용법 등을 이용한다.
① **난백법** : 난백 5% 용액을 과즙에 교반하며 가열처리하면 과즙상의 부유물과 함께 침선한다.
② **효소사용법** : Pectinase, Polygalacturonase를 이용하여 과즙 중 존재하는 펙틴을 분해한 후 혼탁물과 함께 응고·침전시키는 방법으로 효소 활성 최적 조건인 pH 3~5, 40~50℃에서 효율이 높다.

3. 탈삽법

감의 떫은맛을 제거하는 방법으로 가용성 탄닌이 불용성 탄닌으로 변화하는 공정이다.
① **열탕법** : 감을 35~40℃의 물속에 넣어서 12~24시간 동안 유지한다.
② **알코올법** : 감을 알코올과 함께 밀폐용기에 넣어서 탈삽한다.
③ **탄산법** : 밀폐된 용기에 공기를 CO_2로 치환시켜 탈삽한다.

Exercise

우유와 같은 액상 식품을 미세한 입자로 분무하여 열풍과 접촉시켜 순간적으로 건조시키는 방법은? 2018

① 천일건조   ② 복사건조
③ 냉풍건조   ④ 분무건조

🔒 **정답** ④

TIP

훈증

유황을 연소시킨 연기로 식품에 접촉시켜 표면을 건조한다.

TIP

과일주스의 혼탁물질

펙틴, 단백질, 섬유소, 헤스페리딘 등

Exercise

과즙의 청징을 위해 사용하는 것으로 옳지 않은 것은? 2019

① 펙틴   ② 젤라틴
③ 카세인   ④ 건조난백

💬 **해설**

펙틴은 청징물질이 아니라 혼탁물질이다.

🔒 **정답** ①

CHAPTER 05 유지 가공

유지는 식물성 유지와 동물성 유지를 모두 포함한다. 식용유지는 제품의 사용목적에 따라 적절한 추출 및 정제공정을 거쳐야 한다. 여기에서는 식용유지 제조에 대해서 알아보며 과정은 다음과 같다.

원료 입고 → 전처리 → 추출 → 정제 → (경화) → 혼합 → 탈취 → 저장 → 포장

[유지의 제조공정]

SECTION 01 유지의 추출

1. 기계적 추출

원료에 기계적인 압력을 가해서 유지를 추출하는 방법으로 주로 콩, 옥수수 등의 식물성 유지 제조에 사용된다.

> **TIP**
> **기계적 추출의 단점**
> 미세한 고형 물질의 함량이 높아 추가적인 여과공정이 필요하다.

2. 유기용매 추출

벤젠, 펜탄, 헥산과 같은 용매에 원료 유지를 녹여서 추출하는 방법으로 유지를 용매에 녹인 후 증류장치를 이용하여 다시 유지를 분리하여 추출한다. 유지를 분리해야 하기 때문에 끓는점 이상으로 제품을 가열해야 한다.

> **TIP**
> **유기용매 추출**
> 물에 녹지 않고 유기용매에 녹는 유지의 성질을 이용한 추출법이다.

3. 초임계 추출

기체를 임계압력 이상으로 압력을 가하게 되면 임계점 부근에서 기체가 용매력을 보이게 되는데 이러한 기체를 초임계 기체라 한다. 이러한 초임계 가스를 용매로 사용하여 유지를 추출하는 방식으로 주로 에탄, 프로판, 이산화탄소 등이 사용된다. 초임계 추출을 이용할

> **TIP**
> **초임계 추출**
> • 장점 : 저온작업으로 성분 변화가 작다.
> • 단점 : 비용이 비싸다.

경우 화학적으로 안정하며, 유기용매 추출법과 다르게 저온에서 작업이 가능하고 무독성이므로 유지 추출뿐만 아니라 원두에서 카페인을 추출하여 디카페인음료를 제조하는 공정에서도 많이 사용된다.

SECTION 02 유지의 정제

불순물을 물리·화학적 방법으로 제거한다.

1. 탈검공정(Degumming process)

추출공정을 통해 제조한 유지에는 인지질, 단백질 등과 같은 검(Gum)물질이 존재하는데 이를 제거하는 것을 탈검공정이라고 한다. 인지질 등과 같은 검물질은 수분과 만나며 팽윤되고 밀도가 높아지면서 침전되기 때문에 여과한 원유를 물에 수화시킨 후 탈검분리기를 이용해 검물질을 침전시킨다. 분리된 검물질에서 레시틴을 분리하여 유화제와 같은 식품원료로 사용한다.

2. 탈산공정(Deaciding process)

유지는 대부분 지방산으로 이루어져 있지만 원료물질의 압착 및 추출과정에서 세포조직이 파괴되면서 발생한 Lipase에 의해 유리지방산으로 분해될 수 있다. 생성된 유리지방산은 끓는점과 발연점이 낮아 제품의 품질에 영향을 줄 수 있기 때문에 알칼리를 이용하여 유리지방산을 제거하는데 이 방법을 탈산공정이라고 한다. 탈산공정은 수화된 NaOH를 이용해 유리지방산을 중화·침지시켜 제거하는 방법을 사용한다.

3. 탈색공정(Decoloring process)

식물성 유지는 추출 후 특유의 녹색을 나타내는 경우가 많기 때문에 탈색공정을 통해 색소를 제거하고 식용유지 특유의 연한색으로 만들어주는 공정이다. 탈색공정은 주로 활성탄, 이산화규소 등의 흡착

> **TIP**
>
> **유지의 정제공정**
> - 탈검공정(Degumming process)
>   - 인지질 등 제거
>   - 무수상태에서 기름에 녹으므로 물이나 수증기를 넣어 수화시켜 분리
> - 탈산공정(Deaciding process)
>   - 유리지방산 등 제거
>   - NaOH으로 유리지방산을 중화(비누화)·제거하는 알칼리정제법을 사용
> - 탈색공정(Decoloring process)
>   - Carotenoid, 엽록소 등 제거
>   - 가열탈색법이나 활성백토를 이용하는 흡착탈색법을 사용
> - 탈납공정(Winterization process)
>   - 샐러드유 제조 시 지방결정체 제거
>   - 냉각시켜 발생되는 고체결정체를 제거하는 탈납(Dewaxing) 이용
> - 탈취공정(Deodoring process)
>   - 알데하이드, 케톤, 탄화수소 등 냄새 제거
>   - 활성탄 등 흡착제를 이용한 탈취

> **TIP**
>
> **탈색공정의 여과보조제**
> 활성탄, 이산화규소, 산성백토, 벤토나이트, 규조토

제를 이용하여 제거하며 이 공정을 통해서 색소뿐만 아니라 탈검공정에서 완전히 제거되지 않은 인지질과 산화생성물 등이 제거된다.

4. 탈납공정(Winterization process)

유지는 낮은 온도에서는 굳어져서 결정을 형성하게 되는데 탈납공정은 인위적으로 유지의 온도를 낮춰 발생하는 결정을 미리 제거하는 공정이다. 유지의 온도를 서서히 낮추면서 결정화를 진행한 후 생성된 결정은 압착을 통해서 제거한다. 저온에서 유통되는 샐러드유의 제조에 필수적으로 진행되는 공정이다.

5. 탈취공정(Deodoring process)

유지에 함유된 유리지방산, 알데하이드, 탄화수소, 케톤 등과 같은 휘발성 물질을 제거하는 것을 목적으로 한다. 주로 유지를 200℃ 이상의 고온으로 가열하여 진공상태에서 수증기를 불어넣는 감압탈취를 진행한다. 이 과정을 통해 장기간 보존 시에 산패취를 감소시킬 수 있지만 유지 특유의 향이 사라지는 단점이 존재한다.

> **Exercise**
> 샐러드기름을 제조할 때 저온처리하여 고체유지를 제거하는 조작을 무엇이라 하는가?
> ① 탈검(Degumming)
> ② 정치(Standing)
> ③ 경화(Hardening)
> ④ 탈납(Winterization)
>
> 정답 ④

SECTION 03 유지의 경화

1. 유지의 경화(수소첨가, Hydrogeneration)

유지 중 불포화지방의 경우 산화가 일어나기 쉬워 제품을 장기보존할 경우 어려움이 존재한다. 유지의 경화는 촉매(Ni)조건하에서 수소를 첨가하여 불포화지방을 포화지방으로 변경해주는 공정으로 이를 통해서 유지의 산화안전성을 증가시킬 수 있으며 액체유를 고체유로 경화시켜 장기보존 및 제품의 형태 변화를 쉽게 만들어 줄 수 있다.

> **TIP**
> • 유지 경화의 촉매 : 니켈(Ni)
> • 유지 경화의 목적 : 산화안전성 증가, 산패 방지, 장기보존, 안전성 증가, 녹는점 증가, 색·풍미 개선, 경도 부여

$$C-C=C-C + H_2 \xrightarrow{Ni} C-C-C-C$$

(구조식: 왼쪽 $\overset{H}{\underset{}{C}}-\overset{H}{\underset{}{C}}=\overset{}{\underset{}{C}}-\overset{}{\underset{}{C}} + H_2$, 오른쪽 $\overset{H}{\underset{H}{C}}-\overset{H}{\underset{H}{C}}-\overset{}{\underset{}{C}}-\overset{}{\underset{}{C}}$)

2. 식용유지의 종류

1) 식용유지류의 분류

구분	종류
식물성 유지	대두유, 옥배유, 미강유, 참기름, 들기름, 홍화유, 해바라기유, 팜유 등
동물성 유지	식용우지, 식용돈지, 원료 우지, 원료 돈지, 어유, 기타 동물성 유지
식용유지가공품	혼합식용유, 향미유, 가공유지, 쇼트닝, 마가린, 모조치즈

2) 마가린(Margarin)

기름(식물성 기름, 동물성 기름, 경화유 등) 80%, 소금 3~5%, 수분 15%, 비타민, 착색제, 착향료, 유화제로 유중수적형으로 유화시킨 가공품이다.

3) 쇼트닝(Shortening)

① 라드(Lard) 대용품으로 이용한다.
② 경화유에 동식물성 유지를 배합하여 질소가스 10~20%로 처리한 반고체상태의 유지가공품이다.
③ 마가린과 다른 점은 유화작용이 없고 부원료 혼합이 없다.
④ 무색, 무취, 무미이며 제과, 제빵에 주로 사용한다.
⑤ 가소성, 유화성이 존재한다.

> **Exercise**
>
> 식용유지를 그대로 또는 필요에 따라 소량의 식품첨가물을 가하여 가소성, 유화성 등의 가공성을 부여한 고체상 또는 유동상의 유지는?
> ① 버터(Butter)
> ② 마요네즈(Mayonnaise)
> ③ 쇼트닝(Shortening)
> ④ 라드(Lard)
>
> 🔒 정답 ②

CHAPTER 06 육류 가공

SECTION 01 식육 성분 및 구조 특성

단백질과 지방의 좋은 급원이나 산패나 부패가 일어나기 쉬운 식품의 원료이기에 장기보존을 위한 다양한 가공식품이 개발되고 있다.

> **TIP**
> 육류의 경우 일반적으로 75% 전후의 수분, 20% 전후의 단백질을 함유한다. 식육의 성분은 종, 품종, 성별, 영양상태에 따라 차이가 존재한다. 지방함량이 높은 육류는 상대적으로 수분함량이 낮다.

1. 식육 구성

1) 식육(Meat)

식육 생산을 목적으로 사육된 동물의 가식부(지육, 정육, 내장 및 기타 부분)이다.

(1) 지육

머리, 꼬리, 다리 및 내장을 제거한 도체(Carcass)

$$도체율(\%) = \frac{도체무게(지육중량)}{생체무게} \times 100$$

(2) 정육

지육으로부터 뼈를 분리한 고기

$$정육률(\%) = \frac{도체무게(지육중량)}{도체무게(생체무게)} \times 100$$

(3) 내장

식용 목적인 간, 폐, 심장, 위장, 췌장, 비장, 콩팥, 창자 등

(4) 기타

식용 목적인 머리, 꼬리, 다리, 뼈, 껍질, 혈액 등

2) 식육의 형태

① 골격근이 도체의 30~40%를 함유하고 있으며 이는 굵은 섬유인 미오신(Miosin)과 가는 섬유인 액틴(Actin)으로 구성되어 있다.
② 복강, 피하 주위로 지방조직의 비율이 높은데 식육에서의 지방조직은 육질 향상에 도움을 준다.
③ 식육의 색은 주로 근육 육색소인 미오글로빈(Myoglobin)과 혈액 육색소인 헤모글로빈(Hemoglobin)에 의해서 조절된다. 육색소는 도축 후 산소의 공급이 줄어들면 메트미오글로빈(Metmyoglobin)으로 변하여 적갈색을 띠어 식육의 선도를 구별하는 역할을 한다.
④ 콜라겐의 함량이 높다.

3) 식육가공품

소, 돼지, 양, 닭 등의 식육 또는 식육가공품을 원료로 하여 제조·가공한 햄, 소시지, 베이컨, 건조저장육류, 양념육, 식육추출가공품, 식육함유가공품, 포장육 등을 뜻한다. 식육가공품의 경우 동물의 장내에서 유래하는 장출혈성 대장균 및 색소 고정을 위해 사용하는 아질산이온의 관리에 주의해야 한다.

> **TIP**
> - 식육의 색 : 미오글로빈, 헤모글로빈
> - 식육의 섬유 : 액틴, 미오신

> **TIP**
> **식육가공품의 기준규격**
> - 아질산이온 : 0.07g/kg 이하(포장육 제외)
> - 타르색소 : 불검출(소시지류 제외)
> - 대장균군 : 음성(베이컨 및 비가열제품 제외)
> - 휘발성 염기질소 : 20mg% 이하(원료육, 포장육)
> - 보존료 : 소르빈산(소브산, 소르브산) 및 소르빈산칼륨(소브산칼륨, 소르브산칼륨)이 2.0g/kg 이하

2. 식육부위별 명칭

1) 소

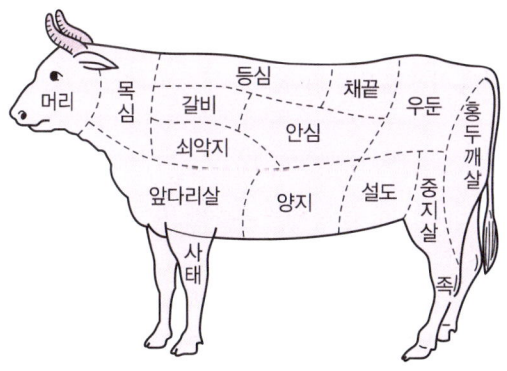

> **TIP**
> **육류의 성분조성**
> - 수분 : 소 > 돼지
> - 단백질 : 소 > 돼지
> - 지방 : 돼지 > 소
> - 탄수화물 : 소 > 돼지
> - 무기질(칼슘,인,철) : 돼지 > 소
> - 비타민 : 소 > 돼지

2) 돼지

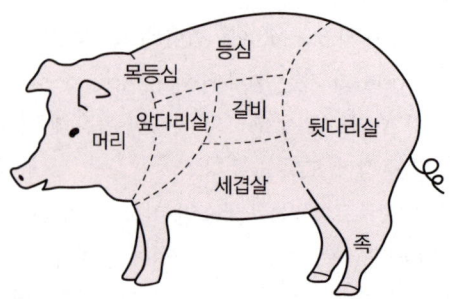

3. 가축의 사후경직

1) 사후경직

도살 후 일정 시간이 지나서 고기가 단단해지는 현상을 말한다.

① 도살 직후의 고기는 높은 보수성을 가지나, 혈액순환 및 산소의 공급이 중단되면서 사후경직이 시작된다.
- 체내 식균작용의 정지로 인한 미생물 성장의 증대
- 지방의 산화로 인한 산패취 발생
- 산소 공급의 중단으로 호기성 대사가 중단되며 ATP 감소
- 혐기성 대사가 개시되며, 해당 작용으로 인한 Lactic acid가 생성되고 이로 인한 pH의 저하
- 최종 pH 5.4~5.5에 도달할 경우 액틴과 미오신이 액토미오신(Actomyosin)으로 결합하며 근육은 최대 경직상태에 도달

② 생선 1~4시간, 닭 6~12시간, 소고기 24~48시간, 돼지 70시간 후 최대 사후경직이 된다.

2) 숙성

사후경직이 끝난 후 근육 내의 효소에 의해 단백질이 분해되면서 조직이 연해지는 현상을 말한다.

① 효소작용에 의한 자기소화로 단백질을 분해시키며 보수력이 상승하고 액토미오신이 분해되어 조직이 연해진다.
② ATP가 정미성 물질로, 지방과 단백질도 분해되어 풍미에 좋은 영향을 미치나 과도할 경우 품질이 저하된다.
③ 도체의 종류에 따라 사후경직과 숙성에 걸리는 시간에 차이가 존재한다.
- 소고기 : 0℃에서 10일간, 8~10℃에서 4일간
- 돼지고기 : 0℃에서 3~5일간

TIP
모든 육류에 비타민 C는 함유되어 있지 않다.

TIP
가축의 도축법
타격법, 총격법, 전살법, 자격법, 이산화탄소가스법

TIP
사후경직
- 호흡중단에 따라 ATP 공급 중단
- 근육 글리코겐이 분해되며 젖산이 생성되어 pH 감소
- ATP 소실에 따라 근육경직 발생(액토미오신 형성)

TIP
도축 후의 사후변화
육류(pH 7.0) → 사후강직(pH 5.4) → 자가소화(Autolysis, pH 6.2) → 부패(pH 12)

TIP
숙성
- 글리코겐 분해가 멈추면 젖산 생성이 중단되어 pH 상승
- 효소에 의한 단백질 분해 및 강직 해제
- 아미노산과 지미성분 증가

SECTION 02 식육가공품 및 포장육

1. 식육가공품 및 포장육의 정의

식육가공품 및 포장육이라 함은 식육 또는 식육가공품을 주원료로 하여 가공한 햄류, 소시지류, 베이컨류, 건조저장육류, 양념육류, 식육추출가공품, 식육간편조리세트, 식육함유가공품, 포장육을 말한다.

2. 식육가공품 및 포장육의 분류

1) 햄류

(1) 햄류 제조

식육 또는 식육가공품을 부위에 따라 분류하여 정형·염지한 후 숙성·건조한 것, 훈연·가열처리한 것이거나 식육의 고깃덩어리에 식품 또는 식품첨가물을 가한 후 숙성·건조한 것이거나 훈연 또는 가열처리하여 가공한 것이다.

원료육의 선정·발골 → 정형 → 염지(예비염지, 본염지) → 수침 → 정형(두루마리) → 예비 건조·훈연 → 가열·냉각 → 포장·표시 → 제품

[햄류 제조공정]

(2) 프레스햄

식육의 고깃덩어리를 염지한 것으로 식품 또는 식품첨가물을 가한 후 숙성·건조하거나 훈연 또는 가열처리한 것으로 육함량 75% 이상, 전분 8% 이하의 것을 말한다.

(3) 어육 혼합 프레스햄

어육을 혼합하여 프레스햄을 제조하는 경우에는 어육은 전체 육함량의 10% 미만이어야 한다.

2) 소시지류

(1) 소시지류 제조

식육가공품을 그대로 또는 염지하여 분쇄·세절한 것에 식품 또는 식품첨가물을 가한 후 훈연 또는 가열처리한 것, 저온에서 발효시켜 숙성 또는 건조처리한 것, 케이싱에 충전하여 냉장·냉동한 것으로 육함량 70% 이상, 전분 10% 이하의 것을 말한다.

TIP

식육가공품의 염지(Curing)

원료육에 식염, 질산염, 아질산염, 향신료, 설탕 및 조미를 넣어서 품질을 향상시키는 공정으로 습염법과 건염법이 있다.

TIP

햄 제조 시 염지의 목적
- 세균활동과 발육 억제
- 제품의 좋은 풍미
- 제품의 색을 좋게 함
- 제품의 저장성 증대

Exercise

축육가공에서 발색제로 사용하는 물질은?
① 질산칼륨 ② 황산칼륨
③ 염화칼슘 ④ 벤조피렌

해설
염지단계에서 사용해준다.

🔒 정답 ①

```
원료육의 선정·처리 → 염지 → 세절 → 유화 및 혼합 → 충진 →
건조·훈연 → 가열·냉각 → 포장 및 표시
```
[소시지류 제조공정]

(2) 건조소시지

건조소시지는 수분 35% 이하, 반건조소시지는 수분 55% 이하를 말한다.

3) 베이컨류

베이컨류라 함은 돼지의 복부육(삼겹살) 또는 특정 부위육(등심육, 어깨부위육)을 정형한 것을 염지한 후 그대로 또는 식품 또는 식품첨가물을 가하여 훈연하거나 가열처리한 것을 말한다.

```
원료육의 선정 → 발골 → 혈교 → 정형 → 염지 → 수침 →
건조·훈연 → 냉각 → Slice → 포장 → 냉각 → 제품
```
[베이컨류 제조공정]

4) 건조저장육류

건조저장육류라 함은 육함량 85% 이상의 것으로 식육을 그대로 또는 식품 또는 식품첨가물을 가하여 건조하거나 열처리하여 건조한 것을 말한다.

5) 양념육류

양념육류라 함은 식육 또는 식육가공품에 식품 또는 식품첨가물을 가하여 양념하거나 이를 가열 등 가공한 것을 말한다.

(1) 양념육

식육이나 식육가공품에 식품 또는 식품첨가물을 가하여 양념한 것이거나 식육을 그대로 또는 양념하여 가열처리한 것으로 편육, 수육 등을 포함한다(육함량 60% 이상).

(2) 분쇄가공육제품

식육(내장 제외)을 세절 또는 분쇄하여 식품 또는 식품첨가물을 가한 후 냉장·냉동한 것이거나 이를 훈연 또는 열처리한 것으로서 햄버거패티, 미트볼, 돈가스 등을 말한다(육함량 50% 이상).

Exercise

베이컨은 주로 돼지의 어느 부위로 만든 것인가?
① 뒷다리 부위 ② 앞다리 부위
③ 등심 부위   ④ 배 부위

해설
일반적인 베이컨은 돼지의 복부육으로 만든다. 특정 부위를 사용했을 경우 등심육(로인베이컨), 어깨육(숄더베이컨)과 같이 부위의 이름을 함께 붙여 준다.

정답 ④

TIP

고기의 육색 고정

식품가공 중에도 미오글로빈의 붉은색을 유지하기 위해서 아질산염을 처리해 주는데, 이때 미오글로빈과 아질산염이 결합하면 안정한 형태의 니트로소미오글로빈을 형성하게 되고 이로 인해 식육가공품의 가열 조리 시에도 선홍색을 유지하게 된다.

Exercise

염지 시 사용되는 아질산염의 효과가 아닌 것은? 2021
① 육색의 안정
② 산패의 지연
③ 미생물 억제
④ 조리 수율 증대

정답 ④

(3) 갈비가공품

식육의 갈비부위(뼈가 붙어 있는 것)를 정형하여 식품 또는 식품첨가물을 가하거나 가열 등의 가공처리를 한 것을 말한다.

(4) 천연케이싱

돈장, 양장 등 가축의 내장을 소금 또는 소금용액으로 염(수)장하여 식육이나 식육가공품을 담을 수 있도록 가공처리한 것을 말한다.

6) 식육추출가공품

식육을 주원료로 하여 물로 추출한 것이거나 식품 또는 식품첨가물을 가하여 가공한 것을 말한다.

7) 식육간편조리세트

제조업자 자신이 직접 절단한 식육 또는 직접 제조한 식육가공품을 주재료로 하고, 이에 조리되지 않은 손질된 농·수산물 등을 부재료로 구성하여 제공되는 조리법에 따라 소비자가 가정에서 간편하게 조리하여 섭취할 수 있도록 제조한 것으로, 구성재료 중 육함량이 60% 이상(분쇄육인 경우 50% 이상)인 제품을 말한다.

8) 식육함유가공품

식육을 주원료로 하여 제조·가공하였으나, 햄류, 소시지류, 베이컨류, 건조저장육류, 양념육류, 식육추출가공품, 식육간편조리세트에 해당하지 않는 것을 말한다.

9) 포장육

판매를 목적으로 식육을 절단(세절 또는 분쇄를 포함한다)하여 포장한 상태로 냉장 또는 냉동한 것으로서 화학적 합성품 등 첨가물 또는 다른 식품을 첨가하지 아니한 것을 말한다(육함량 100%).

CHAPTER 07 수산물 가공

수산물의 경우 우수한 단백질공급원이나 원물단백질의 변성 및 수분의 함량이 높아 세균 증식이 쉬우므로 위생적인 가공 및 제조가 중요한 식품군이다.

➜ 수산물과 수산가공품의 종류

구분		종류	
수산식품	수산물	어류 : 담수어, 해수어	
		갑각류 : 게, 새우	
		연체동물 : 오징어, 소라, 굴	
		해조류 : 홍조류, 갈조류, 녹조류	
		기타 : 해삼, 고래 등	
	수산 가공품	건제품	소건품 : 미역, 김, 오징어
			염건품 : 굴비, 대구포
			증건품 : 멸치
			훈건품 : 가다랑어
			배건품 : 도미, 복어, 가자미
		염장품 : 젓갈, 액젓	
		연제품 : 어묵, 맛살	
		해조류 가공품 : 한천	

SECTION 01 수산물의 특징

1. 수산물

① 수분함량이 높으며 원물 자체의 세균수가 높아 변패에 용이하다.
② 단백질 분해효소의 분비가 많아 자가분해가 쉽게 일어난다.
③ 오메가-3($\omega-3$) 등의 불포화지방산의 함량이 높아 지방산화에 용이하다.

④ 결합조직이 적고 섬유조직이 단순하여 효소나 미생물에 의한 분해가 용이하다.
⑤ 가공을 위해 내장을 제거하는 공정을 통해 미생물오염 가능성이 증대된다.

2. 수산물의 선도평가

수산물의 선도를 검사할 수 없을 경우에는 외형상으로 선도를 판단한다.
① 탄력이 있으며 광택과 특유의 색이 뚜렷한 수산물
② 안구가 뚜렷하고 혼탁하지 않은 수산물
③ 아가미가 붉은빛을 띠는 수산물
④ 몸체가 탄탄하고 탄력 있는 수산물
⑤ 트리메틸아민(TMA)으로 인한 비린내가 적은 수산물

Exercise

수산가공원료에 대한 설명으로 틀린 것은? 2015
① 적색육 어류는 지질함량이 많다.
② 패류는 어류보다 글리코겐의 함량이 많다.
③ 어체의 수분과 지질함량은 역상관관계이다.
④ 단백질, 탄수화물은 계절적 변화가 심하다.

해설
백색어류는 단백질함량이, 적색어류는 지질함량이 높으며 이는 어종에 차이이고 계절적으로는 변화가 없다.

정답 ④

TIP

트리메틸아민(Trimethyl Amine ; TMA)
선도가 떨어지는 어류는 분해에 의해 트리메틸아민의 함량이 높아지기에 어패류의 초기 부패판정지표로 이용된다.

SECTION 02 수산가공제품

1. 어육연제품

어육을 식염과 함께 고기풀(Surimi)을 만든 후 가열하여 어육 중의 단백질을 응고시켜 만드는 수산가공법이다.

```
냉동고기풀·어육 + 가염 → 마쇄(고기갈이) → 고기풀 → 성형 → 가열 → 냉각 → 제품
                    ↑
어육 → 수세 → 비가식 부위 제거 → 변성 방지제 첨가·혼합 → 냉동
```
[어육연제품의 제조공정]

TIP

냉동고기풀을 해동할 때에는 낮은 온도에서 긴 시간 해동해야 조직감의 변질이 가장 작다.

1) 냉동고기풀(Surimi)의 제조

(1) 수세

3~5배의 저온수세척을 통해 지방, 혈액, 수용성 단백질 및 오염물질을 제거한다.

TIP
냉동변성 방지제인 당류
비교적 분자량이 적은 설탕과 소비톨, 인산염이 많이 사용된다.

TIP
마쇄공정(고기갈이)
염용성 단백질이 용출되는 공정이다.

Exercise
연제품에 있어서 어육단백질을 용해하며 탄력을 위해 첨가하여야 할 물질은?　　　　　　　2020, 2021
① 글루타민산 소다
② 설탕
③ 전분
④ 소금

해설
소금
염용성 단백질(액토미오신)을 용해시키는 역할

🔒 정답 ④

TIP
어묵 제조 시 기타첨가물
- 아스코르브산 : 색택 향상
- 지방 : 맛의 개선 및 증량

---

(2) 냉동변성 방지제

제조된 고기풀의 냉동 시 변성을 방지하기 위해 넣어주는 첨가물로 주로 당류나 유기인산 등을 사용한다. 변성 방지제의 첨가는 냉동 시 변성되는 요인을 제거하는 냉동변성 방지 기작과 변성되는 힘에 대응하여 안정성을 주는 냉동변성 안정 기작이 있다.

2) 가염 및 마쇄 공정
① 원료의 2~3%의 소금을 첨가하여 고기갈이를 하는 공정이다.
② 소금의 역할 : 염용성 단백질(액토미오신)을 용출시키는 역할이다.
③ 소금을 첨가한 후 마쇄하면 액토미오신이 용해되어 점성이 높은 Sol 상태의 고기풀인 수리미(Surimi)가 된다.

3) 가열공정
① 용출된 액토미오신분자가 엉기고, 단백질분자들과 망상결합을 형성하여 탄력 있는 Gel을 형성한다.
② 중심온도가 75℃ 이상이 되도록 가열한다.

4) 탄력에 영향을 미치는 요인

(1) 식염 및 pH
① 식염 : 2.5~3% 식염을 첨가한다.
② pH : 마쇄공정 시 pH를 6.5~7.0으로 조절하여 단백질의 용해를 증가시키면 탄력 향상에 도움이 된다.

(2) 온도
① 마쇄 : 저온에서 단백질의 변성이 작으므로 10℃ 이하에서 마쇄한다.
② 가열 : 가열온도가 높고(80℃ 이상) 속도가 빠를수록 Gel이 탄탄해진다.

(3) 첨가물
① 전분 : 탄력 보강 및 증량
② 중합인산염 : 단백질의 용해를 도와 탄력 보강

2. 수산건제품

수산물을 건조하여 수분활성도를 낮추며, 저장성을 증대한 제품으로 보관이 편하고 수송이 편리하다.
① 소건품 : 첨가물 없이 수분을 20% 정도로 건조한 것(미역, 김, 오징어)
② 염건품 : 소금(20~40%)을 가하여 건조한 것(굴비, 대구포)
③ 증건품 : 증자를 통해 지방분 제거 및 미생물을 제어한 후 건조한 것(멸치)
④ 훈건품 : 연기를 씌워 건조하는 것으로 풍미 및 저장성 증대
⑤ 배건품 : 불에 굽고 난 후에 건조한 것

Exercise

수산물을 그대로 또는 간단히 처리하여 말린 제품은? 2016
① 소건품 ② 자건품
③ 배건품 ④ 염건품

🔒 정답 ①

3. 수산염장품

1) 수산염장품의 제조 및 특징

(1) 수산염장품의 제조

수산물에 소금을 첨가하여 발효 및 저장하는 가공법이다. 건염장법과 습연장법이 있다.

원료 → 수세 → 탈수 → 전처리 → 소금·간장 혼합 → 숙성·발효 → 포장 → 제품

[수산염장품의 제조공정]

TIP

개량물간법
- 마른간법과 물간법을 혼용하여 단점을 보완한 염장법이다. 물이 새지 않는 용기에 마른간법으로 어체를 쌓은 후 누름돌로 눌러주면, 어체에서 침출된 물로 인해 물간법의 효과를 준다.
- 개량물간법의 특징
  - 식염의 침투가 균일하다.
  - 외관과 수율이 좋다.
  - 염장 초기의 부패 가능성이 낮다.
  - 지방 산패로 인한 변색을 방지한다.

(2) 수산염장품의 특징

① 염장으로 인해 미생물을 억제하여 저장성이 증대하며 맛과 풍미를 향상시킨다.
② 자가소화를 완만하게 진행시킴과 동시에 발효가 일어나는 식품이다.
③ 수산원물의 단백질이 분해되면 아미노산이 생성되어 감칠맛이 증가한다.
④ 숙성 중의 부패를 방지하기 위해 저온저장을 한다.

2) 수산염장품의 염장법

(1) 건염장법(마른간법)

① 수산물에 직접 소금을 뿌려 저장하는 방법이다.
② 원물에 소금이 직접 작용하므로 소금 사용량이 절약된다(원

료의 20~35%).
③ 소금에 직접 접촉하는 부분은 강하게 탈수가 올 수 있으며 품질이 고르지 못할 가능성이 높다.
④ 염장 중 지방산화의 가능성인 높다.

(2) 습염장법(물간법)
① 식염을 물에 녹여 수산물을 담가 저장하는 방법이다.
② 식염의 침투가 균일하여 품질이 좋다.
③ 저장 중 원료에서 배출되는 소금에 의해 농도가 묽어지기 때문에 지속적으로 소금을 공급해야 한다.

3) 수산염장품의 종류

(1) 젓갈
염장하여 발효·숙성시킨 젓갈류와 여기에 고춧가루, 조미료를 가한 양념젓갈로 구분된다.

(2) 액젓
젓갈을 여과하거나 분리한 액이나 이를 재발효시킨 액을 뜻하며, 보통 20% 이상의 식염을 첨가해 젓갈에 비하여 높은 염농도를 가진다.

Exercise

새우젓 제조에 대한 설명으로 틀린 것은? 2015, 2019
① 새우는 껍질이 있어 소금이 육질로 침투되는 속도가 느리다.
② 숙성·발효 중에도 뚜껑을 밀폐하여 이물질의 혼입을 막는다.
③ 제품 유통 중에도 발효가 지속되므로 포장 시 공기 혼입을 억제한다.
④ 일반적으로 열처리 살균을 통하여 저장성을 높인다.

🔒 정답 ④

CHAPTER 08 유제품 가공

수분, 당질, 단백질, 지방질 및 무기질과 비타민 등의 미량 영양소가 고루 구성되어 있어 완전식품이라고도 불리는 포유동물의 젖이다.

SECTION 01 시유

1. 시유검사(Platform test)

신선도와 유제품 적합성을 판단하기 위해 하는 검사이다.

1) 수유검사 항목

관능검사, 알코올검사, 적정 산도검사, 비중검사, 지방검사, 세균검사, 항생물질검사, 유방염유검사, 포스파타아제(Phosphatase)시험 등이 있다.

(1) 알코올검사

알코올의 탈수반응에 의해서 카세인이 응고되어 침전물이 형성되는 반응을 확인하는 검사법이다.

(2) 비중검사

신선한 원유의 비중은 1.028~1.034(평균 1.032)로 원유에 물이 첨가되어 있을수록 비중이 감소한다. 원유에 물이 첨가되어 있는지를 측정하기 위한 검사법이다.

(3) 적정 산도검사

변질유일수록 Lactic acid가 증가하는데, 우유에 들어 있는 유산(젖산, Lactic acid)의 함량을 수산화나트륨(NaOH)용액으로 적정하여 신선도를 판단하는 검사법이다.

> **TIP**
> 우유의 신선도검사의 종류
> - 관능검사, 산도, Methylene blue 시험
> - 알코올시험, 세균검사 등

> **TIP**
> 신선한 우유
> - pH : 6.5~6.7
> - 산도(%) : 0.18 이하(젖산)
> - 유지방(%) : 3.0 이상(저지방제품은 0.6~2.6, 무지방제품은 0.5 이하)
> - 포스파타아제 : 음성

(4) 포스파타아제시험

우유 중 포함된 효소인 포스파타아제는 62.8℃에서 30분 또는 71~75℃에서 15~30초 가열 시 파괴되므로 우유의 저온살균 및 생유 혼입 여부를 확인하기 위한 시험법이다.

→ 원유의 체세포수와 세균수에 따른 등급

등급기준 세균수(1mL당)		등급기준 체세포수(1mL당)	
1등급	3만 초과 10만 미만	1급	25만 미만
2등급	25만 미만	2급	50만 미만
3등급	50만 미만	3급	75만 미만
4등급	100만 미만	등외	75만 초과
등외	100만 초과		

> **TIP**
> **우유의 세균수 측정 방법**
> • 직접측정법 : 세균배양
> • 간접측정법 : 메틸렌블루 환원시험

2. 시유의 제조공정

1) 청징화

우유에 포함된 이물을 제거하기 위해 여과 혹은 원심분리기를 이용한다.

2) 표준화

목표하는 규격에 맞춰 유지방, 무지고형분, 비타민 등의 함량을 일정하게 조절한다.

3) 표준화 계산 및 확인방법

① 원유 지방률 > 목표 지방률일 경우 탈지유를 첨가한다.

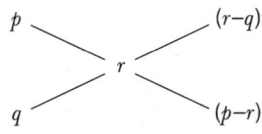

$$y = \frac{x(p-r)}{(r-q)}$$

여기서, x : 원유 중량(kg)
y : 탈지유 첨가량(kg)
p : 원유 지방률(%)
q : 탈지유 지방률(%)
r : 목표 지방률(%)

> **TIP**
> **우유단백질**
> Casein, Lactalbumin, Lactglobulin

② 원유 지방률<목표 지방률일 경우 크림을 첨가한다.

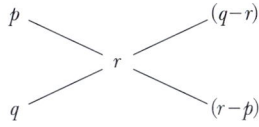

$$y = \frac{x(r-p)}{(q-r)}$$

여기서, x : 원유 중량(kg)
y : 크림 첨가량(kg)
p : 원유 지방률(%)
q : 크림 지방률(%)
r : 목표 지방률(%)

4) 균질화

우유의 지방구들이 서로 입자화되는 것을 방지하기 위하여 지방입자크기를 줄여 소화·흡수를 증대시킨다.

3. 우유살균법

우결핵균(*Mycobacterium bovis*), 브루셀라균(*Brucella abortus*), Q열(*Coxiella burnetti*) 대상, 61℃, 30분간 상업적 살균(영양분 파괴 최소)
① 저온 장시간 살균법(Low Temperature Long Time pasteurization ; LTLT) : 62~63℃, 30분, 우유, 크림, 주스
② 고온 단시간 살균법(High Temperature Short Time pasteurization ; HTST) : 72~75℃, 15~20초, 우유, 크림, 주스
③ 초고온 순간 처리법(Ultra High Temperature sterilization ; UHT) : 130~150℃, 0.5~5초, UHT 멸균우유(Standardization), 멸균주스

TIP

우유 균질화의 목적
• 지방구의 분리를 방지
• 커드를 연화하여 소화·흡수 향상
• 지방구의 크기 균일화(우유의 지방구 : 3~7μm → 2μm 전후)

Exercise

우유의 저온 장시간 살균에 적당한 온도와 시간은?
① 62~63℃, 5분
② 62~63℃, 30분
③ 121℃, 15분
④ 121℃, 30분

🔒 정답 ②

SECTION 02 발효유(Fermented milk)

> **TIP**
> **Starter**
> 발효공정에서의 Starter란 발효를 시작하는 물질, 즉 발효유를 제조하기 위해 배양한 미생물을 뜻한다. 발효유에서는 유산균(젖산균)이 스타터로 사용되며 원유에 2~3%를 첨가한다.

발효유는 일반적으로 우유, 산양유, 마유 등과 같은 포유동물류의 젖을 원료로 하여 젖산균이나 효모 또는 이 두 가지 미생물을 스타터로 하여 발효시킨 것을 말한다. 발효되는 미생물에 따라 유산발효유와 유산 알코올 발효유로 나뉜다.

원료 → 혼합 → 균질화 → 살균 → 냉각 → 스타터 첨가 → 배양 → 냉각 → 제품

[발효유의 제조공정]

1. 유산발효유

유산균에 의해서만 순수하게 발효된 것을 유산발효유라 한다. 주로 *Lacticaseibacillus casei*, *Lactobacillus delbrueckii* ssp. *bulgaricus*, *Lactobacillus acidophilus*, *Streptococcus thermophilus*, *Bifidobacterium animalis* ssp. *lactis* 등의 젖산균이 혼합되어 발효된다.

2. 유산 알코올 발효유

유산발효유에 사용되는 유산균과 *Saccharomyces cerevisiae* 등의 효모가 혼합 발효되는 것이 특징이다. 유산균으로 인한 Lactic acid 생성뿐만 아니라, 효모작용으로 소량의 알코올과 탄산가스가 생성되는 것이 특징으로 독특한 맛과 향을 가진다. 종류로는 Kefir, Kumiss 등이 있다.

3. 발효유의 기능

> **TIP**
> **유당불내증**
> 유당(Lactose)을 분해 · 소화시키지 못하는 증상으로 체내에 유당을 분해시키는 락타아제(Lactase)가 부족하거나 결핍되어 나타나는 증상이다. 서양인에 비하여 흑인과 아시아계에서 많이 발생한다.

① Lactose가 유산균에 의해 Glucose와 Galactose로 분해되어 유당불내증에 효능을 가지며 소화 · 흡수에 용이하다.
② 발효대사산물로 항균물질의 생성 및 Lactic acid에 의한 장내 pH 저하로 장내 유해균 증식 억제 및 정상세균총 유지의 기능이 있다.
③ 설사와 변비의 개선 및 혈중 콜레스테롤 저하효과가 있다.
④ 면역기능의 강화 및 항암효과 등이 있다.

➜ 발효유의 기준 및 규격

항목	발효유	농후 발효유	크림 발효유	농후크림 발효유	발효 버터유	발효유 분말
수분(%)	−	−	−	−	−	5.0 이하
유고형분(%)	−	−	−	−	−	85 이상
무지유고형분(%)	3.0 이상	8.0 이상	3.0 이상	8.0 이상	8.0 이상	−
유지방(%)	−	−	8.0 이상	8.0 이상	1.5 이하	−
유산균수 또는 효모수	1mL당 10,000,000 이상	1mL당 100,000,000 이상(단, 냉동제품은 10,000,000 이상)	1mL당 10,000,000 이상	1mL당 100,000,000 이상(단, 냉동제품은 10,000,000 이상)	1mL당 10,000,000 이상	−
대장균군	$n=5, c=2, m=0, M=10$					
살모넬라균	$n=5, c=0, m=0/25g$					
리스테리아 모노사이토제네스	$n=5, c=0, m=0/25g$					
황색포도상구균	$n=5, c=0, m=0/25g$					

> **TIP**
> - 전고형분 = 우유 − 수분
> - 무지유고형분 = 전고형분 − 유지방

- n : 검사하기 위한 시료의 수
- c : 최대허용 시료수, 허용기준치(m)를 초과하고 최대허용한계치(M) 이하인 시료의 수로서 결과가 m을 초과하고 M 이하인 시료의 수가 c 이하일 경우에는 적합으로 판정
- m : 미생물 허용기준치로서 결과가 모두 m 이하인 경우 적합으로 판정
- M : 미생물 최대허용한계치로서 결과가 하나라도 M을 초과하는 경우에는 부적합으로 판정

SECTION 03 버터(Butter)

> **TIP**
>
> **버터의 종류**
> - 가염버터(Salted butter) : 식염 1.5~2.0% 첨가
> - 무염버터(Unsalted butter) : 식염을 첨가하지 않은 것
> - 발효버터(Sour cream butter) : 유산균을 넣어 발효시킨 것
> - 감성버터(Sweet butter) : 발효시키지 않은 것

1. 버터의 정의 및 분류

우유에서 크림을 분리하여 유지방(Cream) 80% 이상과 물 15%의 유중수적형 반고체상태의 유화성 유가공품으로 가염버터, 무염버터, 발효버터 등으로 구분된다.

2. 버터의 제조

```
원료 → 크림 분리 → 크림 중화 → 살균 → 냉각 → 숙성 →
교동 → 버터밀크 배출 → 가염 및 연압 → 포장 → 저장
```
[버터의 제조공정]

1) 원료

우유에서 원심분리 등을 통해 분리한 크림 등을 원료로 사용한다.

2) 숙성(Aging)

교동이 잘 일어나게 하기 위해 원료 크림을 저온(2~8℃)에서 숙성시켜주는 과정이다. 크림을 저온에서 보관 시 유지방이 결정화되는데 이를 통해 교동효율을 높여준다. 숙성을 위해서는 20℃ 전후로 유지되는 원료 크림을 급격히 냉각시켜주는데 이 과정에서 냉각속도가 느리면 크기가 크고 수가 적은 결정이, 냉각속도가 빠르면 크기가 작고 수가 많은 결정이 만들어진다.

> **TIP**
>
> **버터의 일반적 제조공정**
> 원료-크림 분리-크림 중화-살균-교동-연압

3) 교동(Churning)

숙성된 크림을 일정한 속도로 교반하면서 지방구에 기계적 충격을 준다. 이 과정에서 고체상태의 버터와 액체상태의 버터밀크로 분리되며 이후 버터밀크를 배출해준다.

> **TIP**
>
> **교동에 영향을 미치는 요인**
> - 크림의 온도 : 여름 7~10℃, 겨울 10~13℃
> - 교동의 시간 : 50~60분
> - 크림의 농도 : 용도에 맞는 적정 농도

4) 가염

제품의 맛과 저장성을 향상시키기 위해 1.0~2.5%의 소금을 첨가하는 공정이다. 표면에 소금을 뿌리거나 소금물에 담가두는 방법을 사용한다.

5) 연압(Working)

버터는 유지방과 수분이 완전히 유화되어 있는 유가공품이므로, 유화가 잘 되게 하기 위하여 교동이 끝난 버터를 으깨주는 공정이다. 이 공정을 통해 버터입자와 물, 소금이 균질한 분포를 이루게 되어 제품의 질감이 좋아진다.

SECTION 04 아이스크림

1. 아이스크림의 정의

우유, 설탕, 향료, 유화제, 안정제(젤라틴, 알긴산나트륨) 등을 혼합하여 냉동 경화시킨 유제품을 말한다.

> **TIP**
> 아이스크림의 일반적 제조공정
> 배합-균질-살균-숙성-동결

2. 아이스크림의 제조

원료 → 배합·혼합 → 여과 → 균질 → 살균 → 냉각 → 숙성 → 1차 냉각(Soft ice cream) → 담기·포장 → 동결(-15℃ 이하, Hard ice cream)

[아이스크림의 제조공정]

1) 표준화
① 원료 지방, 무지고형분, 전고형분 등 표시된 조성표 배합량 계산
② 유지방분 6% 이상, 유고형분 16% 이상, 안정제, 유화제, 설탕, 향료, 색소

> **TIP**
> 유지방의 역할
> 유지방은 아이스크림에 부드러운 텍스처와 풍미를 부여한다.

2) 혼합
① 탱크온도 50~60℃ 유지
② 혼합순서
- 낮은 점도 액체원료(우유, 물 등)
- 높은 점도 액체원료(연유, 크림, 액당 등)
- 쉽게 용해되는 고체원료(설탕 등)
- 분산성이 있는 고체원료(전지분유, 탈지분유 등)

3) 여과
여과포나 금속체로 여과

4) 균질

① 기포성을 높여 중용량 증가, 유연성 증가
② 숙성시간 단축, 동결 중 지방응고 방지, 안정제 · 유화제 사용량 절감

5) 살균

① 저온 장시간 살균(LTLT, 63℃, 30분), 고온 단시간 살균(HTST, 75℃, 15초)
② 원료 용해, 유해균 사멸, 지방 분해효소의 불활성화로 산패취 억제, 풍미 개량

6) 숙성과 향료 첨가

① 지방성분 고형화, 안정제에 의해 겔화 촉진, 점성 증가, 조직이나 기포성 개량
② 0~4℃, 4~25시간 숙성 시 색소, 향료, 과즙 첨가

7) 동결 및 증용

① 공기 균일 혼입, 동결(-7~-3℃, Soft ice cream)
② 증용률(Over run, %) : 동결기 내 교반에 의한 기포 형성으로 용적이 증가하는 것(80~100% 증용률이 최적)

$$\text{Over run}(\%) = \frac{\text{아이스크림의 용적} - \text{Mix의 용적}}{\text{Mix의 용적}} \times 100$$

Exercise

아이스크림의 제조 동결공정에서 아이스크림의 용적을 늘리고 조직, 경도, 촉감을 개선하기 위해 작은 기포를 혼입하는 조작은?
① 오버팩(Over pack)
② 오버웨이트(Over weight)
③ 오버런(Over run)
④ 오버타임(Over time)

정답 ③

SECTION 05 치즈(Cheese)

1. 치즈의 분류

1) 제조방식에 따른 분류

(1) 자연치즈

원유에 유산균, 단백질 응유효소, 유기산 등으로 응고 후 유청을 제거한 것

(2) 가공치즈

자연치즈에 식품 또는 첨가물을 가한 후 유화 제조한 것

2) 경도에 따른 분류

(1) 초경질치즈

① 수분함량 25% 이하, 세균 숙성

② Romano, Parmesan, Sapsago

(2) 경질치즈

① 수분함량 25~36%, 세균 숙성

② Cheddar, Gouda

(3) 반경질치즈

① 수분함량 36~40%, 세균 숙성(Brick, Munster, Limburger)

② 푸른곰팡이 숙성(Roqueforti, Gorgonzola)

(4) 연질치즈

① 수분함량 40% 이상, 숙성(Bel Paese, Camembert, Brie)

② 비숙성(Cottage, Bakers, Mysost)

Exercise

치즈 경도에 따른 분류기준으로 사용하는 것은? 2016, 2020
① 카세인함량
② 수분함량
③ 크림함량
④ 버터입자의 균일성

🔒 정답 ②

2. 치즈의 제조

1) 자연치즈

원료유(지방률 2.8~3.0%) → 청징 → 살균(73~78℃,15초) → 냉각(29~32℃) → 스타터 첨가(0.5~1.5%) → 염화칼슘 첨가(0.01~0.02%) → 레닛 첨가(0.002~0.004%) → 커드 절단(작은 콩~큰 콩 크기 정도) → 교반(5~10분 정도) → 유청 제거$\left(\frac{1}{3} \sim \frac{1}{2} \text{ 양의 유청}\right)$ → 가온(37~40℃) → 교반 → 유청 빼기(유청 산도 0.11~0.13%) → 퇴적 → 틀에 넣기 → 예비 압착 → 반전 → 본압착 → 가염(습염법) → 숙성(7~14℃, 2~14개월)

[자연치즈의 제조공정]

(1) 원료유

신선우유(이화학적 시험 통과)

(2) 치즈 유산균 스타터

젖산 생성, 커드 형성 촉진, 유해미생물 억제, 풍미 생성

(3) 염화칼슘 첨가

커드 응고성 촉진(Ca-paracaseinate)

(4) 레닛 첨가

우유 응고, 원유 1,000kg당 20~30g 첨가

(5) 커드 절단

0.3~1.5cm 간격으로 절단

(6) 가온 및 유청 제거

경질치즈 38℃, 연질치즈 31℃, Whey 제거

(7) 성형 압착

성형틀 성형, 천천히 가압

(8) 가염

① 건염법 : 커드층에 직접 살포하는 방법
  예 Cheddar, Blue, Camembert
② 습염법 : 치즈를 소금용액에 넣는 방법
  예 Camembert, Brie, Limburger
③ 염수온도 12~15℃, pH 5.2~5.5, 침지시간 48~72시간, 농도 18~24°Bé

(9) 숙성

① Camembert : 12~13℃, 14개월
② Limburger : 15~20℃, 2개월
③ Gouda : 13~15℃, 4~5개월
④ Cheddar : 13~15℃, 6개월

2) 가공치즈

```
자연치즈 선택 → 세척 → 분쇄(Chopper, Roller) → 용융제 첨가(인산염,
구연산염) → 균질화 → 충전·포장 → 냉각 → 포장(알루미늄박, 왁스,
셀로판)
```

[가공치즈의 제조공정]

① 자연치즈에 용융제를 넣어 나트륨염을 생성한다.
② 기포성, 저장성, 경제성, 소화성이 좋다.

TIP

레닌(레닛, Rennin)

소에 들어 있는 응유효소(우유를 응고시키는 효소)이다. 우유단백질의 80%를 차지하는 카세인은 칼슘 존재하에 레닌에 의해 응고된다.

TIP

치즈제조 시 가염의 목적
- 맛과 풍미 증진
- 추가적인 유청 배출
- 숙성과정에서 품질 균일화

SECTION 06 연유(Condensed milk)

1. 연유의 정의 및 종류

1) 연유의 정의
우유를 그대로 농축하거나 설탕을 가하여 농축한 것을 말한다.

> **TIP**
> 설탕 첨가 여부에 따라 가당연유와 무당연유로 분류한다.

2) 연유의 종류

구분		내용
무당연유	전지무당연유	원유 농축
	탈지무당연유	원유지방 0.5% 이하로 조정·농축
가당연유	전지가당연유	원유에 설탕 첨가·농축
	탈지가당연유	원유지방 0.5% 이하로 조정 후 설탕 첨가·농축

2. 연유의 제조

1) 가당연유의 제조

```
원유(수유검사) → 저유 → 표준화(탈지유, 크림 첨가) → 예비가열(Plate식
열교환기 사용) → 가당(설탕 첨가) → 살균(Batch type, PHE, THE 살균장치)
→ 농축(Batch evaporator, Contunous evaporator 사용) → 냉각 → 담기
→ 권체 → 포장 → 제품
```

[가당연유의 제조공정]

> **TIP**
> 가당연유 예비가열의 목적
> - 미생물의 살균
> - 효소의 불활성화
> - 첨가한 설탕의 용해
> - 증발속도 촉진
> - 농후화 억제

(1) 원료유검사

신선도검사(관능검사, 산도, Methylene blue 시험), 유방염유검사, 알코올시험, 지방검사, 세균검사 등

(2) 표준화

기준에 맞게 탈지유, 크림 첨가

(3) 예비가열

미생물 살균, 효소, 증발속도 촉진, 농후화 억제

(4) 설탕 첨가

① 16~17% 설탕 첨가, 단맛 부여, 세균번식 억제, 제품의 보존성 부여

Exercise

우유를 농축하고 설탕을 첨가하여 저장성을 높인 제품은? 2021
① 시유
② 무당연유
③ 가당연유
④ 초콜릿우유

🔒 정답 ③

TIP
가당연유 vs 무당연유

가당연유의 경우 16~17%의 설탕 첨가 후 농축으로 당함량이 50~60%에 달한다. 그렇기에 무당연유에 비하여 미생물 성장이 어렵다. 이것이 가당연유의 경우 살균을, 무당연유의 경우 멸균처리를 하는 이유이다.

Exercise

무당연유의 제조공정에 대한 설명으로 틀린 것은?
① 당을 넣지 않는다.
② 예열공정을 하지 않는다.
③ 균질화를 한다.
④ 가열멸균을 한다.

해설
무당연유 제조공정
원유 – 표준화 – 예열 – 농축 – 균질화 – 냉각 – 충전 – 멸균 – 냉각 – 제품

🔒 정답 ②

TIP
무당연유는 생우유에 비해 소화하기 쉬우며 수분함량은 75% 정도이다.

---

② 농축도 $\frac{1}{3} \sim \frac{1}{2.5}$, 제품 당함량 50~60%

③ 설탕농축도(Sugar water concentration)는 연유 중 수분(100 – TS)에 대한 설탕 % 표시(TS : 고형분, SNF : 무지고형분)

- 설탕농축도 = $\frac{설탕\%}{100 - TS} \times 100$
- 농축비 = $\frac{제품\ 중의\ SNF}{원유\ 중의\ SNF}$
- 설탕함량(%) = $\frac{(100 - TS) \times 설탕농축도}{100}$
- 설탕첨가량(%) = $\frac{제품\ 중\ 설탕\%}{농축비}$
- 탈지유 SNF = $\frac{원유\ SNF\%}{100 - 유지방\%} \times 100$

(5) 농축

① 농축기로 수분 제거하여 고형분율(TS) 증가
② 51~56℃, 10~20분, 진공도 635~660mmHg
③ 일반비중계 1.250~1.350, 연유 보메비중계 30~40°Bé
④ 비중 측정 시기 : 끓는 정도 약화, 점도 상승, 표면광택, 거품모양 변화

(6) 냉각

유당결정 10μm 이하, 20℃ 냉각 교반, 유당접종(Seeding)은 농축유량 0.04~0.05%

(7) 충전, 포장

12시간 방치, 관밀봉제품

(8) 불량

가스 발효(팽창), 과립 생성(살균 부족), 당침현상(유당결정 20μm 이상)

2) 무당연유의 제조

원유(수유검사) → 표준화 → 예비가열 → 농축 → 균질화(2단 균질기 사용) → 재표준화 → 파일럿시험(파일럿용 멸균기 사용) → 충전 → 담기 → 멸균처리 → 냉각 → 제품

[무당연유의 제조공정]

(1) 균질

압력 150~170kg/cm²(1단), 50kg/cm²(2단), 50~60℃

(2) 파일럿시험

시료를 소량 만들어 실제 멸균조건을 설정, 안정제 첨가 유무 결정

(3) 멸균

115.5℃/15분, 121.1℃/1분, 126.5℃/1분

SECTION 07 분유(Powder milk)

원유 또는 탈지유를 그대로 분말로 제조하거나 첨가물을 넣어 분말로 제조한 것을 말한다.

1. 분유의 종류

① 전지분유 : 원유를 분말화(원유 100%)한 것
② 탈지분유 : 원유의 유지방을 제거하여 분말화한 것
③ 가당분유 : 원유에 설탕을 첨가하여 분말화한 것
④ 혼합분유 : 원유에 식품이나 첨가물 등을 넣어 분말화한 것(조제분유, 영양강화분유 등)
⑤ 조제분유 : 원유를 모유성분과 유사하게 제조, 수분 50% 이하, 유성분 60% 이상, 유지방분 23% 이상, 세균수 4만 이하(g당)인 것

> **TIP**
> 탈지분유의 제조공정
> 탈지 → 가열 → 농축 → 균질 → 건조

> **TIP**
> • 전지분유 : 순수하게 우유의 수분을 제거한 것
> • 조제분유 : 기능성 분유를 만들고자 여러 가지 영양소를 첨가한 것
> • 고지방분유 : 지방함량이 높은 분유

2. 분유의 성분규격

구분	전지분유	탈지분유	가당분유	혼합분유
수분(%)	5.0 이하			
유고형분(%)	95.0 이상	95.0 이상	70.0 이상	50.0 이상
유지방분(%)	25.0 이상	1.3 이하	18.0 이상	12.5 이상
당분(%)	-	-	25.0 이하 (유당 제외)	-
세균수(g당)	4만 이하			

> **TIP**
> 유고형분과 유지방분 함량에 따라 분유를 구분한다.

구분		전지분유	탈지분유	가당분유	혼합분유
대장균군(g당)		2 이하			
권장 유통기한	암소	12개월			
	실온	6개월			

3. 전지분유

원료유 → 표준화 → 중화 → 청징·살균 → 여과 → 농축 → 예비가열 → 건조 → 냉각 → 사별 → 계량 충전(질소가스치환) → 포장 → 저장

[전지분유의 제조공정]

1) 표준화

탈지유에 목표하는 성분규격에 맞는 유지방, 무지고형분 및 강화성분의 함량을 조절

2) 중화

산 중화제 $NaHCO_3$, Na_2CO_3, CaO, $Ca(OH)_2$

3) 청징

여과기·청징기(5,000~7,000rpm), 이물질 제거

4) 살균

고온 단시간 살균법(75℃, 15초), 초고온 순간 처리법(초고온 멸균법, 135℃, 2~3초)

5) 농축

진공농축기(온도 50~60℃, 진공도 635~660mmHg)로 40~50%까지 농축

6) 건조

원통식·분무식 등, 수분 5.0% 이하

7) 포장

빛, 공기, 습기를 차단하여 포장

Exercise

분유의 품질에 관여하는 지표가 아닌 것은?
① 기포성
② 용해도
③ 보존성
④ 입자의 크기

해설

분유는 우유에서 수분을 제거한 후 분말 건조하여 장기보존을 목적으로 하는 식품이다. 그렇기에 물에 수화되는 용해도, 보존성, 균일한 입자의 크기로 품질을 평가한다.

정답 ①

CHAPTER 09. 알가공

SECTION 01 계란

1. 계란의 성질

① 난각, 난각막, 난백, 난황으로 구성
② 난백 기포성이 커서 제과, 제빵 기포제와 아이스크림 안정제로 이용
③ 저장 중 수분 증발로 기실이 커져 비중 감소
④ 수분 65.6%, 조단백질 12.1%, 지방 10.5%, 탄수화물 0.9%, 회분 0.9%로 구성
⑤ 전란 74.2℃, 난백 63℃, 난황 69℃에서 열 응고
⑥ 소화율
  • 생란 : 단백질 96.9%, 지방 95.9%
  • 삶은 란 : 단백질 96.2%, 지방 93.7%
⑦ 난백은 Ca 부족, 비타민 C 결핍, 난백장애(Avidin)

2. 계란의 선도검사

1) 외부적인 검사

① 비중법 : 신선란은 1.0784~1.0914, 11% 식염수에서 가라앉고, 부패란은 뜬다.
② 진음법 : 신선란은 소리가 나지 않고 묵은 알은 소리가 난다.
③ 설감법 : 신선란은 따뜻한 느낌이고 묵은 알은 차가운 느낌이다.

2) 내부적인 검사

① 투시검사 : 검란기를 사용하며 오래될수록 기실이 크다.
② 할란검사

> • 난백계수 : Albumin index = $\dfrac{\text{농후난백의 높이}(h)}{\text{농후난백의 직경}(d)}$
> (신선란 난백계수 : 0.06 정도)
> • 난황계수 = $\dfrac{\text{난황의 높이}}{\text{난황의 직경}}$ (신선란 난황계수 : 0.3~0.4)

> **TIP**
> **농후난백**
> Gel 상태의 점도가 높은 난백

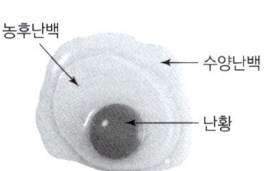

농후난백 / 수양난백 / 난황

> **Exercise**
>
> 다음 중 달걀 선도의 간이 검사법이 아닌 것은?
> ① 외관법   ② 진음법
> ③ 투시법   ④ 건조법
>
> 🔒 정답 ④

> **Exercise**
>
> 다음 중 신선한 달걀의 판정과 관계가 먼 것은?
> ① 난각의 상태
> ② 달걀의 비중
> ③ 기실의 크기
> ④ 난황의 색깔
>
> 💬 해설
> 산란 직후의 신선란일수록 표면이 거칠고 비중이 높으며, 기실의 크기가 작다. 저장을 오래 할수록 기실의 크기가 커지며 비중이 작아지고 표면이 매끄러워진다.
>
> 🔒 정답 ④

> **Exercise**
>
> 피단은 알의 어떠한 특성을 이용한 제품인가?
> ① 기포성   ② 유화성
> ③ 응고성   ④ 효소작용
>
> 🔒 정답 ③

3) 신선란의 기준
① 난황계수가 0.3~0.4 이상인 것
② 11% 식염수에 가라앉는 것
③ 기실의 크기가 작은 것

3. 계란가공품

1) 동결란
① 계란껍질 제거 후 동결, 흰자와 노른자를 분리하여 동결
② 노른자 동결 시 마요네즈, 샐러드 드레싱용 소금 5~10% 첨가, 빵, 아이스크림용 설탕 10% 첨가, 동결은 -30~-20℃ 급속 동결

2) 건조란
계란껍질 제거 후 탈수건조, 흰자와 노른자를 분리하여 건조

3) 마요네즈
① 난황, 샐러드유, 소금, 식초, 겨자, 후추, 설탕 등을 혼합한 조미료
② 기타 올리브유, 면실유, 콩기름, 옥수수기름 등 이용

4) 피단
① 중국에서 오리알에 소금과 알칼리성 염류를 첨가하여 응고·숙성시킨 조미계란
② 숙성 흰자는 투명한 적갈색으로 굳고, 노른자 외부는 굳은 흑녹색, 내부는 황갈색이 된다.

CHAPTER 10. 발효식품 제조

SECTION 01 장류 발효

간장, 고추장, 된장, 청국장 등을 포함하는 콩 발효식품으로 세균 및 효모의 발효·숙성을 거쳐 만들어지는 전통식품이다. 콩류의 단백질이 발효를 통해 생산하는 아미노산을 섭취할 수 있는 좋은 단백질원이며 Glutamic acid, K, Ca, Na, Fe 등 알칼리염류의 함유량이 높다.

1. 간장

1) 간장의 분류

양조간장과 산분해간장으로 구분되며 양조간장은 개량식 간장과 재래식 간장을 포함한다.

(1) 한식간장

메주를 주원료로 하여 식염수 등을 넣고 발효·숙성시킨 후 그 여액을 가공한 것(원료 : 100% 콩)

(2) 양조간장

대두·탈지대두 또는 곡류 등에 누룩균을 배양하여 식염수 등을 섞어 발효·숙성시킨 후 그 여액을 가공한 것(원료 : 콩, 밀)

(3) 산분해간장

단백질을 함유한 원료를 산으로 가수분해한 후 그 여액을 가공한 것

2) 양조간장

(1) 재래식 양조간장

① 메주 제조 : 대두를 삶아서 으깨어 구형의 메주를 만들고 발효시키면 메주의 표면에는 *Mucor*, *Rhizopus* 등의 곰팡이와 내부에는 *Bacillus subtilis* 등이 증식하며 메주가 완성된다.

> **TIP**
>
> 양조간장
> - 재래식 양조간장
>   - 대두, 소금, 물을 주원료로 전통방식의 간장, 색이 연하고 짠맛이 강하다.
>   - 삶은 콩을 찧어 덩어리로 성형 후 따뜻한 방에 띄워 메주를 제조한다.
>   - *Bacillus subtilis* 생육, Protease, Amylase 생성, Formic acid 생성
> - 개량식 양조간장
>   - 탈지대두 : 탈지대두를 이용하면 원료비 절감, 원료 이용률 향상, 간장덧 숙성기간 단축
>   - 밀 : 팽창이 잘 되는 연질밀 이용, 향과 색을 좋게 하는 오탄당이 많은 밀기울은 Koji의 효소력 증가에도 필요, Acetic acid 생성

> **TIP**
>
> 산분해간장은 아미노산 간장이라고도 부른다.

② 담금 · 숙성 : 메주의 표면을 깨끗이 씻은 후 식염수에 1~2개월 담금 · 숙성한다.
③ 압착 · 여과 : 숙성이 끝난 간장덧을 압착 · 여과하여 분리된 여액이 간장인데 이를 살균 · 농축 과정을 거쳐 저장성을 증대시킨다.

원료 선별(대두 · 밀) → 원료 전처리(대두 증자 · 밀분쇄) → 혼합 → 제국 → 염수 → 숙성 → 압착 → 살균 → 냉각 → 여과 → 장 → 혼합

[간장의 제조공정]

(2) 개량식 양조간장

① 개량식 양조간장은 메주가 아닌 탈지대두와 밀을 이용하여 제조하므로 메주 제조에 걸리는 시간을 단축한다.
② 대두 증자 : 탈지대두는 세척 · 침지 후 증자한다. 대두의 증자를 통해서 콩단백질의 변성이 일어나며 효소에 의한 단백질의 분해를 용이하게 한다. 이 과정에서 증자가 적절히 이루어지지 않으면 단백질이 미변성하게 되고 이는 간장의 혼탁을 유발해 완제품 품질 저하의 원인이 된다.
③ 밀의 볶음 및 분쇄 : 전분질원료로 사용되는 밀을 볶은 후 분쇄한다. 밀의 가열을 통해 함유된 수분이 팽창하며 전분의 호화 및 효소작용을 용이하게 하며 분쇄의 효율성을 증대시킨다.
④ 제국 : 증자대두와 분쇄밀을 혼합한 후 전분 분해능이 강한 *Aspergillus oryzae* 와 단백질 분해능이 강한 *Aspergillus sojae* 등의 국균을 접종한다.
⑤ 담금 : 완료된 제국에 염수를 혼합하여 간장덧을 만든다.
⑥ 숙성 : 간장덧을 숙성시켜 간장의 맛과 풍미를 주는 공정이다. 숙성 중에는 간장덧을 주기적으로 교반하여 숙성이 고르게 발생하도록 해야 한다. 더불어 이러한 교반을 통해 효소 용출을 촉진시켜 전분질과 단백질성분의 분해를 빠르게 하며 간장덧에 발생한 이산화탄소를 제거하여 발효가 효과적으로 일어날 수 있도록 한다. 숙성과정 중에는 주로 내염성 젖산균과 내염성 효모가 작용하며 이를 통해 pH가 저하된다.
⑦ 살균 : 가열을 통해 미생물의 활성을 멈춰 저장성을 증대시키며 품질을 향상시키기 위한 공정이다. 이 과정에서 분해되지 않은 단백질이 응고되어 청징효과를 낸다.

TIP

코지(Koji)

쌀, 보리, 대두 혹은 밀기울을 원료로 코지균(*Aspergillus*속)을 배양한 것으로 재래식 · 개량식 간장 제조에 사용된다.

Exercise

아미노산 간장 제조에 사용되지 않는 것은?
① 코지
② 탈지대두
③ 염산용액
④ 수산화나트륨

🔒 정답 ①

TIP

증자대두와 밀의 혼합비율에 따른 간장의 품질 변화

- 밀 배합량이 많으면 발효가 잘 일어나 단맛과 향기가 높아지나 구수한 맛은 덜하다.
- 콩 배합량이 많으면 구수한 맛이 강해 풍미가 진하나 향기가 약하다.
- 소금 배합량이 많으면 간장덧의 발효가 억제되어 질소 용해가 좋지 않고, 소금의 배합량이 적으면 숙성이 빨라 발효는 잘 일어나나 신맛이 많다.

TIP

숙성 중 산막효모에 의한 피막 발생의 조건

- 간장의 농도가 묽을 때
- 숙성이 불충분할 때
- 당이 많을 때
- 소금함량이 적을 때
- 달이는 온도가 낮을 때
- 기구 및 용기가 오염되었을 때

3) 산분해간장

① 탈지대두에 물과 염산을 첨가하여 대두 속의 단백질성분을 아미노산으로 가수분해하여 제조하는 간장이다. 양조간장은 메주가 아닌 탈지대두와 밀을 이용하여 제조하므로 메주 제조에 걸리는 시간을 단축한다.

② 3-MCPD(3-Monochloropropane-1,2-Diol)의 생성 : 산분해간장 제조 시 첨가하는 염산과 대두의 Triglyceride가 반응하여 생성되는 간장 중의 독성 물질이다. 이를 방지하기 위해서 탈지대두를 사용하여야 하며 첨가되는 염산의 농도를 18% 이하로 조정한다. MCPD는 과잉 섭취 시 성기능장애, 신장독성, 유전독성을 가져오는 유독물질이다.

③ 개량식 양조간장에 산분해간장을 혼합한 것이 혼합간장이다.

4) 간장 숙성 관여 미생물

(1) Koji

Aspergillus oryzae, *Aspergillus sojae*, *Bacillus*, *Lactobacillus*, *Streptococcus*

(2) 간장덧

pH 5.5, *Pediococcus sojae* (간장 향미 관여), *Candida polymorpha* 등, pH 5, *Saccharomyces rouxii* (간장 향미 관여)

(3) 후숙

Torulopsis versatilis (간장 향기 관여)

2. 된장

1) 된장의 정의 및 분류

대두와 쌀·보리 등의 원료를 종국균으로 발효·숙성시킨 장류로 재래식 된장(한식된장)과 개량식 된장으로 구분된다.

(1) 한식된장

한식메주에 식염수를 가하여 발효한 후 여액을 분리한 것을 말한다.

(2) 된장

대두, 쌀, 보리, 밀 또는 탈지대두 등을 주원료로 하여 누룩균 등

TIP

모노클로로프로판디올
(Monochloropropandiol ; MCPD)
산분해간장 제조 시 대두를 산처리하여 단백질을 아미노산으로 분해하는 과정에서 글리세롤이 염산과 반응하여 생성되는 화합물로 발암성을 가진다.

TIP

산분해간장의 중화
산분해간장은 산성 조건에서 산분해 후 중화과정을 거쳐야 한다. 이때 중화할 때 온도를 높게 하면 쓴맛을 내는 흑갈색의 휴민(Humin)이 생성되기 때문에 60℃, pH 4.5에서 중화를 해 휴민의 생성을 방지한다.

을 배양한 후 식염을 혼합하여 발효·숙성시킨 것 또는 메주를 식염수에 담가 발효하고 여액을 분리하여 가공한 것을 말한다.

2) 된장의 제조

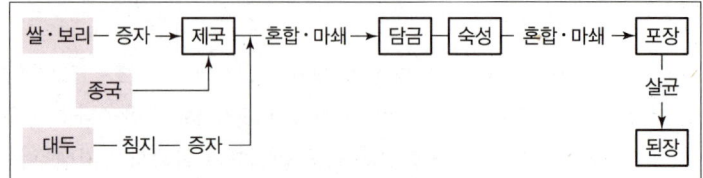

[된장의 제조공정]

(1) 원료의 선별

한식된장의 경우 발효된 메주를 사용하며, 개량식 된장의 경우 전분질원료(쌀, 보리)와 대두를 세척하여 증자한다. 이 과정에서 미생물 및 효소의 작용이 용이하게 된다.

(2) 메주 띄우기

혼합한 재료에 *Bacillus subtilis* 등의 고초균을 접종하여 메주를 띄우며 이 과정에서 각종 효소가 분비되어 콩 속 단백질의 분해를 촉진시킨다. 이때 전분이 분해되어 단맛이 형성되고 알코올 발효가 일어난다. 또한 생성되는 알코올과 유기산에 의하여 된장의 향이 형성되며 단백질이 분해되어 감칠맛을 형성한다.

3) 된장 숙성 관여 미생물

(1) 곰팡이

Aspergillus oryzae

(2) 세균

Bacillus subtilis (단백질 분해), *Pediococcus halophilus*, *Streptococcus faecalis* (젖산 생성)

(3) 효모

숙성 중 알코올 생성, *Saccharomyces*, *Zygosaccharomyces*, *Pichia*, *Hansenula*, *Debaryomyces*, *Torulopsis*

TIP

원료의 혼합비율에 따른 된장의 품질 변화
- 쌀 등 전분배합량이 많으면 숙성이 빠르고 단맛이 강하며 흰색이 된다.
- 콩 배합량이 많으면 단백질의 분해량이 많아 구수한 맛은 강해지나 코지량은 적어 숙성이 늦고 단맛이 적으며 적갈색 내지 흑갈색이 된다.
- 소금 배합량이 많으면 저장성은 높아지나 숙성이 늦다.

TIP

Koji곰팡이의 특징
- *Aspergillus* group이다.
- 단백질 분해력이 강하다.
- 곰팡이의 효소에 의해 단백질을 아미노산으로 분해한다.
- 당화력이 강하다.

TIP

코지균의 종류
- *Aspergillus oryzae* : 청주, 간장, 된장 제조
- *Aspergillus sojae* : 간장, 개량식 메주, 발효사료 제조
- *Aspergillus niger* : 구연산, 글루콘산, 소주 제조
- *Aspergillus luchuensis*, *Aspergillus usami* : 일본 소주 제조
- *Aspergillus kawachii* : 약주, 탁주 제조

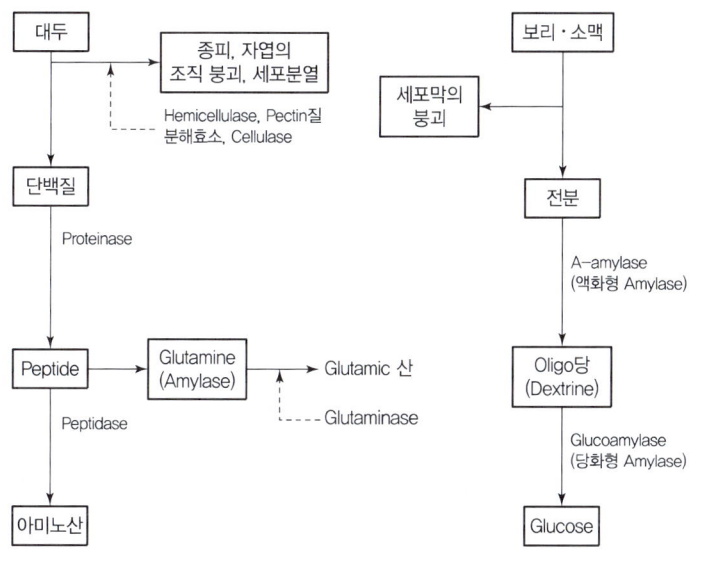

[간장, 된장 제조 관여 효소]

3. 청국장과 고추장

1) 청국장

① 콩을 증자해 *Bacillus natto*로 40~50℃, 18~20시간을 배양한다.
② 당단백질로 끈적끈적한 점질물 및 독특한 풍미를 형성한다.

2) 고추장

① 된장에 고춧가루를 포함한 조미료 및 향신료를 넣어 혼합 발효한 우리나라 고유의 조미식품이다.
② 전분의 분해된 단맛, 메주콩 단백질이 분해된 구수한 맛, 소금의 짠맛, 고춧가루의 매운맛이 잘 어울러 특유의 맛을 낸다.

> **TIP**
>
> *Bacillus natto*
> 청국장과 낫토를 배양하는 주된 발효균이다. 점질물인 폴리글루탐산을 생산하는 특징이 있다.

SECTION 02 침채류(김치)

1. 침채류의 정의

채소에 식염을 첨가하고 조미료, 주박 등을 첨가한 발효식품이다. 대표적으로는 배추를 발효시켜서 제조하는 김치와 피클이 있다.

2. 김치

원료 → 세척 → 염장 → 세척 → 부재료 혼합 → 숙성 → 제품

[김치의 제조공정]

1) 김치의 발효미생물

① 발효 초기에는 이상젖산발효균인 *Leuconostoc mesenteroides*에 의하여 젖산과 탄산가스 등을 생성하여 김치에 신선한 맛과 적당한 산미를 준다.

② 발효 후기에는 생성된 젖산으로 인해 pH가 저하되면서 내산성이 뛰어난 *Lactiplantibacillus plantarum*이 우점한다. 이 균주는 정상 발효균주기에 젖산의 생산량이 빠르게 늘어나며 발효 후기에는 탄산으로 인한 신선한 맛이 감소하고 젖산으로 인한 산미가 강해진다.

③ 염장과정에서 적절히 염장되지 않을 경우에는 *Leuconostoc mesenteroides*, *Streptococcus* spp.가 우점하며, 염장농도가 높을 경우에는 *Levilactobacillus brevis*, *Lactiplantibacillus plantarum*이 우점한다.

2) 김치의 산패

김치 제조의 최적 조건은 염농도 3~3.5%, 숙성온도 5~10℃, pH 4.2 부근이다. 하지만 과발효로 pH가 4.2 이하로 낮아질 경우에는 김치 산패가 일어나 품질을 저하시킬 수 있다. 김치의 산패를 방지하기 위해서는 김치 발효 시 배추가 공기와 접촉하지 않도록 보관하여야 한다.

3) 김치의 연부현상

연부현상이란 발효 중 배추의 조직이 녹아내리는 현상으로 침채류에 포함된 펙틴이 발효 중 분해되는 것이 원인이다. 침채류 중의 펙틴은 분해효소인 Polygalacturonase에 의하여 분해되어 세포벽의 구조를 유지하지 못하게 되며 물러지는 것이 원인이다. Polygalacturonase는 발효 후기 성장하는 산막효소에 의해서 생산되므로 연부현상을 방지하기 위해서는 산막효모가 성장하지 않는 성장조건을 조성해주어야 한다. 산막효모는 낮은 염농도(2% 이하), 높은 저장온도에서 성장하기 쉽다. 연부현상은 김치뿐만 아니라 피클, 사워크라우트 등 침채류의 자연발효 중 넓게 일어날 수 있는 현상이다.

TIP

김치의 발효미생물
- 후기=pH 높을 때
  Lactiplantibacillus plantarum
- 초기=pH 낮을 때
  Leuconostoc mesenteroides

TIP

김치의 정상(Homo)젖산발효와 이상(Hetero)젖산발효

정상젖산발효균의 경우 발효를 통해 젖산만을 생성하지만 이상젖산발효균의 경우 젖산 이외의 에탄올, 아세트산, 이산화탄소, 글리세롤 등을 생성한다. 이에 정상젖산발효균이 우점할 경우 젖산의 생산량이 많아 pH가 급격히 감소하며, 이상젖산발효균이 우점할 경우 이산화탄소로 인해 톡 쏘는 맛과 다양한 향미를 가진다.

TIP

Polygalacturonase

과채류 속의 펙틴을 분해시키는 효소이다. 과일주스 제조 시에는 혼탁현상을 일으키는 펙틴을 분해하여 제거하는 용도로 사용되지만, 김치에서는 세포막을 구성하는 펙틴을 분해시켜 김치의 무름을 가져온다.

SECTION 03 맥주

발아시킨 보리를 발효하여 맥아즙을 만들고 호프를 첨가해 맥주 특유의 맛과 향을 낸 알코올 발효음료이다.

[맥주의 제조공정]

> **TIP**
> 효모는 당류를 알코올과 이산화탄소로 분해하면서 알코올을 생성하는 알코올 발효능이 뛰어나기 때문에 주류산업에서 많이 이용하는 미생물이다.
> - *Saccharomyces cerevisiae* : 맥주의 상면발효효모
> - *Saccharomyces coreanus* : 막걸리 효모
> - *Zygosaccharomyces rouxii* : 된장의 주효모
> - *Saccharomyces carlsbergensis* : 맥주의 하면발효효모

1. 맥주의 종류

1) 상면발효맥주
탄산가스로 인해 발효 중 표면에서 발효하는 성질이 있는 상면발효효모를 이용한 맥주이다.

2) 하면발효맥주
발효 시 가라앉는 성질이 있는 하면발효효모를 이용한 맥주로 국내에서 선호되는 맥주이다.

→ 상면발효맥주와 하면발효맥주

구분	상면발효맥주	하면발효맥주
대표 효모	*Saccharomyces cerevisiae*	*Saccharomyces carlsbergensis*
발효온도	상온 발효(10~25℃)	저온 발효(10℃ 이하)
특징	색이 짙고 강하고 풍부한 맛	깔끔하고 부드러운 맛
종류	Ale, Stout, Porter, Lambic	Lager, Munchen, Pilsen, bock

> **TIP**
> - 상면발효맥주 : 비교적 발효온도가 높고 향기가 강하며 도수가 높은 편이다.
> - 하면발효맥주 : 저온에서 장기발효하여 부드러운 맛과 향이 특징으로 도수가 낮은 편이다.

2. 맥주의 제조

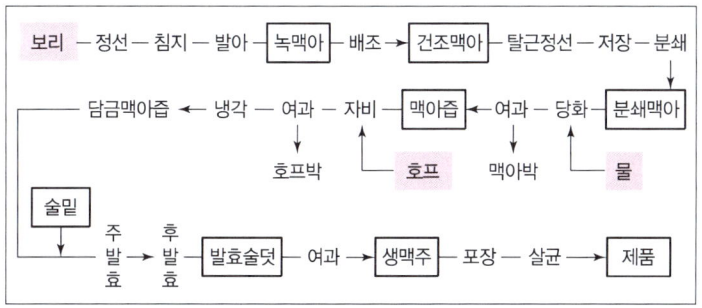

[맥주의 제조공정]

1) 호프(Hop)

쓴맛을 내는 성분인 Humulon, Lupulin이 맥주 특유의 맛과 향을 부여하며 거품 지속성을 준다. 이 성분은 곰팡이와 세균에 항균효과가 있기에 맥주에서 항균성을 부여한다.

2) 맥아 제조(Malting)

보리를 발효가 일어나기 쉬운 상태로 발아시킨 후 정지시키는 과정으로 Amylase, Protease가 활성화된다. 물에 침지하는 침맥(Steeping), 발아(Germination, Sprouting), 배조(Kilning), 배초(Curing)과정이 진행된다. 이 중 배조단계는 발아된 맥아의 발아를 정지시키기 위해 건조하는 과정으로 이 과정에서 효소 활성이 억제되고 수분을 감소시키는 배초과정을 통해 맥아 특유의 색과 향이 부여된다.

3) 발효

냉각한 맥아즙에 효모(200 : 1 비율)를 첨가하여 18~20시간 정치 후 발효조에 옮겨 10~20일 발효시키는 주발효와 −1~0℃ 이하로 온도를 낮춰 60~90일간 발효시키는 후발효로 2단계 발효를 진행한다. 후발효에서는 주발효 중 생성된 탄산가스를 용해 및 방출시키며 이물 및 석출물을 침강시켜서 청징성을 부여한다.

> **TIP**
>
> **발효주(효모를 이용한 알코올발효)의 분류**
> - 단발효주 : 당질에서 발효(포도주, 과실주)
> - 복발효주 : 전분을 효소 당화시킨 후 알코올발효
>   - 단행 복발효주 : 당화공정과 발효공정을 분리 진행(맥주)
>   - 병행 복발효주 : 당화와 동시에 발효 진행(청주, 탁주)

CHAPTER 11 식품품질관리

SECTION 01 관능평가

1. 관능평가의 정의

식품의 외형적 특성은 시각적, 냄새 특성은 후각적, 맛 특성은 미각적, 소리는 청각적, 조직감은 촉각적으로 인식된다. 식품의 관능평가는 이와 같은 미각, 후각, 시각, 촉각, 청각의 5가지 감각을 이용하여 식품의 관능적 품질특성인 외관, 향미 및 조직감 등을 과학적으로 평가하는 것을 말한다.

2. 관능검사의 목적

① 신제품 개발 시 개발된 신제품과 유사제품과의 관능적 품질 차이 조사
② 신제품에 대한 소비자 기호도 조사
③ 세품의 품질을 개선하고자 할 때 기존제품에 비하여 신제품의 품질이 향상되었는지 판단
④ **원가절감 및 공정개선** : 제품의 원가를 절감할 목적으로 원료의 일부를 변경하였을 때, 기존제품과의 차이 여부 조사
⑤ 생산공정 중 또는 최종제품의 유통 중 품질이 일정하게 유지되고 있는지를 평가
⑥ 유통기한 설정 시 관능적 품질변화 판단

> **Exercise**
> 관능검사의 사용 목적과 거리가 먼 것은?
> ① 신제품 개발
> ② 제품 배합비 결정 및 최적화
> ③ 품질 평가방법 개발
> ④ 제품의 회학적 성질 평가
>
> 정답 ④

3. 관능평가의 영향요인

순응, 강화, 억제, 상승 등의 생리적인 요인과 기대오차, 관습오차, 논리오차, 후광효과 등의 심리적 효과 등에 영향을 받을 수 있다.

1) 생리적 요인
① 순응 : 자극에 지속됨으로 노출됨으로써 주어진 자극에 대해 감수성이 저하, 혹은 변화되는 것
② 강화 : 어떤 물질이 단독으로 있을 때보다 다른 물질과 섞여 있을 때 인지 강도가 높아지는 것
③ 억제 : 어떤 물질의 인지 강도가 단독으로 존재할 때보다 다른 물질과 혼합되어 존재할 때 더 낮은 것
④ 상승 : 두 물질이 각각 단독으로 있을 때의 인지 강도 합보다 두 물질이 섞여 있을 때의 인지 강도가 더 높은 것

2) 심리적 요인
① 기대오차 : 평가자가 시료에 대한 정보를 알고 있을 경우 선입관을 갖게 되는 것
  예 회사가 어려워서 원료를 저렴한 것으로 대체하려고 한다. 이때 관능평가를 진행하면 더 저렴하기에 맛이 없을 것이라는 기대를 하게 됨
② 자극오차 : 평가할 항목과 상관없는 특성들이 평가에 영향을 미치는 것
  예 2개의 떡볶이 샘플이 하얀 그릇과 빨간 그릇에 담겨 나온다면, 빨간 그릇에 담긴 떡볶이가 더 맵게 느껴짐
③ 후광효과 : 시료의 여러 가지 특성이 평가될 때 서로의 순위가 영향을 미치는 것
  예 전체적 기호도가 높은 샘플이 맛, 색, 향미 등 전체적으로 높게 평가됨
④ 논리오차 : 시료의 특성들 간에 어떤 연관이 있다고 생각되어 평가에 영향을 미침
  예 초콜릿 아이스크림을 평가할 때 색이 더 진할수록 초콜릿 함량이 높다고 평가됨

Exercise
관능평가에 대한 영향요인 중 심리적 오차에 해당하지 않는 것은?
① 상승효과 ② 기대오차
③ 후광효과 ④ 논리오차

정답 ①

4. 관능평가의 종류

1) 차이식별검사
차이식별검사(Discriminative Test)는 검사물 간의 차이를 분석적으로 검사하는 방법이다. 시료 간에 관능적인 특성에 차이가 있는지 없는지를 조사하기 위한 종합적 차이검사와 어떤 특성이 시료 간에 관능적으로 차이가 있는지 없는지를 비교하는 특성 차이검사가 있다.

(1) 종합적 차이검사

제품의 원재료나 공정, 포장변경에 따라 두 시료 간의 관능적 특성 차이의 여부를 판단한다.

삼점 검사	관능평가 요원에게 3개의 시료를 제시하고 2개의 시료는 같고 하나는 다르다고 알려준 후 다른 하나의 시료를 고르게 한다.
일·이점 검사	기준 시료 하나와 2개의 시료를 제시하여 두 시료 가운데 기준 시료와 동일한 시료를 고르게 한다.
단순 차이검사	2개의 시료를 동시에 제시하는데 제시되는 시료 중 절반은 서로 다른(A/B) 시료이며, 다른 절반은 같은 시료(A/A)로 제공한다.

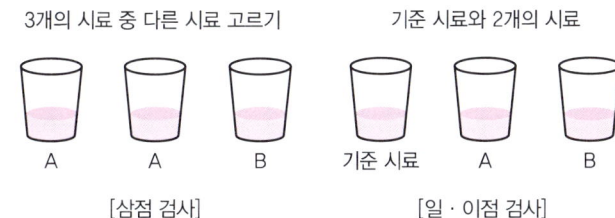

Exercise

식품의 관능검사에서 종합적 차이검사에 해당하는 것은?
① 이점비교검사
② 일·이점 검사
③ 순위법
④ 평점법

🔒 정답 ②

(2) 특성 차이검사

2개의 시료 혹은 2개 이상의 시료에서 특정한 관능적 특성의 차이 여부를 판별하는 시험법이다.

이점비교검사	관능 요원에게 2개의 시료(A, B)를 동시에 제시했을 때 특정 성질의 강도가 더 강한 시료를 고르게 하는 방법이다.
순위법	2개보다 많은 시료를 제시하여 특성이 강한 것부터 순위를 정하게 하는 검사법이다(강도 비교분석).
평점법	주어진 시료들의 특성 강도의 차이가 어떻게 다른지를 정해진 척도에 따라 평가하는 방법이다(0~9점 척도).

2) 묘사분석

소수의 고도로 훈련된 패널이 관능적 특성이 느껴지는 순서에 따라 평가한다. 관능적 특성을 질적·양적 묘사하여 시료별 차이, 특성의 강도를 결정하는 것이다. 묘사분석의 종류로는 향미 프로필(맛, 냄새, 향미), 텍스처 프로필(물리적 특성), 정량적 묘사(향미, 텍스처, 색 등 전반적인 관능특성), 스펙트럼 묘사분석(색), 시간-강도 묘사분석법 등이 있다.

Exercise

관능검사 중 묘사분석법의 종류가 아닌 것은?
① 향미 프로필
② 텍스처 프로필
③ 질적 묘사분석
④ 정량 묘사분석

🔒 정답 ③

외관적 특성	색, 윤기, 부피, 끈적거림, 거침, 덩어리짐 등
냄새 특성	사과 향, 탄 냄새, 비린냄새, 꽃냄새, 시원함(비강적 감각) 등
향미 특성	쓴맛, 단맛, 신맛, 짠맛, 감칠맛, 떫은맛 등
구강 텍스처 특성	점도, 부서짐, 떫음, 건조함, 기름짐, 촉촉함 등

3) 소비자 기호도 검사

(1) 목적

소비자 기호도 검사는 제품의 품질 유지, 품질 향상 및 최적화, 신제품 개발, 시장에서의 가능성 평가를 위해서 궁극적으로 제품에 대한 소비자들의 기호도, 선호도를 알아보려고 실시한다. 제품 생산의 마지막 단계에서 수행된다.

(2) 대상

소비자 기호도 검사 시에는 차이식별검사와 다르게 관능평가 훈련을 받아 본 경험이 없는 사람, 제품의 연구 개발이나 판매에 관련되지 않은 사람을 대상으로 한다. 이때 소비 대상에 따른 목표 집단을 선정해야 제품에 대한 유용한 정보를 제공받을 수 있다. 주로 제품 회사의 직원이나 일반인을 대상으로 하며 선호도 검사와 기호도 검사 등을 수행한다.

Exercise

다음 관능검사 중 가장 주관적인 검사는?
① 차이검사 ② 묘사검사
③ 기호도 검사 ④ 삼점 검사

🔒 정답 ③

Exercise

소비자의 선호도를 평가하는 방법으로서 새로운 제품의 개발과 개선을 위해 주로 이용되는 관능검사법은?
① 묘사분석
② 특성 차이검사
③ 기호도 검사
④ 차이식별검사

🔒 정답 ③

SECTION 02 식품의 포장

1. 식품포장의 목적

1) 식품의 보호

① 물리적 보호 : 식품포장의 일차적인 기능으로 제품을 유통하는 과정에서 충격에 따른 손상으로부터 식품을 보호한다.
② 화학적 보호 : 공기 중의 산소는 식품의 성분과 반응하여 변질 및 영양소와 향미성분의 손실을 일으킨다. 포장재 내의 기체조성을 변화시킴으로 화학적 반응으로부터 식품을 보호한다.
③ 미생물학적 보호 : 외부의 오염으로부터 식품을 보호하여 미생물학적 오염이 일어나지 않도록 식품을 보호한다.

Exercise

다음 중 식품포장의 기능이 아닌 것은?
① 운송 중의 파손 방지
② 알레르기 관련 정보 제공
③ 미생물학적 오염 방지
④ 영양성분의 강화

🔒 정답 ④

2) 정보제공

식품포장재에 영양성분, 제조업소, 안전주의사항, 소비기한 등의 다양한 정보를 소비자에게 제공한다.

3) 구매력 증진

식품의 표현할 수 있는 다양한 포장소재 및 디자인 등을 통하여 소비자의 구매력을 증진시키며 판매를 촉진한다.

4) 기타

① 소비자 편의성 제공 : 적절한 용량의 포장
② 운송의 용이성 부여
③ 제품 가치의 향상

2. 식품포장 재료의 종류와 성질

1) 종이

① 가볍고 개봉이 쉬우며 소비자가 재활용하기 용이하다.
② 금속의 용출위험이 적고 금속취를 제공하지 않으며 표시사항의 인쇄가 쉽다.
③ 첨가제인 왁스, 방습제, 착색료, 형광증백제 등이 위해요소로 작용할 수 있다.

2) 유리

① 투명하고 강도가 있으며, 재질이 비활성하여 용출 가능성이 낮다.
② 자유로운 형태를 만들어낼 수 있다.
③ 중량이 무겁고 파손되기 쉬운 단점이 존재한다.

3) 금속

① 병·통조림을 제조하는 데 주로 사용된다.
② 내구성과 강도가 뛰어나며 멸균처리에 용이하다.
③ 위해성분 용출 가능성이 있다.
④ 금속의 종류
   - 알루미늄 : 산, 알칼리에 부식
   - 아연, 주석 : 산성 식품에서 용출
   - 구리 : 녹청에 의한 용출

TIP

코카콜라 병 디자인의 비밀

코카콜라 하면 바로 유리병이 떠오른다. 코카콜라는 병을 디자인하면서, 언제 어디서도 코카콜라임을 알게 하고 자신의 제품만의 아이덴티티를 부여하고자 코코넛 열매 모양을 본 딴 잘록한 허리의 새로운 모양으로 병을 디자인하여 소비자들의 이목을 끌었다. 식품포장의 가장 중요한 역할은 식품을 보호하는 것이지만, 다양한 디자인의 포장은 제품의 구매력 증진을 통해 마케팅의 중요한 수단으로도 자리 잡고 있다.

Exercise

종이류 등의 용기나 포장에서 위생 문제를 야기할 수 있는 대표적인 물질은?
① Formalin의 용출
② 형광증백제의 용출
③ BHA의 용출
④ 2-mercaptoimidazole의 용출

🔒 정답 ②

4) 플라스틱류

① 열과 압력에 의해 원하는 모양을 만들기 용이하다.
② 가격이 저렴하다.
③ 플라스틱의 종류
- 열가소성 수지(열을 가하면 부드럽게 됨) : 폴리에틸렌, 폴리프로필렌(안정제 용출), 폴리스티렌(단량체 용출), 염화비닐수지(가소제, 단량체, 안정제 용출) 등
- 열경화성 수지(열을 가해도 부드러워지지 않음) : 페놀 수지, 요소수지, 멜라민 수지 등으로 모두 포르말린(포름알데하이드)이 용출된다.

④ 플라스틱 포장의 유독성분

종류	특징
단량체	PVC(염화비닐수지), PS(폴리스티렌)의 단량체가 식품에 이행되면 발암성을 나타냄
가소제나 안정제	플라스틱 제품에 쓰이는 가소제인 Phthalate(프탈산)계의 DOP나 DBP 등이나 안정제인 납 같은 금속염 등이 PVC, 폴리프로필렌 등에 사용됨

3. 포장기술

1) 레토르트 포장

(1) 정의

제조·가공 또는 위생처리된 식품을 12개월을 초과하여 실온에서 보존 및 유통할 목적으로 단층 플라스틱필름이나 금속박 또는 이를 여러 층으로 접착하여, 파우치와 기타 모양으로 성형한 용기에 제조·가공 또는 조리한 식품을 충전하고 밀봉하여 가열살균 또는 멸균한 것을 말한다. 주로 상온으로 장기보존하고자 하는 식품에 사용된다.

(2) 제조·가공기준

- 멸균은 제품의 중심온도가 120℃ 이상에서 4분 이상 열처리하거나 또는 이와 동등 이상의 효력이 있는 방법으로 열처리하여야 한다.
- pH 4.6을 초과하는 저산성 식품(Low acid food)은 제품의 내용물, 가공장소, 제조일자를 확인할 수 있는 기호를 표시하고 멸균공정작업에 대한 기록을 보관하여야 한다.

Exercise

멜라민 수지로 만든 식기에서 위생상 문제가 될 수 있는 주요 성분은?
① 비소
② 게르마늄
③ 포름알데하이드
④ 단량체

🔒 정답 ③

Exercise

레토르트식품을 제조할 때의 가열기준으로 적절한 것은?
① 80℃ 이상에서 4분 이상
② 100℃ 이상에서 4분 이상
③ 120℃ 이상에서 4분 이상
④ 140℃ 이상에서 4분 이상

🔒 정답 ③

- pH가 4.6 이하인 산성 식품은 가열 등의 방법으로 살균처리할 수 있다.
- 제품은 저장성을 가질 수 있도록 그 특성에 따라 적절한 방법으로 살균 또는 멸균 처리하여야 하며 내용물의 변색이 방지되고 호열성 세균의 증식이 억제될 수 있도록 적절한 방법으로 냉각시켜야 한다.
- 보존료는 일절 사용하여서는 아니 된다.

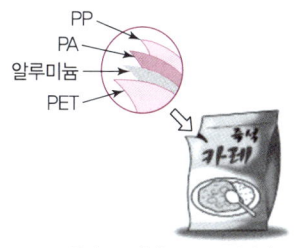

※ PP : 폴리프로필렌, PA : 폴리아미드, PET : 폴리에틸렌 테레프탈레이트
※ 사진 출처 : 식품의약품안전처

구분	재질	역할
식품 접촉층	PP	열접착증, 유연성 및 강성 제공
보호층	PA	내충격성, 강도보강
차단층	알루미늄	빛, 산소 및 수분 차단
바깥층	PET	우수한 인쇄성, 강도 보강

출처 : 한국식품연구원 카드뉴스

2) 기체치환포장(MAP ; Modified Atmosphere Packaging)

(1) 정의

CA 저장법의 일종으로 포장 내 공기 조성을 일정 기준 성분으로 조절하여 밀봉한 것

- 이산화탄소 : 5~50% 이산화탄소로 세균억제 효과
- 질소 : MAP 포장 시 수축 방지
- 산소 : 적색육의 색소 유지(붉은색 유지)
- 이산화황 : 곰팡이 증식 억제

(2) 특성

- 초기 기계 장치비와 유지비가 많이 든다.
- 포장재의 종류와 두께, 온도에 의하여 식품의 기체조성이 달라질 수 있다.
- 포장하고자 하는 식품의 종류에 따라서 기체조성을 결정한다.

4. 포장재의 구비조건

① 포장재 내부 식품의 부패를 방지해야 한다.
② 식품의 맛과 향 등 성분의 변화를 억제해야 한다.

Exercise

식품을 포장하는 목적으로 거리가 먼 것은?
① 취급을 편리하게 하기 위하여
② 상품가치를 향상시키기 위하여
③ 내용물의 맛을 변화시키기 위하여
④ 식품의 변패를 방지하기 위하여

🔒 정답 ③

Exercise

기구 및 용기·포장의 제조·가공 기준으로 틀린 것은?
① 기구 및 용기·포장의 제조·가공에 사용되는 기계·기구류와 부대시설물은 항상 위생적으로 유지·관리하여야 한다.
② 기구 및 용기·포장의 식품과 접촉하는 부분에 사용하는 도금용 주석은 납을 1.0% 이상 함유하여서는 안 된다.
③ 기구 및 용기·포장의 제조·가공에 사용되는 원재료는 품질이 양호하고, 유독·유해물질 등에 오염되지 아니한 것으로 안전성을 가지고 있어야 한다.
④ 기구 및 용기·포장에 착색료를 사용하는 경우에는 식품위생법상에 허용된 착색료를 사용해야 한다.

🔒 정답 ②

③ 식품으로 유해성분의 혼입이 없어야 한다.
④ 가격이 저렴해야 한다.
⑤ 휴대 및 폐기가 용이해야 한다.
⑥ 외부 충격으로부터 식품을 보호해야 한다.

5. 기구·용기 및 포장의 기준 및 규격

① 기구·용기 및 포장은 내용물이 오염되어서는 안 된다.
② 납 10%, 안티몬 5% 이상이 함유된 기구 및 용기 포장을 제조해서는 안 된다.
③ 도금용 주석은 납 5% 이상을 함유해서는 안 된다.
④ 기구·용기 및 포장에 쓰인 땜납은 납 20% 이상을 함유해서는 안 된다.
⑤ 기구·용기 및 포장 제조에 착색료를 사용하는 경우 식품위생법상 허용된 착색료 이외의 것을 사용해서는 안 된다.
⑥ 기구·용기 및 포장 제조에 디옥틸프탈레이트(Dioctyl Phthalate, DOP)를 사용해서는 안 된다.

APPENDIX

부록

01 과목별 기출문제
02 기출복원문세
03 CBT 모의고사

과목별 기출문제

01 식품화학

| 수분 |

01 식품 중 수분의 역할이 아닌 것은?

① 모든 비타민을 용해한다.
② 화학반응의 매개체역할을 한다.
③ 식품의 품질에 영향을 준다.
④ 미생물의 성장에 영향을 준다.

해설
수용성 비타민만을 용해하고 지용성 비타민은 용해하지 못한다.

02 결합수에 대한 설명으로 옳은 것은?

① 식품 중에 유리상태로 존재한다.
② 건조 시 쉽게 제거된다.
③ 0℃ 이하에서 쉽게 얼지 않는다.
④ 미생물의 발아 및 번식에 이용된다.

03 식품 중 결합수에 대한 설명으로 틀린 것은?

① 용질에 대해 용매로 작용할 수 없다.
② 미생물의 번식과 발아에 이용되지 못한다.
③ 0℃ 이하에서 쉽게 얼지 않는다.
④ 보통의 물보다 밀도가 작다.

해설 자유수와 결합수의 성질

자유수	결합수
화학반응이 가능한 용매로 작용한다.	용매로 작용하지 않는다.
끓는점과 녹는점이 높다.	100℃ 이상으로 가열해도 증발되지 않으며, 0℃ 이하에서도 얼지 않는다.

자유수	결합수
비열이 크다.	보통의 물보다 밀도가 크다.
미생물이 이용할 수 있다.	미생물이 이용할 수 없다.
건조로 쉽게 제거된다.	건조에도 쉽게 제거되지 않는다.
압력에 의해 제거된다.	압력에 의해서도 제거되지 않는다.
0℃ 이하에서 잘 언다.	0℃ 이하에서도 얼지 않는다.

04 식품의 수증기압이 10mmHg이고 같은 온도에서 순수한 물의 수증기압이 20mmHg일 때 수분활성도는?

① 0.1   ② 0.2
③ 0.5   ④ 1.0

해설 수분활성도의 계산

$$A_w = \frac{P}{P_0} = \frac{10\text{mmHg}}{20\text{mmHg}} = 0.5$$

여기서, A_w : 수분활성도(Activity of water)
P : 식품의 수증기압(mmHg)
P_0 : 순수한 물의 수증기압(mmHg)

| 탄수화물 |

05 단당류가 아닌 것은?

① 포도당(Glucose)   ② 유당(Lactose)
③ 과당(Fructose)   ④ 갈락토오스(Galactose)

해설 유당
포도당 1분자 + 갈락토오스 1분자

06 다음 중 다당류와 거리가 먼 것은?

① 펙틴   ② 키틴
③ 한천   ④ 맥아당

정답 01 ① 02 ③ 03 ④ 04 ③ 05 ② 06 ④

07 다음 중 단당류가 아닌 것은?

① 포도당(Glucose) ② 엿당(Maltose)
③ 과당(Fructose) ④ 갈락토오스(Galactose)

해설
• 엿당(맥아당) : 포도당이 2분자 결합된 이당류
• 자당(설탕) : 포도당 한 분자와 과당 한 분자가 결합된 이당류

08 동물성 식품의 간, 근육 등에 저장되는 다당류는?

① 글리코겐(Glycogen) ② 포도당(Glucose)
③ 갈락토오스(Galactose) ④ 갈락탄(Galactan)

해설
과량 섭취된 포도당은 간과 근육에 글리코겐 형태로 저장된다.

09 글리코겐의 구성 성분은?

① 비타민 ② 단백질
③ 지방 ④ 포도당

해설
글리코겐은 포도당이 약 60,000분자 이상 결합된 중합체로 포도당의 체내 저장형 다당류이다.

10 포유동물의 젖에 들어 있는 당은?

① Fructose ② Lactose
③ Sucrose ④ Glucose

해설
Lactose=유당=젖당 : 포유류의 젖에 많이 함유

11 설탕의 구성 성분이며 꿀벌에 많이 존재하는 당은?

① 과당(Fructose) ② 맥아당(Maltose)
③ 유당(Lactose) ④ 만노오스(Mannose)

해설 과당(Fructose)
• 감미도가 가장 높은 육탄당의 단당류로 주로 과일을 구성하는 당이다.
• 설탕의 구성 성분이며, 꿀벌에 많이 존재하는 당이다.

12 설탕을 가수분해하면 생기는 포도당과 과당의 혼합물은?

① 맥아당 ② 캐러멜
③ 환원당 ④ 전화당

해설 설탕(자당, Sucrose)
포도당과 과당이 각각 한 분자씩 결합된 이당류로 전화당은 자당이 분해되어 포도당과 과당이 등량으로 존재하는 혼합물이다.

13 다음 중 환원성이 없는 당은?

① 포도당(Glucose) ② 과당(Fructose)
③ 설탕(Sucrose) ④ 맥아당(Maltose)

해설 환원당
환원당은 구조에 알데하이드기 또는 케톤기를 가지고 있는 당으로, 설탕, 라피노즈 등이 비환원당에 속한다.

14 단맛이 큰 순서대로 옳게 나열한 것은?

① 설탕＞과당＞젖당＞맥아당
② 과당＞설탕＞맥아당＞젖당
③ 젖당＞과당＞설탕＞맥아당
④ 맥아당＞젖당＞설탕＞과당

해설 당류의 감미도
과당＞자당(설탕)＞포도당＞엿당(맥아당)＞올리고당＞유당(젖당)

15 다음 중 감미도가 가장 높은 당은?

① 엿당 ② 전화당
③ 젖당 ④ 포도당

해설
전화당의 경우 과당이 존재하므로 보기 중 감미도가 가장 높다.

16 다음 중 탄수화물에 존재하지 않는 것은?

① 알데하이드(Aldehyde)
② 하이드록실(Hydroxyl)
③ 아민(Amine)
④ 케톤(Ketone)

정답 07 ② 08 ① 09 ④ 10 ② 11 ① 12 ④ 13 ③ 14 ② 15 ② 16 ③

> **해설**
> - 알데하이드, 하이드록실, 케톤기는 탄수화물에 존재하는 작용기(Functional group)이다.
> - 아민은 암모니아(NH_3)에서 하나 이상의 수소가 알킬 또는 방향족 고리로 치환된 작용기를 포함한 질소유기화합물이다. 탄수화물과 지방의 구조에는 질소가 포함되지 않는다.

17 찹쌀과 멥쌀의 성분상 큰 차이는?

① 단백질함량
② 지방함량
③ 회분함량
④ 아밀로펙틴(Amylopectin) 함량

> **해설**
> 찹쌀은 아밀로펙틴(Amylopectin) 100%로 구성되며, 멥쌀은 아밀로오스(Amylose) 20%, 아밀로펙틴(Amylopectin) 80%로 구성된다.

18 탄수화물의 성질을 설명한 것으로 옳은 것은?

① 지방과 함께 가열하면 갈변화를 일으킨다.
② 폴리페놀라아제와 티로시나아제에 의하여 가수분해가 된다.
③ 탄소, 수소, 산소, 질소 등으로 구성되어 있다.
④ 수화되어 가열된 다음 팽윤과정을 거쳐 겔(Gel)화가 된다.

> **해설**
> ① 탄수화물은 단백질과 함께 반응하여 멜라노이딘이라는 갈색 물질을 형성하며, 이를 마이야르반응이라고 한다. 지방과는 갈변을 일으키지 않는다.
> ② 폴리페놀라아제의 항산화물질은 폴리페놀, 티로시나아제는 아미노산을 각각 분해하여 갈색화반응을 일으킨다.
> ③ 탄수화물과 지방은 탄소, 수소, 산소로, 단백질은 탄소, 수소, 산소, 질소로 구성된다.

19 섭취된 섬유소에 대한 설명으로 옳은 것은?

① 소화·흡수가 잘 되기 때문에 중요한 열량 급원 영양소이다.
② 장내 소화효소에 의해 설사를 유발하므로 소량씩 섭취해야 하는 성분이다.
③ 장의 연동작용을 유발하며 콜레스테롤과 결합하여 몸 밖으로 배출되기도 한다.
④ 영양적 가치도 없고 생리적으로 아무런 필요가 없는 성분에 불과하다.

> **해설** 식이섬유(섬유소)
> - 식이섬유를 분해할 수 있는 효소가 존재하지 않기 때문에 인간의 소장 내에서 소화·흡수되지 않는다.
> - 대장의 미생물에 의해서 부분적 혹은 완전히 발효되어 가스와 산을 생성한다.
> - 소장에서 소화되지 않으므로 장의 연동작용을 유발하며 콜레스테롤의 배출을 돕는다.

20 전분에 물을 넣고 저어주면서 가열하면 점성을 가지는 콜로이드용액이 된다. 이러한 현상은 무엇인가?

① 호정화   ② 호화
③ 노화   ④ 전분 분해

21 전분을 160℃에서 수분 없이 가열할 때 가용성 전분을 거쳐 덱스트린으로 분해되는 현상은?

① 노화   ② 호화
③ 호정화   ④ 당화

> **해설**
> - 전분의 호화 : 전분에 물을 가하여 가열하면 팽윤하고 점성도가 증가하는데, 이를 전분의 호화 혹은 α화라 한다.
> - 전분의 호정화 : 전분에 물을 가하지 않고 가열하면 부피가 팽창하여 덱스트린을 형성하는데, 이를 호정화라 한다. 호정화된 전분은 물에 잘 녹고 효소작용도 받기 쉬워 소화가 잘 된다.
> - 전분의 노화 : 호화전분을 실온에 완만냉각을 하면 생전분과는 다른 결정을 가진 전분을 형성하는데, 이를 노화 혹은 β화라 한다.

22 전분의 호화에 영향을 미치는 요인과 거리가 먼 것은?

① 전분의 종류   ② pH
③ 수분의 함량   ④ 자외선

> **해설** 호화에 영향을 미치는 요인
> 온도, 수분함량, pH, 전분의 종류, 염류 등

정답 17 ④ 18 ④ 19 ③ 20 ② 21 ③ 22 ④

23 다음 중 호화전분이 노화를 일으키기 어려운 조건은?

① 온도가 0~4℃일 때
② 수분함량이 15% 이하일 때
③ 수분함량이 30~60%일 때
④ 전분의 아밀로오스 함량이 높을 때

해설
수분함량이 30% 이하, 60% 이상에서는 노화가 잘 일어나지 않는다.

24 곡류에 대한 설명 중 잘못된 것은?

① 전분은 가열하면 β가 된다.
② 찹쌀에는 멥쌀보다 아밀로펙틴(Amylopectin)이 많아서 끈기가 있다.
③ 멥쌀에는 찹쌀보다 아밀로오스(Amylose)가 많다.
④ 밥을 냉장고 안에 두면 β화가 된다.

해설
전분의 호화는 α화라 한다.

25 전분의 노화에 대한 설명으로 틀린 것은?

① 0~4℃에서 잘 일어난다.
② 수분함량이 30~60%일 때 잘 일어난다.
③ 아밀로펙틴(Amylopectin)의 함량이 많을수록 잘 일어난다.
④ 산성에서 잘 일어난다.

해설
아밀로오스의 함량이 많을수록 잘 일어난다. 멥쌀이 찹쌀보다 노화가 빠른 이유이다

26 다음 중 가장 노화되기 어려운 전분은?

① 옥수수전분
② 찹쌀전분
③ 밀전분
④ 감자전분

27 전분의 노화에 대한 설명 중 틀린 것은?

① 아밀로오스 함량이 많은 전분이 노화가 잘 일어난다.
② 전분의 수분함량이 30~60%일 때 잘 일어난다.
③ 냉장온도보다 실온에서 노화가 잘 일어난다.
④ 감자나 고구마 전분보다 옥수수, 밀과 같은 곡류전분이 노화가 잘 일어난다.

해설
0℃에서 노화가 가장 잘 일어나며 60℃ 이상, -20℃ 이하에서는 노화가 발생하지 않는다.

28 다음 중 전분의 호화에 관한 것으로 옳은 것은?

① 떡이나 밥, 빵 등이 굳어지는 현상이다.
② 물을 가하지 않고 160℃ 이상으로 가열하여 가용성 전분을 거쳐 덱스트린으로 분해되는 현상이다.
③ 물을 넣고 가열 시 마이셀(Micell) 구조가 물을 흡수하고 팽윤되어 60℃ 전후에서 투명한 겔(Gel)을 형성하는 현상이다.
④ 전분은 효소의 작용을 받지 못해 소화가 어렵다.

해설 호화에 영향을 미치는 인자
호화란 생전분(전분)에 물을 가해 가열하면 1. 물이 스며드는 가역적 수화를 거쳐 2. 전분입자의 수소결합이 끊어져 Micelle 구조가 파괴되는 팽윤상태가 되며 3. 전분입자가 붕괴되어 비가역적 투명한 교질용액을 형성하며 효소의 작용이 용이하게 되는데, 이것을 호화(전분)라 한다. 쌀이 밥이 되는 현상이 호화이다.
• 수분의 함량이 많을수록 잘 일어난다.
• 전분입자가 작은 쌀(68~78℃), 옥수수(62~70℃) 등 곡류전분은 입자가 큰 감자(53~63℃), 고구마(59~66℃) 등 서류전분보다 호화온도가 높다.
• 온도가 높을수록 호화시간이 빠르다.
• 알칼리성에서는 팽윤을 촉진하여 호화가 촉진되고, 산성에서는 전분입자가 분해되어 점도가 감소한다.
• 대부분 염류는 팽윤제로 호화를 촉진시킨다(OH^- > S^- > Br^- > Cl^-). 그러나 황산염은 호화를 억제한다.
• 당을 첨가하면 호화온도가 상승하고 호화속도는 감소한다.

29 호화전분의 노화가 가장 잘 일어나는 온도는?

① 2~5℃ ② 30~40℃
③ 50~60℃ ④ 80~90℃

정답 23 ② 24 ① 25 ③ 26 ② 27 ③ 28 ③ 29 ①

30 밥을 상온에 오래 두었을 때 생쌀과 같이 굳어지는 현상은?

① 호화
② 호정화
③ 노화
④ 캐러멜화

31 다음 중 다른 조건이 동일할 때 전분의 노화가 가장 잘 일어나는 조건은?

① 온도 : -30℃
② 온도 : 90℃
③ 수분 : 30~60%
④ 수분 : 90~95%

해설 호화와 노화의 조건

구분	호화	노화
수분	함량이 높을수록	30~60%
온도	높을수록	0℃ 전후
pH	알칼리성	산성
전분종류	Amylose가 많을수록	

32 캐러멜화와 관계가 가장 깊은 것은?

① 당류
② 단백질
③ 지방
④ 비타민

해설 탄수화물의 갈색화반응
- 캐러멜화반응 : 당류의 고온 가열에 의한 열분해 및 중합에 의해 갈색의 캐러멜물질이 형성되는 반응
- 마이야르반응 : 식품 저장 및 가공 중 당의 카르보닐기와 단백질의 아미노기가 반응하여 갈색의 멜라노이딘물질을 형성하는 반응

33 당의 캐러멜화에 대한 설명으로 옳은 것은?

① pH가 알칼리성일 때 잘 일어난다.
② 60℃에서 진한 갈색 물질이 생긴다.
③ 젤리나 잼을 굳게 하는 역할을 한다.
④ 환원당과 아미노산 간에 일어나는 갈색화반응이다.

해설 캐러멜화의 조건
- pH가 산성일 때보다 알칼리성일 때 잘 일어난다.
- 110℃ 이상의 온도로 가열해야 한다.
- 포도당보다는 설탕이나 과당에서 더 잘 일어난다.

34 찹쌀전분의 아이오딘 반응 색깔은?

① 청색
② 황색
③ 적자색
④ 무색

35 시험관에 전분 0.19g과 증류수 5mL를 가하고 가열하여 전분을 호화시킨 후 5N H_2SO_4 용액 2mL를 가하고 가열하면서 1분 간격으로 이 용액 1방울을 채취하여 아이오딘액 1방울과 반응시키고 그 반응색을 확인하면서 이 조작을 약 20분 정도 계속하였다. 맨 처음 1분에 채취한 용액과의 아이오딘액 반응색은?

① 무색
② 황색
③ 적색
④ 청색

해설 찹쌀은 아밀로펙틴(Amylopectin) 100%로 구성되며 멥쌀은 아밀로오스(Amylose) 20%, Amylopectin 80%로 구성된다. 아이오딘 반응은 전분에 요오드용액을 가하면 적자색~청색으로 변하는 발색반응을 통해 전분의 정성 여부를 확인하는 반응이다. 이때 요오드는 나선형의 Amylose 구조 사이에 결합하여 내포화합물을 형성하므로 청색을 나타내고, Amylopectin의 경우 직쇄상의 구조를 가지고 있어 내포화합물 형성이 어려워 적갈색을 나타낸다.

36 검질물질과 그 급원물질과의 연결이 바르게 된 것은?

① 젤라틴(Gelatin) - 메뚜기콩
② 구아검(Guar gum) - 해조류
③ 잔탄검(Xanthan gum) - 미생물
④ 한천(Agar) - 동물

해설 젤라틴은 동물의 가죽·힘줄·뼈 등에서 얻어지며, 구아검은 콩의 배젖, 한천은 해조류에서 주로 분리한다.

정답 30 ③ 31 ③ 32 ① 33 ① 34 ③ 35 ④ 36 ③

단백질

37 파인애플에 많이 존재하는 브로멜라인(Bromelain)효소는 다음 중 어느 것을 효과적으로 가수분해하는가?

① 트라이글리세라이드 또는 지방산
② 아밀로펙틴 또는 아밀로오스
③ 인지질
④ 단백질 또는 펩타이드

해설
- 브로멜라인(Bromelain)은 파인애플에 주로 존재하는 단백질 가수분해효소이다. 단백질을 분해하는 효소이기에 고기의 연육제로 사용되며 육류와 함께 섭취하면 소화를 돕는 작용을 한다.
- 펩타이드는 아미노산이 2개 이상 결합된 아미노산 단위체이다.

38 다음 중 단백질의 입체구조를 형성하는 데 기여하고 있지 않은 결합은?

① 수소결합
② 펩타이드(Peptide)결합
③ 글리코시드(Glycoside)결합
④ 소수성 결합

해설
글리코시드(Glycoside)결합은 탄수화물의 구조를 형성하는 결합이나.

39 단백질의 구조와 관련된 설명으로 틀린 것은?

① 단백질은 많은 아미노산이 결합하여 형성되어 있다.
② 단백질은 펩타이드 결합으로 구성되어 있으므로 일종의 폴리펩타이드이다.
③ 단백질은 전체적인 구조가 섬유모양을 하고 있는 섬유상 단백질과 공모양을 하고 있는 구상 단백질로 나눌 수 있다.
④ α-나선구조는 단백질의 3차 구조에 해당한다.

해설 단백질의 구조
단백질은 4차 구조로 구성되어 있다.
- 1차 구조 : 아미노산이 Peptide결합
- 2차 구조 : 오른나사 방향의 나선구조를 하고 있는 α-helix와 병풍모양의 β-sheet
- 3차 구조 : 2차 결합들이 이온결합, 수소결합, 소수성 결합, 이황화결합에 의해 폴리펩타이드로 구성
- 4차 구조 : 3차 구조 단백질 여러 개가 반데르발스(Van der Waals)에 의해 분자적으로 결합

40 등전점에서의 아미노산의 특징이 아닌 것은?

① 침전이 쉽다.
② 용해가 어렵다.
③ 삼투압이 어렵다.
④ 기포성이 최소가 된다.

해설
등전점에서의 아미노산은 흡착성, 기포성, 탁도가 최대이며 용해도, 삼투압, 점도, 팽윤, 수화, 표면장력이 최소가 된다.

41 등전점이 pH 4.6인 단백질에 대하여 옳은 설명은?

① 등전점이 pH 6인 단백질과 함께 전기영동을 하면 양극 쪽으로 이동한다.
② 산성 아미노산들의 함량이 많다.
③ 등전점이 다른 단백질과 pH를 다르게 처리하여도 분리하기가 쉽지 않다.
④ 단백질이 함유된 액체제품에 구연산을 첨가하여도 외형적인 품질상의 변화는 없다.

해설 등전점
아미노산은 양성 전해질(Amphoteric)로 알칼리 중에는 산으로, 산성 중에서는 알칼리로 작용한다. 양전하의 수와 음전하의 수가 같아 전하가 0이 되는 pH를 등전점(Isoelectric point)이라고 하며 물에 녹지 않아 침전이 최대가 되며 용해도는 최소가 된다.

42 다음 중 필수아미노산이 아닌 것은?

① 리신(Lysine)
② 트립토판(Tryptophan)
③ 트레오닌(Threonine)
④ 글리신(Glycine)

해설 필수아미노산
- 체내에서 합성되지 않거나 합성되더라도 그 양이 매우 적어 생리 기능을 달성하기에 충분하지 않아 반드시 음식에서만 섭취해야 하는 아미노산이다.

정답 37 ④ 38 ③ 39 ④ 40 ④ 41 ② 42 ④

• 이소류신(Isoleucine, I), 류신(Leucine, L), 리신(Lysine, K), 메티오닌(Methionine, M), 페닐알라닌(Phenylalanine, F), 트레오닌(Threonine, T), 트립토판(Tryptophan, W), 발린(Valine, V), 히스티딘(Histidine, H), 아르기닌(Arginine, R)

43 단백질의 설명으로 틀린 것은?

① 고분자 함질소 유기화합물이다.
② 가수분해시켜 각종 아미노산을 얻는다.
③ 생물의 영양 유지에 매우 중요하다.
④ 평균 10% 정도의 탄소를 함유하고 있다.

해설
탄수화물, 지방은 탄소, 수소, 산소만으로 구성되어 있으나 단백질은 탄소, 수소, 산소뿐만 아니라 평균 16%의 질소를 함유하고 있다는 특징이 있다.

44 다음 중 단백질의 변성을 설명한 것으로 옳지 않은 것은?

① 물리적 원인인 가열, 동결, 고압 등과 효소, 산, 알칼리 등의 화학적 원인에 의해 일어난다.
② 펩타이드결합의 가수분해로 성질이 현저하게 변화한다.
③ 대부분 용해도가 감소하여 응고현상이 나타난다.
④ 단백질의 생물학적 특성인 면역성, 독성, 효소작용 등의 활성이 감소된다.

45 단백질 변성에 의한 일반적인 변화가 아닌 것은?

① 용해도의 증가
② 반응성의 증가
③ 생물학적 활성의 소실
④ 응고 및 겔(Gel)화

해설 **단백질의 변성**
고온, 강산, 강염기, 알코올, 압력 등에 의해 단백질은 본래의 성질을 잃게 되는데 이를 단백질의 변성이라 한다. 단백질의 변성 시 기존의 특성을 잃게 되는데 대표적으로는 면역성, 독성, 효소작용 등 생물학적 특성을 잃게 된다. 또한 기존의 안정된 구조가 변화하면서 반응성이 증가하고 용해도가 급격히 감소하여 응고되기도 한다.

46 다음 중 메일라드반응(아미노-카보닐 반응)의 결과가 아닌 것은?

① 맛이 좋아진다.
② 색이 갈색화된다.
③ 항산화물질이 생긴다.
④ 멜라노이딘(Melanoidin) 색소가 형성된다.

해설 **메일라드(마이야르)반응**
식품 저장 및 가공 중 당의 카르보닐기와 단백질의 아미노기가 반응하여 갈색의 멜라노이딘물질을 형성하는 반응으로 된장의 갈색, 커피콩 로스팅 시의 갈색이 메일라드반응에 의한 색 변화이다. 이 반응을 통해 향기물질이 생성되며 맛과 향이 좋아진다. 단, 200℃ 이상의 너무 고온에서 이 반응이 일어날 경우 발암물질 생성의 가능성이 있어 주의해야 한다.

지방

47 다음 중 복합지질에 해당하는 것은?

① 인지질   ② 스테롤
③ 지방산   ④ 지용성 비타민

해설
• 복합지질 : 인지질, 당지질, 유도지질 등
• 단순지질 : Wax, 지방산, Vit A, Vit D 등

48 다음 지질 중 복합지질에 해당하는 것은?

① 납(Wax)   ② 인지질
③ 스테롤   ④ 지방산

해설
지질은 알코올과 지방산으로만 결합된 단순지질과 지방산과 글리세롤 이외에 인, 당, 단백질 등을 함유한 복합지질로 구성된다. 대표적인 복합지질로는 인산을 함유한 인지질, 당을 함유한 당지질이 있다.

49 지방에 대한 설명으로 옳은 것은?

① 지방의 녹는점은 대체로 지방을 구성하는 불포화지방산의 함유량이 많아질수록 높아지는 경향이 있다.
② 지방을 구성하는 성분인 글리세린과 지방산에는 친수기가 많기 때문에 지방은 물에 잘 녹는다.

정답 43 ④ 44 ② 45 ① 46 ③ 47 ① 48 ② 49 ④

③ 일반적으로 지방의 굴절률은 고급지방산 또는 불포화지방산의 함유량이 많을수록 낮아진다.
④ 유지로 비누를 만들 때와 같이 유지를 알칼리로 가수분해하는 것을 비누화라고 한다.

해설
① 지방의 녹는점은 대체로 지방을 구성하는 불포화지방산의 함유량이 많아질수록 낮아지는 경향이 있다.
② 지방을 구성하는 성분인 글리세린과 지방산에는 친유기가 많기 때문에 지방은 물에 잘 녹는다.
③ 일반적으로 지방의 굴절률은 고급지방산 또는 불포화지방산의 함유량이 많을수록 높아진다.

50 다음 중 중성지방에 대한 설명으로 옳지 않은 것은?

① 복합지질에 속한다.
② 지방산과 글리세롤의 에스터결합이다.
③ 대부분의 지질은 중성지방의 형태로 존재한다.
④ 트라이올레인은 3개의 지방산이 동일하다.

해설 중성지방
• 자연계에서 가장 폭넓게 존재하는 단순지질이다.
• 액체의 유(Oil, 油)와 고체의 지(Lipid, 脂)로 구분한다.
• 알코올과 지방산이 Ester결합한 형태이다.

51 다음 중 불포화지방산은?

① 올레산(Oleic acid)
② 라우르산(Lauric acid)
③ 스테아린산(Stearic acid)
④ 팔미트산(Palmitic acid)

해설
① 올레산(Oleic acid) C18 : 1
② 라우르산(Lauric acid), C12 : 0
③ 스테아르산(Stearic acid), C18 : 0
④ 팔미트산(Palmitic acid), C16 : 0
※ 지방산의 표기
   C□□ : □=[탄소 개수 : 이중결합(불포화결합) 개수]

52 건성유의 요오드가는?

① 70 이하
② 70~100
③ 100~130
④ 130 이상

53 다음 중 건성유는?

① 버터
② 낙화생유
③ 아마인유
④ 팜유

해설
• 건성유 : 요오드가 130 이상, 아마인유, 등유, 들기름 등
• 반건성유 : 요오드가 100~130, 참기름, 대두유, 면실유 등
• 불건성유 : 요오드가 100 이하, 올리브유, 땅콩기름, 피마자유 등

54 지방의 변화와 관련된 설명으로 옳은 것은?

① 1분자의 트라이글리세라이드가 가수분해되면 2분자의 유리지방산이 생성된다.
② 어떤 지방이 산화되면 산가와 아이오딘가가 증가한다.
③ 수용성 휘발성 지방산이 많이 함유되어 있으면 폴렌스키(Polenske)는 증가한다.
④ 지방산이 산패하는 과정에서 과산화물가가 증가하다가 다시 감소하는 경향을 보인다.

해설
① 1분자의 중성지방이 가수분해되면 3분자의 유리지방산이 생성된다.
② 지방이 산화하면 산가는 증가하고 아이오딘가는 감소한다.
③ 불용성·휘발성 지방산을 많이 함유할수록 폴렌스키가가 증가한다.

55 일반적으로 유지를 구성하는 지방산의 불포화도가 낮으면 융점은 어떻게 되는가?

① 높아진다.
② 낮아진다.
③ 변화가 없다.
④ 높았다가 낮아진다.

해설
지방산의 불포화도가 낮아질수록(불포화지방산 → 포화지방산) 융점 및 산화 안정성이 높아 튀김유로 폭넓게 이용된다.

56 수중유적형(O/W) 유화액(Emulsion)이 아닌 것은?

① 우유
② 아이스크림
③ 마요네즈
④ 마가린

정답 50 ① 51 ① 52 ④ 53 ③ 54 ④ 55 ① 56 ④

57 수중유적형(O/W)의 유화식품이 아닌 것은?

① 우유 ② 아이스크림
③ 마요네즈 ④ 버터

해설 버터
우유 중의 지방을 분리하여 가공한 유제품이다.

58 다음 식품 중 유화액형태인 식품은?

① 식빵 ② 젤리
③ 우유 ④ 사이다

해설 유화
물과 기름처럼 섞이지 않는 두 가지의 액체가 분산되어 콜로이드에 이르는 상태를 말한다.
- 수중유적형(O/W형) : 우유, 마요네즈, 아이스크림
- 유중수적형(W/O형) : 버터, 마가린

59 다음 중 유화제와 가장 관계가 깊은 것은?

① HLB(Hydrophile-Lipophile Balance)값
② TBA(Thiobarbituric Acid)값
③ BHA(Butylated Hydroxy Anisole)값
④ BHT(Butylated Hydroxy Toluene)값

해설 유화제
- 유화제는 친수성과 소수성을 동시에 가지고 있어 기름과 물의 경계면 장력을 감소시켜 혼합하도록 하는 것이다.
- HLB값이 8~18인 유화제의 경우 수중유적형 유화에 알맞다.
- HLB값이 높으면 친수성, 낮으면 소수성이다.

60 유화제분자 내의 친수성기와 소수성기의 균형을 나타낸 값은?

① HLB값
② TBA값
③ 검화가
④ Rhodan가

해설 유화제
- 물과 기름 등 섞이지 않는 두 가지 또는 그 이상의 상(Phases)을 균질하게 섞어주거나 유지시키는 물질이다.
- HLB값을 기준으로 적절한 유화제를 선택한다.

61 다음 중 유화액의 형태에 영향을 미치는 정도가 가장 약한 것은?

① 기름성분의 색깔
② 다른 전해질성분의 유무
③ 물과 기름성분의 첨가 순서
④ 기름성분과 물의 비율

62 유화액의 수중유적형과 유중수적형을 결정하는 조건으로 가장 영향이 작은 것은?

① 기름과 물의 비율 ② 유화제의 성질
③ 유화액의 방치시간 ④ 전해질의 유무

해설
유화액의 수중유적형과 유중수적형을 결정하는 조건에는 유화제의 성질, 유화제의 종류, 물과 기름의 비율, 물과 기름의 첨가순서, 전해질의 유무가 있다.

63 지방의 가수분해 시 생성 물질은?

① 에테르 ② 포름알데하이드
③ 알데하이드 ④ 지방산

해설
중성지방＝글리세롤 1분자＋지방산 3분자

64 지방의 가수분해에 의한 생성물은?

① 글리세롤과 에터
② 글리세롤과 지방산
③ 에스터와 에터
④ 에스터와 지방산

해설
지방은 주로 글리세롤 1분자에 지방산 3분자가 에스터결합을 한 형태이므로 가수분해 시 글리세롤과 지방산으로 분해된다.

65 유지의 산패에 영향을 미치는 인자로 가장 거리가 먼 것은?

① 온도 ② 산소분압
③ 지방산의 불포화도 ④ 유지의 분자량

정답 57 ④ 58 ③ 59 ① 60 ① 61 ① 62 ③ 63 ④ 64 ② 65 ④

66 유지의 산패에 영향을 주는 요인이 아닌 것은?

① 교반 ② 금속
③ 산화효소 ④ 지방산의 조성

해설 유지산패의 종류
유지는 자동산화, 가열산화, 산화효소 등에 의해 산패가 진행된다. 산소의 존재하에서 장기간 보관할 경우 자동산화가 일어나서 서서히 산패가 진행되며, 유지를 가열할 경우에는 이 과정이 단시간에 급격히 일어나서 산패가 진행되는 것이다.

67 유지의 자동산화 원인과 관계가 없는 것은?

① 지방산의 종류 ② 온도
③ 금속 ④ 지방산의 길이

해설 유지의 자동산화 요인
- 지방산의 불포화도가 클수록
- 온도가 높을수록
- 금속이 존재할수록
- 자외선과 같은 단파장이 존재할수록
- 산소가 많을수록(150mmHg 이상에서는 무관)
- 수분이 많을수록

68 다음 성분 중 동일한 조건에 놓여진 경우 자동산화 속도가 가장 빠르다고 예상되는 것은?

① Methyl oleate ② Methyl linoleate
③ Methyl linolenate ④ Methyl stearate

해설
- 탄소수 : 이중결합수
  - Methyl oleate : 18 : 1 → $\omega 9$ cis
  - Methyl linoleate : 18 : 2 → $\omega 6$ cis
  - Methyl linolenate : 18 : 3 → $\omega 3$
  - Methyl stearate : 18 : 0
- 이중결합의 수가 많을수록 자동산화가 빠르다. Methyl linolenate의 경우 이중결합이 3개 존재하는 지방산이므로 자동산화가 가장 빠르다.

69 유지를 고온에서 가열하는 경우에 나타나는 변화로 옳은 것은?

① 점도가 낮아진다.
② 아이오딘가(Iodine value)가 낮아진다.
③ 산가(Acid value)가 낮아진다.
④ 과산화물가(Peroxide value)가 낮아진다.

해설 유지의 가열산화
- 고온에서 유지를 장시간 가열하면 가열 분해로 생성된 물질들이 중합하여 점도, 비중, 굴절률이 증가하고 발연점이 낮아지게 된다.
- 산가, 과산화물가, 카르보닐가 등이 증가하고 요오드가(아이오딘가)는 감소하게 된다.

70 유지의 굴절률은 불포화도가 커질수록 일반적으로 어떻게 변하는가?

① 변화 없다. ② 작아진다.
③ 증가한다. ④ 굴절되지 않는다.

해설
지방산의 굴절률은 1.45~1.47 정도이며 분자량 및 불포화도의 증가에 따라 증가한다. 산가가 높은 것일수록 굴절률이 낮고 비누화값이 높으며 요오드값이 낮은 것도 굴절률이 낮다. 저급 지방산의 버터는 굴절률이 낮고 불포화도가 높은 아마인유는 굴절률이 높다.
- 중성 아미노산의 등전점 : 약산성
- 염기성 아미노산의 등전점 : 알칼리성
- 산성 아미노산의 등전점 : 산성

71 유지를 고온으로 가열하였을 때 일어나는 화학적 성질의 변화가 아닌 것은?

① 산가 증가 ② 검화가 증가
③ 요오드가 증가 ④ 과산화물가 증가

해설
유지를 고온에서 가열할수록 산화반응, 중합반응, 열분해반응이 일어난다. 이로 인해 점도와 비중이 증가하고 발연점의 저하 등의 물리적 변화가 일어난다. 이외에도 산가, 검화가, 과산화물가, 카르보닐가가 증가하고 아이오딘가(요오드가)가 감소하는 화학적 변화도 동반된다.

72 유지를 튀김에 사용하였을 때 나타나는 화학적인 현상은?

① 산가가 감소한다.
② 산가가 변화하지 않는다.
③ 아이오딘가가 감소한다.
④ 아이오딘가가 변화하지 않는다.

정답 66 ① 67 ④ 68 ③ 69 ② 70 ③ 71 ③ 72 ③

해설
유지를 가열할수록 불포화지방산의 수가 감소하므로 아이오딘가는 감소하며, 유지의 가수분해로 인해 유리지방산의 수가 많으므로 산가는 증가한다.

73 유지 1g 중에 존재하는 유리지방산을 중화시키는 데 필요한 KOH의 mg수로 나타내는 값은?

① 아이오딘가
② 비누화가
③ 산가
④ 과산화물가

해설
① 아이오딘가 : 100g의 유지가 흡수하는 I_2의 g수
② 비누화가(검화가) : 유지 1g을 검화하는 데 필요한 KOH의 mg수
④ 과산화물가 : 유지 1kg에 대한 유리된 요오드의 밀리당량으로부터 환산한 과산화물 산소의 밀리당량(meq/kg)

74 지방을 많이 함유하고 있는 식품의 산패를 억제할 수 있는 방법은?

① 금속이온을 첨가하여 준다.
② 수분활성도를 0.9 정도로 높게 유지해준다.
③ 계면활성제를 첨가한다.
④ 질소 충전을 시키거나 진공상태를 유지한다.

해설
지방을 많이 함유하고 있는 식품은 산소의 존재하에 산패가 일어난다. 이를 방지하기 위해서는 질소 충전, 산소 제거 등의 공정을 통해 산소와의 접촉을 막아준다.

75 식용유지의 품질을 평가하는 데 가장 중요한 사항은?

① 글리세라이드(Glyceride)의 양
② 유리지방산의 함량
③ 리파아제(Lipase)의 함량
④ 색소

해설
유지의 산화가 일어날수록 가수분해로 인해 유리지방산의 함량이 높아진다.

비타민 · 무기질

76 다음 영양소 중 열량을 내지 않고 주로 생리기능에 관여하는 영양소로 짝지어진 것은?

① 탄수화물, 지질
② 지질, 단백질
③ 단백질, 무기질
④ 비타민, 무기질

해설
- 열량영양소 : 탄수화물, 단백질, 지방
  → 에너지원으로 사용
- 조절영양소 : 비타민, 무기질, 물
  → 열량은 내지 않고 생리기능에 관여

77 다음 화합물 중 비타민의 전구체가 아닌 것은?

① 7−dehydrocholesterol
② Carotene
③ Ergosterol
④ Tocopherol

해설 전구체
어떤 물질에 선행하는 물질로, 비타민으로서의 활성을 가지지는 않지만 화학적 변화를 통해 비타민이 되는 물질이다.
- 7−dehydrocholesterol : 비타민 D의 전구체
- Carotene : 비타민 A의 전구체
- Ergosterol : 비타민 D의 전구체
- Tocopherol : 비타민 E

78 다음 비타민 중 가열 조리 시에 가장 불안정한 비타민은?

① 비타민 C
② 비타민 A
③ 비타민 D
④ 비타민 E

해설
비타민 C의 경우 결정상태에서는 열에 비교적 안정하나 수용액상태에서는 가열에 의해 분해되므로 채소의 조리 시 고열에 가열하면 비타민 C가 파괴될 우려가 높다.

79 열에 대한 안정성이 가장 강한 비타민은?

① 비타민 A
② 비타민 B_1
③ 비타민 C
④ 비타민 E

정답 73 ③ 74 ④ 75 ② 76 ④ 77 ④ 78 ① 79 ④

해설
- 열에 대해 안정성이 높은 비타민
  - 지용성 비타민 : D, E
  - 수용성 비타민 : B_1, B_2
  - Vit B_1과 Vit E 모두 열에 안정하지만 Vit B_1은 100℃ 이상에서는 불안정하다.
- 알칼리에 대해 안정성이 높은 비타민
  - 지용성 비타민 : 비타민 A
  - 수용성 비타민 : Niacin

80 다음 지용성 비타민의 결핍증으로 연결이 틀린 것은?

① 비타민 A – 각기병
② 비타민 D – 골연화증
③ 비타민 K – 피의 응고 지연
④ 비타민 F – 피부염

81 비타민과 결핍증세의 연결로 가장 옳은 것은?

① 비타민 A – 용혈성 빈혈
② 비타민 E – 안구건조증
③ 비타민 B_1 – 펠라그라
④ 비타민 B_{12} – 악성 빈혈

해설
① 비타민 A : 야맹증, 안구건조증, 성장 지연, 피부염 등
② 비타민 E : 불임
③ 비타민 B_1 : 각기병, 식욕 부진, 부종, 심장비대, 신경염

82 지용성 비타민이 아닌 것은?

① 비타민 A   ② 비타민 D
③ 비타민 E   ④ 비타민 C

83 다음 중 지용성 비타민은?

① 비타민 C   ② 비타민 A
③ 비타민 B_1 ④ 니코틴산

해설
- 지용성 비타민 : A, D, E, K

- 수용성 비타민 : B_1, B_2, B_6, B_{12}, 엽산(Folic acid), 나이아신(Nicotinic acid), Pantothenic acid, Biotin, C

84 비타민 E에 대한 설명으로 틀린 것은?

① 지용성 비타민이다.
② 산화방지제로 사용한다.
③ 여러 가지 이성체가 있다.
④ 식물성 식품보다 동물성 식품에 많다.

해설 비타민 E
지용성 비타민의 한 종류로 열에 안정하여 산화방지제로 사용되기도 한다. 주로 밀배아유, 대두유 등 식물성 식품의 유지에 존재한다.

85 다음 중 탄수화물의 대사에 필수적인 비타민은?

① 비타민 B_1 ② 비타민 D
③ 비타민 B_6 ④ 비타민 B_{12}

해설
비타민 B_1의 경우 당질대사의 조효소인 FAD, FMN으로 작용하기에 비타민 B_1의 결핍 시 당질대사장애를 가져올 수 있다.

86 아미노산인 트립토판을 전구체로 하여 만들어지는 수용성 비타민으로, 펠라그라 증상의 예방에 도움이 되는 것은?

① 나이아신(Niacin)
② 티아민(Thiamine)
③ 리보플라빈(Riboflavin)
④ 엽산(Folic acid)

해설 펠라그라(Pellagra)
피부에 홍반이 생기며 신경장애가 오는 병으로 나이아신 결핍에 의해 발생한다. 나이아신은 옥수수에 부족한 비타민이기에 옥수수를 주식으로 하는 국가에서 자주 발생한다.

87 무기질의 기능으로 가장 거리가 먼 것은?

① 체액의 pH 및 삼투압 조절
② 근육이나 신경의 흥분
③ 단백질의 용해성 증대
④ 비타민의 절약

정답 80 ① 81 ④ 82 ④ 83 ② 84 ④ 85 ① 86 ① 87 ④

88 다음 중 칼슘(Ca)의 흡수를 저해하는 물질은?

① 비타민 D   ② 수산
③ 단백질   ④ 유당

해설
수산(Oxalic acid)과 피트산(Phytic acid)은 칼슘의 흡수를 방해한다.

89 인체 내 신경자극을 전달하고 근육의 수축과 이완을 조절하는 무기질이 아닌 것은?

① Ca   ② K
③ Mg   ④ S

해설
신경자극 및 근육의 수축과 이완을 조절하는 무기질 : Ca, K, Mg

90 미생물의 성장에 많이 필요한 무기원소이며 메티오닌, 시스테인 등의 구성 성분인 것은?

① S   ② Mo
③ Zn   ④ Fe

해설
황은 시스테인, 메티오닌, 시스틴 등 아미노산의 구성 성분이다.

91 Ca과 P의 가장 적합한 섭취비율은?

① 1 : 0.5   ② 1 : 1
③ 1 : 2   ④ 1 : 3

해설
칼슘과 인은 뼈를 구성하는 무기질이다. 식사 시 칼슘과 인의 비율은 1 : 1일 때 흡수가 최대가 되며, 둘 중의 하나라도 부족하면 뼈의 구성에 영향을 미친다.

92 콜라와 같은 탄산음료를 많이 섭취하는 사람들에게 부족하기 쉬운 영양소는?

① 칼슘   ② 철분
③ 마그네슘   ④ 칼륨

해설
탄산음료에는 카페인과 인의 함량이 높다. 칼슘과 인은 모두 뼈의 구성 성분이므로 1:1의 비율로 섭취해야 하지만 인의 함량이 무리하게 높을 경우에는 칼슘의 흡수를 방해한다.

93 식품에 함유된 무기물 중에서 산 생성 원소는?

① P, S   ② Na, Ca
③ Ca, Mg   ④ Cu, Fe

해설
- 알칼리 생성 원소 : Li, Na, K, Fe, Co, Zn, Mg, Cu, Ca
- 산 생성 원소 : P, S, Cl, Br, I

94 다음 중 알칼리성 식품이 아닌 것은?

① 채소   ② 과일
③ 육류   ④ 해조류

95 다음 중 알칼리성 식품은?

① 밀가루   ② 닭고기
③ 대두   ④ 참치

해설
- 알칼리성 식품 : 우유, 채소, 과일, 해조류, 대두 등
- 산성 식품 : 곡류, 육류, 난류, 버터, 치즈 등

색소

96 식품의 pH 변화에 따라 색깔이 크게 달라지는 색소는?

① 미오글로빈(Myoglobin)
② 카로티노이드(Carotenoid)
③ 안토시아닌(Anthocyanin)
④ 안토크산틴(Anthoxanthin)

97 pH 3 이하의 산성에서 검정콩의 색깔은?

① 검은색   ② 청색
③ 녹색   ④ 적색

해설
안토시아닌은 자색을 내는 식물성 색소로 pH에 따라 적색(산성) → 자색(중성) → 청색(알칼리성)으로 변색되는 불안정한 색소이다.

정답 88 ② 89 ④ 90 ① 91 ② 92 ① 93 ① 94 ③ 95 ③ 96 ③ 97 ④

98 채소류에 존재하는 클로로필 성분이 페오피틴(Pheophytin)으로 변하는 현상은 다음 중 어떤 경우에 더 빨리 일어날 수 있는가?

① 녹색 채소를 공기 중의 산소에 방치해 두었을 때
② 녹색 채소를 소금에 절였을 때
③ 조리과정에서 열이 가해질 때
④ 조리과정에서 사용하는 물에 유기산이 함유되었을 때

해설 클로로필의 색변화
- 산 : 클로로필에서 페오피틴을 거쳐 갈색의 페오포르비를 형성한다.
- 염기 : 짙은 녹색의 클로로필린을 형성한다.

99 다음 중 식품의 색소인 엽록소의 변화에 관한 설명으로 틀린 것은?

① 김을 저장하는 동안 점점 변색되는 이유는 엽록소가 산화되기 때문이다.
② 배추 등의 채소를 말릴 때 녹색이 엷어지는 것은 엽록소가 산화되기 때문이다.
③ 배추로 김치를 담갔을 때 원래의 녹색이 갈색으로 변하는 것은 엽록소의 산에 의한 변화이다.
④ 엽록소분자 중에 들어 있는 마그네슘을 철로 치환시켜 철 엽록소를 만들면 색깔이 변하지 않는다.

해설
Chlorophyll을 Cu^{2+}, Fe^{2+} 등의 금속으로 가열처리하면 Mg^{2+}이 치환되어 녹색의 Chlorophyll염을 생성한다.

100 천연계 색소 중 당근, 토마토, 새우 등에 수로 들어 있는 것은?

① 카로티노이드(Carotenoid)
② 플라보노이드(Flavonoid)
③ 엽록소(Chlorophyll)
④ 베타레인(Betalain)

해설 베타레인
적자색의 베타시아닌과 누런색의 베타잔틴의 총칭

101 갑각류의 껍질 및 연어, 송어의 육색소로 옳은 것은?

① 멜라닌
② 아스타잔틴
③ 페오피틴
④ 구아닌

해설 아스타잔틴
카로티노이드 계열의 육색소

102 다음 중 육색소가 아닌 것은?

① 미오글로빈
② 메트미오글로빈
③ 카로틴
④ 니트로소미오글로빈

해설
황색, 적황색의 색소인 카로티노이드는 식물계와 동물계에 넓게 존재하며 카로틴류와 크산토필류로 나뉜다. 카로틴류의 경우 식물계에 주로 존재하는 색소이며, 크산토필류의 경우 식물계뿐만 아니라 동물계에도 존재한다. 그중 아스타잔틴의 경우 새우, 게, 연어 등 수산물의 붉은색 성분이다.

103 다음 중 식물성 색소가 아닌 것은?

① 카로티노이드(Carotenoid)
② 미오글로빈(Myoglobin)
③ 안토시아닌(Anthocyanin)
④ 플라보노이드(Flavonoid)

해설
미오글로빈은 동물의 근육색소이다.

104 근육이 공기 중에 노출되어 산소와 결합하면 생성되는 육색소의 형태는?

① 옥시미오글로빈(Oxymyoglobin)
② 메트미오글로빈(Metmyoglobin)
③ 환원미오글로빈(Reduced myoglobin)
④ 데옥시미오글로빈(Deoxymyoglobin)

해설

구분	내용	색
옥시미오글로빈	미오글로빈의 산화형	밝은 붉은색
환원미오글로빈	미오글로빈의 환원형	자주빛 붉은색
메트미오글로빈	옥시미오글로빈의 산화형	갈색
데옥시미오글로빈	미오글로빈에서 산소 제거형	암적색

근육이 공기 중에 노출되어 산소와 결합하여 산화되면 붉은색의 옥시미오글로빈을 형성한다.

105 과실 중에 함유되어 있지 않은 색소는?

① 헤모글로빈(Hemoglobin)계 색소
② 안토시안(Anthocyan)계 색소
③ 플라보노이드(Flavonoid)계 색소
④ 카로티노이드(Carotenoid)계 색소

106 연체류 및 절족동물의 혈액색소는?

① 헤모글로빈　　② 헤모바나딘
③ 헤모사이아닌　④ 피나글로빈

107 연체동물의 혈색소와 내포된 금속으로 옳은 것은?

① Hemoglobin, Fe　② Hemoglobin, Cu
③ Hemocyanin, Fe　④ Hemocyanin, Cu

해설 동물성 색소의 구분
- 헤모글로빈 : 동물의 혈액에 존재한다.
- 미오글로빈 : 동물의 근육에 존재한다.
- 헤모사이아닌 : 연체류 및 절족동물에 존재하는 구리가 내포된 색소로 산소와 결합하면 담청색, 결합하지 않을 때는 무색을 나타낸다.
- 피나글로빈 : 패류의 한 종류인 키조개의 색소성분이다.

│ 색소 - 갈변 │

108 다음 중 효소에 의한 갈변현상은?

① 된장의 갈변　② 간장의 갈변
③ 빵의 갈변　　④ 사과의 갈변

해설 식품의 갈변

구분	종류	갈변현상의 예
효소적 갈변	Polyphenol oxidase, Tyrosinase	과일의 갈변, 감자의 갈변
비효소적 갈변	마이야르반응	된장의 갈변, 간장의 갈변
	캐러멜화반응	달고나

109 비효소적 갈변현상은?

① 된장의 갈변　② 사과의 갈변
③ 녹차잎의 갈변　④ 감자의 갈변

110 바나나를 잘라 공기 중에 방치하면 절단면이 갈색으로 변하는데 이 현상의 주된 원인은?

① 빛에 의한 변질
② 식품 해충에 의한 변질
③ 물리적 작용에 의한 변질
④ 효소에 의한 변질

111 메일라드(Maillard)반응에 영향을 주는 인자가 아닌 것은?

① 수분　　② 온도
③ 당의 종류　④ 효소

해설
메일라드(마이야르)반응의 경우 효소가 관여하지 않는 비효소적 갈변이기에 효소의 영향을 받지 않는다.

112 사과, 배, 고구마, 감자 등의 자른 단면이 갈변되거나 찻잎 또는 담뱃잎이 갈변되는 현상은?

① 아미노카보닐(Aminocarbonyl)반응에 의한 갈변
② 효소에 의한 갈변
③ 캐러멜화(Caramelization)반응에 의한 갈변
④ 비타민 C 산화에 의한 갈변

해설 효소적 갈변
- 주로 과일(사과, 배)이나 채소(감자, 고구마) 등의 식품에 절단된 부위에서 일어난다.
- 탄닌, Catechin, Gallic acid, Chlorogenic acid 등의 폴리페놀화합물이나 Tyrosine 등이 Polyphenol oxidase, Tyrosinase 등 효소에 의해 갈색 물질인 Melanin을 생성한다.

🔒정답　105 ①　106 ③　107 ④　108 ④　109 ①　110 ④　111 ④　112 ②

113 우엉의 갈변을 억제시키기 위한 방법이 아닌 것은?

① 비타민 C 첨가 ② 산소 첨가
③ 아황산염 첨가 ④ 구연산 첨가

해설
효소적 갈변의 억제를 위해서는 산소를 제거해준다.

114 비효소적 갈변을 억제할 수 있는 방법으로 가장 옳은 것은?

① pH를 7 이하로 낮춘다.
② 저장온도를 높인다.
③ 수분을 많이 첨가한다.
④ 산소를 원활히 공급한다.

해설 효소적 갈변 억제법
- 데치기 : 83℃ 정도로 2~3분 열처리하면 효소가 불활성화된다.
- 아황산염 : 아황산염의 환원성에 의해 pH 6.0에서 갈변을 억제한다.
- 산소의 제거 : 진공처리, 탈기 등으로 산화를 억제한다.
- 유기산처리 : 구연산, 사과산, Ascorbic acid 등으로 pH를 낮추어 효소 활성을 억제한다.
- 식염수처리 : Cl⁻에 의해 효소작용을 억제한다.
- 물에 침지 : Tyrosinase는 수용성으로 감자를 물에 넣어 두면 갈변이 일어나지 않는다.

비효소적 갈변 억제법
- 수분활성도 : A_w 0.7 이상에서는 비효소적 갈변 억제(A_w 0.5~0.7 사이는 비효소적 갈변반응 촉진)
- 온도 : 온도 증가 시 반응속도 촉진(일정 온도까지)
- pH : pH 6.5~8.5(비효소적 갈변반응의 최적 pH)
- 산소의 제거 : 산소 존재 시 갈변 촉진

맛·향

115 매운맛을 가장 잘 느끼는 온도는?

① 5~25℃ ② 20~30℃
③ 30~40℃ ④ 50~60℃

해설 맛을 잘 느끼는 온도
- 신맛 : 5~25℃
- 짠맛 : 30~40℃
- 단맛 : 20~25℃
- 쓴맛 : 40~50℃
- 매운맛 : 50~60℃

116 포도의 신맛의 주성분은?

① 젖산 ② 구연산
③ 주석산 ④ 사과산

해설
① 젖산 : 요구르트의 신맛
② 구연산 : 감귤류의 신맛
③ 주석산 : 포도의 신맛
④ 사과산 : 사과, 복숭아의 신맛

117 다음 맛의 종류 중 물리적인 작용에 의한 것은?

① 단맛 ② 쓴맛
③ 신맛 ④ 교질맛

해설 교질맛
식품이 혀의 표면과 입속의 점막에 접촉될 때 느끼는 맛이다.

118 전복, 성게, 새우, 게 및 조개류의 단맛을 내는 주성분은?

① 글리신과 알라닌 ② 프롤린과 발린
③ 메티오닌 ④ 타우린

해설 아미노산의 맛
- 감칠맛 : 글루탐산, 메티오닌
- 쓴맛 : 발린, 류신, 프롤린, 트립토판
- 신맛 : 아스파라긴산, 히스티딘
- 단맛 : 세린, 글리신, 알라닌
※ 알라닌은 기본적으로 단맛을 가지나, 감칠맛을 내는 물질과 함께 작용 시 상승작용에 의해 감칠맛을 증강시키는 작용을 한다.

119 생강의 매운맛 성분은?

① 진저론(Zingerone) ② 이눌린(Inulin)
③ 탄닌(Tannin) ④ 머스터드(Mustard)

해설
② 이눌린(Inulin) : 과당의 중합체로 돼지감자에 다량 함유되어 있다.
③ 탄닌(Tannin) : 감의 떫은맛이다.
④ 머스터드(Mustard) : 겨자의 영문이름이다.

120 고추의 매운맛 성분은?

① 무스카린(Muscarine) ② 캡사이신(Capsaicin)
③ 뉴린(Neurine) ④ 모르핀(Morphine)

정답 113 ② 114 ① 115 ④ 116 ③ 117 ④ 118 ① 119 ① 120 ②

해설
① 무스카린(Muscarine) : 버섯의 독 성분
② 캡사이신(Capsaicin) : 고추의 매운맛 성분
③ 뉴린(Neurine) : 단백질의 저분자물질로 육류의 악취 성분
④ 모르핀(Morphine) : 마약성 진통제

121 식품과 매운맛을 내는 물질의 연결이 틀린 것은?

① 후추 – 차비신(Chavicine)
② 마늘 – 캡사이신(Capsaicin)
③ 겨자 – 시니그린(Sinigrin)
④ 생강 – 쇼가올(Shogaol)

해설
마늘의 매운맛 성분은 알리신이다.

122 다음 중 떫은맛의 성분은?

① 카페인(Caffeine)
② 호모젠티스산(Homogentisic acid)
③ 휴물론(Humulone)
④ 카테킨(Catechin)

해설
카테킨은 홍차나 녹차에서 떫은맛을 내는 성분으로 폴리페놀의 일종이다.

123 오징어나 문어 등을 삶거나 구울 때 나는 독특한 맛성분과 관련이 깊은 것은?

① 타우린   ② 피페리딘
③ 스카톨   ④ TMA

해설
타우린은 아미노산의 일종으로 두족류(오징어, 문어 등)에 다량 함유되어 독특한 맛성분을 내며, 혈압의 안정화 및 뇌졸중 예방에 도움이 된다.

124 복숭아, 배, 사과 등 과실류의 주된 향기성분은?

① 에스테르류   ② 피롤류
③ 테르펜화합물   ④ 황화합물류

125 채소류의 향기성분이 아닌 것은?

① 에스터류
② 알데하이드류
③ 황화합물
④ 카로티노이드류

해설 향기성분
- 식물성 향기성분
  - 에스테르(에스터)류 : 과일류의 향기성분
  - 황화합물 : 무, 마늘, 고추냉이 등의 향기성분
  - 테르펜화합물 : 오렌지, 레몬, 박하 등의 향기성분
- 동물성 향기성분
  - 암모니아 및 아민류 : 어류 및 육류의 부패취
  - 카보닐화합물 : 우유, 버터, 치즈의 향기성분
- 카로티노이드는 채소의 색소 성분이다.

영양/효소

126 열량을 공급하는 영양소로 짝지어진 것은?

① 비타민, 지방, 단백질
② 단백질, 탄수화물, 무기질
③ 지방, 탄수화물, 단백질
④ 칼슘, 지방, 단백질

127 다음 영양소 중 열량소가 아닌 것은?

① 탄수화물   ② 무기질
③ 단백질   ④ 지방

해설
- 열량영양소 : 탄수화물, 단백질, 지방
- 조절영양소 : 비타민, 무기질, 물

128 영양소의 소화·흡수에 관한 설명으로 옳은 것은?

① 당질의 경우 포도당의 흡수속도가 가장 빠르다.
② 담즙에는 지질 분해효소인 Lipase가 함유되어 있다.
③ 당질은 단당류까지 완전히 분해되어야 흡수될 수 있다.
④ 비타민 C와 유당은 칼슘의 흡수를 억제한다.

정답 121 ② 122 ④ 123 ① 124 ① 125 ④ 126 ③ 127 ② 128 ③

해설

① 단당류의 흡수속도 : 갈락토오스 110, 포도당 100, 과당 43, 마노스 19
② 담즙은 간에서 만들어져서 쓸개에 저장되었다가 십이지장에서 분비된다. 지질 분해효소인 Lipase가 함유되어 있지는 않지만 이자액중의 Lipase를 활성시키는 역할을 한다.
③ 당질은 단당류의 형태로 소화관 내에서 흡수된다.
④ 수산(Oxalic acid)과 피트산(Phytic acid)은 칼슘의 흡수를 억제한다.

129 녹말을 분해하는 효소는?

① 아밀라아제(Amylase)
② 리파아제(Lipase)
③ 말테이스(Maltase)
④ 프로테아제(Protease)

해설
- 아밀라아제(Amylase) : 녹말의 분해
- 리파아제(Lipase) : 지방의 분해
- 말테이스(Maltase) : 맥아당(Maltose)의 분해
- 프로테아제(Protease) : 단백질의 분해

130 탄수화물, 단백질, 지방의 3가지 영양소에 관한 소화효소가 모두 들어 있는 것은?

① 담즙
② 타액
③ 췌액
④ 위액

해설
① 담즙 : Prolipase
② 타액 : Amlyase
③ 췌액 : Amylase, Trypsin, Lypase
④ 위액 : Pepsin

131 지방의 소화효소는?

① 아밀라아제(Amylase)
② 리파아제(Lipase)
③ 프로테아제(Protease)
④ 펙티나아제(Pectinase)

해설
① 아밀라아제(Amylase) : 전분 분해효소
② 리파아제(Lipase) : 지방 분해효소
③ 프로테아제(Protease) : 단백질 분해효소
④ 펙티나아제(Pectinase) : 펙틴 분해효소

132 다음 중 Ca의 흡수를 돕는 Vitamin은 어느 것인가?

① Vitamin A
② Vitamin B
③ Vitamin C
④ Vitamin D

해설
비타민 D는 Ca과 P의 흡수를 촉진한다.

133 다음과 같이 구성된 식품에서 가장 많이 식품의 변질을 유발하여 제품의 품질수명기간을 단축시키는 효소는 무엇인가?

- 밀가루 25%
- 설탕 4%
- 당면 45%
- 대두유 12%
- 생크림 10%
- 비타민 C 1%
- 계면활성제 1%
- 수분 2%

① Protease
② Lipoxygenase
③ Polyphenol oxidase
④ Ascorbate oxidase

해설
탄수화물인 밀가루와 당면은 수분활성도가 낮아 미생물 생육이 어렵다. 그 다음으로 많이 포함된 대두유와 생크림의 경우 지질의 함량이 높은 식품이므로 지질산화효소인 Lipoxygenase에 의한 변질의 우려가 크다.

분석

134 2N 수산화나트륨용액으로 0.1N 용액 1,000mL를 만들 때 몇 mL의 2N 용액이 필요한가?

① 25mL
② 50mL
③ 100mL
④ 200mL

해설 노르말농도(N)
용액 1L 속에 녹아 있는 용질의 g당량수를 나타낸 농도이다.
- 0.1N 용액 1,000mL 속의 수산화나트륨의 g수 $= x_1$

$$\frac{x g}{1,000mL} = 0.1N$$

$\therefore x_1 = 100g$

- 2N의 수산화나트륨용액에 100g의 수산화나트륨이 들어 있기 위한 수산화나트륨용액의 mL수 $= x_2$

$$\frac{100g}{x \, mL} = 2N$$

$\therefore x_2 = 50mL$

정답 129 ① 130 ③ 131 ② 132 ④ 133 ② 134 ②

135 NaCl수용액 100g 중에 20g의 NaCl이 함유되었을 때 중량백분율 농도는 얼마인가?

① 5% ② 10%
③ 15% ④ 20%

해설 ▶ 중량백분율
어떤 물체의 전 질량 중에서 목적성분이 차지하는 질량을 백분율로 나타낸 값

$$\frac{20g \text{ NaCl solution}}{100g \text{ NaCl solution}} \times 100\% = 20\%$$

136 H_2SO_4 9.8g을 물에 녹여 최종 부피를 250mL로 정용하였다면 이 용액의 노르말농도는?

① 0.6N ② 0.8N
③ 1.0N ④ 1.2N

해설
- H_2SO_4의 분자량 = $(1 \times 2) + 32 + (16 \times 4) = 98$
  (H=1, S=32, O=16)
- 250mL에 9.8g → 1,000mL에 39.2g

$$\frac{98g}{1,000mL} = 1M \rightarrow \frac{39.2g}{1,000mL} = 0.4M$$

∴ $0.4M \times 2(H_2SO_4$의 당량$) = 0.8N$

137 0℃의 물 1kg을 100℃까지 가열할 때 필요한 열량은?

① 80kcal ② 100kcal
③ 120kcal ④ 150kcal

해설
- 비열 : 어떤 물질 1g의 온도를 1℃만큼 올리는 데 필요한 열량이다.
- 물의 비열 : 물 1kg의 온도를 1℃ 올리는 데 필요한 열량이다.
∴ $1kcal \times 100 = 100kcal$

138 어떤 식품 25g을 연소시켜서 얻어진 회분을 녹여 수용액으로 만든 다음 이를 0.1N NaOH으로 중화하는 데 20mL가 소요되었다면 이 식품의 산도는? (단, 식품 100g을 기준으로 한다.)

① 산도 50 ② 산도 60
③ 산도 70 ④ 산도 80

해설 ▶ 산도
식품 100g을 연소시켜 얻은 회분의 수용액을 중화하는 데 필요한 0.1N NaOH의 양

$$\frac{100g}{25g} \times 20mL = 80$$

139 1냉동톤의 냉동능력을 나타내는 열량(kcal/hr)은?

① 3,024 ② 3,048
③ 3,320 ④ 4,024

해설 ▶ 1냉동톤
0℃의 물 1톤을 24시간 동안에 0℃의 얼음으로 만드는 데 필요한 시간당 열량으로 3,320kcal/hr이다.

140 건조법에 의해 수분 정량을 할 때 필요 없는 기구는?

① 건조기 ② 전기로
③ 칭량병 ④ 데시케이터

해설
② 전기로 : 전기가 발생하는 열로 금속을 녹여 정련하는 기구
③ 칭량병 : 고체 또는 액체의 시료를 천칭으로 정밀하게 측정하기 위해 사용하는 병
④ 데시케이터 : 물체가 건조상태를 유지하도록 보존하는 용기

141 식품 중의 수분함량(%)을 가열건조법에 의해 측정할 때 계산식은?

W_0 : 칭량병 무게
W_1 : 건조 전 시료의 무게 + 칭량병의 무게
W_2 : 건조 후 항량에 달했을 때 시료의 무게 + 칭량병의 무게

① $\dfrac{W_1 - W_0}{W_1 - W_2} \times 100$

② $\dfrac{W_1 - W_0}{W_2 - W_1} \times 100$

③ $\dfrac{W_1 - W_2}{W_1 - W_0} \times 100$

④ $\dfrac{W_2 - W_1}{W_1 - W_0} \times 100$

정답 135 ④ 136 ② 137 ② 138 ④ 139 ③ 140 ② 141 ③

142 다음 중 식품의 수분정량법이 아닌 것은?

① 증류법
② 칼피셔(Karl Fisher)법
③ 상압가열건조법
④ 킬달(Kjeldahl)법

해설 킬달법
질소 정량을 통한 단백질의 함량분석법을 말한다.

143 분석용 시료의 조제에 관한 설명 중 가장 적절한 것은?

① 쌀, 보리처럼 수분이 비교적 적은 것은 불순물을 제거·분쇄하여 30메시 체에 쳐서 통과된 것을 사용한다.
② 채소, 과일류는 믹서로 갈아서 펄프상태로 만들어 실온에 보관한다.
③ 버터, 마가린 등의 유지류는 잘게 썰어서 105℃로 건조시켜 분쇄한다.
④ 우유는 크림을 분리시켜 아래층의 것만을 시료로 사용한다.

해설 분석용 시료의 조제
- 검사대상식품 등이 불균질할 때
  - 일반적으로 다량의 검체가 필요하나 부득이 소량의 검체를 채취할 수밖에 없는 경우에는 외관, 보관상태 등을 종합적으로 판단하여 의심스러운 것을 대상으로 검체를 채취한다.
  - 식품 등의 특성상 침전·부유 등으로 균질하지 않은 제품은 전체를 가능한 한 균일하게 처리한 후 대표성이 있도록 채취하여야 한다.
- 포장된 검체의 채취
  - 깡통, 병, 상자 등 용기·포장에 넣어 유통되는 식품 등은 가능한 한 개봉하지 않고 그대로 채취한다.
  - 대형 용기·포장에 넣은 식품 등은 검사대상 전체를 대표할 수 있는 일부를 채취할 수 있다.
- 냉장, 냉동 검체의 채취 : 냉장 또는 냉동 식품을 검체로 채취하는 경우에는 그 상태를 유지하면서 채취하여야 한다.
- 미생물검사를 하는 검체의 채취
  - 검체를 채취·운송·보관하는 때에는 채취 당시의 상태를 유지할 수 있도록 밀폐되는 용기·포장 등을 사용하여야 한다.
  - 미생물학적 검사를 위한 검체는 가능한 한 미생물에 오염되지 않도록 단위 포장상태 그대로 수거하도록 하며, 검체를 소분 채취할 경우에는 멸균된 기구·용기 등을 사용하여 무균적으로 행하여야 한다.
  - 검체는 부득이한 경우를 제외하고는 정상적인 방법으로 보관·유통 중에 있는 것을 채취하여야 한다.
  - 검체는 관련 정보 및 특별수거계획에 따른 경우와 식품접객업소의 조리식품 등을 제외하고는 완전 포장된 것에서 채취하여야 한다.

- 기체를 발생시키는 검체의 채취
  - 검체가 상온에서 쉽게 기체를 발산하여 검사결과에 영향을 미치는 경우는 포장을 개봉하지 않고 하나의 포장을 그대로 검체 단위로 채취하여야 한다.
  - 소분 채취하여야 하는 경우에는 가능한 한 채취된 검체를 즉시 밀봉·냉각시키는 등 검사결과에 영향을 미치지 않는 방법으로 채취하여야 한다.
- 페이스트상 또는 시럽상 식품 등
  - 검체의 점도가 높아 채취하기 어려운 경우에는 검사결과에 영향을 미치지 않는 범위 내에서 가온 등 적절한 방법으로 점도를 낮추어 채취할 수 있다.
  - 검체의 점도가 높고 불균질하여 일상적인 방법으로 균질하게 만들 수 없을 경우에는 검사결과에 영향을 주지 않는 방법으로 균질하게 처리할 수 있는 기구 등을 이용하여 처리한 후 검체를 채취할 수 있다.

144 물과의 정량적인 화학반응을 이용해 수분함량을 측정하는 방법은?

① 적외선수분측정기법
② Karl Fisher법
③ Bertrand법
④ 상압가열건조법

해설
① 적외선수분측정기법 : 검체 2~10g을 건조접시에 취하여 105±1℃로 조절된 적외선수분계에서 항량이 될 때까지 건조하여 감량된 중량을 계산하는 수분 정량법
② 칼피셔(Karl Fisher)법 : 수분 정량은 피리딘 및 메탄올의 존재 하에 물이 요오드 및 아황산가스와 정량적으로 반응하는 것을 이용하여 칼피셔시액으로 검체의 수분을 정량하는 방법
③ Bertrand법 : 당에 의하여 환원 침전된 구리의 양을 계산으로 산출하고, 베르트랑표로부터 구리의 양에 상당하는 당량을 구하여 검체 중에 함유된 환원당량을 산출하는 검출법
④ 상압가열건조법 : 검체를 물의 끓는점보다 약간 높은 온도 105℃에서 상압건조시켜 그 감소되는 양을 수분량으로 하는 분석방법

145 식품 중의 수분 정량법인 상압가열건조법에 대한 설명으로 틀린 것은?

① 무게분석방법이다.
② 시료를 항량이 될 때까지 충분히 건조시켜야 한다.
③ 시료 중 수분의 무게는 건조 후의 무게에서 건조 전의 무게를 뺀 값이다.
④ 시료 중 수분 정량결과는 퍼센트(%)값으로 산출한다.

정답 142 ④ 143 ① 144 ② 145 ③

146 다음의 자료에 의한 시료의 습식 수분함량 계산공식은?

W_0 : 칭량병 무게
W_1 : 칭량병 무게 + 시료무게
W_2 : 건조 후 칭량병 무게 + 시료무게

① 수분(%) = $\dfrac{W_1 - W_2}{W_1 - W_0} \times 100$

② 수분(%) = $\dfrac{W_2 - W_1}{W_1 - W_0} \times 100$

③ 수분(%) = $\dfrac{W_1 - W_0}{W_1 - W_2} \times 100$

④ 수분(%) = $\dfrac{W_1 - W_2}{W_2 - W_0} \times 100$

해설
상압가열건조법에 의한 수분함량 계산공식이다.

147 상압가열건조법에 의한 수분 정량 시 가열온도로 가장 적당한 것은?

① 105~110℃
② 130~135℃
③ 150~200℃
④ 550~600℃

해설
- 상압가열건조법 : 105~110℃에서 상압건조
- 감압가열건조법 : 100℃ 이하에서 감압가열

148 칼피셔(Karl Fisher)법은 무엇을 분석하기 위한 실험법인가?

① 탄수화물
② 수분
③ 지방
④ 무기질

해설 수분의 분석법
상압가열건조법, 감압가열건조법, 칼피셔법

149 다음 중 환원당을 검출하는 시험법은?

① 닌하이드린(Ninhydrin)시험
② 사카구치(Sakaguchi)시험
③ 밀론(Millon)시험
④ 펠링(Fehling)시험

해설
① 닌하이드린(Ninhydrin)시험 : 아미노산 및 단백질의 정성분석법
② 사카구치(Sakaguchi)시험 : 아미노산 중 Arginine의 정량분석법
③ 밀론(Millon)시험 : 단백질의 정성분석법
④ 펠링(Fehling)시험 : 침전을 통한 환원당의 정성분석법

150 다음 중 당류의 시험법은?

① 펠링(Fehling)시험
② 닌하이드린(Ninhydrin)시험
③ 밀론(Millon)시험
④ TBA값 시험

해설
① 펠링(Fehling)시험 : 침전을 통한 환원당의 정성분석법
② 닌하이드린(Ninhydrin)시험 : 아미노산 및 단백질의 정성분석법
③ 밀론(Millon)시험 : 단백질의 정성분석법
④ TBA값 시험 : 지방의 산패도 분석실험법

151 닌하이드린반응(Ninhydrin reaction)이 이용되는 것은?

① 아미노산의 정성
② 지방질의 정성
③ 탄수화물의 정성
④ 비타민의 정성

해설 닌하이드린(Ninhydrin)시험
아미노산 및 단백질의 정성분석법

152 다음 표는 각 필수아미노산의 표준값이다. 어떤 식품 단백질의 제1제한아미노산이 트립토판인데 이 단백질 1g에 트립토판이 5mg이 들어 있다면 이 단백질의 단백가는?

필수 아미노산	표준값(mg/ 단백질 1g)	필수 아미노산	표준값(mg/ 단백질 1g)
이소류신	40	페닐알라닌, 티로신	60
류신	70	트레오닌	40
리신	55	트립토판	10
메티오닌, 시스틴	35	발린	50

정답 146 ① 147 ① 148 ② 149 ④ 150 ① 151 ① 152 ①

① 50 ② 200
③ 0.5 ④ 2

해설

단백가 = $\dfrac{\text{식품 단백질의 제1제한아미노산(mg)}}{\text{FAO의 표준 구성 아미노산(mg)}} \times 100$

= $\dfrac{5\text{mg}}{10\text{mg}} \times 100 = 50$

153 식품의 조단백질 정량 시 일반적인 질소계수는 얼마인가?

① 0.14 ② 1.25
③ 6.25 ④ 16.0

해설

질소는 단백질 중 16%를 구성하므로 측정한 질소량에 질소계수 6.25(100/16)를 곱하여 조단백질의 양을 구한다.

154 어떤 식품의 단백질함량을 정량하기 위해 질소 정량을 하였더니 4.0%였다. 이 식품의 단백질 함량은 몇 %인가?(단, 질소계수는 6.25이다.)

① 20% ② 25%
③ 30% ④ 35%

해설 단백질함량

$4.0\% \times 6.25 = 25\%$

155 아미노산이 아질산과 반응할 때 생성되는 가스로 아미노산 정량에 이용되는 것은?

① N_2 ② O_2
③ H_2 ④ CO_2

해설 N_2

- 아미노산이 아질산과 반응할 때 생성되는 가스이다.
- 질소는 아미노산, 단백질에만 존재하는 구성 원소이며 전체 단백질함량의 약 16%를 차지한다. 이는 질소계수(6.25) 산출 시 이용되는 수치이다.
- 아미노산 정량에 이용된다.

156 어떤 식품의 단백질함량을 정량하기 위해 질소 정량을 하였더니 1.2%였다. 이 식품의 단백질 함량은 몇 %인가?(단, 질소계수는 6.25이다.)

① 5.25% ② 6.25%
③ 7.5% ④ 8.3%

해설

단백질함량 = $1.2\% \times 6.25 = 7.5\%$

157 조단백질을 정량할 때 단백질의 질소함량을 평균 16%로 가정하면 조단백을 산출하는 질소계수는?

① 3 ② 6.25
③ 7.8 ④ 16

해설

질소계수 = $100\% \div 16\% = 6.25$

158 단백질을 구성하고 있는 원소 중 질소의 평균 함량은?

① 55% ② 25%
③ 16% ④ 7%

159 식품분석 시 사용되는 반응기구의 쓰임이 틀린 것은?

① 눈금 플라스크 - 액체의 부피를 측정할 때
② 킬달 플라스크 - 단백질을 정량할 때
③ 속슬렛 플라스크 - 증류할 때
④ 클라이센 플라스크 - 감압증류를 할 때

해설

속슬렛법은 에테르에 지방을 추출하여 지방의 양을 분석하는 시험법으로, 속슬렛 플라스크는 지방분석 시 추출에 사용되는 플라스크이다.

160 식품 중의 단백질을 정량하는 실험은?

① 무게분석법 ② 증류법
③ 킬달(Kjeldahl)법 ④ 모아(Mohr)법

정답 153 ③ 154 ② 155 ① 156 ③ 157 ② 158 ③ 159 ③ 160 ③

해설
- 킬달(Kjeldahl)법 : 식품 중 단백질 정량시험법
- 모아(Mohr)법 : 크로뮴산칼륨용액을 이용한 이온분석법

161 킬달법(Kjeldahl method)에 의한 조단백질 정량 시 시료 분해를 위해 사용하는 시약은?

① 염산　　　② 황산
③ 질산　　　④ 붕산

해설 킬달법
단백질물질을 황산으로 가열분해하여 질소를 정량하는 분석법

162 Kjeldahl법에 의한 질소 정량 시 행하는 실험 순서로 맞는 것은?

① 증류-분해-중화-적정
② 분해-증류-중화-적정
③ 분해-증류-적정-중화
④ 증류-분해-적정-중화

해설 킬달법
질소를 함유한 유기물을 촉매의 존재하에서 황산으로 가열 분해하면, 질소는 황산암모늄으로 변한다(분해). 황산암모늄에 NaOH을 가하여 알칼리성으로 하고, 유리된 NH_3를 수증기 증류하여 희황산으로 포집한다(증류). 이 포집액을 NaOH으로 적정하여 질소의 양을 구하고(적정), 이에 질소계수를 곱하여 조단백의 양을 산출하는 시험법이다.

163 지질 정량을 할 때 사용되는 추출기의 명칭은?

① 증류추출기
② 에테르추출기
③ 속슬렛추출기
④ 전기추출기

해설 에테르추출법
식용유 등 중성지질로 구성된 식품 및 식육에서의 조지방분석법으로 속슬렛추출장치를 이용해 에테르를 순환시켜 검체 중의 지방을 추출하여 정량하는 분석법이다.

164 조지방 정량에 사용되는 유기용매와 실험기구는?

① 수산화나트륨, 가스크로마토그래피
② 황산칼륨, 질소분해장치
③ 에테르, 속슬렛추출기
④ 메틸알코올, 질소증류장치

165 속슬렛추출법에 의해 지질 정량을 할 때 추출 용매로 사용하는 것은?

① 증류수　　　② 에탄올
③ 메탄올　　　④ 에테르

166 조지방 에테르추출법에 대한 설명으로 틀린 것은?

① 식용유 등 주로 중성지질로 구성된 식품에 적용한다.
② 지질 정량의 기본원리는 지질이 유기용매에 녹는 성질을 이용하는 것이다.
③ 지질 정량 시 주로 사용되는 유기용매는 에테르이다.
④ 조지방은 그램(g)으로 산출된다.

해설 에테르추출법
속슬렛추출장치로 에테르를 순환시켜 검체 중의 지방을 추출하여 정량하는 분석법이다. 조지방은 아래의 식에 의해 %로 산출된다.
조지방(%) = $\dfrac{W_1 - W_0}{S} \times 100$
W_0 : 추출 플라스크의 무게(g)
W_1 : 조지방을 추출하여 건조시킨 추출 플라스크의 무게(g)
S : 검체의 채취량(g)

167 식품의 조회분 정량 시 시료의 회화온도는?

① 105~110℃　　② 130~135℃
③ 150~200℃　　④ 550~600℃

해설 조회분 분석
검체를 도가니에 넣고 직접 550~600℃의 온도에서 완전히 회화 처리하였을 때의 회분의 양을 말한다. 즉, 식품을 550~600℃로 가열하면 유기물은 산화, 분해되어 많은 가스가 발생하고 타르(Tar) 모양으로 되며 점차로 탄화(炭火)한다.

정답　161 ②　162 ②　163 ③　164 ③　165 ④　166 ④　167 ④

168 적정(Titration) 시 사용된 적정 용액의 부피 변화를 측정하는 데 사용되는 실험기구는?

① 뷰렛
② 피펫
③ 메스플라스크
④ 메스실린더

해설
① 뷰렛 : 적정 등에서 액체의 부피를 측정하는 실험기구
② 피펫 : 액체의 일정량을 가하거나 꺼내는 기구
③ 메스플라스크 : 일정한 부피의 액체를 측정하는 화학용 체적계
④ 메스실린더 : 액체의 부피를 측정하는 기구

물성

169 식품의 텍스처 특성은 크게 3가지로 분류하는데 이에 해당되지 않는 것은?

① 식품의 강도와 유동성에 관한 기계적 특성
② 식품의 색에 관한 색도적 특성
③ 수분과 지방함량에 따른 촉감적 특성
④ 식품을 구성하는 입자형태에 따른 기하학적 특성

해설
텍스처는 식품의 물성과 관련된 특징이다.

170 된장국물 등과 같이 분산상이 고체이고 분산매가 액체 콜로이드상태를 무엇이라 하는가?

① 진용액
② 유화액
③ 졸(Sol)
④ 겔(Gel)

171 다음 식품 중 졸(Sol)형태인 것은?

① 우유
② 두부
③ 삶은 달걀
④ 묵

172 다음 식품 중 겔(Gel)에 해당하는 것은?

① 수프
② 우유
③ 된장국물
④ 묵

173 한천이나 젤라틴 등을 뜨거운 물에 풀었다가 다시 냉각시키면 굳어져서 일정한 모양을 지니게 되는데 이와 같은 상태는?

① 졸(Sol)
② 겔(Gel)
③ 검(Gum)
④ 유화액(Emulsion)

해설
- 졸(Sol) : 액체분산매에 액체 또는 고체의 분산질로 된 콜로이드 상태로 전체가 액상을 이룬다(우유, 전분액, 된장국, 한천 및 젤라틴을 물을 넣고 가열한 액상).
- 겔(Gel) : 친수 Sol을 가열한 후 냉각시키거나 물을 증발시키면 반고체상태가 되는데 이것을 Gel(겔)이라 한다(한천, 젤라틴, 젤리, 잼, 도토리묵, 삶은 계란).

174 다음 물질 중 순수한 교질용액으로 가장 적합한 것은?

① 설탕을 물에 녹인 것
② 소금을 물에 녹인 것
③ 젤라틴을 물에 녹인 것
④ 전분을 물에 풀어 놓은 것

해설 교질용액
- 콜로이드용액은 지름이 1~100μm 정도인 미립자가 공기나 액체에서 응집되거나 침전되지 않고 균일하게 분산되어 있는 입자들로 진용액보다 상당히 크기 때문에 빛을 산란시키기도 한다.
- 전분이나 분유를 물에 넣어 교반하면 녹지 않고 흐린 상태가 되는데 이것을 콜로이드상태라 한다.
- 콜로이드는 전자현미경으로 볼 수 있으며 반투막은 투과하지 못하지만 여과지는 투과한다.
- 분산된 물질을 분산질이라 하며 분산시키는 매개체를 분산매라 한다.

175 된장국이나 초콜릿의 교질상태의 종류는?

① 연무질
② 현탁질
③ 유탁질
④ 포말질

해설
① 연무질 : 대기 중 고체 및 액체 입자가 부유하는 상태
② 현탁질 : 액체 속에 현미경으로 보일 정도로 가는 고체입자가 분산하고 있는 상태
③ 유탁질 : 액체를 혼합할 때 한쪽 액체가 미세한 입자로 되어 다른 액체 속에 분산해 있는 계(우유)
④ 포말질 : 액체나 고체의 내부 또는 표면에 기체가 포함되어 있는 상태

정답 168 ① 169 ② 170 ③ 171 ① 172 ④ 173 ② 174 ③ 175 ②

176 다음 콜로이드상태 중 유화액은 어디에 속하는가?

① 분산매 기체, 분산질 액체
② 분산매 액체, 분산질 고체
③ 분산매 고체, 분산질 기체
④ 분산매 액체, 분산질 액체

해설
- 분산매 : 녹이는 물질, 용액에서의 용매 역할
- 분산질 : 녹는 물질, 용액에서의 용질
→ 유화액은 분산매와 분산질이 물과 기름(액체)이다.

177 유체의 흐름에 대한 저항을 의미하는 물성 용어는?

① 점성(Viscosity)   ② 점탄성(Viscoelasticity)
③ 탄성(Elasticity)   ④ 가소성(Plasticity)

178 생크림과 같이 외부의 힘에 의하여 변형이 된 물체가 그 힘을 제거하여도 원상태로 되돌아가지 않는 성질을 무엇이라고 하는가?

① 점성   ② 소성
③ 탄성   ④ 점탄성

179 마요네즈와 같이 작은 힘을 주면 흐르지 않으나 항복응력 이상의 힘을 주면 흐르는 식품의 성질은?

① 탄성   ② 점탄성
③ 가소성   ④ 응집성

해설
- 점성 : 유체의 흐름에 대한 저항
- 탄성 : 외부의 힘에 의해 변형된 물체가 이 힘이 제거되었을 때 원래의 상태로 되돌아가려고 하는 성질
- 점탄성 : 점성 및 탄성 특성을 모두 나타내는 특성
- 가소성 : 고체가 외부에서 탄성 한계 이상의 힘을 받아 형태가 바뀐 뒤 그 힘이 없어져도 본래의 모양으로 돌아가지 않는 성질
- 항복치 : 응력이 어떤 한계치를 넘었을 때 원래로 돌아가지 않고 변형이 급격해지는 시점

180 탄성을 가진 액체인 연유에 젓가락을 세워 회전시킬 때 연유의 탄성으로 젓가락을 따라 올라오는 성질에 해당하는 것은?

① 예사성(Spinability)
② 신전성(Extensibility)
③ 경점성(Consistency)
④ 바이센베르그(Weissenberg)효과

181 점탄성을 나타내는 식품의 경도를 의미하며 패리노그래프(Farinograph)로 측정할 수 있는 성질은?

① 예사성(Spinability)
② 소성(Plasticity)
③ 신전성(Extensibility)
④ 경점성(Consistency)

해설 점탄성체의 성질
- 예사성(Spinability) : 청국장, 계란 흰자 등에 막대 등을 넣고 당겨 올리면 실처럼 가늘게 따라 올라오는 성질
- Weissenberg 효과 : 연유에 막대 등을 세워 회전시키면 탄성에 의해 연유가 막대를 따라 올라오는 성질
- 경점성(Consistency) : 점탄성을 나타내는 식품의 경도(밀가루 반죽 경점성은 Farinograph로 측정)
- 신전성(Extensibility) : 반죽이 국수같이 길게 늘어나는 성질(밀가루 반죽 신전성은 Extensograph로 측정)

182 유체의 종류 중 소시지, 슬러리, 균질화된 땅콩버터는 어떤 유체의 성질을 갖는가?

① 뉴턴(Newton)유체
② 유사가소성(Pseudoplastic)유체
③ 팽창성(Dilatant)유체
④ 빙햄(Bingham)유체

해설
① 뉴턴(Newton)유체 : 전단력에 대하여 속도가 비례적으로 증감하는 유체(물, 청량음료)
② 유사가소성(Pseudoplastic)유체 : 전단응력을 주면 점도가 감소하는 유체(케첩, 연유)
③ 팽창성(Dilatant)유체 : 전단응력을 주면 점도가 증가하는 유체(땅콩버터, 슬러리)
④ 빙햄(Bingham)유체 : 전단력이 항복점 이상이 되면 흐르는 유체(케첩, 마요네즈, 치약)

정답 176 ④ 177 ① 178 ② 179 ③ 180 ④ 181 ④ 182 ③

183 컵에 들어 있는 물과 토마토케첩을 유리막대로 저을 때 드는 힘이 서로 다른 것은 액체의 어떤 특성 때문인가?

① 거품성　　　② 응고성
③ 유동성　　　④ 유화성

해설 유동성
액체가 흐름을 만들어 움직이는 성질을 말한다.

184 식품의 조직감을 측정할 수 있는 기기는?

① 아밀로그래프(Amylograph)
② 텍스투로미터(Texturometer)
③ 패리노그래프(Farinograph)
④ 비스코미터(Viscometer)

해설 물성 측정
① 아밀로그래프(Amylograph) : 밀가루의 물리적 특성 분석(점도변화에 따른 Amylase의 역가)
③ 패리노그래프(Farinograph) : 밀가루의 변형과 흐름 분석
④ 비스코미터(Viscometer) : 유체의 점도 측정

185 소수성 졸(Sol)에 소량의 전해질을 넣을 때 콜로이드입자가 침전되는 현상은?

① 응결　　　② 틴들현상
③ 염석　　　④ 브라운운동

186 염석에 대한 설명으로 옳지 못한 것은?

① 다량의 전해질을 가해야 콜로이드입자를 침전시킬 수 있다.
② 소수성을 이용한다.
③ 비누공장에서 비누용액에 다량의 염화나트륨을 가해 비누를 석출시킬 때 이용하는 방법이다.
④ 친수성을 이용한다.

해설
- 친수성 Sol에 분산질과 물분자의 결합을 떨어뜨릴 정도로 많은 양의 전해질을 첨가하면 콜로이드가 가진 전하가 중화되어 엉기다 침전하게 되며 이것을 염석(Salting-out)이라 한다. 이는 두부, 비누 제조에 이용된다.
- 소수성 Sol을 이용한 것은 응결이라 한다.

정답 183 ③　184 ②　185 ①　186 ②

02 식품위생

식품위생의 개요

01 세계보건기구(WHO)에 따른 식품위생의 정의 중 식품의 안전성 및 건전성이 요구되는 단계는?

① 식품의 재료, 채취에서 가공까지
② 식품의 생육, 생산에서 섭취의 최종까지
③ 식품의 재료 구입에서 섭취 전의 조리까지
④ 식품의 조리에서 섭취 및 폐기까지

해설 세계보건기구(WHO)의 식품위생 정의
식품원료의 재배·생산·제조로부터 유통과정을 거쳐 최종적으로 사람에게 섭취되기까지의 모든 단계에 걸친 식품의 안전성(Safety), 건전성(Soundness), 완전성(Wholesomeness)을 확보하기 위한 모든 수단을 말한다.

02 세균으로 인한 식품의 변질을 막을 수 있는 방법으로 가장 적합한 것은?

① 수분활성도의 유지
② 식품 최대 pH값 유지
③ 산소 공급
④ 가열처리

03 동물성 식품의 부패는 주로 무엇이 변질된 것인가?

① 지방   ② 당질
③ 비타민 ④ 단백질

04 식품성분 중 주로 단백질이나 아미노산 등의 질소화합물이 혐기성 미생물에 의해 분해되어 유해성 물질을 생성하는 현상은?

① 부패   ② 산패
③ 변패   ④ 발효

해설 변질의 종류
- 부패(Putrefaction) : 단백질이 미생물에 의해 악취와 유해물질을 생성한다.
- 산패(Rancidity) : 지질이 산소와 반응하여 변질되어 이미, 산패취, 과산화물 등을 생성한다.
- 변패(Deterioration) : 미생물에 의해 탄수화물이 변질된다.
- 발효(Fermentation) : 탄수화물이 효모에 의해 유기산이나 알코올 등을 생성한다.

05 생선 및 육류의 초기 부패 판정 시 지표가 되는 물질에 해당되지 않는 것은?

① 휘발성 염기질소(VBN)
② 암모니아(Ammonia)
③ 트리메틸아민(Trimethylamine)
④ 아크롤레인(Acrolein)

해설 어육의 초기 부패 판정
- 트리메틸아민(Trimethylamine ; TMA) : 4~6mg%
- 휘발성 염기질소(Volatile Basic Nitrogen ; VBN) : 30~40mg%
- K값 = (IMP+XMP)/ATP×100 : 60~80%, 핵산의 분해 정도
- 히스타민(Histamine) : 400mg%, 알레르기 유발물질

06 단백질식품의 부패도를 특정하는 지표가 아닌 것은?

① 히스타민
② 카보닐가
③ 트리메틸아민(TMA)
④ 휘발성 염기질소(VBN)

해설 카보닐가
지질의 산패 시 생성되는 카보닐 화합물의 양을 측정하는 유지의 신선도 분석법

07 휘발성 염기질소(Volatile Basic Nitrogen)를 이용하여 어육의 부패를 판정할 때 초기 부패수치로 옳은 것은?

① 10~20mg%
② 30~40mg%
③ 60~70mg%
④ 80~90mg%

정답 01 ② 02 ④ 03 ④ 04 ① 05 ④ 06 ② 07 ②

해설 ▶ 식품의 초기 부패 평가
- 관능 변화 : 맛(쓴맛, 신맛 등), 냄새(아민, 암모니아, 알코올, 산패취, 인돌 등), 색(갈변, 퇴색, 변색, 광택 소실), 조직감(탄성 감소, 연질화, 점액화 등), 액상(침전, 발포, 응고)의 변화
- 생물학적 검사
  - 생균수 측정(신선도 판정 지표) : 1g당 10^5 이하이면 신선
  - 단백질 분해가 시작되면 총균수 증가
- 화학적 검사
  - 휘발성 염기질소 측정 : 30~40mg%
  - 트리메틸아민 측정 : 4mg%
  - pH 측정 : pH 6.2
  - 히스타민 측정 : 400mg%
  - K값 측정 : 60~80%

08 식품성분 중 주로 단백질이나 아미노산 등의 질소화합물이 세균에 의해 분해되어 저분자물질로 변화하는 현상은?

① 노화 ② 부패
③ 산패 ④ 발효

해설 ▶ 부패
단백질이 미생물에 의해 악취와 유해물질을 생성하는 것

09 식품의 변질요인인자와 거리가 먼 것은?

① 효소 ② 산소
③ 미생물 ④ 지질

해설 ▶
당류와 단백질은 미생물에 의해 분해되어 변질이 빠르지만 지방은 발효되지 않으므로 변질인자와 거리가 멀다. 하지만 지방은 산화에 의한 산패를 주의하여야 한다.

10 식품이 변질되는 물리적 요인과 관계가 가장 먼 것은?

① 온도 ② 습도
③ 삼투압 ④ 기류

해설 ▶
온도, 습도, 삼투압은 미생물의 생육에 영향을 준다.

11 식품 중의 단백질이 박테리아에 의해 분해되어 아민류를 생성하는 반응은?

① 탈탄산반응 ② 탈아미노반응
③ 알코올 발효 ④ 변패

해설 ▶
① 탈탄산반응 : 아미노산에서 이산화탄소를 분리하여 아민류 및 그 외 생성물을 생성하는 반응
  예 기질 아미노산과 아민류

기질 아미노산	아민류
히스티딘	히스타민
티로신	티라민
트립토판	트립타민

② 탈아미노반응 : 아미노기를 갖는 화합물에서 아미노기를 떼어내어 암모니아를 생성하는 반응으로, 탈아미노반응 시에는 N가 분리되므로 아민류가 생성될 수 없다.
③ 알코올 발효 : 산소가 없는 상태에서 미생물에 의하여 당류가 알코올과 이산화탄소로 분해되어 알코올을 생성하는 반응

12 생선의 신선도 측정에 이용되는 성분은?

① 다이아세틸(Diacetyl)
② 포름알데하이드(Formaldehyde)
③ 트라이메틸아민(Trimethylamine)
④ 아세트알데하이드(Acetaldehyde)

해설 ▶
- 포름알데하이드 : 방부제로 사용되는 무색의 자극성 액제
- 아세트알데하이드 : 알코올 산화과정에서 생성되는 숙취의 원인물질

13 다음 식품 중 상온에서 가장 쉽게 변질되는 것은?

① 김 ② 달걀
③ 소주 ④ 마가린

해설 ▶
김은 수분활성도가 낮고 마가린은 지방함량이 높아 미생물 생육이 어렵다.

14 다음 중 어패류의 부패생성물이 아닌 것은?

① 황화수소 ② 암모니아
③ 아민류 ④ 히스티딘

정답 08 ② 09 ④ 10 ④ 11 ① 12 ③ 13 ② 14 ④

해설

히스티딘은 고등어와 같은 등푸른생선이 함유하고 있는 단백질성분이다. 부패 시 탈탄산에 의해 히스타민을 생성하여 알러지의 원인이 되기도 하지만 히스티딘상태일 경우에는 부패생성물이 아니다.

15 영양성분별 세부표시방법으로 틀린 것은?

① 열량의 단위는 킬로칼로리로 표시한다.
② 나트륨의 단위는 그램(g)으로 표시한다.
③ 탄수화물에는 당류를 구분하여 표시한다.
④ 단백질의 단위는 그램(g)으로 표시한다.

해설 영양성분별 세부표시방법
- 열량 : kcal
- 탄수화물·당류
  - 탄수화물의 단위는 그램(g)으로 표시
  - 탄수화물에는 당류를 구분하여 표시
  - 탄수화물의 함량은 식품중량에서 단백질, 지방, 수분의 함량을 뺀 값
- 지방·트랜스지방·포화지방
  - 지방에는 트랜스지방 및 포화지방을 구분하여 표시
  - 지방의 단위는 그램(g)으로 표시
- 단백질 : 단백질의 단위는 그램(g)으로 표시
- 콜레스테롤 : 콜레스테롤의 단위는 밀리그램(mg)으로 표시
- 나트륨 : 나트륨의 단위는 밀리그램(mg)으로 표시

16 식품첨가물에서 가공보조제에 대한 설명으로 틀린 것은?

① 기술적 목적을 위해 의도적으로 사용된다.
② 최종 제품 완성 전 분해, 제거되어 잔류하지 않거나 비의도적으로 미량 잔류할 수 있다.
③ 식품의 입자가 부착되어 고형화되는 것을 감소시킨다.
④ 살균제, 여과보조제, 이형제는 가공보조제이다.

해설

식품의 입자 등이 서로 부착되어 고형화되는 것을 감소시키는 식품첨가물은 고결방지제이다.

가공보조제
- 식품의 제조과정에서 기술적 목적을 달성하기 위하여 의도적으로 사용된다.
- 최종 제품 완성 전 분해, 제거되어 잔류하지 않거나 비의도적으로 미량 잔류할 수 있는 식품첨가물을 말한다.
- 식품첨가물의 용도 중 '살균제', '여과보조제', '이형제', '제조용제', '청관제', '추출용제', '효소제'가 가공보조제에 해당한다.

17 미생물의 성장을 위해 필요한 최소 수분활성도가 높은 순서대로 배열한 것은 무엇인가?

① 세균 > 곰팡이 > 효모
② 세균 > 효모 > 곰팡이
③ 효모 > 세균 > 곰팡이
④ 곰팡이 > 세균 > 효모

해설 최저 수분활성도(A_w)
세균(0.91) > 효모(0.88) > 곰팡이(0.80) > 내건성곰팡이(0.65) > 내압효모(0.60)

18 수분활성도 0.4인 식품에서 품질 변화가 발생하였을 경우 품질 변화요인과 가장 거리가 먼 것은?

① 효소
② 산화
③ 갈변
④ 미생물

해설

세균의 생육 최저 수분활성도는 0.91이며, 가장 건조한 곳에서 생육 가능한 미생물인 내압효모의 최저 수분활성도는 0.60이므로, 수분활성도 0.4인 식품에서 생육 가능한 미생물은 없다.

19 미생물의 생육기간 중 물리·화학적으로 감수성이 높으며 세대기간이나 세포의 크기가 일정한 시기는?

① 유도기
② 대수기
③ 정상기
④ 사멸기

해설
- 유도기(Lag phase)
  - 미생물이 증식을 준비하며, 세포가 배양액에 적응하는 적응기
  - 개체수의 증가는 거의 없음
  - 세포의 크기가 커지고 호흡활성도가 높음
  - 효소·RNA양 증가, DNA양 변화 없음
- 대수기(Logarithmic phase)
  - 세포가 대수적으로 증식하는 증가기
  - 세대기간 및 세포의 크기 일정
  - 세포의 생리활성이 가장 강하며 예민
  - RNA 일정, DNA 증가
  - 증식속도는 영양, 온도, pH, 산소 등에 따라 변화
- 정상기(Stationary phase)
  - 생성세포와 소멸세포의 양이 같아 총 세포수가 일정하게 유지
  - 총균수가 가장 높은 시기
  - 포자 형성 시기

정답 15 ② 16 ③ 17 ② 18 ④ 19 ②

- 사멸기(Death phase)
  - 생성세포는 감소하고 소멸세포가 많아 총균수 감소
  - 자기소화(Autolysis)로 균체 분해

20 세균의 생육에 있어 RNA는 일정, DNA는 증가하고 세포의 활성이 가장 강하고 예민한 시기는?

① 유도기 ② 대수기
③ 정상기 ④ 사멸기

21 세균을 분류하는 기준으로 볼 수 없는 것은?

① 편모의 유무 및 착생부위
② 격벽(Septum)의 유무
③ 그람(Gram) 염색성
④ 포자의 형성 유무

해설
격벽의 유무는 곰팡이의 분류 기준이다.

22 곰팡이의 분류에 대한 설명으로 틀린 것은?

① 진균류는 조상균류와 순정균류로 분류된다.
② 순정균류는 자낭균류, 담자균류, 불완전균류로 분류된다.
③ 균사에 격벽이 없는 것을 순정균류, 격벽을 가진 것은 조상균류라 한다.
④ 조상균류는 호상균류, 접합균류, 난균류로 분류된다.

해설 곰팡이(진균류)
균사로 영양 섭취와 발육을 하는 호기성 미생물로 격벽의 유무로 조상균류와 순정균류가 구분된다.
- 조상균류(격벽 없음) : 접합균류, 난균류, 호상균류
- 순정균류(격벽 있음) : 자낭균류, 담자균류, 불완전균류(유성세대가 없음)

23 세균의 편모(Flagella)와 관련이 있는 것은?

① 생식기관 ② 운동기관
③ 영양축적기관 ④ 단백질합성기관

해설 편모
세균의 운동기관을 말한다.
- 단극모 : 한쪽으로 한 개의 편모를 가진다.
- 양극모 : 양쪽으로 하나씩의 편모를 가진다.
- 속극모 : 한쪽에 많은 편모를 가진다.
- 양속극모 : 양쪽으로 많은 수의 편모를 가진다.
- 주모 : 표면 전체에 편모를 가진다.

24 일반적으로 위균사(Pseudomycelium)를 형성하는 효모는?

① 사카로마이세스(Saccharomyces)속
② 칸디다(Candida)속
③ 한세니아스포라(Hanseniaspora)속
④ 트라이고놉시스(Trigonopsis)속

해설 위균사
효모균 등의 출아법에 의하여 생긴 생식체가 몇 차례 분열한 뒤에 서로 떨어지지 않고 붙어서 사슬형태로 이어져 있어 얼핏 균사처럼 겉모양을 나타내는 것으로, 칸디다(Candida)속의 대표적인 특징이다.

25 효모에 의한 에틸알코올(Ethyl alcohol) 발효는 어느 대사경로를 거치는가?

① EMP ② TCA
③ HMP ④ ED

해설 EMP경로
포도당을 분해하는 과정이기에 해당과정으로도 불린다. 효모에 의한 에틸알코올 발효는 효모가 발효를 통해 당류를 분해하면서 에틸알코올이 생성되는 과정이기에 EMP경로를 거친다.

26 곰팡이의 일반적인 증식방법은?

① 출아법
② 동태접합법
③ 분열법
④ 무성 포자 형성법

해설
곰팡이는 주로 포자로 번식하는데 포자의 종류는 무성 포자와 유성 포자로 나뉜다.

정답 20 ② 21 ② 22 ③ 23 ② 24 ② 25 ① 26 ④

27 일반적으로 식중독세균이 가장 잘 자라는 온도는?

① 0~10℃ ② 10~20℃
③ 20~25℃ ④ 30~37℃

해설 중온균
대부분의 식중독세균은 중온균에 속한다.
- 최적 발육온도 : 30~40℃
- 발육 하한온도 : 15~20℃
- 발육 상한온도 : 40~45℃

28 중온균의 발육 최적 온도는?

① 0~10℃ ② 10~25℃
③ 30~35℃ ④ 50~55℃

해설 미생물의 최적 발육온도
- 저온균 : 10~20℃
- 중온균 : 30~40℃
- 고온균 : 50~60℃

29 미생물 종류 중 크기가 가장 작은 것은?

① 세균(Bacteria) ② 바이러스(Virus)
③ 곰팡이(Mold) ④ 효모(Yeast)

해설 크기(직경 μm)
곰팡이(3~10) > 효모(6) > 세균(0.5) > 바이러스(0.017)

30 미생물의 명명에서 종의 학명(Scientific name)이란?

① 속명과 종명
② 목명과 과명
③ 과명과 종명
④ 과명과 속명

해설 미생물의 명명법(생물분류체계)
계 – 문 – 강 – 목 – 과 – 속(Genus) – 종(Species)
- 속(Genus) + 종(Species)으로 표기한다.
- 속명의 첫 알파벳은 대문자, 나머지는 소문자를 사용한다.
- 이탤릭체를 사용한다.

| 식중독/식품과 질병 |

31 살모넬라균 식중독에 대한 설명으로 틀린 것은?

① 계란, 어육, 연제품 등 광범위한 식품이 오염원이 된다.
② 60℃에서 20분 이상 가열 조리하여 예방한다.
③ 잠복기가 평균 3시간 정도로 짧은 편이다.
④ 보균자에 의한 식품오염도 주의를 하여야 한다.

해설
살모넬라균의 잠복기는 12~24시간이다. 황색포도상구균의 잠복기가 평균 3시간으로 짧은 편이다.

32 황색포도상구균 식중독의 원인물질은?

① 테트로도톡신
② 엔테로톡신
③ 프토마인
④ 에르고톡신

해설
① 테트로도톡신 : 복어독
② 엔테로톡신 : 내열성 장독소
③ 프토마인 : 육류의 부패독
④ 에르고톡신 : 곰팡이독소

33 엔테로톡신(Enterotoxin)을 생산하는 식중독균은?

① 보툴리누스(*Botulinus*)균
② 아리조나(*Arizona*)균
③ 프로테우스(*Proteus*)균
④ 스타필로커스(*Staphylococcus*)균

해설
- 보툴리누스 : 신경독소(Neurotoxin) 생성
- 스타필로커스 : 장독소(Enterotoxin) 생성

정답 27 ④ 28 ③ 29 ② 30 ① 31 ③ 32 ② 33 ④

34 클로스트리디움 퍼프린젠스(*Cl. perfringens*)에 의한 식중독에 관한 설명으로 틀린 것은?

① 감염형과 독소형의 복합적 성격을 지닌다.
② 웰치균이라고도 하며, 아포의 발아 시 독소를 형성한다.
③ 채소류보다 육류와 같은 고단백질식품에서 주로 발생한다.
④ 신경독소인 뉴로톡신을 생산하며, 열에 강한 편이다.

해설
클로스트리디움 퍼프린젠스(*Cl. perfringens*)는 열에 약해 75℃ 이상 조리 시 파괴된다.

35 독소는 120℃에서 20분간 가열하여도 파괴되지 않으며 도시락, 김밥 등의 탄수화물식품에 의해서 발생할 수 있는 식중독은?

① 살모넬라균 식중독
② 황색포도상구균 식중독
③ 클로스트리디움 보툴리눔균 식중독
④ 장염비브리오균 식중독

해설
황색포도상구균은 열에 약해 60℃에서 20분 가열 시 사멸되지만 황색포도상구균이 생성하는 장독소 엔테로톡신은 내열성이 커서 120℃에서 20분간 가열하여도 완전히 파괴되지 않는다.

36 통조림 육제품의 부패현상을 발생시키며 내열성 포자형성균으로서 통조림제품의 살균 시 가장 문제가 되는 미생물은?

① 살모넬라(*Salmonella*)
② 락토바실루스(*Lactobacillus*)
③ 마이크로코커스(*Micrococcus*)
④ 클로스트리디움(*Clostridium*)

해설
① 살모넬라(*Salmonella*) : 통성혐기성 식중독균
② 락토바실루스(*Lactobacillus*) : 통성혐기성 발효균
③ 마이크로코커스(*Micrococcus*) : 호기성 내염균
④ 클로스트리디움(*Clostridium*) : 편성혐기성 아포형성균
• 혐기성 세균이므로 통조림에서 부패 유발 가능성 존재

37 *Escherichia coli* O157 : H7에 의해 일어나는 것은?

① 장티푸스
② 세균성 이질
③ 렙토스피라증
④ 장출혈성 대장균 감염증

해설 *Escherichia coli* O157 : H7
병원성 대장균 중 하나인 장출혈성 대장균 감염증의 원인균으로 햄버거병의 원인이 되기도 한다.

38 신경독을 일으키는 세균성 식중독균은?

① 살모넬라(*Salmonella*)
② 장염비브리오(*Vibrio parahaemolyticus*)
③ 웰치(*Welchii*)
④ 보툴리누스(*Botulinus*)

해설
보툴리눔(보툴리누스)은 대표적인 독소형 식중독으로 단백질성의 신경독소인 뉴로톡신(Neurotoxin)을 생산한다.

39 살모넬라 식중독을 유발시키는 가장 대표적인 원인식품은?

① 어패류
② 복합조리식품
③ 육류와 그 가공식품
④ 과일과 채소 가공식품

40 감염형 식중독이 아닌 것은?

① 살모넬라균 식중독
② 포도상구균 식중독
③ 장염비브리오균 식중독
④ 캠필로박터균 식중독

해설
• 감염형 식중독 : 살모넬라, 장염비브리오, 캠필로박터, 병원성대장균 식중독
• 독소형 식중독 : 황색포도상구균, 클로스트리디움 보툴리눔 식중독

정답 34 ④ 35 ② 36 ④ 37 ④ 38 ④ 39 ③ 40 ②

41 통조림 열처리과정 중 살아남을 수 있는 미생물은?

① *Achromobacter* (아크로모박테리아)속
② *Pseudomonas* (슈도모나스)속
③ *Salmonella* (살모넬라)속
④ *Clostridium* (클로스트리디움)속

해설
클로스트리디움속의 경우 혐기성균이기 때문에 혐기조건의 통조림조건에서 생존이 가능하다. 보툴리눔이 생산하는 신경독소인 뉴로톡신(Neurotoxin)의 경우 100℃에서 10분간 가열하여야 사멸되기에, 통조림의 불완전 가열 시 생존할 수 있다.

42 독소형 식중독을 일으키는 것은?

① 클로스트리디움 보툴리눔(*Clostridium botulinum*)
② 리스테리아 모노사이토제네스(*Listeria monocytogenes*)
③ 스트렙토코커스 페칼리스(*Streptococcus faecalis*)
④ 살모넬라 타이피(*Salmonella typhi*)

해설 독소형 식중독
Staphylococcus aureus, *Clostridium botulinum*

43 살모넬라 식중독을 예방하기 위해 가열처리해야 하는 온도는?

① 40℃   ② 45℃
③ 50℃   ④ 60℃

해설
살모넬라는 열에 매우 약한 식중독균으로 60℃에서 20분 이상, 중심온도 75℃에서 1분 이상 가열 시 사멸한다.

44 어패류를 날것으로 먹었을 때 감염되며, 특히 간기능이 저하된 사람에게 매우 치명적이고 높은 치사율을 나타내는 식중독은?

① 살모넬라균에 의한 식중독
② 포도상구균에 의한 식중독
③ 비브리오균에 의한 식중독
④ 보툴리누스균에 의한 식중독

해설 비브리오(*Vibrio* spp.) 식중독
• 그람음성, 무포자의 통성혐기성균이다.
• 호염균으로 3~4%에서 서식이 가능하다.
• 어패류의 생식을 통해 감염된다.

45 병원성 장염비브리오균의 최적 증식온도는?

① -5~5℃   ② 5~15℃
③ 30~37℃   ④ 60~70℃

해설
병원성 장염비브리오균 및 대부분의 부패세균은 중온균으로 중온균의 최적 증식온도는 30~37℃이다.

46 리스테리아증(Listeriosis)에 대한 설명 중 틀린 것은?

① 면역능력이 저하된 사람들에게 발생하여 패혈증, 수막염 등을 일으킨다.
② 리스테리아균은 고염, 저온상에서 성장하지 못한다.
③ 인체 내의 감염은 오염된 식품에 의해 주로 이루어진다.
④ 야생동물 및 가금류, 오물, 폐수에서 많이 분리된다.

해설 *Listeria monocytogenes*
• 그람양성, 무포자, 간균, 중온균으로 최적 온도는 30~40℃이나 냉장고에서 활발히 생육하는 세균
• 감염형 식중독균으로 잠복기는 확실하지 않고 위장증상, 수막염, 임산부의 자연유산 및 사산 유발
• 건조한 환경에 강해 분유 등 유제품 및 육류를 통해 감염

47 세균성 식중독균과 그 증상과의 연결이 틀린 것은?

① 황색포도상구균 - 구토 및 설사
② *Botulinus*균 - 신경계 증상
③ *Listeria*균 - 뇌수막염
④ *Salmonella*균 - 골수염

해설
살모넬라는 38℃를 넘는 고열이 주증세로 구토·복통·설사·발열의 일반적 급성 장염증세를 나타내며, 심할 경우 패혈증을 일으켜 사망에 이를 수 있다.

정답 41 ④ 42 ① 43 ④ 44 ③ 45 ③ 46 ② 47 ④

48 어육부패에 가장 많이 관여하는 세균은?

① 슈도모나스(*Pseudomonas*)
② 세라티아(*Serratia*)
③ 마이크로코커스(*Micrococcus*)
④ 살모넬라(*Salmonella*)

해설 슈도모나스(*Pseudomonas*)
물, 토양, 식품 등 모든 자연환경에 널리 분포하여 식물에서의 무름, 식품에서의 부패를 유발하는 균이다.

49 알레르기성 식중독과 관계가 깊은 균은?

① 살모넬라(*Salmonella*)균
② 모르가넬라(*Morganella*)균
③ 보툴리누스(*Botulinus*)균
④ 장염비브리오(*Vibrio*)균

해설 모르가넬라(*Morganella*)
생선에 존재하는 히스티딘을 탈탄산시켜 히스타민을 생성하여 알레르기를 일으키는 식중독균이다.

50 경미한 경우에는 발열, 두통, 구토 등을 나타내지만 종종 패혈증이나 뇌수막염, 정신착란 및 혼수상태에 빠질 수 있다. 연질치즈 등이 자주 관련되며, 저온에서도 성장이 가능한 균으로서 특히 태아나 신생아의 미숙 사망이나 합병증을 유발하기도 하여 치명적인 식중독 원인균은?

① 비브리오 불니피쿠스(*Vibrio vulnificus*)
② 리스테리아 모노사이토제네스(*Listeria monocytogenes*)
③ 클로스트리디움 보툴리눔(*Cl. Botulinum*)
④ *E. coli* O 157 : H7

해설
리스테리아 모노사이토제네스(*Listeria monocytogenes*)는 저온 증식이 가능하므로 냉장조건에서의 장기보관을 피한다.

51 식품의 제조과정에서 냉동조작을 받더라도 대장균에 비해 오랜 기간 생존하기 때문에 냉동식품의 오염지표균이 되는 것은?

① 장구균
② 곰팡이균
③ 살모넬라균
④ 세균성 식중독균

해설
• 위생지표균 : 일반세균, 대장균, 대장균군
• 냉동식품의 오염지표균 : 장구균
• 환경오염지표균 : 리스테리아(저온 생존 가능)

52 아마니타톡신을 생성하는 식품은?

① 감자
② 조개
③ 독버섯
④ 독미나리

해설 버섯류 독성분
Muscarine, Muscaridine, Choline, Neurine, Phaline, Amanita-toxin, Agaricic acid, Pilztoxin 등

53 테트로도톡신(Tetrodotoxin)에 의한 식중독의 원인식품은?

① 조개류
② 두류
③ 복어류
④ 버섯류

54 복어의 독성분은?

① 에르고톡신
② 무스카린
③ 솔라닌
④ 테트로도톡신

55 복어를 먹었을 때 식중독이 일어났다면 무슨 독인가?

① 세균성 식중독
② 화학성 식중독
③ 자연독
④ 알레르기성 식중독

56 식품과 독성분이 바르게 연결된 것은?

① 감자 – 무스카린
② 복어 – 삭시톡신
③ 매실 – 아미그달린
④ 조개 – 아플라톡신

정답 48 ① 49 ② 50 ② 51 ① 52 ③ 53 ③ 54 ④ 55 ③ 56 ③

57 굴, 모시조개에 의한 식중독의 독성분은?

① 삭시톡신(Saxitoxin)
② 베네루핀(Venerupin)
③ 테트로도톡신(Tetrodotoxin)
④ 에르고톡신(Ergotoxin)

58 식품과 독소의 연결이 바르지 않은 것은?

① 독미나리 – 시큐톡신(Cicutoxin)
② 복어 – 테트로도톡신(Tetrodotoxin)
③ 모시조개 – 삭시톡신(Saxitoxin)
④ 피마자유 – 리시닌(Ricinine), 리신(Ricin)

해설
- 감자 : 솔라닌
- 복어 : 테트로도톡신
- 모시조개 : 베네루핀
- 고둥 : 테트라민
- 섭조개, 대합, 홍합 : 삭시톡신
- 독버섯 : 아마니타톡신, 콜린
- 독미나리 : 시큐톡신
- 피마자유 : 리시닌, 리신

59 식품과 자연독의 연결이 틀린 것은?

① 감자 – 솔라닌
② 피마자 – 무스카린
③ 청매 – 아미그달린
④ 목화씨 – 고시폴

60 식품과 유해성분의 연결이 틀린 것은?

① 독미나리 – 시큐톡신(Cicutoxin)
② 황변미 – 시트리닌(Citrinin)
③ 피마자유 – 고시폴(Gossypol)
④ 독버섯 – 콜린(Choline)

61 독소와 식품의 연결이 틀린 것은?

① 시큐톡신(Cicutoxin) – 독미나리
② 시트리닌(Citrinin) – 황변미
③ 아미그달린(Amygdalin) – 매실, 산구
④ 고시폴(Gossypol) – 피마자유

62 피마자유에서 볼 수 있는 유독성분은?

① 솔라닌   ② 리신
③ 아미그달린   ④ 고시폴

63 청매 중에 함유된 독소성분은?

① 아미그달린(Amygdalin)
② 고시폴(Gossypol)
③ 무스카린(Muscarine)
④ 솔라닌(Solanine)

64 감자에 존재하는 독성 원인물질은?

① 무스카린(Muscarine)
② 솔라닌(Solanine)
③ 테트로도톡신(Tetrodotoxin)
④ 시큐톡신(Cicutoxin)

해설
- 감자 : 솔라닌(Solanine)
- 부패감자 : 셉신(Sepsin)
- 청매 : 아미그달린(Amygdalin)
- 독미나리 : 시큐톡신(Cicutoxin)
- 피마자유 : 리시닌, 리신(Ricinine, Ricin)
- 목화씨 : 고시폴(Gossypol)
- 고사리 : 프타퀼로사이드(Ptaquiloside)

65 아플라톡신(Aflatoxin)에 관한 설명 중 틀린 것은?

① 강한 간암 유발물질이다.
② 아스페르길루스 파라시티쿠스(Aspergillus Parasiticus)균주도 생산한다.
③ 탄수화물이 풍부한 곡류에서 잘 생성된다.
④ 수분 15% 이하의 조건에서 잘 생성된다.

해설 아플라톡신
Aspergillus 속은 곰팡이가 곡류, 땅콩 등에 번식하여 생성하는 독소로 강한 간암을 유발하는 발암물질이다. Aflatoxin은 25~30℃, 수분 16% 이상의 조건에서 잘 생성된다.

정답 57 ② 58 ③ 59 ② 60 ③ 61 ④ 62 ② 63 ① 64 ② 65 ④

66 빵 부패 시 적색을 나타내는 균은?

① *Monascus*속
② *Ashbya*속
③ *Neurospora*속
④ *Fusarium*속

해설
① *Monascus*속 : 붉은색 계통의 포자를 생성하는 곰팡이로 홍국의 제조에 주로 사용된다.
② *Ashbya*속 : 비타민 B_2 생산 능력이 우수한 곰팡이균으로, 상업적 대량배양에 이용된다.
③ *Neurospora*속 : 붉은색–오렌지색의 분생자를 형성하며, 탄수화물이 풍부한 식품에서 주로 서식하여 붉은빵 곰팡이로도 불린다.
④ *Fusarium*속 : 식물병의 원인 곰팡이균이다.

67 호밀, 보리 등에 발생하는 맥각중독의 원인독소는?

① 미코톡신(Mycotoxin)
② 테트로도톡신(Tetrodotoxin)
③ 아플라톡신(Aflatoxin)
④ 에르고톡신(Ergotoxin)

해설 맥각중독
- 맥각(Ergot)은 자낭균류에 속하는 맥각균(*Claviceps purpurea*)이 맥류(보리, 밀, 호밀, 귀리)의 꽃 주변에 기생하여 발생하는 균핵(Sclerotium)이다.
- 맥각독 성분은 Ergotoxin, Ergotamine, Eergometrin 등이며 이것은 수확 전에 가장 심하고 저장기간이 길면 서서히 상실된다.

68 곰팡이가 생산한 독소가 아닌 것은?

① 시트리닌(Citrinin)
② 엔테로톡신(Enterotoxin)
③ 아플라톡신(Aflatoxin)
④ 시트레오비리딘(Citreoviridin)

69 황변미중독은 쌀에 무엇이 증식하기 때문인가?

① 곰팡이
② 세균
③ 바이러스
④ 효모

70 미코톡신(Mycotoxin) 중 간장독을 일으키는 독성분은?

① 시트리닌(Citrinin)
② 말토리진(Maltoryzine)
③ 파툴린(Patulin)
④ 아플라톡신(Aflatoxin)

71 미코톡신(Mycotoxin)에 대한 설명 중 틀린 것은?

① 곰팡이의 2차 대사산물이다.
② 식육의 오염지표가 된다.
③ 아플라톡신은 *Aspergillus* 속에서 분비되는 독소이다.
④ 곰팡이가 분비하는 독소이다.

72 오크라톡신(Ochratoxin)은 무엇에 의해 생성되는 독소인가?

① 진균(곰팡이)
② 세균
③ 바이러스
④ 복어의 일종

해설 Mycotoxin(곰팡이독)의 분류
- 간장독 : Aflatoxin(*Aspergillus flavus*), Rubratoxin, Ochratoxin, Sterigmatocystin, Luteoskyrin, Islanditoxin
- 신장독 : Citrinin(*Penicillium* sp.), Citreomycetin, Kojic acid
- 신경독 : Patulin(*Penicillium* sp.)

73 금속제련소의 폐수에 다량 함유되어 중독증상을 일으킨 오염물질은?

① 염소
② 비산동
③ 카드뮴
④ 유기수은

74 유기수은을 함유한 어패류에 의하여 발생되는 질병은?

① 이타이이타이병
② 미나마타병
③ PCB중독
④ 주석중독

해설
- Hg : 미나마타병
- 카드뮴 : 이타이이타이병
- PCB : 폴리염화바이페닐, 전기절연체

정답 66 ③ 67 ④ 68 ② 69 ① 70 ④ 71 ② 72 ① 73 ③ 74 ②

75 다음 중 식품포장재로 이용되고 있는 금속과 거리가 먼 것은?

① 철
② 주석
③ 크로뮴
④ 구리

해설
식품포장재로 사용되는 금속재료로는 알루미늄, 아연, 철, 주석, 크로뮴 등이 있다. 알루미늄은 산과 알칼리 조건에서 부식되며, 아연과 주석은 산성 식품에서 용출 가능성이 있으니 주의해야 한다.

76 멜라민(Melamin)수지로 만든 식기에서 위생상 문제가 될 수 있는 주요 성분은 무엇인가?

① 페놀
② 게르마늄
③ 단량체
④ 포름알데하이드

해설 식품포장재로 사용되는 플라스틱소재
- 열가소성 수지 : 폴리에틸렌, 폴리프로필렌, 폴리스티렌, 염화비닐수지 등으로 열을 가하면 부드러워지는 플라스틱소재이기에 식품포장에 폭넓게 사용되나 안정제, 단량체, 가소제의 용출 가능성이 있다.
- 열경화성 수지 : 페놀수지, 요소수지, 멜라민수지 등으로 열을 가해도 부드러워지지 않는 플라스틱소재이다. 포르말린, 포름알데하이드의 용출 리스크가 있다.

77 금속제련소의 폐수에 의한 식품의 오염원인물질로, 이타이이타이병을 일으키는 중금속은?

① 철(Fe)
② 납(Pb)
③ 주석(Sn)
④ 카드뮴(Cd)

해설 카드뮴(Cd)
도자기, 법랑 등에 주로 사용되는 식품포장재로, 도금에서 용출될 가능성이 있다. 용출 시 골다공증, 골연화증을 유발할 수 있으며 이를 이타이이타이병이라고 한다.

78 농약 잔류성에 대한 설명으로 틀린 것은?

① 농약의 분해속도는 구성 성분의 화학구조의 특성에 따라 각각 다르다.
② 잔류기간에 따라 비잔류성, 보통잔류성, 잔류성, 영구잔류성으로 구분한다.
③ 유기염소계 농약은 잔류성이 있더라도 비교적 단기간에 분해·소멸된다.
④ 중금속과 결합한 농약들은 중금속이 거의 영구적으로 분해되지 않아 영구잔류성으로 분류한다.

해설 농약
- 유기염소계 : 살충효과가 크고 인체 독성이 낮으나 잔류성이 길고, 구조가 안정하여 자연상태에서 분해되지 않아 생태계 파괴를 일으킨다.
- 유기인제 : 살충효과는 좋으나 인체 독성이 비교적 높다. 현재 가장 많이 사용되는 농약의 종류이다.

농약은 현재의 농업에서 필수불가결한 존재이기에 최소한의 농약 사용이 제안되며, 농약의 잔류량을 감소시키기 위해 수확 전 일정 기간 동안에는 농약의 살포를 금지하고 있다. 이렇게 잔류되는 농약은 농산물별 잔류농약기준으로 관리되고 있다. 농약은 화학구조가 안정할수록 분해되기 어렵고 오래 잔류하여 사람에게 독성 리스크를 일으킨다. 특히, 중금속과 결합 시에는 분해가 어렵다. 농약은 농산물의 재배, 수확, 보관기간 중 분해되고 제거되어 섭취량이 많지 않아 세균성 식중독에 비해 발생률은 적지만, 배출이 어려워 주로 만성 독성을 일으킨다.

79 식품첨가물을 의도적으로 첨가하거나 농작물에 살포한 농약이 잔류한 경우 등에 의한 식중독은?

① 독소형 식중독
② 감염형 식중독
③ 식물성 식중독
④ 화학적 식중독

해설
미생물(독소형, 감염형)에 의한 식중독과 자연독(식물성, 동물성) 식중독은 비의도적 발생원이다.

80 통조림 중에서 가열 살균조건을 가장 완화시켜도 되는 것은?

① 과일주스 통조림
② 어육 통조림
③ 육류 통조림
④ 채소류 통조림

해설
동일한 식품 Matrix를 가질 때에는 산성 조건에서 미생물의 생육이 가장 어렵기 때문에, 유기산의 함량이 높은 과일주스는 pH가 가장 낮아 살균조건 완화가 가능하다.

81 다음 중 감염원이 아닌 것은?

① 환자의 분비물
② 비병원성 미생물에 오염된 음식물
③ 병원균 함유한 토양
④ 분변에 오염된 음료수

정답 75 ④ 76 ④ 77 ④ 78 ③ 79 ④ 80 ① 81 ②

해설 감염원

감염을 일으킬 수 있는 보균체이다. 비병원성 미생물에 오염된 음식물의 경우에는 병원성 미생물을 보균하지 않았기에 감염원으로 분류되지 않는다.

82 다음 중 경구감염병에 관한 설명으로 틀린 것은?

① 경구감염병은 병원체와 고유숙주 사이에 감염환이 성립되어 있다.
② 경구감염병은 미량의 균량으로도 발병한다.
③ 경구감염병은 잠복기가 길다.
④ 경구감염병은 2차 감염이 발생하지 않는다.

해설 경구감염병의 특징
- 물, 식품이 감염원으로 운반매체이다.
- 병원균의 독력이 강해서 식품에 소량의 균이 있어도 발병한다.
- 사람에서 사람으로 2차 감염된다.
- 잠복기가 길고 격리가 필요하다.
- 면역이 있는 경우가 많다.
- 지역적·집단적으로 발생한다.
- 환자 발생에 계절이 영향을 미친다.

83 경구감염병에 대한 일반적인 설명으로 틀린 것은?

① 잠복기간이 길다.
② 2차 감염이 일어난다.
③ 면역성이 있는 경우가 많다.
④ 미량의 미생물균체에 의해서는 감염되지 않는다.

해설 경구감염병과 세균성 식중독

경구감염병	세균성 식중독
• 물, 식품이 감염원으로 운반매체이다. • 병원균의 독력이 강하여 식품에 소량의 균이 있어도 발병한다. • 사람에서 사람으로 2차 감염된다. • 잠복기가 길고 격리가 필요하다. • 면역이 있는 경우가 많다. • 감염병예방법	• 식품이 감염원으로 증식매체이다. • 균의 독력이 약하다. 따라서 식품에 균이 증식하여 대량으로 섭취하여야 발병한다. • 식품에서 사람으로 감염(종말감염)된다. • 잠복기가 짧고 격리가 불필요하다. • 면역이 없다. • 식품위생법

84 경구감염병이 특히 여름철에 많이 발생하는 이유와 가장 거리가 먼 것은?

① 음식물에 부착된 세균의 증식이 용이하다.
② 감염의 기회가 많다.
③ 환자 및 보급자의 조기 발견이 힘들다.
④ 파리 등 매개체가 많다.

해설
대기의 온도가 높아지는 여름철에는 중온성 부패세균의 증식이 용이하고 위생동물의 이동이 활발해 경구감염병 발생이 증가한다.

85 치명률이 높거나 집단 발생의 우려가 커서 음압격리와 같은 높은 수준의 격리가 필요한 법정감염병에 해당하는 것은?

① 큐열
② 결핵
③ 폴리오
④ 에볼라바이러스병

해설
- 제1급감염병 : 생물테러감염병 또는 치명률이 높거나 집단 발생의 우려가 커서 발생 또는 유행 즉시 신고하여야 하고, 음압격리와 같은 높은 수준의 격리가 필요한 감염병
  – 에볼라바이러스, 두창, 페스트, 탄저, 보툴리눔독소증 등
- 제2급감염병 : 전파가능성을 고려하여 발생 또는 유행 시 24시간 이내에 신고하여야 하고, 격리가 필요한 다음 각 목의 감염병
  – 결핵, 수두, 홍역, 장티푸스, 콜레라, 파라티푸스
- 제3급감염병 : 그 발생을 계속 감시할 필요가 있어 발생 또는 유행 시 24시간 이내에 신고하여야 하는 감염병
  – 파상풍, B형 간염, 일본뇌염, 말라리아, 브루셀라증 등

86 콜레라의 특징이 아닌 것은?

① 호흡기를 통하여 감염된다.
② 외래감염병이다.
③ 감염병 중 급성에 해당한다.
④ 원인균은 비브리오균의 일종이다.

해설
식수와 식품(어패류)을 통해 경구감염된다.

정답 82 ④ 83 ④ 84 ③ 85 ④ 86 ①

87 공항이나 항만의 검역을 철저히 할 경우 막을 수 있는 감염병은?

① 이질
② 콜레라
③ 장티푸스
④ 디프테리아

해설 콜레라
Vibrio cholearae가 분비한 독소에 의해서 설사를 일으키는 급성 장관감염병의 한 종류이다. 우리나라에서는 직접 발병하는 경우는 거의 드물고 주로 해외에서 감염 후 국내 유입을 통해 발병되는 경우가 많기 때문에 철저한 검역을 통해 예방할 수 있다.

88 다음 중 제1급 감염병은?

① 장출혈성 대장균증후군
② 콜레라
③ 탄저
④ 파상풍

해설 탄저병
Bacillus anthracis 에 의한 감염질환이다. 중증도 및 치사율이 높아 생물테러무기로도 사용된 적이 있다.

89 수인성 감염병에 속하지 않는 것은?

① 장티푸스
② 이질
③ 콜레라
④ 파상풍

해설 수인성 감염병
물을 매개로 오염되는 감염병을 말한다. 수인성 감염병의 경우 병원체에 오염된 물을 사람이 섭취하여 감염을 일으키며, 병원체는 발병 후 분변을 통해 다시 체외로 배출된다. 배출된 분변이 다시 주변의 물을 오염시켜 새로운 감염원이 된다. 그렇기에 환자의 분비물을 분리하여 배출해야 한다.

④ 파상풍은 상처부위에 Clostridium tetani 가 증식하여 발생하는 질병으로 수인성 감염병에 속하지 않는다.

90 다음 중 제2급 감염병이 아닌 것은?

① 콜레라
② 세균성 이질
③ 디프테리아
④ 장출혈성 대장균감염증

91 다음 중 제1급 감염병이 아닌 것은?

① 탄저
② 페스트
③ 장티푸스
④ 중증급성호흡기증후군(SARS)

92 다음 중 제2급 감염병이 아닌 것은?

① 파라티푸스
② 유행성 이하선염
③ 디프테리아
④ 세균성 이질

해설 법정감염병
- 1급 법정감염병 : 디프테리아, 두창, 라싸열, 동물인플루엔자 인체감염증, 야토병, 보툴리눔독소증, 에볼라바이러스병, 탄저, 페스트, 중동호흡기증후군(MERS), 중증급성호흡기증후군(SARS) 등
- 2급 법정감염병 : A형 간염, E형 간염, 결핵, 백일해, 성홍열, 세균성 이질, 수두, 장출혈성 대장균감염증, 장티푸스, 콜레라, 파라티푸스, 폐렴구균, 폴리오, 풍진, 한센병, 홍역, 유행성 이하선염 등
- 3급 법정감염병 : B형 간염, C형 간염, 공수병, 뎅기열, 말라리아, 발진열, 발진티푸스, 브루셀라증, 비브리오패혈증, 일본뇌염, 큐열, 파상풍, 황열, 후천성 면역결핍증(AIDS) 등

93 홍역에 관한 설명 중 옳은 것은?

① 세균에 의한 감염병이다.
② 일반적으로 성인이 많이 걸리는 감염병이다.
③ 열과 발진이 생기는 호흡기계 감염병이다.
④ 자연능동면역으로 일시 면역된다.

해설 홍역
홍역바이러스에 의해 피부에서 주로 발병하여 발열과 발진을 일으키는 호흡기계 감염병이다. 소아청소년시기에 주로 발병하며 한 번 감염된 후에는 평생 면역을 획득하여 재감염되지 않는다.

94 다음 중 식품을 매개로 감염될 수 있는 가능성이 가장 높은 바이러스성 질환은?

① A형 간염
② B형 간염
③ 후천성 면역결핍증(AIDS)
④ 유행성 출혈열

해설
① A형 간염 : Hepatitis A virus에 의해 감염되며 바이러스에 감염된 식품이나 물을 통해 감염된다.

정답 87 ② 88 ③ 89 ④ 90 ③ 91 ③ 92 ③ 93 ③ 94 ①

② B형 간염 : Hepatitis B virus에 의해 감염되는 질환으로 B형 간염 바이러스에 감염된 혈액이나 체액에 의해 감염된다.
③ 후천성 면역결핍증(AIDS) : Human immunodeficiency virus에 감염된 혈액이나 성접촉을 통해 감염된다.
④ 유행성 출혈열 : Hantaan virus에 의해 사람과 동물 모두에게 감염되는 동물매개감염증이다.

95 세균에 의한 경구감염병은?

① 유해성 간염
② 폴리오
③ 전염성 설사
④ 콜레라

해설
유행성 간염, 전염성 설사, 폴리오는 바이러스에 의해 발병한다.

96 바이러스성 인수공통감염병인 인플루엔자(Influenza)에 대한 설명이 잘못된 것은?

① RNA바이러스로 공기감염을 통한 감염도 가능하다.
② 바이러스의 최초 분리는 1933년이며 A, B, C형이 있다.
③ 인플루엔자바이러스는 저온, 저습도에서 주로 발생한다.
④ 주요 병변은 소화기계에 국한되어 발생한다.

해설 인플루엔자
바이러스에 의해 발생하는 급성 호흡기질환이지만 고열, 두통, 근육통, 전신쇠약감과 같은 전반적인 신체증상을 동반한다.

97 병원체가 바이러스인 질병으로만 묶인 것은?

① 콜레라, 장티푸스
② 세균성 이질, 파라티푸스
③ 폴리오, 유행성 간염
④ 성홍열, 디프테리아

98 식품에 의한 전염병의 예방대책과 거리가 먼 것은?

① 쥐, 파리, 바퀴 등의 침입 방지
② 식품의 위생적 처리
③ 수돗물은 1시간 동안 받아 두었다 사용
④ 환자배설물의 철저한 위생처리

해설
수돗물을 1시간 동안 받아 두었다가 사용하는 것은 먹는 물의 소독 시 사용되는 휘발성 물질을 제거하기 위한 방법이다.

99 식중독과 관련된 세균과 바이러스에 대한 설명으로 틀린 것은?

① 세균은 일정량 이상의 균이 존재하여야 발병이 가능하다.
② 세균은 항생제 등을 사용하여 치료가 가능하며 일부 균은 백신이 개발되었다.
③ 바이러스는 온도, 습도, 영양성분 등이 적정하면 자체 증식이 가능하다.
④ 바이러스는 대부분 2차 감염이 된다.

해설
바이러스는 자체 증식이 불가능하며 숙주세포가 존재해야지만 기생해서 증식이 가능한 미생물이다.

100 우유에 의해 사람에게 감염되고, 반응검사에 의해 음성자에게 BCG 접종을 실시해야 하는 인수공통전염병은?

① 결핵
② 돈단독
③ 파상열
④ 조류독감

해설 결핵(Tuberculosis)
- 특징 : 감염된 소의 우유로 감염된다. 잠복기는 1~3개월이며 기침이 2주 이상 지속되고, 기침, 흉통, 고열, 피 섞인 가래가 나오며 폐의 석회화가 진행된다.
- 예방 : 정기적인 Tuberculin 검사로 감염된 소를 조기 발견하여 적절한 조치를 하고 우유를 완전히 살균한다. BCG 예방접종을 실시한다.

101 동물에게는 감염성 유산을 일으키고, 사람에게는 열성 질환을 일으키는 인수공통감염병은?

① 결핵
② 탄저
③ 파상열
④ 돈단독

해설 파상열
Brucella sp.에 의해서 감염되는 인수공통감염병으로 가축에게는 유산, 사람에게는 40℃ 이상의 고열을 유발한다.

정답 95 ④ 96 ④ 97 ③ 98 ③ 99 ③ 100 ① 101 ③

102 감염병예방법에서 정한 인수공통감염병이 아닌 것은?

① 탄저병　　　　② 결핵
③ 병원성 대장균　④ 큐열

103 인수공통감염병에 관한 설명 중 틀린 것은?

① 동물들 사이에 같은 병원체에 의하여 전염되어 발생하는 질병이다.
② 예방을 위하여 도살장과 우유처리장에서는 검사를 엄중히 해야 한다.
③ 탄저, 브루셀라병, 야토병, Q열 등이 해당된다.
④ 예방을 위해서는 가축의 위생관리를 철저히 하여야 한다.

해설 인수공통감염병
- 인수공통감염병의 종류 : 탄저, 파상열(브루셀라병), 결핵, 돈단독증, 야토병, Q열 등
- 인수공통감염병의 예방
  - 이환동물을 조기 발견하여 격리치료를 한다.
  - 이환동물이 식품으로 취급되지 않도록 하며 우유 등의 살균처리를 한다.
  - 수입되는 유제품, 가축, 고기 등의 검역을 철저히 한다.
- 인수공통감염병의 정의 : 사람과 동물 사이에 전파되는 병원체에 의해 상호전염되는 감염병

104 음식물의 섭취를 통하여 전파되는 질병과 거리가 먼 것은?

① 이질　　　② 광견병
③ 장티푸스　④ 콜레라

해설
광견병은 바이러스에 의해 동물과 사람에게 모두 발생 가능한 인수공통감염병이다.

105 기생충란을 제거하기 위한 가장 효과적인 야채 세척방법은?

① 수돗물에 1회 씻는다.
② 소금물에 1회 씻는다.
③ 흐르는 수돗물에 5회 이상 씻는다.
④ 물을 그릇에 받아 2회 세척한다.

해설
기생충란은 흐르는 물에 5회 이상 세척하여 제거해야 한다.

106 다음에서 설명하는 기생충은?

- 소장의 하부에 기생한다.
- 항문 주위에서 산란한다.
- 손으로 긁게 되어 직접 경구로 감염된다.
- 어린이에게 심하며, 불면증 및 신경질증을 유발한다.

① 회충　　② 요충
③ 편충　　④ 십이지장충

107 다음 중 항문 근처에 산란하는 기생충은?

① 동양모양선충　② 편충
③ 요충　　　　　④ 십이지장충

108 구충이라고도 하며 피낭자충으로 오염된 식품을 섭취하거나, 피낭자충이 피부를 뚫고 들어감으로써 감염되는 기생충은?

① 십이지장충　② 회충
③ 요충　　　　④ 편충

해설
① 십이지장충(구충) : 채소를 통한 경구감염 및 피부감염
② 회충 : 채소를 통한 경구감염, 선충류 중 가장 큼
③ 요충 : 항문에 산란된 충란이 손톱에 의해 입으로 감염, 어린이 집의 단체감염이 잦음
④ 편충 : 열대 및 아열대 지역의 채소를 통한 경구감염

109 식품과 기생충에 대한 설명 중 틀린 것은?

① 기생충은 독립된 생활을 하지 못하고 다른 생물체에 침입하여 섭취, 소화시켜 놓은 영양물질을 가로채 생활하는 생물체이다.
② 식품취급자가 손의 청결 유지와 채소를 충분히 씻어 섭취하는 것이 기생충감염에 대한 예방책이다.
③ 수육의 근육에 낭충이 들어가 있을 경우 섭취하면 곧바로 인체에 감염될 수가 있다.
④ 기생충의 감염경로는 경구감염만 발생한다.

정답　102 ③　103 ①　104 ②　105 ③　106 ②　107 ③　108 ①　109 ④

해설 기생충
- 선충류 : 선모양, 회충, 십이지장충(구충), 요충, 동양모양선충, 편충, 아니사키스 등
- 채소 매개 기생충 : 회충, 십이지장충(구충), 요충, 동양모양선충, 편충
- 십이지장충(구충) : 경구감염 및 경피감염, 채독증 유발

110 채독증의 원인으로 피부감염이 가능한 기생충은?

① 회충   ② 구충(십이지장충)
③ 편충   ④ 요충

해설
기생충은 주로 경구감염을 일으키지만, 구충은 경구감염과 피부감염을 동시에 일으킨다.

111 불충분하게 가열된 소고기를 먹었을 때 감염될 수 있는 기생충질환은?

① 간디스토마   ② 아니사키스
③ 무구조충   ④ 유구조충

해설
- 무구조충의 중간숙주 : 소고기
- 유구조충의 중간숙주 : 돼지고기

112 폐디스토마를 예방하는 가장 옳은 방법은?

① 붕어는 반드시 생식한다.
② 다슬기는 흐르는 물에 잘 씻는다.
③ 참게나 가재를 생식하지 않는다.
④ 소고기는 충분히 익혀서 먹는다.

해설
참게와 가재는 폐디스토마의 제2중간숙주이다.

113 다음 중 유충시대에 제2중간숙주를 갖는 기생충이 아닌 것은?

① 폐디스토마
② 요코가와흡충
③ 동양모양선충
④ 아니사키스

해설
동양모양선충은 채소 매개 기생충으로, 채소 매개 기생충은 중간숙주가 없이 충란에 의해 직접 감염된다.

114 기생충과 중간숙주의 연결이 틀린 것은?

① 광절열두조충 – 양   ② 간디스토마 – 잉어
③ 유구조충 – 돼지   ④ 무구조충 – 소

해설 광절열두조충
물벼룩, 농어, 연어 등 반담수어

115 간흡충의 제2중간숙주는?

① 가재   ② 게
③ 쇠우렁이   ④ 붕어

116 제1중간숙주가 다슬기이고, 제2중간숙주가 참게, 참가재인 기생충은?

① 요충   ② 분선충
③ 폐디스토마   ④ 톡소플라스마증

해설

구분	제1중간숙주	제2중간숙주
간디스토마 (간흡충)	쇠우렁이	잉어, 붕어 등의 담수어
폐디스토마 (폐흡충)	다슬기	민물의 게, 가재
요코가와흡충 (장흡충)	다슬기	붕어, 은어 등의 담수어
광절열두조충 (긴촌충)	물벼룩	농어, 연어, 숭어 등의 반담수어

117 사람의 작은 창자에 기생하며 돼지가 중간숙주인 기생충은?

① 광절열두조충   ② 만손열두조충
③ 무구조충   ④ 유구조충

해설
① 광절열두조충 : 사람, 개, 고양이
② 만손열두조충 : 뱀, 개구리
③ 무구조충 : 소
④ 유구조충 : 돼지

정답 110 ② 111 ③ 112 ③ 113 ③ 114 ① 115 ④ 116 ③ 117 ④

118 식품업소에 서식하는 바퀴와 관계가 없는 것은?

① 오물을 섭취하고 식품, 식기에 병원체를 옮긴다.
② 부엌 주변, 습한 곳, 어두운 구석을 깨끗이 청소해야 한다.
③ 피부병, 알레르기, 불쾌감, 콜레라, 장티푸스, 이질 등의 소화기계 감염병을 전파시킨다.
④ 곰팡이류를 먹고, 촉각은 주걱형이다.

> **해설** 바퀴
> 잡식성이며, 수분요구성이 높아 수분함량이 높은 식품을 섭취하는 과정에서 병원균을 전파한다.

119 화학적 합성첨가물에 있어서 사용량이 되는 기준으로 가장 적합한 것은?

① 안전성에서 본 허용최대량
② 효과면에서 본 허용최대량
③ 경제성에서 본 허용최대량
④ 사용면에서 본 허용최대량

120 식품첨가물의 사용목적이 아닌 것은?

① 외관을 좋게 한다.
② 향기와 풍미를 좋게 한다.
③ 영구적으로 부패되지 않게 한다.
④ 산화를 방지한다.

> **해설** 식품첨가물의 구비조건
> • 인체에 무해해야 한다.
> • 체내에 축적되지 않아야 한다.
> • 미량으로 효과가 있어야 한다.
> • 이화학적 변화에 안정해야 한다.
> • 저렴해야 한다.
> • 영양가를 유지시키고 외관을 좋게 해야 한다.
> • 첨가물을 확인할 수 있어야 한다.

121 과자나 빵류 등에 부피를 증가시킬 목적으로 사용되는 첨가제인 것은?

① 유화제   ② 점착제
③ 강화제   ④ 팽창제

> **해설**
> ① 유화제 : 물과 기름 등 섞이지 않는 두 가지 또는 그 이상의 상(Phases)을 균질하게 섞어주거나 유지시키는 식품첨가물
> ② 점착제 : 서로 다른 두 물질을 결합시켜 점착성을 주는 첨가물
> ③ 강화제 : 식품의 영양학적 품질을 유지하기 위해 제조공정 중 손실된 영양소를 복원하거나, 영양소를 강화시키는 식품첨가물
> ④ 팽창제 : 가스를 방출하여 반죽의 부피를 증가시키는 식품첨가물

122 밀가루 개량제로서 그 사용이 허용되어 있는 첨가물은?

① 과산화벤조일   ② 알긴산나트륨
③ 과산화수소   ④ 아황산나트륨

> **해설** 과산화벤조일의 사용기준
> 밀가루류는 0.3g/kg 이하로 사용한다.

123 식용색소황색 제4호를 착색료로 사용하여도 되는 식품은?

① 고추장   ② 어육소시지
③ 배추김치   ④ 식초

> **해설** 식용색소황색 제4호
> 과자류, 캔디류, 추잉껌, 빙과류, 빵류, 떡류, 만두, 기타 코코아가공품, 초콜릿류, 기타 잼, 소시지류, 어육소시지, 젓갈류(명란젓) 등에 사용한다.

124 보존료의 사용목적과 거리가 먼 것은?

① 수분 감소의 방지   ② 신선도 유지
③ 식품의 영양가 보존 ④ 변질 및 부패 방지

> **해설** 보존료
> 미생물에 의한 품질 저하를 방지하여 식품의 보존기간을 연장시키는 식품첨가물을 말한다.

125 식품첨가물과 주요 용도의 연결이 틀린 것은?

① 황산제일철 – 영양강화제
② 무수아황산 – 발색제
③ 아질산나트륨 – 보존료
④ 질산칼륨 – 발색제

정답 118 ④ 119 ① 120 ③ 121 ④ 122 ① 123 ② 124 ① 125 ②

해설 표백제
- 식품의 가공이나 제조 시 갈변 등의 퇴색이나 착색을 막기 위해 발색성 물질을 탈색시켜 무색화한다.
- 무수아황산, 아황산나트륨, 과산화수소, 메타아황산칼륨 등

126 식육제품에 사용되는 아질산나트륨의 주된 용도는?

① 용매제
② 발색제
③ 강화제
④ 보존료

해설 아질산나트륨
식육가공품의 발색 및 색소 고정을 목적으로 사용되나 보존의 효과도 존재한다.

127 흰색 결정 혹은 결정성 분말로 맛과 냄새가 거의 없으며 치즈, 버터, 마가린 등에 사용하는 보존료는?

① 소르빈산(Sorbic acid)
② 안식향산(Benzoic acid)
③ 프로피온산(Propionic acid)
④ 데히드로초산(Dehydroacetic acid)

해설 데히드로초산
- 버터, 치즈, 마가린에 사용 가능한 보존료로 이외의 식품에는 사용할 수 없다.
- 사용기준 : 데히드로초산나트륨은 0.5 이하(데히드로초산으로서 기준)이다.

128 소시지에 사용될 수 있는 보존료는?

① 프로피온산나트륨
② 안식향산나트륨
③ 데히드로초산
④ 소르빈산칼륨

129 안식향산(Benzoic acid)을 보존제로 사용할 수 있는 식품은?

① 고추장
② 간장
③ 빵
④ 치즈

130 곰팡이와 호기성 아포균에 효과가 있으며, 빵이나 케이크(2.5kg 이하)에 사용하는 보존료는?

① 소르빈산(Sorbic acid)
② 안식향산(Benzoic acid)
③ 프로피온산(Propionic acid)
④ 파라옥시안식향산메틸(Methyl p-hydroxybenzoate)

해설
- 프로피온산 : 과자류, 빵류, 떡류, 잼류, 유가공품에 사용한다.
  - 잼류 : 1.0 이하(프로피온산으로서 기준)
  - 빵 : 2.5 이하(프로피온산으로서 기준하며, 빵류에 한함)
  - 유가공품 : 3.0 이하(프로피온산으로서 기준하며, 소르빈산, 소르빈산칼륨 또는 소르빈산칼슘을 병용할 때에는 프로피온산 및 소르빈산의 사용량의 합계가 3.0 이하)
- 소르빈산 : 잼류, 식용유지류, 음료류, 장류, 조미식품, 절임류 또는 조림류, 주류, 식육가공품 및 포장육, 유가공품, 수산가공식품류에 폭넓게 사용한다.
- 안식향산 : 잼류, 식용유지류, 음료류, 장류(한식간장, 양조간장, 산분해간장, 효소분해간장, 혼합간장에 한함), 조미식품, 절임류 또는 조림류에 사용한다.
- 파라옥시안식향산메틸 : 잼류, 음료류, 장류, 조미식품에 사용한다.
- 데히드로초산 : 버터, 치즈, 마가린에 사용 가능한 보존료이다.

131 소르빈산이 식육제품에 1kg당 1g까지 사용할 수 있다면 소르빈산칼륨은 제품 1kg당 몇 g까지 사용할 수 있는가? (단, 소르빈산의 분자량은 112, 소르빈산칼륨은 150이다.)

① 1g
② 1.34g
③ 0.75g
④ 2.68g

해설
112(소르빈산의 분자량) : 1 = 150(소르빈산칼륨의 분자량) : x
$112x = 150$
$x = \dfrac{150}{112} = 1.339 ≒ 1.34g$

132 다음 중 육류 발색제가 아닌 것은?

① 아질산나트륨
② 젖산나트륨
③ 질산칼륨
④ 질산나트륨

해설 육류 발색제
- 육색소인 Myoglobin과 결합하여 Nitrosomyoglobin이 되어 발색효과를 낸다(색소고정).
- 허용된 육류 발색제 : 아질산나트륨, 질산칼륨, 질산나트륨

정답 126 ② 127 ④ 128 ④ 129 ② 130 ③ 131 ② 132 ②

133 우리나라에서 감미료로 사용할 수 없는 것은?

① 소비톨(Sorbitol)
② 글리시리진산이나트륨(Disodium glycyrrhizinate)
③ 시클라메이트(Cyclamate)
④ 사카린나트륨(Sodium saccharin)

해설 시클라메이트
설탕의 50배의 감미를 가지는 결정성 분말로, 발암성, 방광염 발생으로 사용이 금지되었다.

134 단무지에 사용되었던 황색의 유해착색제는?

① 테트라진(Tetrazine)
② 아우라민(Auramine)
③ 로다민(Rhodamine)
④ 시클라메이트(Cyclamate)

해설 유해착색료
- 아우라민(Auramine) : 카레, 단무지 등에 사용된 염기성 황색 색소이나 간암 유발로 금지되었다.
- 로다민(Rhodamine) : 어묵, 생강 등에 사용된 분홍색의 색소이나 전신착색, 색소뇨 등의 증상으로 금지되었다.
- 수단Ⅲ(Sudan) : 고춧가루에 사용되었던 붉은색 색소이다.
- p-니트로아닐린(p-nitroaniline) : 과자에 사용된 황색 색소이나 청색증 및 신경독을 유발한다.
- 말라카이트 그린(Malachite green) : 금속광택의 녹색 색소이나 발암성으로 금지되었다.

135 밀가루 및 물엿의 표백에 사용되어 물의를 일으켰던 유해물질은?

① 롱가릿
② 둘신
③ 포르말린
④ 붕산

해설 론갈리트(롱가릿)
포름알데히드가 생성되어 신장독성을 나타낸다.

136 유해성 첨가물에 해당하지 않는 것은?

① 둘신
② 아스파탐
③ 론갈리트
④ 시클라메이트

해설
- 유해감미료 : 둘신, 시클라메이트, 에틸렌글리콜, 페릴라르틴
- 유해표백제 : 론갈리트, 3-염화질소

137 세균으로 인한 식품의 변질을 막을 수 있는 방법으로 가장 적합한 것은?

① 수분활성도의 유지
② 식품 최대 pH값 유지
③ 산소 공급
④ 가열처리

해설
가열처리는 미생물 제어 효과가 있다.

138 식품을 장기간 저장하기 위한 방법으로 가장 효과적인 것은?

① 증자
② 데치기
③ 냉장
④ 멸균

해설
- 증자, 데치기, 멸균은 식품의 살균법이고 냉장은 식품의 단기 저장법이다.
- 멸균은 식품에 존재하는 미생물을 분자까지 사멸시켜 장기 보존에 가장 적합하다.

139 산장법에 대한 설명으로 옳지 않은 것은?

① 식염, 당 등 병용 시 효과적이다.
② 무기산이 유기산보다 효과적이다.
③ pH 낮은 초산, 젖산 등을 이용한다.
④ 미생물 증식을 억제한다.

해설
무기산은 세포 안으로 침투하기가 어려우나 유기산은 세포 안으로 침투하여 직접적으로 작용하기에 저장효과가 더 크다. 또한 유기산이 무기산에 비해 신맛도 더 강하게 내므로 pH를 저하시켜 미생물의 생육을 어렵게 한다.

140 숯불에 검게 탄 갈비에서 발견될 수 있는 발암성 물질은?

① 벤조피렌
② 디하이드록시퀴논
③ 아플라톡신
④ 사포제닌

해설
① 벤조피렌 : 화석연료 등의 불완전 가열 시 발생 가능한 방향족 탄화수소인 발암물질로 육류의 가열 분해로 주로 생성한다.
③ 아플라톡신 : 곰팡이독소이다.
④ 사포제닌 : 콩과의 식물에 들어 있는 계면활성물질이다.

정답 133 ③ 134 ② 135 ① 136 ② 137 ④ 138 ④ 139 ② 140 ①

141 훈연법에 대한 설명으로 맞는 것은?

① 냉훈은 풍미는 좋으나 장기간 보존할 수 없다.
② 연기에 함유되어 있는 비휘발성 성분이 식품에 스며들게 하는 방법이다.
③ 냉훈은 25℃의 불에서 3~4주간 충분히 훈연하는 것이다.
④ 온훈은 100℃에서 3시간 정도 훈연하는 방법이다.

해설 훈연법
- 냉훈법
  - 15~25℃의 저온에서 3~4주간 훈연하는 방법
  - 온훈법에 비하여 비교적 장시간 훈연하는 방법으로 장기보존이 가능
- 온훈법
  - 30~80℃에서 3~8시간 훈연하는 방법
  - 냉훈법에 비하여 비교적 단시간 훈연하는 방법으로 제품에 풍미를 부여할 목적으로 행해져 저장성이 낮음

142 식품보전법의 설명으로 옳지 않은 것은?

① 감마선을 조사하는 것은 조사살균방법이다.
② 10~20% 정도의 소금에 절이는 방법은 염장법이다.
③ 산소농도를 낮추고, 이산화탄소 및 질소 농도를 높여 호흡을 억제시키는 방법은 CA저장법이다.
④ 나무를 불완전 연소시켜 나온 연기를 식품 속에 침투시켜 미생물을 억제시키는 방법은 당장법이다.

143 고기의 훈연 시 적합한 훈연제로 짝지어진 것은?

① 왕겨, 옥수수속, 소나무
② 참나무, 떡갈나무, 밤나무
③ 향나무, 전나무, 벚나무
④ 보릿짚, 소나무, 향나무

해설 훈연법
참나무, 떡갈나무, 밤나무 등을 불완전연소하여 나온 연기성분인 알데하이드류, 알코올류, 페놀류, 산류 등 살균성분을 식품에 침투시켜 저장성을 높이는 방법이다. 가열에 의한 건조효과도 있고 독특한 향미를 부여하며 육류나 어류 제품에 사용된다. 침엽수는 수지(Resin)가 많아 나쁜 냄새가 나므로 사용하지 않는다.

144 식품의 방사선조사처리에 대한 설명 중 틀린 것은?

① 외관상 비조사식품과 조사식품의 구별이 어렵다.
② 극히 적은 열이 발생하므로 화학적 변화가 매우 작은 편이다.
③ 저온, 가열, 진공포장 등을 병용하여 방사선조사량을 최소화할 수 있다.
④ 투과력이 약해 식품 내부의 살균은 불가능하다.

145 침투력이 강하여 식품을 포장한 상태로 살균할 수 있는 방법은?

① 증기멸균법
② 간헐멸균법
③ 자외선조사
④ 방사선조사

해설 방사선조사
방사선조사는 주로 ^{60}Co의 감마선을 이용해 포장된 상태의 제품을 살균처리할 수 있으며 비열처리하므로 냉살균이라 한다.

식품에 조사 가능한 방사선(^{60}Co)
- 1kGy 이하의 저선량 방사선조사
  - 발아·발근 억제(양파, 감자 등)
  - 기생충의 사멸(돼지고기 등)
  - 과실류의 숙도 조절(토마토, 망고, 바나나 등)
  - 식품의 저장수명 연장
- 1kGy 이상의 고선량 방사선조사
  - 식중독균의 사멸
  - 바이러스의 사멸
- 10kGy 이하의 방사선조사 : 모든 병원균을 완전히 사멸시키지는 못하지만, 식품에서는 10kGy 이하의 에너지를 주로 사용한다.

146 식품의 방사선조사에 사용하는 방사선원, 방사선의 종류 및 방사선에너지 단위를 옳게 짝지은 것은?

① 코발트-60(^{60}Co) - γ선 - Gy
② 세슘-137(^{137}Cs) - X선 - kcal
③ 코발트-60(^{60}Co) - α선 - PS
④ 세슘-137(^{137}Cs) - γ선 - Joule(J)

정답 141 ③ 142 ④ 143 ② 144 ④ 145 ④ 146 ①

147 방사선조사에 대한 설명 중 틀린 것은?

① 방사선조사 시 온도 상승에 주의해야 한다.
② 처리시간이 짧아 전 공정을 연속적으로 작업할 수 있다.
③ 10kGy 이상의 고선량을 조사하면 식품성분의 변질로 이미, 이취가 생길 수 있다.
④ 포장(밀봉)식품의 살균에 유용하다.

해설 방사선 조사식품
- 방사선조사는 주로 ^{60}Co의 감마선을 이용해 포장된 상태의 제품을 처리할 수 있으며 비열처리하므로 냉살균이라 한다.
- 방사선량의 단위는 Gy이며 1Gy는 1J/kg에 해당한다.
- 1kGy 이하의 저선량방사선조사를 통해 감자, 양파 등의 발아 억제, 기생충 사멸, 숙도 지연 등의 효과를 얻을 수 있다.
- 바이러스의 사멸을 위해서는 발아 억제를 위한 조사보다 높은 선량이 필요하다.
- 10kGy 이하의 방사선조사로는 모든 병원균을 완전히 사멸시키지는 못한다.
- 식품에는 10kGy 이하의 에너지를 주로 사용한다.
- 완제품의 경우 조사처리된 식품임을 나타내는 문구 및 조사도안을 표시하여야 한다.

148 방사능물질 오염에 따른 위험에 대한 설명으로 틀린 것은?

① 반감기가 길수록 위험하다.
② 감수성이 클수록 위험하다.
③ 조직에 침착하는 정도가 작을수록 위험하다.
④ 방사선의 종류에 따라 위험도의 차이가 있다.

해설
- 반감기란 몸에 들어온 방사선물질의 양이 절반으로 줄어드는 데 걸리는 시간으로, 반감기가 짧다는 것은 체외로 배출이 쉽다는 것을 뜻한다.
- 방사선물질은 반감기가 길수록, 감수성이 클수록, 침착하는 정도가 많을수록 위험하다.

149 염장을 통한 방부효과의 원리가 아닌 것은?

① 탈수에 의한 수분활성도 감소
② 삼투압에 의한 미생물의 원형질 분리
③ 산소 용해도 감소
④ 단백질 분해효소의 작용 촉진

해설 염장법
10% 이상의 소금을 이용하여 저장하는 방법이다.
- 삼투압에 의해 원형질 분리
- 탈수에 의한 미생물 사멸
- 염소 자체의 살균력
- 용존산소 감소효과에 따른 화학반응 억제
- 단백질 변성에 의한 효소의 작용 억제 등의 효과
- 건염법은 10~15%, 염수법은 20~25%를 사용하여 채소류나 어류에 이용

150 경도가 높은 세척수를 사용할 때 가장 문제가 되는 것은?

① 미생물오염 우려가 있다.
② 관 막힘의 원인이 된다.
③ 유해물질오염 우려가 있다.
④ pH가 낮아진다.

해설 물의 경도
물의 경도란 물의 세기를 말하며 칼슘(Ca), 마그네슘(Mg), 철(Fe), 망간(Mn), 스트론튬(Sr) 등의 이온함유량이 많을수록 경도가 높다고 말한다. 세척수 중에 이런 이온함량이 높을 경우에는 관 막힘의 원인이 될 수 있다.

151 다음 물질 중 소독효과가 거의 없는 것은?

① 알코올   ② 석탄산
③ 크레졸   ④ 중성세제

해설 중성세제
중성세제는 pH가 중성을 나타내는 세제로 주로 물리적으로 이물질을 제거하는 세척의 효과가 크나 소독의 효과는 거의 없다.

152 냉동법은 −40~−30℃에서 식품을 급속 동결하여 몇 ℃에서 보관하는가?

① 0℃ 이하
② −5℃ 이하
③ −20℃ 이하
④ −35℃ 이하

해설
- 냉장 : 0~10℃
- 냉동 : −20℃ 이하

정답 147 ① 148 ③ 149 ④ 150 ② 151 ④ 152 ③

153 최대 빙결정 생성대에 대한 설명 중 잘못된 것은?

① 식품 중 물의 대부분이 동결되는 온도범위를 나타낸 것이다.
② 식품의 종류와 온도에 따라 빙결정의 양은 일정하다.
③ 급속동결 시 빙결정의 크기는 커진다.
④ 빙결정이 클수록 식품조직의 손상이 커진다.

> **해설** 최대 빙결정 생성대
> 식품냉동곡선에서 −5~−1℃ 구간

154 냉동 육류식품의 해동 시 드립(Drip) 양을 가장 적게 할 수 있는 냉동방법은?

① 급속동결법
② 완만동결법
③ 반송풍동결법
④ 드라이아이스동결법

> **해설**
> • 급속동결 : 최대 빙결정 생성대를 30분 내로 통과하는 동결법으로, 빙결정의 모양이 균일하고 결정이 작아서 품질에 영향을 적게 준다.
> • 급속동결제품을 해동 시에는 빙결정의 결정이 작아 드립량이 적지만 완만동결식품을 해동 시에는 결정이 큰 빙결정이 녹으며 드립이 발생하고 품질에 영향을 준다.

식품위생관리

155 식품위생법상 용어에 대한 정의로 옳은 것은?

① 식품첨가물 : 화학적 수단으로 원소 또는 화합물에 분해반응 외의 화학반응을 일으켜 얻는 물질
② 기구 : 식품 또는 식품첨가물을 넣거나 싸는 물품
③ 위해 : 식품, 식품첨가물, 기구 또는 용기 · 포장에 존재하는 위험요소로 인체의 건강을 해치거나 해칠 우려가 있는 것
④ 집단급식소 : 영리를 목적으로 불특정 다수인에게 음식물을 공급하는 대형 음식점

> **해설**
> ① 식품첨가물 : 식품을 제조 · 가공 · 조리 또는 보존하는 과정에서 감미(甘味), 착색(着色), 표백(漂白) 또는 산화 방지 등을 목적으로 식품에 사용되는 물질을 말한다. 이 경우 기구(器具) · 용기 · 포장을 살균 · 소독하는 데에 사용되어 간접적으로 식품으로 옮겨갈 수 있는 물질을 포함한다.
> ② 기구 : 식품 또는 식품첨가물에 직접 닿는 기계 · 기구나 그 밖의 물건을 말한다.
> ④ 집단급식소 : 영리를 목적으로 하지 아니하면서 특정 다수인에게 계속하여 음식물을 공급하는 시설을 말한다.

156 식품위생법에서 규정하는 식품의 정의로 옳은 것은?

① 모든 음식물
② 의약품을 제외한 모든 음식물
③ 의약품을 포함한 모든 음식물
④ 식품과 첨가물

157 식품위생법상 "화학적 합성품"의 정의는?

① 화학적 수단으로 원소 또는 화합물에 분해반응 외의 화학반응을 일으켜서 얻은 물질을 말한다.
② 물리 · 화학적 수단에 의하여 첨가, 혼합, 침윤의 방법으로 화학반응을 일으켜 얻은 물질을 말한다.
③ 기구 및 용기 · 포장의 살균소독의 목적에 사용되어 간접적으로 식품에 이행될 수 있는 물질을 말한다.
④ 식품을 제조 · 가공 또는 보존함에 있어서 식품에 첨가, 혼합, 침윤, 기타의 방법으로 사용되는 물질을 말한다.

> **해설** 식품위생법상 용어의 정의
> • 식품 : 모든 음식물(의약으로 섭취하는 것은 제외)을 말한다.
> • 식품첨가물 : 식품을 제조 · 가공 · 조리 또는 보존하는 과정에서 감미(甘味), 착색(着色), 표백(漂白) 또는 산화 방지 등을 목적으로 식품에 사용되는 물질을 말한다. 이 경우 기구(器具) · 용기 · 포장을 살균 · 소독하는 데에 사용되어 간접적으로 식품으로 옮겨갈 수 있는 물질을 포함한다.
> • 화학적 합성품 : 화학적 수단으로 원소(元素) 또는 화합물에 분해반응 외의 화학반응을 일으켜서 얻은 물질을 말한다.
> • 기구 : 식품 또는 식품첨가물에 직접 닿는 기계 · 기구나 그 밖의 물건을 말한다.
> • 용기 · 포장 : 식품 또는 식품첨가물을 넣거나 싸는 것으로서 식품 또는 식품첨가물을 주고받을 때 함께 건네는 물품을 말한다.
> • 위해 : 식품, 식품첨가물, 기구 또는 용기 · 포장에 존재하는 위험요소로서 인체의 건강을 해치거나 해칠 우려가 있는 것을 말한다.
> • 식품위생 : 식품, 식품첨가물, 기구 또는 용기 · 포장을 대상으로 하는 음식에 관한 위생을 말한다.
> • 집단급식소 : 영리를 목적으로 하지 아니하면서 특정 다수인에게 계속하여 음식물을 공급하는 시설을 말한다.

정답 153 ③ 154 ① 155 ③ 156 ② 157 ①

158 식품위생검사 시 기준이 되는 식품의 규격과 기준에 대한 지침서는?

① 식품학사전
② 식품위생검사 지침서
③ 식품공전
④ 식품품질검사 지침서

해설 ▶ 식품공전
식품위생법에 의거하여 판매를 목적으로 하거나 영업상 사용하는 식품, 식품첨가물, 기구 및 용기·포장의 제조·가공·사용·조리 및 보존방법에 관한 기준, 성분에 관한 규격 등을 수록한 지침서

159 식품공전상 통조림식품의 통조림통에서 용출되어 문제를 일으킬 수 있는 주석의 기준(규격허용량)은 얼마인가? (단, 알루미늄캔을 제외한 캔제품에 한하며, 산성 통조림은 제외한다.)

① 100mg/kg 이하
② 150mg/kg 이하
③ 200mg/kg 이하
④ 250mg/kg 이하

해설 ▶ 통·병조림 식품의 규격
- 성상 : 관 또는 병 뚜껑이 팽창 또는 변형되지 아니하고, 내용물은 고유의 색택을 가지고 이미·이취가 없어야 한다.
- 주석(mg/kg) : 150 이하(알루미늄캔을 제외한 캔제품에 한하며, 산성 통조림은 200 이하이어야 함)
- 세균 : 세균 발육이 음성이어야 한다.

160 우리나라의 식품첨가물 공전에 대한 설명으로 가장 옳은 것은?

① 식품첨가물의 제조법을 기술한 것
② 식품첨가물의 규격 및 기준을 기술한 것
③ 식품첨가물의 사용효과를 기술한 것
④ 외국의 식품첨가물 목록을 기술한 것

161 식품첨가물 공전에 의한 도량형 연결이 잘못된 것은?

① 길이 – nm
② 용량 – mL
③ 넓이 – cm³
④ 중량 – kg

162 식품첨가물 공전의 총칙과 관련된 설명으로 옳지 않은 것은?

① 중량백분율을 표시할 때는 %의 기호를 쓴다.
② 중량백만분율을 표시할 때는 ppb 기호로 쓴다.
③ 용액 100mL 중의 물질함량(g)을 표시할 때에는 w/v%의 기호를 쓴다.
④ 용액 100mL 중의 물질함량(mL)을 표시할 때에는 v/v%의 기호를 쓴다.

해설
- 식품첨가물 공전 > 총칙 > 일반원칙
- 중량·용적 및 온도
  도량형은 미터법에 따라 다음의 약호를 쓴다.
  – 길이 : m, dm, cm, mm, μm, nm
  – 용량 : L, mL, μL
  – 중량 : kg, g, mg, μg, ng
  – 넓이 : dm^2, cm^2
  – 1L는 1,000cc, 1mL는 1cc로 하여 시험할 수 있다.
  – 중량백분율을 표시할 때에는 %의 기호를 쓴다. 단, 용액 100mL 중의 물질함량(g)을 표시할 때에는 w/v%, 용액 100mL 중의 물질함량(mL)을 표시할 때에는 v/v%의 기호를 쓴다.
  – 중량백만분율을 표시할 때는 ppm의 약호를 쓴다.

163 조리사의 법령 준수사항 이행 여부를 확인하고 지도하는 직무를 담당하고 있는 자는?

① 식품위생감시원
② 위생사
③ 식품위생심의위원
④ 자율지도원

해설
- 식품위생감시원의 직무
  – 식품접객업을 하는 자(조리사 등)에 대한 위생관리상태 점검
  – 식품 등에 대한 수거 및 검사 지원
- 식품위생심의위원의 직무
  – 국제식품규격위원회에서 제시한 기준·규격조사·연구
  – 국제식품규격의 조사·연구에 필요한 외국정부, 관련 소비자단체 및 국제기구와 상호협력
  – 외국의 식품의 기준·규격에 관한 정보 및 자료 등의 조사·연구
- 자율지도원의 직무 : 영업자는 식품의 종류별로 동업자조합을 설립할 수 있으며, 조합은 조합원의 영업시설 개선과 경영에 관한 지도사업 등을 효율적으로 수행하기 위하여 자율지도원을 둘 수 있다.

정답 158 ③ 159 ② 160 ② 161 ③ 162 ② 163 ①

164 식품취급현장에서 장신구와 보석류의 착용을 금하는 이유로 적합하지 않은 것은?

① 기계를 사용할 경우 안전사고가 발생할 수 있으므로
② 부주의하게 식품 속으로 들어갈 수 있으므로
③ 장신구는 대부분 미생물에 오염되어 있으므로
④ 작업자들의 복장을 통일하기 위하여

해설
장신구와 보석류에 의한 안전사고 및 교차오염 예방을 위해서이다.

165 개인위생을 설명한 것으로 가장 적절한 것은?

① 식품종사자들이 사용하는 비누나 탈취제의 종류
② 식품종사자들이 일주일에 목욕하는 횟수
③ 식품종사자들이 건강, 위생복장 착용 및 청결을 유지하는 것
④ 식품종사자들이 작업 중 항상 장갑을 끼는 것

해설 개인위생
식품종사자들 개인을 대상으로 하는 위생

166 집단급식소 종사자(조리하는 데 직접 종사하는 자)의 정기 건강진단항목이 아닌 것은?

① 장티푸스
② 폐결핵
③ 파라티푸스
④ 조류독감

167 식품위생분야 종사자의 건강진단규칙에 의해 조리사들이 받아야 할 건강진단 항목과 그 횟수가 맞게 연결된 것은?

① 장티푸스 : 1년마다 1회
② 폐결핵 : 2년마다 1회
③ 파라티푸스 : 6개월마다 1회
④ 장티푸스 : 18개월마다 1회

해설 식품위생종사자의 건강진단
장티푸스, 폐결핵, 파라티푸스는 1년마다 1회 검사한다.

168 식품위해요소 중점관리기준(HACCP) 중에서 식품의 위해를 방지, 제거하거나 안전성을 확보할 수 있는 단계 또는 공정을 무엇이라 하는가?

① 위해요소 분석
② 중요관리점 결정
③ 관리한계기준
④ 개선조치

해설 HACCP 실행단계(HACCP 7원칙)
- 위해요소 분석(Hazard Analysis ; HA, 원칙 1) : 식품공정의 각 단계별로 잠재적인 생물학적·화학적·물리적 위해요소를 분석한다.
- 중요관리점 결정(Critical Control Point ; CCP, 원칙 2) : 각 위해요소를 예방, 제거하거나, 허용수준 이하로 감소시키는 절차이다.
- CCP 한계기준 설정(Critical Limit, 원칙 3) : 안전을 위한 절대적 기준치로 온도, 시간, 무게, 색 등을 간단히 확인할 수 있는 기준을 설정한다.
- CCP 모니터링 체계 확립(원칙 4) : 모니터링의 절차는 한계기준에 벗어난 것을 찾아내는 것으로 모니터링하는 자는 단체급식소 등의 조리원 중에서 선정한다.
- 개선조치방법 수립(원칙 5) : 모니터링 결과 한계기준을 벗어났을 때 개선조치를 하는 것으로 한계기준을 벗어난 제품을 식별, 분리하는 즉시적 조치와 동일 사고 방지를 위해 정비, 교체, 교육 등을 하는 예방적 조치가 있다.
- 검증 절차 및 방법 수립(원칙 6) : 효과적으로 시행되는지를 검증하는 것으로 HACCP 계획 검증, 중요관리점 검증, 제품검사, 감사 등으로 구성한다.
- 문서화 및 기록 유지방법 설정(원칙 7) : HACCP 시스템을 문서화하기 위한 효과적인 기록 유지 절차를 정한다.

169 다음 중 식품의 원료, 제조, 가공 및 유통의 각 단계에서 발생할 수 있는 위해요소를 분석·관리할 수 있는 최선의 관리제도는 무엇인가?

① 자가품질검사
② 식품안전관리인증기준(HACCP)
③ 식품 등의 자진회수(Recall)
④ 제품검사

해설
판매를 목적으로 식품을 제조·가공하는 자가 제조 및 가공된 제품에 대해 기준 및 규격 이내의 적합 여부를 정기적으로 검사하여 식품의 안전성을 검증하는 것

170 HACCP의 7원칙이 아닌 것은?

① 제품설명서 작성
② 위해요소 분석
③ 중요관리점 결정
④ CCP 한계기준 설정

정답 164 ④ 165 ③ 166 ④ 167 ① 168 ② 169 ② 170 ①

> **해설** HACCP
- HACCP의 7원칙
  - 위해요소 분석
  - 중요관리점(CCP) 결정
  - CCP 한계기준 설정
  - CCP 모니터링체계 확립
  - 개선조치방법 수립
  - 검증 절차 및 방법 수립
  - 문서화 및 기록 유지방법 설정
- 12절차(준비의 5단계＋7원칙)
  - HACCP팀 구성
  - 제품설명서 작성
  - 제품용도 확인
  - 공정흐름도 작성
  - 공정흐름도 현장 확인

171 HACCP에 의한 위해요소의 구분 및 그 종류와 예방대책의 연결이 틀린 것은?

① 생물학적 위해: *E. coli* O157 : H7 – 적절한 요리시간과 온도 준수
② 물리적 위해: 유리 – 이물관리
③ 화학적 위해: 농약 – 환경위생관리 철저
④ 생물학적 위해: 쥐 – 침입 차단 등의 구서대책 마련

> **해설** 화학적 위해
> 잔류농약, 중금속 식품첨가물: 원료관리 및 원료성적서 확인

172 식품의 원재료부터 제조, 가공, 보존, 유통, 조리 단계를 거쳐 최종 소비자가 섭취하기 전까지의 각 단계에서 발생할 우려가 있는 위해요소를 규명하고 중점적으로 관리하는 것은?

① GMP 제도
② 식품안전관리인증기준
③ 위해식품 자진회수제도
④ 방사선살균(Radappertization)기준

173 식품의 원료 관리 · 제조 · 가공 · 조리 · 소분 · 유통의 모든 과정에서 위해한 물질이 식품에 섞이거나 식품이 오염되는 것을 방지하기 위하여 각 과정의 위해요소를 확인 · 평가하여 중점적으로 관리하는 기준은 무엇인가?

① 위해요소 중점관리기준
② 식품의 기준 및 규격
③ 식품이력추적 관리기준
④ 식품 등의 표시기준

174 식품위생검사 중 생물학적 검사항목은?

① 일반성분 분석   ② 잔류농약검사
③ 세균검사   ④ 유해금속 분석

> **해설**
> - 화학적 검사: 일반 성분, 잔류농약, 중금속, 첨가물 등
> - 생물학적 검사: 일반 세균, 대장균, 병원성 미생물 등

175 식품위생검사의 종류 중 외관, 색깔, 냄새, 맛, 경도, 이물질 부착 등의 상태를 비교하는 검사는?

① 독성검사   ② 관능검사
③ 방사능검사   ④ 일반성분검사

> **해설** 관능검사
> 맛, 향, 색, 물성 등을 통해 식품의 품질을 검사하는 평가기법

176 식품위생검사와 가장 관계가 깊은 균은?

① 젖산균   ② 대장균
③ 초산균   ④ 프로피온산균

> **해설**
> ① 젖산균(*Lactic acid bacteria*): 당류를 분해해서 젖산을 생성하는 발효균
> ② 대장균(*Escherichia coli*): 온혈동물의 장내에 존재하는 세균으로 식품위생의 지표가 된다.
> ③ 초산균(*Acetic acid bacteria*): 알코올을 산화하여 초산을 생성하는 균
> ④ 프로피온산균(*Propionibacteria*): 프로피온산을 생성하는 치즈 제조균

정답 171 ③ 172 ② 173 ① 174 ③ 175 ② 176 ②

177 다음 중 미생물을 신속히 검출하는 방법이 아닌 것은?

① APT 광측정법 ② 직접 표면형광필터법
③ DNA증폭법 ④ 평판도말배양법

해설
① ATP 광측정법 : ATP는 생명체를 유지하는 데 필요한 에너지를 제공한다. 모든 생명체는 ATP를 통해 에너지를 공급받기에 미생물 또한 ATP를 발생시키며, 이 ATP의 분석을 통해 미생물을 신속하게 측정하는 방법이다. 10초 정도의 소요시간이 필요하다.
② 직접 표면형광필터법 : 형광물질로 염색한 표면을 형광현미경을 통해 직접 관찰하는 방법이다.
③ DNA증폭법 : DNA를 증폭시켜 유전자를 분석하는 방법이다. 1~3시간의 소요시간이 필요하다.
④ 평판도말배양법 : 미생물의 생균을 배양시키는 방법으로, 배양을 통해 분석하는 실험법의 경우 24시간 이상의 시간이 소요된다.

178 식품이 부패하면 세균수도 증가하므로 일반세균수를 측정하여 식품의 선도 및 부패를 판별할 수 있는데 다음 중 초기 부패로 판정할 수 있는 식품 1g당 균수는?

① 10^3 CFU/g ② 10^5 CFU/g
③ 10^7 CFU/g ④ 10^{20} CFU/g

해설
초기 부패수준은 10^7 CFU/g이다.

179 식품의 생균수 측정 시 평판의 배양온도와 시간은?

① 약 45℃, 12시간 ② 약 40℃, 24시간
③ 약 35℃, 48시간 ④ 약 25℃, 36시간

해설 일반세균수
35±1℃에서 48±2시간이다.

180 식품공전상 표준한천배지를 고압증기멸균법으로 멸균할 때 처리하는 pH, 온도, 시간은?

① pH 6, 100℃, 10분 ② pH 6, 110℃, 15분
③ pH 7, 121℃, 15분 ④ pH 7, 132℃, 20분

해설 고압증기멸균법
고온고압에서 실험기구, 초자, 배지를 멸균처리하는 기법. 121℃, 15분 기준이다.

181 배지의 멸균방법으로 가장 적합한 것은?

① 간헐멸균법 ② 화염멸균법
③ 열탕소독법 ④ 고압증기멸균법

해설
배지는 고압증기멸균법을 이용한다.
① 간헐멸균법 : 포자까지 사멸시키는 멸균법으로 100℃에서 3회(24시간 간격)에 걸쳐 시행한다.
② 화염멸균법 : 알코올램프나 가스 버너 등으로 직접가열 – 백금이, 시험관 입구
③ 열탕소독법 : 끓는 물(100℃)에서 30분 가열 – 식기, 도마, 주사기

182 대장균검사법에 반드시 첨가하여야 할 배지 성분은?

① 유당 ② 과당
③ 포도당 ④ 맥아당

해설 대장균군
Gram음성, 무아포성 간균으로서 유당을 분해하여 가스를 발생하는 모든 호기성 또는 통성혐기성균을 말한다.

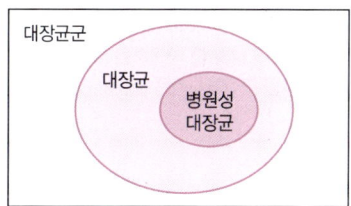

183 대장균군 정량시험이 아닌 것은?

① 최확수법
② 건조필름법
③ 데스옥시콜레이트 유당한천배지법
④ 유당배지법

184 대장균군수 측정에 이용되는 배지가 아닌 것은?

① 유당부이온배지
② BGLB 배지
③ 육즙한천배지
④ 데스옥시콜레이트 유당한천배지

정답 177 ④ 178 ③ 179 ③ 180 ③ 181 ④ 182 ① 183 ④ 184 ③

> **해설**
> - 대장균군의 분리 및 배양을 위해서는 유당이 함유된 배지에서 유당분해 여부를 검토한다.
> - BGLB배지 : Brilliant Green Lactose Bile broth

185 고체시료를 균질화시키기 위해서 사용하는 기구가 아닌 것은?

① 백금이 ② 블렌더
③ 막자사발 ④ 스토마커

186 고체시료를 균질화시키기 위해서 사용하는 기구는?

① 스프레더 ② 백금이
③ 데시케이터 ④ 스토마커

> **해설**
> - 백금이 : 미생물의 채취, 이식 등에 사용하는 도구
> - 막자사발 : 고체시료를 분쇄하거나 혼합할 때 쓰는 사발
> - 스토마커 : 시료를 균질한 상태로 만들어주는 균질기
> - 데시케이터 : 물체가 건조상태를 유지하도록 보존하는 용기
> - 스프레더 : 미생물을 배지에 도말할 때 사용하는 도구
> - 블렌더 : 수분이 많은 시료를 균질화시키는 균질기

187 성분 분석 시 시료와 약품 또는 깨끗한 도가니 및 칭량병을 먼지와 습기로부터 보호하고 건조한 상태로 유지시키기 위해 사용하는 것은?

① 글라스필터 ② 냉각기
③ 뷰렛 ④ 데시케이터

> **해설** 뷰렛
> 적하된 액체의 양을 측정하는 기구

188 멸균 후 습기가 있어서는 안 되는 유리재질 실험기구의 멸균에 가장 적합한 방법은?

① 습열멸균
② 건열멸균
③ 화염멸균
④ 소독제 사용

189 미생물검사용 식품시료의 적절한 운반온도는?

① $-70°C$ 이하 ② $-20 \sim -10°C$
③ $-4 \sim 0°C$ ④ $2 \sim 5°C$

> **해설**
> 일반 시료는 2~5°C, 냉동검체는 냉동상태에서 운반하여야 한다.

190 대장균검사 시 최확수(MPN)가 110이라면 검체 1L에 포함된 대장균수는?

① 11 ② 110
③ 1,100 ④ 11,000

> **해설**
> 1L = 1,000mL
> $\frac{1,000}{100} = 10$
> $110 \times 10 = 1,100$
> ∴ 1,100

191 대장균군검사 시 MPN이 250이라면 검체 1L 중에는 얼마의 대장균군이 있는가?

① 25 ② 250
③ 2,500 ④ 25,000

> **해설** MPN(Most Probable Number)
> 대장균군의 수치를 확률적으로 산출하는 분석법으로 검체 100mL, 100g 중의 수로 표기한다.
> 1L = 1,000mL
> $\frac{1,000}{100} = 10$
> $250 \times 10 = 2,500$
> ∴ 2,500

192 최확수법으로 그 수를 가늠할 수 없는 미생물은?

① 대장균군
② 포도상구균
③ 분변성 스트렙토코커스
④ 바이러스

> **해설**
> 최확수법은 대장균/대장균군의 정량에 주로 사용되지만 그 외의 세균에도 이용 가능하다.

🔒정답 185 ① 186 ④ 187 ④ 188 ② 189 ④ 190 ③ 191 ③ 192 ④

193 식품의 총균수검사법이 아닌 것은?

① 브리드(Bread)법
② 하워드(Haward)법
③ 혈구계수기(Haematometer)를 이용한 측정
④ 표준평판배양법(Standard plate count)

해설
세균수의 검사는 일반세균수와 총균수검사법으로 구분된다. 일반세균수는 생균수를 분석하는 검사법이며 총균수는 샘플 중 존재하는 미생물의 세포수를 전부 계수하는 분석법이다. 표준평판배양법은 일반세균수검사에 사용된다.

194 일반세균수를 검사하는 데 주로 사용되는 방법은?

① 최확수법
② 레사주린(Resazurin)법
③ 브리드(Breed)법
④ 표준평판법

해설 표준평판법
표준한천배지에 검체를 혼합·응고시켜 배양 후 발생한 세균집락수를 계수하여 검체 중의 생균수(일반세균수)를 산출하는 방법이다.

195 대장균군의 정성시험과 관계없는 것은?

① 추정시험
② 완전시험
③ 확정시험
④ 최확수법

해설
유당배지를 이용한 대장균군의 정성시험은 추정시험, 확정시험, 완전시험의 3단계로 나눈다. 최확수법은 정량시험법이다.

196 세균수를 측정하는 목적으로 가장 적합한 것은?

① 식품의 부패 진행도를 알기 위해서
② 식중독세균의 오염 여부를 확인하기 위해서
③ 분변오염의 여부를 알기 위해서
④ 감염병균에 이환 여부를 알기 위해서

해설 위생지표세균
• 일반세균, 대장균, 대장균군
• 위생의 척도(식품의 부패 정도)를 판단하는 세균

197 식품의 일반성분, 중금속, 잔류항생물질 등을 검사하는 방법은?

① 독성검사법
② 미생물학적 검사법
③ 물리학적 검사법
④ 이화학적 검사법

해설
① 독성검사법 : 급성독성실험, 만성독성실험, 아급성독성실험 등
② 미생물학적 검사법 : 대장균, 대장균군, 일반세균, 병원성 미생물 등
③ 물리학적 검사법 : 비중, 색도, 경도 등
④ 이화학적 검사법 : 일반성분, 중금속, 첨가물, 잔류항생물질, 잔류농약 등

198 식품의 물리적 검사항목이 아닌 것은?

① 산가 측정
② 점도 측정
③ 굴절률 측정
④ 비중 측정

해설 산가(Acid value)
• 유지 1g 중에 함유되어 있는 유리지방산을 중화하는 데 소요되는 수산화칼륨의 mg수이다.
• 물리학적 검사법 : 식품의 경도, 색, 조직감, 비중 등 물리적 특성을 이용한 분석법이다.

199 식품의 Brix를 측정할 때 사용되는 기기는?

① 분광광도계
② 굴절당도계
③ pH 측정기
④ 회전점도계

해설
• 분광광도계 : 식품의 파장별 세기를 측정하여 색도좌표를 산출하는 색채 측정 장비이다.
• 굴절당도계 : 빛의 굴절률을 이용하여 당의 함량을 측정하는 기계로, 당농도는 Brix 단위로 표기된다.

200 광물성 이물, 쥐똥 등의 무거운 이물을 비중의 차이를 이용하여 포집·검사하는 방법은?

① 정치법
② 여과법
③ 침강법
④ 체분별법

해설 식품의 이물시험법
• 체분별법 : 검체가 미세한 분말일 때 적용한다.
• 여과법 : 검체가 액체일 때 또는 용액으로 할 수 있을 때 적용한다.
• 와일드만 플라스크법 : 곤충 및 동물의 털과 같이 물에 잘 젖지 아니하는 가벼운 이물 검출에 적용한다.
• 침강법 : 쥐똥, 토사 등의 비교적 무거운 이물의 검사에 적용한다.

정답 193 ④ 194 ④ 195 ④ 196 ① 197 ④ 198 ① 199 ② 200 ③

- 금속성 이물(쇳가루)시험법 : 분말제품, 환제품, 액상 및 페이스트제품, 코코아가공품류 및 초콜릿류 중 혼입된 쇳가루 검출에 적용한다.
- 정치법 : 액체식품의 밀도가 다른 침전물을 분리하는 경우 적용한다.

201 투명한 액체식품에 함유된 소량의 침전물 등을 포집하는 데 적합한 검사방법은?

① 정치법 ② 여과법
③ 침강법 ④ 체분별법

202 70%의 에탄올을 가하고 응고물의 생성 여부를 알아내는 반응은 어떤 식품의 신선도검사에 적용되는가?

① 식육 ② 우유
③ 식용유 ④ 과일주스

해설 우유의 신선도검사의 종류
- 관능검사, 산도, Methylene blue 시험
- 알코올시험, 세균검사 등

203 청량음료수에 안식향산나트륨이 20ppm 사용되었다고 표기되어 있다면 1kg에 첨가되어 있는 안식향산나트륨의 양은?

① 2g ② 0.2g
③ 0.02g ④ 0.002g

해설
$20\text{ppm} = \dfrac{20g}{1,000,000g} = \dfrac{1}{50,000}$

$1kg = 1,000g$

$1,000g \times \dfrac{1}{50,000} = \dfrac{1}{50} = 0.02g$

204 식품에서 3ppm의 납이 검출되었다는 것의 의미는?

① 식품 100g 중에 납 3g이 검출된 것
② 식품 1,000g 중에 납 3g이 검출된 것
③ 식품 100g 중에 납 3mg이 검출된 것
④ 식품 1,000g 중에 납 3mg이 검출된 것

해설
- ppm : parts per million, 100만분율, 100만분의 일, $\dfrac{1}{1,000,000}$
- $3\text{ppm} = \dfrac{3g}{1,000,000g}$ (1g = 1,000mg)
  $= \dfrac{3,000mg}{1,000,000g} = \dfrac{3mg}{1,000g}$

205 소독약의 살균력을 평가할 때 기준이 되는 것은?

① 에탄올 ② 과산화수소
③ 차아염소산나트륨 ④ 석탄산

해설 석탄산
- 석탄산은 소독제로 사용되는 페놀계의 화합물이다.
- 석탄산계수 : 어떤 화합물의 살균작용을 석탄산과 비교할 때의 값으로 살균력을 평가하는 기준이 된다.

206 과망간산칼륨의 소비량으로 물속의 유기물 함유량을 측정하는 지표는?

① 생물학적 산소요구량(BOD)
② 화학적 산소요구량(COD)
③ 트리메틸아민(TMA)
④ 휘발성 염기질소(VBN)

해설
- 생물학적 산소요구량(Biochemical Oxygen Demand ; BOD)
  - 20℃ 유기물이 호기성 미생물에 의해 소모되는 데 필요한 산소량이다.
  - 수중에 유기물이 많을 경우 BOD가 높아진다.
  - 하천의 BOD는 10ppm 이하이다.
- 화학적 산소요구량(Chemical Oxygen Demand ; COD)
  - 수중의 오염물질이 과망간산칼륨($KMnO_4$) 등의 산화제로 산화 분해 시 필요한 산소량이다.
  - 수중의 유기물이 많을 경우 COD가 높아진다.

207 수질오염의 지표가 되는 것은?

① 경도 ② 탁도
③ 대장균군 ④ 증발잔류량

해설 수질오염의 지표
pH, 생물학적 산소요구량(Biochemical Oxygen Demand ; BOD), 부유물질량(Suspended Solid ; SS), 용존산소량(Dissolved Oxygen ; DO), 플랑크톤, 대장균군수

정답 201 ① 202 ② 203 ③ 204 ④ 205 ④ 206 ② 207 ③

03 식품가공

식품기계

01 식품가공에 대한 설명 중 틀린 것은?

① 식품가공과정에서 미생물의 발효방법은 젖산발효, 알코올발효 등이 있다.
② 식품원료를 가공 적성에 따라 조작을 가하여 새로운 제품을 만드는 것을 식품가공이라 한다.
③ 식품가공과정에서 물리적 방법은 세정, 분쇄, 혼합, 분리 등의 공정이 있다.
④ 식품가공과정에서 화학적 방법으로는 여과, 압착, 건조 등이 있다.

해설
여과, 압착, 건조는 물리적 조작이다.

02 단위조작 중 기계적 조작이 아닌 것은?

① 정선   ② 분쇄
③ 혼합   ④ 추출

해설
추출은 물질이동의 원리를 이용한다.

03 유체흐름에서 단위조작의 기본원리와 다른 것은?

① 수세   ② 침강
③ 성형   ④ 교반

해설 주요 단위조작 및 원리

원리	단위조작
열전달	데치기, 끓이기, 볶음, 찜, 살균
기계적 조작	분쇄, 제분, 압출, 성형, 수송, 정선
물질 이동	추출, 증류, 용해
유체의 흐름	수세, 세척, 침강, 원심분리, 교반, 균질화

04 다음 식품가공공정 중 혼합조작이 아닌 것은?

① 반죽   ② 교반
③ 유화   ④ 정선

해설
혼합조작은 두 가지 이상의 다른 원료를 섞어 균일한 물질을 얻는 것으로 혼합, 교반, 유화, 반죽 등이 포함된다.

05 식품원료를 광학선별기로 분리할 때 사용되는 물리적 성질은?

① 무게   ② 색깔
③ 크기   ④ 모양

해설 광학선별기
전자기적 스펙트럼을 이용하여 반사와 투과에 의한 선별을 한다. 채소의 숙성에 따른 색변화, 중심부의 결함, 외부물질의 혼입을 통해 선별한다.

06 식품원료를 선별하는 방법 중 가장 일반적인 방법으로 육류, 생선, 일부 과일류(사과, 배 등)와 채소류(감자, 당근, 양파 등), 달걀 등을 분리하는 데 이용되는 선별방법은?

① 광택에 의한 선별   ② 모양에 의한 선별
③ 무게에 의한 선별   ④ 색깔에 의한 선별

해설 무게에 의한 선별
과일, 채소, 달걀, 육류, 생선 등에 가장 폭넓게 사용된다.

07 식품재료들이 서로 부딪히거나 식품재료와 세척기의 움직임에 의해 생기는 부딪히는 힘으로 오염물질을 제거하는 세척방법은?

① 마찰세척   ② 부유세척
③ 자석세척   ④ 정전기세척

해설
② 부유세척 : 밀도와 부력의 차이로 세척하는 습식 세척법
③ 자석세척 : 원료를 강한 자기장에 통과시켜 금속 이물질을 제거하는 건식 세척법
④ 정전기세척 : 원료를 함유한 미세먼지를 방전시켜 음전하로 만든 후 제거하는 건식 세척법

정답 01 ④ 02 ④ 03 ③ 04 ④ 05 ② 06 ③ 07 ①

08 분쇄입자의 크기에 관한 설명 중 틀린 것은?

① 입자의 크기는 분쇄방식, 분쇄기의 종류 등에 따라 크게 좌우된다.
② 입자의 크기를 측정할 때는 체를 이용한 입도분석방법이 많이 쓰인다.
③ 체눈의 크기로 표시하는 방법에서 +10번이라 함은 10번체를 통과하는 입자를 말한다.
④ 체눈의 크기로 표시하는 방법은 입자지름이 비교적 고르거나 또는 대략적인 크기를 표시할 때 쓰인다.

09 다음 중 체의 눈이 가장 큰 것은?

① 30mesh
② 60mesh
③ 120mesh
④ 200mesh

해설 mesh
체눈의 크기를 나타내는 단위로 1inch 사이에 있는 눈금의 수로 나타낸다.
· 30mesh : 30눈금/1inch(2.54cm)
· 200mesh : 200눈금/1inch(2.54cm)

10 증기압축식 냉동기의 냉동 Cycle 순서로 옳은 것은?

① 압축기 → 수액기 → 응축기 → 팽창밸브 → 증발기 → 압축기
② 압축기 → 응축기 → 수액기 → 증발기 → 팽창밸브 → 압축기
③ 압축기 → 응축기 → 수액기 → 팽창밸브 → 증발기 → 압축기
④ 압축기 → 응축기 → 팽창밸브 → 수액기 → 증발기 → 압축기

해설 증기압축식 냉동기 Cycle
· 압축기에서 냉매가스를 압축하여 고온 · 고압의 가스를 만든다.
· 압축기에서 넘어온 고온 · 고압의 가스를 응축기에서 공기나 물을 접촉시켜 응축시키고 수액기를 통해 액화시킨다.
· 액체상태의 냉매가 증발하기 쉽도록 감압시켜 저온 · 저압의 액체로 팽창시킨 후 팽창밸브를 통해 증발기로 보낸다.
· 저온 · 저압의 냉매가 피냉각물질로부터 열을 흡수하여 냉각이 이루어진다.
· 냉각 후 기체가 된 냉매는 다시 압축기로 돌아온다.

11 제관공정 중 뚜껑 제작 라인 시 컬링(Curling)을 하는 이유로 적합한 것은?

① 밀봉 시 관통과 접합이 잘 되도록 하기 위하여
② 관의 충격을 방지하기 위하여
③ 불량관과의 식별이 용이하도록 하기 위하여
④ 관의 내압으로부터 잘 견디게 하기 위하여

해설 제관공정
제품 끝단을 말아서 둥글게 만드는 가공법으로 밀봉 시 관통과 관 뚜껑의 접합이 잘 이루어지게 하는 가공법이다.

12 곡류와 같은 고체를 분쇄하고자 할 때 사용하는 힘이 아닌 것은?

① 충격력(Impact force)
② 유화력(Emulsification)
③ 압축력(Compression force)
④ 전단력(Shear force)

해설
고체원료를 작게 분쇄하는 공정에는 충격력, 압축력, 전단력이 사용된다.

13 다음 중 피츠밀(Fitz mill)의 용도로 가장 적합한 것은?

① 분말원료와 액체를 혼합시켜 과립을 만든다.
② 단단한 원료를 일정한 크기나 모양으로 파쇄시켜 과립을 만든다.
③ 혼합이나 반죽된 원료를 스크루를 통해 압출시켜 과립을 만든다.
④ 분말원료를 고속 회전시켜 콜로이드입자로 분산시켜 과립을 만든다.

해설 피츠밀
로터와 칼날을 이용해 원료를 파쇄하는 분쇄기이다.

14 충격형 분쇄기에 속하는 것은?

① 원판마찰분쇄기(Disc attrition mill)
② 롤밀(Roll mill)
③ 펄퍼(Pulper)
④ 핀밀(Pin mill)

정답 08 ③ 09 ① 10 ③ 11 ① 12 ② 13 ② 14 ④

해설 힘에 의한 분쇄기의 종류
- 충격형 분쇄기 : 해머밀, 볼밀, 핀밀
- 전단형 분쇄기 : 디스크밀, 버밀
- 압축형 분쇄기 : 롤밀

15 다음 중 충격형 분쇄기로만 짝지어진 것은?

① 해머밀(Hammer mill), 플레이트밀(Plate mill)
② 해머밀(Hammer mill), 핀밀(Pin mill)
③ 롤밀(Roll mill), 플레이트밀(Plate mill)
④ 롤밀(Roll mill), 핀밀(Pin mill)

해설 분쇄기의 종류
- 해머밀(Hammer mill) : 회전축에 해머가 장착되어 분쇄하고 막대, 칼날, T자형 해머 등(임팩트밀, 다목적밀, 설탕, 식염, 곡류, 마른 채소, 옥수수전분 등에 사용)
- 볼밀(Ball mill) : 회전원통 속에 금속, 돌 등과 원료를 함께 회전하여 분쇄(곡류, 향신료 등 수분 3~4% 이하 재료에 적당)
- 핀밀(Pin mill) : 고정판과 회전원판 사이에 막대모양 핀이 있어 고속 회전으로 분쇄(설탕, 전분, 곡류 등의 건식과 콩, 감자, 고구마의 습식이 있음)
- 롤밀(Roll mill) : 두 개의 회전금속롤 사이에 원료를 넣어 분쇄(밀가루 · 옥수수 · 쌀가루 제분에 이용)
- 디스크밀(Disc mill) : 홈이 파여 있는 두 개의 원판 사이에 원료를 넣어 분쇄(옥수수, 쌀의 분쇄에 이용)
- 습식 분쇄 : 고구마 · 감자의 녹말제조, 과일 · 채소의 분쇄, 생선이나 육류 가공 시 이용(맷돌, 절구나 고기를 가는 Chopper 등)

16 충격력을 이용하여 원료를 분쇄하는 해머밀(Hammer mil)은 어느 종류의 분쇄기에 속하는가?

① 초분쇄기
② 중분쇄기
③ 미분쇄기
④ 초미분쇄기

17 다음 중 초미분쇄기는?

① 해머밀(Hammer mill)
② 롤분쇄기(Roll crusher)
③ 콜로이드밀(Colloid mill)
④ 볼밀(Ball mill)

해설
- 초분쇄기 : 조분쇄기, 선동분쇄기, 롤분쇄기
- 중분쇄기 : 원판분쇄기, 해머밀
- 미분쇄기 : 볼밀, 로드밀, 롤밀, 진동밀, 터보밀, 핀밀
- 초미분쇄기 : 제트밀, 원밀, 콜로이드밀

18 회전자에 의해 강한 원심력을 받아 고정자와 회전자 사이의 극히 좁은 틈을 통과하여 유화시키는 유화기는?

① 오토마이저(Automizer)
② 진동밀(Vibration mill)
③ 링롤러밀(Ring roller mill)
④ 콜로이드밀(Colloid mill)

해설 콜로이드밀
- 비교적 습기가 많은 고체물질을 파쇄하는 초미분쇄기이다.
- 회전자에 의해 강한 원심력을 받아 고정자와 회전자 사이의 극히 좁은 틈을 통과하여 유화시키는 유화기이다.

19 농축공정 시 용액의 농축효과를 저해시킬 수 있는 요인이 아닌 것은?

① 압력의 감소
② 끓는점 상승
③ 점도의 증가
④ 거품의 생성

해설 농축의 효과를 증대시키는 요인
가열, 감압, 통풍, 냉동, 분무

20 점도가 높은 식품을 농축할 때 적당한 농축기는?

① 솥형 농축기
② 강제순환 농축기
③ 단관형 농축기
④ 장관형 농축기

해설
점도가 높은 식품의 경우 흐름성이 적기 때문에 강제순환 농축기를 이용해야 한다.

21 3%의 소금물 10kg을 증발농축기로 농축하여 15%의 소금물로 농축시키려면 얼마의 수분을 증발시켜야 하는가?

① 8.0kg
② 6.5kg
③ 6.0kg
④ 5.0kg

해설
- 3% 소금물의 소금의 양

$$\frac{x}{10} \times 100 = 3\% \quad \therefore x = 0.3\text{kg}$$

- 현재의 소금물에서 소금의 양은 동일하고 물만 증발시켜서 15% 소금물이 만들어지려면 다음과 같다.

정답 15 ② 16 ② 17 ③ 18 ④ 19 ① 20 ② 21 ①

$\frac{0.3}{y} \times 100 = 15\%$ ∴ $y = 2kg$

• $10kg - 2kg = 8kg$

22 회전속도를 동일하게 유지할 때, 원심분리기 로터(Rotor)의 반지름을 2배로 늘리면 원심효과는 몇 배가 되는가?

① 0.25배　　② 0.5배
③ 2배　　　④ 4배

해설
원심분리기의 원심효과는 로터의 반지름에 비례한다.

23 다음 수송기계 중 수직 이동형인 것은?

① 스크루컨베이어　② 체인컨베이어
③ 공기컨베이어　　④ 벨트컨베이어

해설
• 수직 이동형 : 공기컨베이어, 버킷컨베이어
• 경사 이동형 : 스크루컨베이어, 롤러컨베이어, 공기컨베이어
• 수평 이동형 : 체인컨베이어, 벨트컨베이어

24 가루나 알갱이모양의 원료를 관 속으로 수송하기 때문에 건물의 안팎과 관계없이 자유롭게 배관이 가능하며, 위생적이고, 기계적으로 움직이는 부분이 없어 관리가 쉬운 특성을 지닌 수송기계는?

① 벨트컨베이어　　② 롤러컨베이어
③ 스크루컨베이어　④ 공기압송식 컨베이어

해설 공기압송식 컨베이어
관 속의 공기를 빠른 속도로 흐르게 하여 가루를 띄워 운반하는 컨베이어로 멀리 운반이 가능한 장점이 있어 분가공제품에 폭넓게 사용한다.

25 분무세척기를 이용하여 콩이나 옥수수를 세척하기 위해 사용해야 할 적합한 컨베이어는?

① 롤러컨베이어　　② 벨트컨베이어
③ 진동컨베이어　　④ 슬레이트컨베이어

해설
• 롤러컨베이어 : 경사 이동 시 적합하다.
• 벨트/슬레이트 컨베이어 : 가장 기본적인 형태의 컨베이어이다.
• 진동컨베이어 : 진동모터를 이용하여 컨베이어에 진동을 주며 이동하는 컨베이어로, 수분이 많은 물질이나 세척에 적합하다.

26 식품의 가열살균 작업조건에서 미생물의 내열성 표시법 $D_{100} = 10$의 의미는?

① 100℃에서 10분간 가열하면 미생물이 90% 사멸한다.
② 10분간 가열하면 미생물이 100% 사멸한다.
③ 가열온도가 10℃ 상승하면 균수가 $\frac{1}{100}$로 감소한다.
④ 100℃에서 10분간 가열하면 미생물이 10% 사멸한다.

해설 D value
어떤 한 온도에서 미생물수를 90% 줄이는 데 필요한 시간으로 가열온도에 따라서 D_{90}, D_{100}, D_{121}과 같이 표기한다. 일반적으로 온도가 올라갈수록 D값이 작아진다.

27 D_{121} 2.0min인 미생물의 Z값이 10℃일 경우 D_{111}의 값은 얼마인가?

① 15min　　② 20min
③ 25min　　④ 30min

해설 Z value
• 살균효과의 온도의존성을 나타내는 값으로 D값을 10배 변화시키는 온도 차이를 나타낸다.
• Z값은 D값을 10배 변화시키는 온도차이다. D_{121} = 2.0min인데 Z값이 10℃이므로, D_{111}은 2.0min×10배=20min이다. 같은 예로 D_{131}은 2.0min×$\frac{1}{10}$ = 0.2min으로 계산된다.

28 임펠러(Impeller)의 중심부로 유체를 흡인함으로써 운동에너지를 압력에너지로 변화시켜 수송하는 펌프는?

① 원심펌프　　② 플런저펌프
③ 회전펌프　　④ 제트펌프

정답　22 ③　23 ③　24 ④　25 ③　26 ①　27 ②　28 ①

29 펌프에 대한 설명으로 적절하지 않은 것은?

① 원심펌프 : 임펠러의 중심부로 유체를 흡인함으로써 운동에너지를 압력에너지로 변환시켜 수송하는 펌프
② 격막펌프 : 산과 알칼리 등 부식성 액체의 수송에 사용되는 펌프
③ 메시펌프 : 실린더 안에서 플런저(피스톤)가 왕복운동하면서 액체를 보내는 왕복운동펌프
④ 제트펌프 : 높은 압력의 유체를 분사하여 수송하는 펌프

해설 메시펌프
임펠러를 회전시켜 일정 위치에서 기체가 압축되어 이송되는 펌프를 말한다.

30 산과 알칼리 등 부식성 액체의 수송에 사용되는 펌프는?

① 사류펌프
② 플런저펌프
③ 격막펌프
④ 피스톤펌프

해설 격막펌프
유연성이 있는 가죽이나 고무막의 왕복운동에 의해서 액체를 올리는 펌프로, 고무막을 이용하여 산과 알칼리 등 부식성 액체로부터 관의 부식을 방지하기 위해 사용된다.

31 식품제조기계를 제작할 때 많이 쓰이는 합금강은?

① 18-8 스테인리스강
② 20-8 스테인리스강
③ 22-8 스테인리스강
④ 24-8 스테인리스강

해설 18-8 스테인리스강
18-8 스테인리스강은 크로뮴 18%, 니켈 8%를 철에 가하여 만든 것으로, 부식되지 않는 특징을 가지고 있어 식품가공기기를 만들 때 주로 사용한다.

32 회전하는 축의 선단에 원반이 설치되어 있고, 원료액이 이 원반에 공급되어 원반의 가속도에 의해 분무되는 건조방법은?

① 원심식
② 압력식
③ 드럼식
④ Cooling System

해설 분무건조
직경 10~200μm의 입자크기로 액상을 분무하여 표면적이 극대화된 상태에서 열풍과 접촉시켜 신속하게 건조하는 방법이다. 분무건조 시 열풍의 순환은 원심식 팬을 사용한다.

33 유속을 측정하는 기구는?

① 피조미터(Piezometer)
② 벤투리미터(Venturimeter)
③ 마노미터(Manometer)
④ 점도계(Viscometer)

해설
① 피조미터(Piezometer) : 고도를 측정한다.
② 벤투리미터(Venturimeter) : 유속을 측정한다.
③ 마노미터(Manometer) : 압력을 측정한다.
④ 점도계(Viscometer) : 점도를 측정한다.

34 식품의 Brix를 측정할 때 사용되는 기기는?

① 분광광도계
② 굴절당도계
③ pH측정기
④ 회전점도계

해설
Brix는 당 농도 측정단위이다.
① 분광광도계 : 색도를 측정한다.
② 굴절당도계 : 당도를 측정한다.
③ pH측정기 : pH를 측정한다.
④ 회전점도계 : 점도를 측정한다.

35 이중밀봉기의 3요소와 거리가 먼 것은?

① 척(Chuck)
② 스핀들(Spindle)
③ 리프터(Lifter)
④ 시밍롤(Seaming roll)

정답 29 ③ 30 ③ 31 ① 32 ① 33 ② 34 ② 35 ②

36 통조림 밀봉 시머의 구성 3요소가 아닌 것은?

① 척(Chuck) ② 리프터(Lifter)
③ 롤(Roll) ④ 클러치(Clutch)

해설 밀봉기의 3요소
- 척(Chuck) : 통조림 윗부분을 고정한다.
- 리프터(Lifter) : 통조림의 아랫부분을 고정한다.
- 롤(Roll) : 1롤이 관뚜껑과 관통을 밀착 후 2롤이 말리면서 밀봉한다.

37 시머(밀봉기)에 의한 밀봉과정에 대한 설명으로 틀린 것은?

① 리프터는 캔의 밑부분을 고정시킨다.
② 척은 캔의 윗부분을 고정시킨다.
③ 롤은 캔의 시밍(밀봉)하는 부분이다.
④ 롤은 상하 이동을 통해 뚜껑을 고정시키는 부분이다.

해설
롤은 캔 뚜껑을 컬링(Curling)하는 부분이다.

38 이중밀봉장치에 대한 설명으로 틀린 것은?

① 통조림 뚜껑의 가장자리 굽힌 부분을 플랜지라고 한다.
② 시머의 주요 부분은 척, 롤, 리프터로 구성되어 있다.
③ 롤은 제1롤과 제2롤로 구분한다.
④ 시머의 조절은 밀봉형태나 안정성 및 치수 결정의 중요인자이다.

해설
통조림 뚜껑의 가장자리 굽힌 부분을 컬(Curl)이라 한다.

39 통조림 301-1 호칭관의 표시사항으로 옳은 것은?

① "301"은 관의 높이, "1"은 내경을 표시
② "301"은 관의 내용적, "1"은 관의 외경을 표시
③ "301"은 관의 내경, "1"은 관의 내용적을 표시
④ "301"은 관의 내경, "1"은 관의 두께를 표시

해설
통조림 호칭관 표시의 숫자는 내경과 내용적을 뜻한다.

40 다음 건조기 중 총괄 건조효율이 가장 높은 것은?

① 분무식 건조기 ② 드럼형 건조기
③ 복사열 건조기 ④ 태양열 건조기

해설 드럼형 건조기
원통형의 드럼이 회전하면서 드럼 내부의 가열매체를 통하여 건조하는 방법으로, 총괄 건조효율이 가장 높다.

41 주로 물빼기의 목적으로 행해지는 건조법은?

① 일건 ② 음건
③ 열풍건조 ④ 동결건조

해설
열풍건조는 가열된 공기로 대류에 의해 식품을 건조하는 방법이기에 물빼기공정에 가장 적합하다.

42 구동축이 90° 교차하고 두 축이 직교하는 기어는?

① 웜기어 ② 베벨기어
③ 헬리컬기어 ④ 평기어

해설
① 웜기어 : 두 개의 축이 서로 직교하는 기어
② 베벨기어 : 원뿔모양으로 교차하는 기어
③ 헬리컬기어 : 원통형 기어
④ 평기어 : 축과 톱니바퀴가 나란히 있는 기어

43 식품가공에서 사용하는 파이프의 방향을 90°로 바꿀 때 사용되는 이음은?

① 엘보 ② 래터럴
③ 크로스 ④ 유니온

해설
① 엘보 : 유체의 흐름을 직각으로 바꾸어준다.
② 래터럴 : 유체를 직선상으로 연결할 때 사용한다.
③ 크로스 : 유체의 흐름을 세 방향으로 분리한다.
④ 유니언 : 관을 연결할 때 사용한다.

정답 36 ④ 37 ④ 38 ① 39 ③ 40 ② 41 ③ 42 ① 43 ①

44 307호관의 안지름은 몇 mm인가?

① 83.5
② 99.1
③ 105.3
④ 153.5

해설
- 307호관 : 83.5mm(참치통조림 등에 사용)
- 401호관 : 99.1mm
- 404호관 : 405.3mm
- 603호관 : 153.5mm

포장 및 저장

45 식품냉동 시 글레이즈(Glaze)의 사용목적이 아닌 것은?

① 동결식품의 보호작용
② 수분의 증발 방지
③ 식품의 영양강화작용
④ 지방, 색소 등의 산화 방지

해설 글레이즈(Glaze)
냉동식품을 제조하는 과정에서 얼음으로 피막을 만드는 공정이다. 얼음막 코팅을 통해 수분의 증발을 방지하여 식품의 건조와 변질을 막아 냉동식품의 장기보존 시 동결식품을 보호하는 역할을 한다.

46 과실 및 채소의 저장방법 중 포장으로 호흡작용과 증산작용이 억제되고 냉장을 겸용하면 상당한 효과를 거둘 수 있는 방법은?

① CA저장
② MA저장
③ 방사선조사저장법
④ 플라스틱필름법

47 과일의 CA(Controlled Atmosphere)저장 조건에서 기체 조성은 어떻게 변화시키는가?

① 산소의 증가
② 이산화탄소의 증가
③ 질소의 증가
④ 에틸렌가스의 감소

해설
산소의 감소, 이산화탄소의 증가

48 CA저장에서 저장고 내의 O_2와 CO_2의 일반적인 조성비는?

① O_2 : 1~5%, CO_2 : 80~90%
② O_2 : 2~10%, CO_2 : 1~5%
③ O_2 : 10~15%, CO_2 : 80~90%
④ O_2 : 1~5%, CO_2 : 2~10%

해설 CA(Controlled Atmosphere)저장
- 과채류(사과, 배, 감)는 수확 후 호흡을 유지하여 호흡열에 의한 품온 상승으로 인해 숙성도가 증가한다.
- CA저장은 밀폐된 공간에 산소의 비율을 줄이고 이산화탄소의 비율을 증가시켜 호흡을 억제하므로 냉장설비와 함께 저장기간을 연장하는 방법이다.

구분	대기	CA저장
산소	21%	1~5%
이산화탄소	0.03%	2~10%
질소	78%	O_2, CO_2를 제외한 부분
그 외		

49 건조가공품과 적합한 건조기의 연결이 틀린 것은?

① 건조 소고기 – 동결건조기
② 분말커피 – 분무건조기
③ 건조 달걀 – 드럼건조기
④ 건조 쥐치포 – 터널건조기

해설
- 건조 달걀의 경우 전란액, 난황액, 난백액 등 액상 달걀을 분가공제품으로 만드는 것이기에 분무건조기가 적합하다.
- 드럼건조기 : 점도가 높은 액상 식품 또는 반죽상태의 원료를 가열된 원통 표면과 접촉시켜 회전하면서 건조한다.

50 저온의 금속판 사이에 식품을 끼워서 동결하는 방법은?

① 침지동결법
② 접촉동결법
③ 공기동결법
④ 심온동결법

정답 44 ① 45 ③ 46 ① 47 ② 48 ④ 49 ③ 50 ②

> **해설**
> ① 침지동결법(Immersion freezing method)
>   • -95~-15℃ 부동액이나 Brine(염수, 염화나트륨)에 포장된 식품 침지로 급속동결
>   • 오염될 우려가 있으므로 내수성 포장 필요
> ② 접촉동결법(Contact plate freezing method)
>   • -40~-25℃ 냉각된 금속판 사이에 제품을 접촉시켜 급속동결
>   • 균일한 포장제품에 이용(아이스크림, 수산물)
> ③ 공기동결법(Air freezing method)
>   • 정지식 공기동결법(Sharp freezing method) : -30~-20℃ 공기 냉각, 간단하지만 건조가 심함(완만동결)
>   • 송풍동결법(Air blast freezing method) : -40~-20℃ 송풍으로 급속동결, 여러 종류의 제품을 동시에 동결할 수 있음(컨베이어식, 터널식)
> ④ 심온동결법(Cryogenic freezing method)
>   • 액체질소나 드라이아이스로 분무하거나 침지로 순간 급속동결
>   • 외형 유지, 영양 손실 최소, 수분 손실 최소, 제품 중 산소 제거
>   • 시설 간단, 연속작업 가능

51 진공 동결건조에 대한 설명으로 틀린 것은?

① 향미성분의 손실이 적다.
② 감압상태에서 건조가 이루어진다.
③ 다공성 조직을 가지므로 복원성이 좋다.
④ 열풍건조에 비해 건조시간이 적게 걸린다.

52 동결건조식품의 특성이 아닌 것은?

① 다공성 조직을 가지므로 복원성이 좋다.
② 색, 맛, 향미 성분의 손실이 적다.
③ 비용과 시간이 적게 들고, 흡습에 강하다.
④ 잘 부스러지는 단점이 있어 포장이나 수송이 불편하다.

> **해설**
> 열풍건조에 비하여 장시간, 고비용 제품으로 흡습에 약하다.

53 동결건조식품의 특성으로 틀린 것은?

① 복원성이 좋다.
② 식품의 물리적·화학적 변화가 작다.
③ 효소작용에 의한 각종 분해반응이 잘 일어난다.
④ 향기 성분 및 휘발성 관능물질의 손실이 적다.

> **해설** 동결건조식품의 특성
> • 수분을 얼리고 승화시켜 건조, 고비용 제품에 이용한다.
> • 품질 손상 없이 2~3%의 저수분상태로 건조할 수 있다.
> • 냉각기온도 -40℃, 압력 0.098mmHg이다.
> • 형태가 유지되고 다공성이므로 복원력이 좋다.
> • 향미가 보존되고 식품의 물리적·화학적 성분 변화가 작다.
> • 쉽게 흡습하고 잘 부서져 포장이나 수송이 곤란하다.

54 다음 중 질소가스 충전 포장기계의 설명으로 틀린 것은?

① 포장 내부에 있는 공기를 질소로 치환시켜 포장하는 기계이다.
② 진공포장이므로 완전히 산소가 배제되어 산화 방지가 완전하다.
③ 포장할 때 수축으로 인해 내용품 변형, 재료 파손 등이 유발될 수 있다.
④ 분유 등도 이 기계로 포장하며 노즐식과 체임버식을 쓰고 있다.

> **해설**
> 질소가스 충전 포장기계의 경우 포장 내부의 산소를 탈기시킨 후 질소가스를 충진하여 포장하는 기계로 산소를 배제시켜 산화와 호기성 미생물을 억제하여 변질을 방지한다.

55 액체질소의 끓는점은?

① -110℃   ② -136℃
③ -166℃   ④ -196℃

> **해설** 액체질소
> • 질소를 액화한 것으로서 대기압력하에서 -196℃ 이하에서 액체로 존재한다. 냉동조건에서도 기체상태로 존재하기 때문에 냉매로 많이 사용된다.
> • 끓는점이란 액체가 기체로 끓기 시작하는 온도이다.

56 공정자동화에 가장 적합한 포장방법은?

① 진공포장   ② 가스치환포장
③ 무균포장   ④ 가스흡수제 봉인포장

> **해설**
> 공정자동화시스템은 작업자로 인한 교차오염의 가능성이 없기에 무균포장공정에 가장 적합하다.

정답 51 ④　52 ③　53 ③　54 ①　55 ④　56 ③

57 플라스틱포장재 중에서 투명하고 광택이 나며, 수분 차단성과 인쇄 적성이 우수하여 빵, 과자, 가공식품 등의 포장에 많이 이용되는 것은?

① 폴리에틸렌(PE) ② 폴리프로필렌(PP)
③ 폴리염화비닐(PVC) ④ 폴리에스터(PET)

58 열접착성이 없는 필름은?

① 폴리에틸렌(Polyehylene)
② 폴리염화비닐(PVC)
③ 셀로판(Cellophane)
④ 폴리프로필렌(Polypropylene)

해설 플라스틱포장재

폴리에틸렌, 염화비닐리덴, 폴리에스터, 폴리프로필렌, 폴리염화비닐, 폴리스티렌, 폴리카보네이트 등을 사용한다.
- 폴리에틸렌(PE) : 무색의 반투명한 열가소성 플라스틱, 내약품성, 전기절연성, 방습성, 내한성, 가공성이 좋아 절연재료, 용기, 패킹 등에 쓰인다.
- 폴리프로필렌(PP) : 내열성, 내약품성, 고결정성이나 내충격성에서는 약하지만 수분 차단성과 인쇄 적성이 우수하여 가공식품의 포장 등에 쓰인다.
- 폴리염화비닐(PVC) : 비닐이라는 이름으로 오래전부터 이용되어 오던 플라스틱으로, 투명하고 착색·가공하기 쉬우며 잘 타지 않고 값이 저렴하다.
- 폴리에스터 : 강도가 높으며, 물에 젖어도 강도의 변함이 없고 흡습성이 낮다. 전기절연성, 방습성, 내한성이 좋아 냉동포장재로 이용된다.
- 폴리에틸렌 테레프탈레이트(PET) : 투명도가 높고 단열성이 좋으며, 열가소성이 있고 가벼우며 맛과 냄새가 없다. 또한 인쇄가 잘 되며 녹는점이 높아 탄산음료 용기, 레토르트 파우치에 사용한다.

곡류 및 서류

59 저장곡류의 균류 증식에 가장 큰 영향을 주는 인자는?

① 수분함량 ② 산소의 농도
③ 이산화탄소의 농도 ④ 저장고의 크기

해설
저장곡류의 경우 수분함량이 낮아 장기보관에도 균류의 증식 가능성이 낮다.

60 도감비율을 옳게 나타낸 것은? (단, A : 현미의 중량, B : 백미의 중량)

① 도감비율(%) = $\dfrac{B}{A} \times 100$

② 도감비율(%) = $\dfrac{B-A}{B} \times 100$

③ 도감비율(%) = $\dfrac{A}{B} \times 100$

④ 도감비율(%) = $\dfrac{A-B}{A} \times 100$

해설 도감률(%)

현미에서 배아와 겨가 제거된 정도

도감비율(%) = $\dfrac{A-B}{A} \times 100$

61 벼 100kg에서 정미 80kg, 왕겨 13kg, 겨층 7kg이 나왔다면 도정률은 약 얼마인가?

① 90% ② 92%
③ 94% ④ 96%

해설 도정률
- 현미무게 : 벼에서 왕겨층을 제거한 무게(100kg − 13kg)
- 도정률 : 현미중량에 대한 백미의 중량비

도정률 = $\dfrac{\text{현미무게} - \text{겨층무게}}{\text{현미무게}} \times 100$

$= \dfrac{(100-13)-7}{100-13} \times 100$

$= \dfrac{87-7}{87} \times 100 = 91.9540 \cdots ≒ 92\%$

62 곡물도정의 원리에 속하지 않는 것은?

① 마찰 ② 마쇄
③ 절삭 ④ 충격

해설 곡류도정의 원리
- 마찰(Friction) : 도정기와 곡물 사이를 비빈다.
- 찰리(Resultant tearing) : 강한 마찰작용으로 표면을 벗긴다.
- 절삭(Shaving) : 금강사로 곡물조직을 깎아낸다(연삭 : 강한 절삭, 연마 : 약한 절삭).
- 충격(Impact) : 도정기와 곡물을 충돌시킨다.

정답 57 ② 58 ③ 59 ① 60 ④ 61 ② 62 ②

63 쌀에 많이 함유된 비타민은?

① 비타민 A
② 비타민 B군
③ 비타민 C
④ 비타민 D

해설
- 쌀의 겨층에는 비타민과 단백질 함량이 높으나 겨층을 제거하고 섭취하는 백미는 탄수화물의 함량이 높다.
- 비타민의 경우 B군이 풍부하며, 단백질의 경우 필수아미노산이 고르게 분포되어 있으나 라이신의 함량이 낮다.

64 보리를 이용한 가공품 중 관계없는 것은?

① 맥주
② 위스키
③ 팝콘
④ 엿

해설
팝콘은 옥수수를 호정화시킨 가공품이다.

65 식혜 제조와 관계가 없는 것은?

① 엿기름(맥아)
② 멥쌀
③ 진공농축
④ 아밀라아제

해설
식혜는 쌀에 엿기름(맥아)의 주효소인 아밀라아제(Amylase)를 이용해 당화시켜 당류의 생성으로 단맛을 형성하는 음청류이다. 멥쌀을 구성하는 Amylose가 Amylopectin에 비하여 당화에 적절하여 멥쌀을 주로 이용한다. 엿도 식혜와 동일하게 곡류의 당화를 이용하여 제조한 식품이다.

66 아밀라아제(Amylase)를 주로 이용하여 만든 것이 아닌 것은?

① 물엿
② 제빵
③ 포도당
④ 간장

해설
물엿, 제빵, 포도당 모두 전분 분해 효소인 아밀라아제(Amylase) 등의 효소를 이용하여 탄수화물을 소당류로 분해하는 공정으로 제조한다. 간장의 경우 미생물의 발효에 의해 풍미와 영양성분이 증진되는 발효식품이다.

67 전분을 산 또는 효소로 가수분해하여 제조하며 조리에 많이 이용되는 전분가공품은?

① 펙틴
② 물엿
③ 한천
④ 젤라틴

해설
전분은 가수분해 시 포도당으로 분해되며 이를 당화라고 한다. 물엿, 포도당의 제조에 이용되며 산당화법이나 효소당화법을 사용한다.

68 산당화법에 의해 물엿을 제조할 때, 사용할 수 있는 분해제가 아닌 것은?

① 염산
② 황산
③ 수산
④ 구연산

해설 산당화법
전분에 묽은산을 넣고 함께 가열하여 가수분해하는 당화법이다. 당화제(분해제)로는 염산과 황산, 수산이 사용된다.

69 쌀의 주요 단백질인 Oryzenin과 Globulin의 혼합물 분리방법으로 적절한 것은?

① 묽은산을 첨가하면 Oryzenin이 침전된다.
② 묽은 알칼리를 첨가하면 Oryzenin이 침전된다.
③ 묽은 염을 첨가하면 Oryzenin이 침전된다.
④ 묽은산을 첨가하면 Globulin이 침전된다.

해설
- 글루텔린 : 물 및 중성 염용액에 불용하고, 묽은산 및 묽은 알칼리에 녹는 단순단백질의 총칭이다. 곡류단백질이 주로 여기에 속하여 쌀의 오리제닌(Oryzenin), 보리의 호르데인(Hordein) 등이 포함된다.
- 글로불린 : 물에 불용하고 묽은산 및 알칼리에 녹는다.

70 제인(Zein)은 어디에서 추출하는가?

① 밀
② 보리
③ 옥수수
④ 감자

해설 곡류의 주요 아미노산
- 쌀 : 오리제닌, 글로불린
- 옥수수 : 제인
- 밀 : 글리아딘
- 보리 : 호르데인

정답 63 ② 64 ③ 65 ③ 66 ④ 67 ② 68 ④ 69 ③ 70 ③

71 제면과정 중에 소금을 넣는 이유로 거리가 먼 것은?

① 반죽의 탄력성을 향상시키기 위해
② 면의 균열을 막기 위해
③ 제품의 색깔을 희게 하기 위해
④ 보존성을 향상시키기 위해

해설 제면과정 중의 소금 첨가
- 반죽의 점탄성을 증가시킨다.
- 소금의 흡습성을 이용하여 건조속도를 조절한다.
- 미생물 번식 및 발효를 억제한다.

72 제빵공정에서 밀가루를 체로 치는 가장 큰 이유는?

① 불순물을 제거하기 위하여
② 해충을 제거하기 위하여
③ 산소를 풍부하게 함유시키기 위하여
④ 가스를 제거하기 위하여

해설 제빵공정에서 밀가루를 체로 치는 이유
- 밀가루의 뭉침을 방지해서 품질 향상
- 다양한 종류의 파우더 혼합
- 밀가루의 산소 공급 → 가장 주요한 이유
- 이물의 제거

73 밀의 제분공정 중에서 수분함량을 13~16%로 조절한 후, 겨층과 배유가 잘 분리되도록 하기 위한 조작과 가열온도를 옳게 연결한 것은?

① 템퍼링, 40~60℃
② 컨디셔닝, 40~60℃
③ 템퍼링, 20~25℃
④ 컨디셔닝, 20~25℃

해설 밀의 조질공정
밀의 외피와 배유가 도정을 하기 좋은 상태가 되도록 물성을 변화시키는 공정으로 밀의 외피와 배유의 분리를 용이하게 하는 것이 목적이다.
- 템퍼링 : 수분함량 10% 전후에서 15%로 상향 조절(가열공정이 아닌 가수공정)
- 컨디셔닝 : 수분을 상향 조정한 밀을 40~60℃에서 2~3시간 방치

74 벼를 10~15℃의 온도, 70~80%의 상대습도에 저장할 때 얻어지는 효과와 거리가 먼 것은?

① 해충 및 미생물의 번식이 억제됨
② 현미의 도정효과가 좋고, 도정한 쌀의 밥맛이 좋음
③ 영양적으로 유효한 미량성분의 변화가 많음
④ 발아율의 변화가 작음

해설 벼의 저장
- 수분함량은 15%, 저장온도는 10~15℃, 상대습도는 70~80% 정도 유지한다.
- 적정온도와 습도를 유지하여 호흡을 억제시키고 품질을 유지한다.
- 고온에서 저장 시 단백질 응고, 전분 노화 등으로 품질이 떨어지고 발아율이 낮아진다.

75 일반적으로 제면용으로 가장 적당하고, 많이 사용되는 밀가루는?

① 강력분   ② 준강력분
③ 중력분   ④ 박력분

76 과자나 튀김류 제조에 적합한 밀가루는?

① 강력분   ② 중력분
③ 준강력분   ④ 박력분

해설 밀가루의 분류

구분	건부량	용도
강력분	13% 이상	식빵 등 제빵
중력분	10~13%	제면
박력분	10% 이하	튀김, 비스킷, 쿠키

※ 건부량 : Dry gluten(건조글루텐함량)

두류

77 다음 가공식품 중 원료가 다른 식품은?

① 두부   ② 전분
③ 물엿   ④ 당면

해설
전분, 물엿, 당면은 곡류가공식품이다.

정답 71 ③ 72 ③ 73 ② 74 ③ 75 ③ 76 ④ 77 ①

78 두부 제조 시 열에 의해 응고되지 않아 응고제를 첨가하여 응고시키는 단백질은?

① 글리시닌(Glycinin)
② 락토알부민(Lactoalbumin)
③ 레구멜린(Legumelin)
④ 카세인(Casein)

해설
콩의 주단백질은 수용성의 글리시닌(Glycinin)과 알부민(Albumin)으로 응고제를 첨가 시 응고된다. 카세인(Casein)은 우유단백질이다.

79 두부응고제로 부적합한 것은?

① 글루코노델타락톤
② 황산칼슘
③ 염화칼슘
④ 견수

해설 견수
식품첨가물로 사용되는 알칼리성 염화물

80 두부 제조 시 단백질응고제로 쓸 수 있는 것은?

① $CaCl_2$
② NaOH
③ Na_2CO_3
④ HCl

해설 두부의 응고제
- 황산칼슘($CaSO_4$) 응고제 : 응고반응이 염화물에 비해 느려 보수성, 탄력성이 좋은 두부를 생산한다.
- 염화칼슘($CaCl_2$) 응고제 : 칼슘 첨가로 영양 보강, 응고작용이 좋다.
- 글루코노델타락톤(Glucono-δ-lactone) 응고제 : 부드러운 조직감을 가지나 신맛이 있을 수 있다.

81 두부가 응고되는 현상은 주로 무엇에 의한 단백질의 변성인가?

① 촉매
② 금속이온
③ 산
④ 알칼리

해설
두부의 주단백질은 열에 응고되지 않으나 금속이온 존재하에 응고되는 성질을 가진다.

82 콩의 트립신 저해제에 대한 설명 중 틀린 것은?

① 콩은 트립신 저해제를 함유하고 있다.
② 트립신 저해제는 단백질의 소화·흡수를 방해한다.
③ 트립신 저해제는 가열하면 불활성화된다.
④ 콩을 발아시켜도 트립신 저해제는 감소되지 않는다.

해설
콩은 일반적으로 단백질의 함량이 20~45%로 고단백식품이다. 이러한 단백질식품을 체내에서 잘 소화시키려면 단백질 분해효소인 트립신이 역할을 해주어야 한다. 하지만 콩에는 트립신 저해제가 함유되어 있어 체내에서 트립신의 활성을 저해하여 단백질의 소화·흡수를 어렵게 한다. 이러한 트립신 저해제는 가열 시 불활성화되므로 두부 제조 시 적절한 가열공정을 통해 불활성화시킬 수 있다.
- 트립신(Trypsin) : 단백질 분해효소
- 트립신 저해제(Trypsin inhibitor) : 단백질 분해효소 억제제

과실 및 채소

83 복숭아, 배, 사과 등 과실류의 주된 향기성분은?

① 에스테르류
② 피롤류
③ 테르펜화합물
④ 황화합물

해설 향기성분
- 식물성 향기성분
  - 에스테르(에스터)류 : 과일류의 향기성분
  - 황화합물 : 무, 마늘, 고추냉이 등의 향기성분
  - 테르펜화합물 : 오렌지, 레몬, 박하 등의 향기성분
- 동물성 향기성분
  - 암모니아 및 아민류 : 어류 및 육류의 부패취
  - 카보닐화합물 : 우유, 버터, 치즈의 향기성분
- 가공 중 발생하는 향기성분
  - 피롤류 : 마이야르반응 시 발생하는 휘발성 향기성분

84 파인애플, 죽순, 포도 등에 함유되어 있는 주요 유기산은?

① 초산(Acetic acid)
② 구연산(Citric acid)
③ 주석산(Tartaric acid)
④ 호박산(Succinic acid)

해설
- 젖산(Lactic acid) : 발효식품, 요구르트
- 구연산(Citric acid) : 감귤류
- 주석산(Tartaric acid) : 포도, 파인애플, 바나나
- 호박산(Succinic acid) : 청주, 된장, 간장

정답 78 ① 79 ④ 80 ① 81 ② 82 ④ 83 ① 84 ③

85 복숭아통조림 제조 시 과육의 당도가 9%이고, 301-7호관(4호관)에 270g의 고형물을 담을 때, 주입 설탕물의 농도는 얼마로 제조해야 되는가? (단, 개관 시 당농도 : 18%, 내용 총량 : 430g이다.)

① 약 33% ② 약 36%
③ 약 45% ④ 약 63%

해설 통조림 당액의 조제

$w_1 x + w_2 y = w_3 z$

$y = \dfrac{w_3 z - w_1 x}{w_2} = \dfrac{w_3 z - w_1 x}{w_3 - w_1}$

여기서, w_1 : 담는 과실의 무게(g)
w_2 : 주입 당액의 무게(g)
w_3 : 통 속의 당액 및 과실의 전체 무게(g)
x : 과육의 당도(%)
y : 주입액의 농도(%)
z : 제품규격 당도(%)

$\dfrac{(430 \times 18) - (270 \times 9)}{430 - 270} = \dfrac{7,740 - 2,430}{160}$
$= 33.1875 ≒ 33\%$

86 통조림용기로 가공할 경우 납과 주석이 용출되어 식품을 오염시킬 우려가 가장 큰 것은?

① 어육 ② 식육
③ 과실 ④ 연유

해설
납과 주석은 산이나 산소 존재하에 용출될 가능성이 있으므로 유기산함량이 많은 과실통조림에서 용출의 가능성이 가장 높다.
• 알루미늄 : 산, 알칼리에 부식
• 납, 아연, 주석 : 산성 식품에서 용출
• 구리 : 산가용성 녹청이 용출

87 과실류 저온 저장에서 저장고 내 공기 조성을 변화시켜 저장하는 이유는?

① 저장고 내 공기의 흐름을 좋게 하기 위하여
② 과실류의 호흡을 촉진하여 저장기간을 연장하기 위하여
③ 과실류의 호흡을 억제하여 중량 감소를 막기 위하여
④ 저장고 내 온도 분포를 고르게 하기 위하여

88 사과, 배 등과 같이 호흡 급상승(Climacteric)을 갖는 청과물의 선도 유지에 사용되는 활성포장용 품질유지제는?

① 흡습제
② 탈산소제
③ 알코올증기 발생제
④ 에틸렌(Ethylene)가스 흡수제

해설
과실류는 수확 후에도 호기적인 호흡을 통해 얻어진 에너지를 이용하여 지속적으로 성장하여 싹틔움, 뿌리 성장, 신장, 발아작용을 하게 된다. 더불어 수확 후에도 생산되는 에틸렌은 호흡으로 인한 대사과정을 더욱 빠르게 일으키게 된다. 이러한 농산물의 지속적인 호흡은 식물의 화학적 변화와 연화작용을 일으켜 식품으로써의 효용을 떨어뜨리기에 산소의 공급을 차단하여, 호흡을 억제하고 수분의 증발과 에틸렌의 생성을 막고자 함이다.

89 당장(당절임)의 원리 및 특징과 관련이 없는 것은?

① 삼투압 ② 원형질분리
③ 수분활성 ④ 포자형성

해설 당장법
• 당장법은 고농도의 설탕을 이용하여 식품의 삼투압을 높여 원형질 분리를 유도해 식품을 장기보존하는 저장법으로 주로 과일 · 채소류에 사용된다. 일반적으로 미생물은 50%의 당농도에서 생육이 억제되나 효모는 당함량이 80% 이상의 조건에서도 생육이 가능하다.
• 당장법에 의한 식품보존의 원리
 - 삼투압에 의한 수분활성도 저하
 - 탈수에 의한 미생물의 생육 억제
 - 당류의 방부효과

90 과일의 과육 · 채육에 가장 적합한 것은?

① 펄퍼(Pulper)
② 프레셔(Presser)
③ 절단기(Cutter)
④ 파쇄기(Mill)

해설 펄퍼(Pulper)
과육의 손상이 작아 과일의 채육에 적절하다.

정답 85 ① 86 ③ 87 ③ 88 ④ 89 ④ 90 ①

91 과실초의 제조공정에서 ( ) 안에 알맞은 공정은?

> 원료-부수기-조정-담기-( )-짜기-초산발효

① 증류 ② 가열
③ 젖산발효 ④ 알코올발효

해설
과실초의 목적은 초산발효를 통해 초산을 생산함에 있다. 초산발효는 알코올이 산화되어 초산을 만드는 반응으로 알코올 존재하에 일어나는 반응이기에, 초산발효에 앞서서 알코올발효가 일어나야 한다.

92 통조림 제조 시 주요 4대 공정에 해당하지 않는 것은?

① 산화 ② 탈기
③ 밀봉 ④ 냉각

해설 통조림 제조의 4대 공정
탈기 → 밀봉 → 살균 → 냉각

93 통조림 제조의 주요 4대 공정 중 가장 먼저 행하는 공정은?

① 탈기 ② 밀봉
③ 냉각 ④ 살균

해설
- 통조림 제조의 4대 공정 : 탈기 → 밀봉 → 살균 → 냉각
- 탈기 : 병이나 파우치 내의 공기를 제거하는 조작으로 이 과정을 통해 호기성 세균 및 곰팡이의 생육을 억제하고 산소로 인한 산화를 방지한다. 또한 내용물이 부풀어 오르거나 팽창되는 것을 방지할 수 있다.

94 혼탁사과주스 제조와 관계가 없는 공정은?

① 살균 ② 증류
③ 여과 ④ 파쇄

해설 사과주스의 제조공정
원료 선별 → 세척 → 착즙(파쇄) → 여과 및 청징 → 조합 및 탈기 → 살균 → 담기

95 과실은 익어가면서 녹색이 적색 또는 황색 등으로 색깔이 변하며 조직도 연하게 된다. 익은 과실의 조직이 연해지는 이유는?

① 전분질이 가수분해되기 때문
② 펙틴(Pectin)질이 분해되기 때문
③ 색깔이 변하기 때문
④ 단백질이 가수분해되기 때문

96 과즙의 청징을 위해 사용하는 것으로 옳지 않은 것은?

① 펙틴 ② 젤라틴
③ 카세인 ④ 건조 난백

해설
과실주스의 경우 펙틴, 단백질, 섬유소 등으로 인한 부유물질이 생성되어 주스를 탁하게 만든다. 이를 제거하기 위해서 난백, 카세인, 젤라틴, 효소법 등을 이용하여 혼탁물질을 제거한다.

97 알칼리박피방법으로 고구마나 과실의 껍질을 벗길 때 이용하는 물질은?

① 초산나트륨 ② 인산나트륨
③ 염화나트륨 ④ 수산화나트륨

해설
- 알칼리박피법 : 1~3%, NaOH에 처리한다.
- 산처리법 : 1~3%, HCl에 처리한다.

98 복숭아박피법으로 가장 적당한 방법은?

① 산박피법 ② 알칼리박피법
③ 기계적 박피법 ④ 핸드박피법

해설
산박피법의 경우에는 감귤류의 헤스페리딘(하얀 부분)의 제거에 적합하며 복숭아의 경우에는 알칼리박피법을 이용한다.

99 통조림의 세균 발육 여부 시험법은?

① 가온보존시험 ② 냉각보존시험
③ 가열 후 보존시험 ④ 개관시험

정답 91 ④ 92 ① 93 ① 94 ② 95 ② 96 ① 97 ④ 98 ② 99 ①

100 통조림의 가온검사 시 패류 등에서 고온성 세균이 있을 우려가 있을 때의 가온검사온도는?

① 25℃ ② 35℃
③ 45℃ ④ 55℃

101 통조림검사에서 검사 즉시 바로 판정이 되지 않고 1~2주일 후에야 판정이 가능한 검사방법은?

① 겉모양검사 ② 타관검사
③ 가온검사 ④ 진공도검사

해설 ▶ 가온검사
멸균처리된 통조림에 세균이 발육하지 않음을 확인하기 위해 미생물이 생육하기 좋은 적정 온도로 가온하여 1~2주일 보존한 후 세균의 증식 여부를 검사하는 시험법이다.

102 가열살균에 의하여 장기간 저장성을 가지는 제품은?

① 통조림 ② 연제품
③ 훈제품 ④ 조림제품

해설 ▶ 통·병조림 식품
제조·가공 또는 위생처리된 식품을 12개월을 초과하여 실온에서 보존 및 유통할 목적으로 식품을 통 또는 병에 넣어 탈기와 밀봉 및 살균 또는 멸균한 것을 말한다.

103 과일 젤리 응고에 필요한 펙틴, 산, 당분 함량이 가장 적합한 것은?

구분	펙틴(%)	산(%)	당분(%)
㉠	0.5~1.0	0.15~0.25	50~55
㉡	1.0~1.5	0.27~0.5	60~65
㉢	1.5~2.5	0.5~1.0	70~75
㉣	2.5~3.5	2.0~3.0	80~85

① ㉠ ② ㉡
③ ㉢ ④ ㉣

해설 ▶ Jelly point 형성의 3요소
- 당 : 60~65%
- 펙틴 : 1.0~15%
- 유기산 : 0.3%, pH 3.0

104 다음 중 젤리점(Jelly point)의 판정방법이 아닌 것은?

① 당도계법 ② 컵법(Cup test)
③ 스푼법(Spoon test) ④ 펙틴법(Pectin test)

해설 ▶ 젤리점의 판정방법
- 스푼시험 : 나무주걱으로 잼을 떠서 기울여 액이 시럽상태가 되어 떨어지면 불충분한 것, 주걱에 일부 붙어 떨어지면 적당하다.
- 컵시험 : 물컵에 소량 떨어뜨려 바닥까지 굳은 채로 떨어지면 적당, 도중에 풀어지면 불충분하다.
- 온도법 : 잼에 온도계를 넣어 104~106℃가 되면 적당하다.
- 당도계법 : 굴절당도계를 이용, 잼 당도는 65% 정도가 적당하다.

105 산과 펙틴의 함량이 높은 과일끼리 짝지은 것은?

① 배, 바나나 ② 복숭아, 딸기
③ 사과, 포도 ④ 자두, 배

해설 ▶
사과, 포도, 오렌지, 감귤, 자두 등이 산과 펙틴의 함량이 높다.

106 감귤통조림의 시럽이 혼탁되는 요인은?

① 살균 부족 ② 헤스페리딘의 작용
③ 타이로신의 작용 ④ 냉각 불충분

해설 ▶ 헤스페리딘
감귤류 과일에 많이 존재하는 플라보노이드계 색소 중의 플라바논(Flavanone) 배당체이다. 지질과산화물 형성을 억제하며, 노화 지연 등의 항산화효과, 항염증효과, 모세혈관 보호 및 항암작용, 콜레스테롤을 낮추는 작용을 하지만 감귤가공품에서 혼탁의 원인이 되기도 한다.

107 어떤 통조림이 대기압 720mmHg인 곳에서 관내 압력은 350mmHg이었다. 대기압 750mmHg에서 이 통조림의 진공도는?(단, 관의 변형 등 기타 영향은 전혀 없다.)

① 350mmHg ② 370mmHg
③ 380mmHg ④ 400mmHg

해설 ▶
진공도 = 대기압 – 관내 기압
     = 750 – 350 = 400mmHg

정답 100 ④ 101 ③ 102 ① 103 ② 104 ④ 105 ③ 106 ② 107 ④

108 통조림검사 시 세균에 의한 산패, 내용물의 과다 주입 등으로 뚜껑 등이 약간 부풀어 올라와 있고 손가락으로 누르면 원래대로 돌아가지만 다른 쪽이 부푸는 현상을 무엇이라고 하는가?

① 플리퍼(Flipper)
② 소프트스웰(Soft swell)
③ 스프링어(Springer)
④ 하드스웰(Hard swell)

109 통조림 제조 시 탈기가 불충분할 때 관이 약간 팽창하는 것을 무엇이라고 하는가?

① 플리퍼   ② 수소 팽창
③ 스프링어   ④ 리이킹

해설 통조림의 외관상 변패
- Flipper : 한쪽 면이 부풀어 누르면, 소리 내고 원상태로 복귀 – 충진 과다, 탈기 부족
- Springer : 한쪽 면이 심하게 부풀어 누르면 반대편이 튀어나옴 – 가스 형성 세균, 충진 과다 등
- Swell : 관의 상하면이 부풀어 있는 것 – 살균 부족, 밀봉 불량에 의한 세균오염
- Buckled can : 관의 내압이 외압보다 커 일부 접합부분이 돌출한 변형관 – 가열살균 후 급격한 감압 시
- Panelled can : 관의 내압이 외압보다 낮아 찌그러진 위축변형관 – 가압 냉각 시
- Pin hole : 관에 작은 구멍이 생겨 내용물이 유출된 것

110 통조림의 제조와 저장 중에 일어나는 흑변의 원인과 관계가 깊은 것은?

① O_2 ② CO_2
③ H_2O ④ H_2S

해설 통조림의 흑변
육류 가열로 발생된 –SH기가 환원되어 H_2S를 생성하며, 이것이 통조림 금속재질과 결합하여 흑변의 원인이 된다.

111 토마토가공품 중 고형분량이 25% 정도이며 조미하지 않은 것은?

① 토마토주스   ② 토마토퓨레
③ 토마토소스   ④ 토마토페이스트

해설
- 토마토주스 : 토마토의 씨앗과 과피 제거 후 갈아서 소금으로 조미한 과즙
- 토마토퓨레 : 토마토를 파쇄하고 체로 거른 펄프를 조미하지 않고 농축한 것
- 토마토페이스트 : 토마토퓨레를 농축하여 전체 고형물을 25% 이상으로 한 것
- 토마토케첩 : 토마토를 갈아 거른 즙에 설탕, 소금, 향신료, 식초 등으로 조미한 것

112 감의 떫은맛을 제거하는 방법(탈삽법)이 아닌 것은?

① 알코올 탈삽법
② 고농도 탄산가스 탈삽법
③ 온탕 탈삽법
④ 고농도 산소 탈삽법

해설 탈삽
감의 떫은맛을 없애는 방법을 말한다.
- 열탕법(온탕 탈삽법) : 감을 35~40℃의 물속에 12~24시간을 유지한다.
- 알코올법(알코올 탈삽법) : 감을 알코올과 함께 밀폐용기에 넣어서 탈삽한다.
- 탄산법(고농도 탄산가스 탈삽법) : 밀폐된 용기에 공기를 CO_2로 치환시켜 탈삽한다.

유지

113 경화유를 만드는 목적이 아닌 것은?

① 수소를 첨가하여 산화 안전성을 높인다.
② 색깔을 개선한다.
③ 물리적 성질을 개선한다.
④ 포화지방산을 불포화지방산으로 만든다.

해설 경화유
불포화지방산이 많은 경우는 포화지방일 경우보다 자동산화가 쉬워 변질이 빠르다. 이에 불포화지방산이 많은 액체유에 Ni의 존재하에서 수소를 첨가하여 포화지방산으로 만드는 공정이다.
- 녹는점이 높아지고 안정성이 증가한다.
- 산패가 적고 냄새가 감소한다.
- 어유, 콩기름, 면실유, 채종유 등에 이용한다.

정답 108 ③ 109 ① 110 ④ 111 ② 112 ④ 113 ④

114 식용유를 제조할 때 탈검공정의 주된 목적은?

① 색소 제거 ② 인지질 제거
③ 유리지방산 제거 ④ 휘발성 물질 제거

해설
- 탈검공정 : 추출공정을 통해 제조한 유지에는 인지질, 단백질 등과 같은 검(Gum)물질이 존재하는데 이를 제거하는 공정
- 탈산공정 : 유지 내의 분해된 유리지방산을 제거하는 공정
- 탈색공정 : 식물성 유지 추출 후 특유의 녹색색소를 제거해주는 공정
- 탈취공정 : 유지에 함유된 유리지방산, 알데하이드, 탄화수소, 케톤 등과 같은 휘발성 물질을 제거하는 공정
- 탈납공정 : 유지의 온도를 인위적으로 낮춰 발생하는 결정을 미리 제거하는 공정

115 채취한 식용유지에 함유된 지용성 색소를 제거하는 등의 여과, 탈색, 탈취, 정제를 위한 여과보조제가 아닌 것은?

① 규조토 ② 키토산
③ 산성백토 ④ 벤토나이트

해설
탈색공정의 여과보조제로는 활성탄, 이산화규소, 산성백토, 벤토나이트, 규조토 등이 사용된다.

116 유지의 채취법 중 수율이 가장 높은 방법은?

① 용출법 ② 추출법
③ 압착법 ④ 가열법

해설
- 기계적 추출법 : 유지에 기계적인 압력을 가해서 추출하는 방법으로 압착법이 있다.
- 유기용매 추출법 : 유지는 물에는 녹지 않고 유기용매에 녹는 특성이 있다. 벤젠, 펜탄, 헥산과 같은 용매에 원료 유지를 녹여서 추출하는 방법으로 수율이 가장 높다.
- 초임계 추출 : 기체를 임계압력 이상으로 압력을 가하면 임계점 부근에서 기체가 용매력을 보이게 되는데 이때 추출하는 방법으로 품질이 우수하다.

117 튀김용 유지를 세게 가열할 때 나는 자극적인 냄새에 해당하는 것은?

① 산패취
② 지방산의 냄새
③ 글리세린(Glycerin)의 냄새
④ 아크롤레인(Acrolein)의 냄새

해설 아크롤레인
자극적인 냄새를 갖는 액상의 불포화알데하이드로, 유지의 고온 가열에 의해서 발생하며, 튀김할 때 기름에서 나오는 자극적인 냄새 성분이다.

유가공

118 우유가 알칼리성 식품에 속하는 것은 무슨 영양소 때문인가?

① 지방 ② 단백질
③ 칼슘 ④ 비타민 A

해설
우유 속에 고함량 함유된 칼슘은 알칼리성 생성 원소이다.

119 신선한 우유의 pH는?

① 6.0~6.3 ② 6.5~6.7
③ 7.0~7.2 ④ 7.3~7.5

120 신선한 우유의 적정 산도는?

① 0.01~0.05% ② 0.13~0.18%
③ 0.20~0.25% ④ 0.28~0.35%

해설
- 신선한 우유는 pH 6.5~6.7, 적정 산도 0.13~0.18%이다. 우유가 변질될수록 우유 속의 유당이 분해되어 젖산을 생성하면서 pH가 감소하고 적정 산도가 높아진다.
- 적정산도란 알칼리용액의 적정을 통해 산도의 양을 측정하는 산도검사법이다.

121 우유에 함유된 지방구 중 대부분이 존재하는 지방구의 크기는?

① 0.1~2.0μm
② 3~7μm
③ 10~16μm
④ 20μm 이상

정답 114 ② 115 ② 116 ② 117 ④ 118 ③ 119 ② 120 ② 121 ②

122 우유에 존재하는 비타민 중에서 수용성 비타민은?

① 비타민 A   ② 비타민 B₂
③ 비타민 E   ④ 비타민 K

해설
지용성 비타민은 A, D, E, K이다.

123 우유의 성분과 유제품과의 관계가 잘못 연결된 것은?

① 유지방 – 버터   ② 카세인 – 크림
③ 유단백질 – 치즈   ④ 유당 – 요구르트

해설
카세인은 우유를 구성하는 주단백질이다. 카세인 단백질이 등전점인 pH 4.6에 도달하면 석출되어 Curd를 형성하는데 이것이 발효유와 치즈의 제조원리이다.

124 우유와 같은 액상 식품을 미세한 입자로 분무하여 열풍과 접촉시켜 순간적으로 건조시키는 방법은?

① 천일건조   ② 복사건조
③ 냉풍건조   ④ 분무건조

해설 분무건조
액체를 열풍 속에 분무시켜, 1mm 이하의 미세한 물방울상태로 기류에 동반시키면서 건조시키는 방법이다. 분유, 커피믹스 등을 제조하는 데 주로 사용된다.

125 우유의 산도 측정에 사용되지 않는 것은?

① 0.1N 수산화나트륨액
② 0.1N 황산칼슘액
③ 페놀프탈레인 지시약
④ 탄산가스를 함유하지 않은 물

해설 우유의 산도검사
우유와 탄산가스를 함유하지 않은 물을 시약으로 하여 우유에 들어 있는 유산(젖산, Lactic acid)의 함량을 수산화나트륨(NaOH)용액으로 적정하여 산도를 측정하는 검사법이다. 이때 pH의 변화를 보기 위한 지시약으로 페놀프탈레인이 사용된다.

126 우유 중의 세균오염도를 간접적으로 측정하는 데 사용되는 방법은?

① 산도시험
② 알코올 침전시험
③ 메틸렌블루 환원시험
④ 포스파테이스시험

해설 메틸렌블루 환원시험
우유의 수소 이탈 효소능을 메틸렌블루를 사용해 그 탈색 정도로 측정하고 우유 중의 세균수를 간접적으로 측정하는 방법이다.

127 치즈 경도에 따른 분류기준으로 사용하는 것은?

① 카세인함량
② 수분함량
③ 크림함량
④ 버터입자의 균일성

해설 경도에 따른 치즈의 분류
치즈는 수분함량에 따라 생치즈(수분함량 50% 이상), 연성 치즈(수분함량 45~50%), 반경성 치즈(40~45%), 경성 치즈(35~40%)로 구분된다.

128 치즈에 가염을 하는 목적이 아닌 것은?

① 맛과 풍미를 증진
② 추가적인 유청 배출
③ 유산균의 발육 촉진
④ 숙성과정에 품질 균일화

해설
가염은 맛과 풍미의 향상, 이상발효 방지, 유청을 완전히 제거하여 수축, 경화를 목적으로 커드를 2시간 발효시킨 후 20분간 교반하여 표면이 건조되면 식염을 2~3% 가하여 충분히 혼합한다.

129 시유 제조 시 크림층 형성 방지 및 유지방의 소화율 증진을 위한 공정은?

① 표준화공정
② 여과 및 청징공정
③ 균질화공정
④ 살균공정

정답 122 ② 123 ② 124 ④ 125 ② 126 ③ 127 ② 128 ③ 129 ③

130 우유를 균질화(Homogenization)시키는 목적이 아닌 것은?

① 지방의 분리를 방지한다.
② 지방구가 작게 된다.
③ 커드(Curd)가 연하게 되며 소화가 잘 된다.
④ 미생물의 발육이 저지된다.

해설 우유 균질화의 목적
- 지방구를 작게 균질화하여 크림층의 생성을 방지한다.
- 조직을 연성화하여 소화 · 흡수를 향상시킨다.

131 다음 크림 중 유지방함량이 가장 많은 것은?

① 커피크림
② 포말크림
③ 발효크림
④ 플라스틱크림

해설 유지방함량
플라스틱크림(80~81%) > 포말크림(30~40%) > 커피크림(18~22%) > 발효크림(18~20%)

132 버터에 대한 설명으로 맞는 것은?

① 원유, 우유류 등에서 유지방분을 분리한 것이나 발효시킨 것을 그대로 또는 이에 식품이나 식품첨가물을 가하고 교반하여 연압 등 가공한 것이다.
② 식용유지에 식품첨가물을 가하여 가소성, 유화성 등의 가공성을 부여한 고체상이다.
③ 우유의 크림에서 치즈를 제조하고 남은 것을 살균 또는 멸균 처리한 것이다.
④ 원유 또는 유가공품에 유산균, 단백질 응유효소, 유기산 등을 가하여 응고시킨 후 유청을 제거하여 제조한 것이다.

해설
버터는 우유에서 크림을 분리하거나 발효하여 유지방(Cream) 80% 이상과 물 15%의 유중수적형 반고체상태의 유화상 유가공품으로 가염버터, 무염버터, 발효버터 등으로 구분된다.

133 버터의 일반적인 제조공정으로 옳은 것은?

① 원료유 – 크림분리 – 크림살균 – 크림중화 – 연압 – 교동
② 원료유 – 크림분리 – 크림중화 – 크림살균 – 연압 – 교동
③ 원료유 – 크림분리 – 크림중화 – 크림살균 – 교동 – 연압
④ 원료유 – 크림분리 – 크림살균 – 연압 – 크림중화 – 교동

해설 버터의 제조공정
- 크림분리 : 우유에서 크림분리기로 크림을 분리한다.
- 크림중화 : 크림의 산도가 높으면 지방의 손실 및 풍미와 보존성 감소를 가져오므로 크림을 중화한다.
- 크림살균 : 저온으로 살균한다(65~70℃, 30분).
- 교동 : 크림을 교반하여 기계적 충격으로 지방구가 뭉쳐 버터입자가 형성되고 버터밀크와 분리된다.
- 연압 : 버터입자를 교반하여 유중수적형 버터를 형성한다.

134 버터의 제조공정 중 수중유탁액(O/W) 상태에서 유중수탁액(W/O) 상태로 상전환이 이루어지는 시기는?

① 연압
② 냉각
③ 발효
④ 가염

해설 연압
버터고형분에 염분과 수분을 고르게 섞어 버터입자를 방망이로 밀거나 천천히 교반하여 조직의 균일화, 유중수적형 버터 형성, 버터의 질을 높이는 등의 조작이다.

135 버터 제조공정 중 연압작업의 주된 목적은?

① 버터의 조직을 치밀하게 만들어 준다.
② 버터의 알갱이를 뭉치게 한다.
③ 버터의 숙성을 돕는다.
④ 크림분리가 잘 되게 한다.

해설 연압의 목적
- 버터입자와 물, 소금이 균질한 분포를 이루게 되어 버터의 조직이 치밀하고 제품의 질감이 좋아진다.
- 지방은 구형인 상태에서 연속상태로 되며, 물은 더욱 작은 방울 형태가 되어 버터지방 내에 고루 분포하게 된다.

정답 130 ④ 131 ④ 132 ① 133 ③ 134 ① 135 ①

136 버터 제조 시 크림에 있는 지방구에 충격을 가하여 지방구를 파손시켜 버터입자를 만드는 기계는?

① 연압기
② 교반기
③ 교동기
④ 균질기

해설
버터 제조 시 크림에 있는 지방구에 충격을 가하여 지방구를 파손시켜 버터입자를 만드는 과정을 교동(Churning)이라 하며 이때 사용되는 기계를 교동기라 한다.

137 다음 중 버터의 교동(Churning)에 미치는 영향이 가장 작은 것은?

① 크림의 온도
② 교동의 시간
③ 크림의 비중
④ 크림의 농도

해설 교동에 영향을 미치는 요인
- 크림의 온도 : 여름에는 7~10℃, 겨울에는 10~13℃, 교동온도가 높으면 질감이 너무 연하고 기름기가 많으며, 온도가 낮으면 점성이 높은 버터가 생산된다.
- 교동의 시간 : 50~60분 정도를 기준으로 하나 버터입자가 형성되면 미리 중단이 가능하다.
- 크림의 농도 : 크림의 농도가 높으면 크림의 운동량이 감소하며 버터밀크로의 지방 손실이 커지고, 크림의 농도가 낮으면 중량 부족으로 버터입자의 형성이 어렵다.

138 버터 제조과정 중 우유크림의 원심분리 시 온도로 가장 적절한 것은?

① 35℃ 정도
② 55℃ 정도
③ 105℃ 정도
④ 135℃ 정도

해설
교동을 끝낸 원료유는 55℃ 정도에서 원심분리를 통해 버터와 버터밀크로 분리된다. 버터는 연압 및 가염을 통해 완제품버터가 되며, 버터밀크는 살균과 포장을 거쳐 제품화된다.

139 우유의 파스퇴르법에 의한 저온살균온도는?

① 30~35℃
② 40~45℃
③ 50~55℃
④ 60~65℃

해설 파스퇴르 저온살균
60~65℃에서 30분 동안 살균하는 우유살균법으로 소의 결핵균을 사멸할 수 있는 최저 온도조건이다.

140 우유의 초고온 단시간 멸균(UHT) 조건으로 가장 옳은 것은?

① 121℃에서 2~5초
② 121℃에서 2~5분
③ 130~135℃에서 2~5초
④ 130~135℃에서 2~5분

해설 우유살균법
- 저온 장시간 살균법(Low Temperature Long Time pasteurization ; LTLT) : 62~63℃, 30분
- 고온 단시간 살균법(High Temperature Short Time pasteurization ; HTST) : 72~75℃, 15~20초
- 초고온 순간 처리법(Ultra High Temperature sterilization ; UHT) : 130~150℃, 0.5~5초

141 분유의 제조공정이 순서대로 나열된 것은?

① 원료의 표준화 – 농축 – 예열 – 분무건조 – 담기
② 원료의 표준화 – 예열 – 분무건조 – 농축 – 담기
③ 원료의 표준화 – 농축 – 분무건조 – 예열 – 담기
④ 원료의 표준화 – 예열 – 농축 – 분무건조 – 담기

해설 분유의 제조공정
원료유 → 표준화 → 중화 → 청징·살균 → 여과 → 예비가열 → 농축 → 분무건조 → 냉각 → 포장 → 저장

142 분유에 대한 설명으로 옳지 않은 것은?

① 탈지분유는 우유에서 지방을 제거하고 수분은 남긴 것이다.
② 전지분유는 순수하게 우유의 수분을 제거한 것이다.
③ 조제분유는 여러 가지 영양소를 첨가하여 기능성 분유를 만들기 위한 것이다.
④ 고지방분유는 지방함량이 높은 우유의 분말이다.

해설
분유는 원유 또는 탈지유에서 수분을 제거하여 분말화한 것으로 전지분유, 탈지분유, 가당분유, 혼합분유로 구성된다. 분류의 기준은 유고형분과 유지방분이다. 이 중 탈지분유는 원유에서 지방을 제거하여 유지방분의 함량이 1.3% 이하인 것으로 우유에서 지방과 수분을 모두 제거한 것이다.

정답 136 ③ 137 ③ 138 ② 139 ④ 140 ③ 141 ④ 142 ①

143 치즈 제조 시 응고제로 쓰이는 것은?

① 레닌　　　　② 카세인
③ 젖산　　　　④ 락트알부민

해설
② 카세인 : 우유단백질
③ 젖산 : 유당의 발효대사 산물
④ 락트알부민 : 유청단백질

144 레닌(Rennin)에 의해 우유단백질이 응고될 때 작용하는 이온은?

① Fe^{2+}　　　　② Ca^{2+}
③ Mg^{2+}　　　　④ Na^{+}

145 레닌에 의해 가수분해되어 불용화되는 카세인 미셀(Micelle)의 구성 성분은?

① β-카세인　　　　② α_{31}-카세인
③ κ-카세인　　　　④ α_{32}-카세인

해설
우유단백질은 pH 4.6에서 응고되는 카세인과 침전되지 않는 유청단백질로 구분된다. 카세인은 황과 인을 많이 포함하고 있으며 우유단백질의 약 80%를 차지한다. 각기 다른 4가지의 α_{s1}-, α_{s2}-, β-, κ-카세인으로 구성되며 카세인은 미셀(Micelle)형태로 주위에 많은 인산기들이 있어 칼슘이온에 의해 서로 결합하는 형태를 띈다. 그중 κ-카세인은 미셀 표변에 친수성 부분이 존재하여 미셀이 서로 결합되고 수화되는 것을 막는다.

146 우유를 농축하고 설탕을 첨가하여 저장성을 높인 제품은?

① 시유
② 무당연유
③ 가당연유
④ 초콜릿우유

해설
우유를 그대로 농축한 것을 연유라 한다. 당(설탕)을 첨가하지 않은 것을 무당연유, 첨가한 것을 가당연유라 한다.

147 연유의 예비가열을 하는 목적 중 틀린 것은?

① 효소 파괴의 목적
② 유해미생물을 파괴할 목적
③ 설탕을 용해시킬 목적
④ 단백질응고를 크게 할 목적

해설 연유 예비가열
• 연유 예비가열의 목적
  – 미생물의 살균
  – 효소의 불활성화
  – 첨가한 설탕의 용해
  – 증발속도 촉진
  – 농화화 억제
• 연유 예비가열의 조건 : 80~90℃에서 10~30분

148 버터나 치즈 제조에 주로 이용되는 미생물은?

① 효모　　　　② 낙산균
③ 젖산균　　　④ 초산균

해설 젖산균(Lactic acid bacteria)
젖당(유당, Lactose)을 발효하는 균이라는 의미로 버터나 치즈, 발효유의 제조에 주로 사용된다.

149 요구르트나 치즈와 같은 발효유 제조과정에서 발효를 주도하기 위하여 접종해 주는 미생물을 무엇이라고 하는가?

① 스타터　　　② 카세인
③ 유지방　　　④ 홍국균

해설 스타터(Starter)
발효를 시작해주는 물질이란 뜻으로 발효를 위해 접종하는 미생물을 뜻한다.

150 단백질이 산에 의해 응고하는 성질을 이용하여 만든 식품은?

① 두부　　　　② 소시지
③ 요구르트　　④ 어묵

해설
요구르트 제조 시 유산균을 첨가해주면 유산균이 유당을 발효시키면서 생성되는 유산에 의해 pH가 낮아져 단백질의 응고가 일어난다.

정답　143 ①　144 ②　145 ③　146 ③　147 ④　148 ③　149 ①　150 ③

151 아이스크림 제조공정으로 맞는 것은?

① 배합-살균-균질-숙성-동결
② 배합-균질-살균-숙성-동결
③ 배합-숙성-균질-살균-동결
④ 배합-균질-숙성-살균-동결

해설 아이스크림 제조공정
혼합 → 여과 → 균질 → 살균 → 냉각 → 숙성(1차 냉각) → 담기·포장 → 동결

152 아이스크림에서 유지방의 주된 기능은?

① 냉동효과를 증진시킨다.
② 얼음이 성장하는 성질을 개선한다.
③ 풍미를 진하게 한다.
④ 아이스크림의 저장성을 좋게 한다.

해설
아이스크림에서 유지방은 부드러운 텍스처와 풍미를 부여한다.

| 육류 |

153 가축의 도살 직후 가장 먼저 오는 현상은?

① 경직   ② 자기소화
③ 연화   ④ 숙성

해설
도살 → 사후경직 → 자기소화

154 동물이 도축된 후 화학 변화가 일어나 근육이 긴장되어 굳어지는 현상은?

① 사후경직   ② 자기소화
③ 산화   ④ 팽화

해설 사후경직
- 근육 글리코겐 분해에 따라 젖산 생성, ATP 생성, 근육경직 발생(액토미오신 형성)
- 생선은 1~4시간, 닭은 6~12시간, 소고기는 24~48시간, 돼지는 70시간 후 최대 사후경직
- 경직 해제 후 자가소화효소에 의한 숙성
- 소고기 숙성은 0℃에서 10일간, 8~10℃에서 4일간
- 육류(pH 7.0) - 사후강직(pH 5.0) - 자가소화(Autolysis, pH 6.2) - 부패(pH 12)
- 육류를 숙성시키면 신장성과 보수성이 증가

155 사후경직의 원인으로 옳게 설명한 것은?

① ATP 형성량이 증가하기 때문에
② 액틴과 미오신으로 해리되었기 때문에
③ 비가역적인 액토미오신의 생성 때문에
④ 신장성의 증가 때문에

해설
근육의 경직은 근섬유 단백질인 액틴과 미오신이 ATP 발생에 의해 비가역적인 액토미오신을 생성함으로써 발생한다.

156 가축의 사후경직현상에 해당되지 않는 것은?

① 글리코겐 및 ATP가 감소한다.
② 젖산 증가로 인해 pH가 낮아진다.
③ 액토미오신 결합이 형성된다.
④ 근육의 유연성과 신전성이 증가한다.

해설
가축은 도살 직후부터 근육조직인 액틴과 미오신이 결합하여 액토미오신을 형성하며 근육에 경직이 온다. 더불어 글리코겐을 분해하여 ATP를 생성한 후 에너지원으로 사용하기 시작한다. 이 과정에서 글리코겐이 소진되는 시점까지 글리코겐과 ATP는 지속적으로 감소하며 글리코겐 분해로 인해 생성되는 젖산으로 인해 pH가 감소한다. 가축의 pH가 최소에 도달했을 때 근육은 최대경직에 이르게 되며 이후로 자기소화가 시작되며 연화된다.

157 가축을 도살한 다음 근육의 사후 변화에 관한 설명으로 옳은 것은?

① 근육의 pH는 큰 변화가 없다.
② 도살 직후 근육의 연도(연한 정도)는 계속적으로 증가한다.
③ 근육 내의 각종 성분은 분해되어 화학적으로 다른 성분이 생성된다.
④ 근육의 사후 변화는 실온에서보다 냉장상태에서 더 빨리 일어난다.

해설
사후강직 이후 자가소화에 들어선 식육은 근육 내의 성분들을 분해하여 저분자의 다양한 점미성 물질을 만든다.

정답 151 ② 152 ③ 153 ① 154 ① 155 ③ 156 ④ 157 ③

158 돼지껍질, 연골, 내장 등과 같이 습기가 많은 원료를 파쇄하는 기계이름은?

① 혼화기 ② 콜로이드밀
③ 충전기 ④ 탈수기

해설
- 혼화기(Flash mixer) : 급속교반기
- 콜로이드밀(Colloid mill) : 비교적 습기가 많은 고체물질을 파쇄하는 기기

159 식육가공에서 훈연의 효과가 아닌 것은?

① 저장성을 높여준다.
② 색깔을 좋게 한다.
③ 향을 좋게 한다.
④ 식품 내부를 살균한다.

해설
베이컨, 소시지, 햄 등의 식육가공품의 훈연 시 일반적으로는 표면건조를 선행한 후 훈연을 진행하게 된다. 표면건조 후 훈연을 진행하게 되면, 표면건조에 따라 외부 오염물질의 침입이 쉽지 않아 저장성을 높여주며, 식육가공품의 색깔과 향을 좋게 하고 독특한 풍미를 제공한다.

160 원료육의 화학적 선도판정에 가장 많이 사용하는 것은?

① 요오드값 측정
② 대장균의 측정
③ 휘발성 염기질소량 측정
④ BOD 측정

해설 원료육의 선도평가
- 관능검사
  - 색택 : 밝은 선홍색으로 육류 고유의 색택을 지닐 것
  - 이취 : 이취와 부패취가 발생하지 않을 것
  - 이물 : 이물이 검출되지 않을 것
- 화학적 검사
  - 타르색소 : 불검출일 것
  - 휘발성 염기질소(VBN, mg%) : 20 이하일 것
  - 보존료 : 불검출일 것

161 햄 제조 시 큐어링(Curing)의 목적이 아닌 것은?

① 제품에 독특한 풍미 부여
② 제품의 색택 유지
③ 고기의 부패 방지 및 저장성 부여
④ 고기의 연화성 향상

162 햄 제조 시 염지 목적과 가장 관계가 먼 것은?

① 고기의 보수성 감소 ② 제품의 좋은 풍미
③ 제품의 저장성 증대 ④ 제품의 색을 좋게 함

해설 햄 염지(Curing)
- 원료육에 식염, 질산염, 아질산염과 향신료, 설탕, 소금 등을 넣어서 처리하는 방법이다.
- 햄 염지의 목적
  - 제품의 저장성을 증대시킨다.
  - 풍미와 색을 향상시킨다.
  - 보수성을 증대시킨다.

163 육류가공의 염지용 재료가 아닌 것은?

① 소금 ② 설탕
③ 아질산나트륨 ④ 레닛

해설
레닛은 발효유와 치즈 등을 제조할 때 유청단백질을 응고시키기 위한 목적으로 사용한다.

164 축육가공에서 발색제로 사용하는 물질은?

① 질산칼륨 ② 황산칼륨
③ 염화칼슘 ④ 벤조피렌

165 소시지의 빨간색의 유지 보존은 어떤 물질의 결합 때문인가?

① 미오글로빈과 아질산염의 결합
② 헤모글로빈과 황산염의 결합
③ 미오글로빈과 초산염의 결합
④ 헤모글로빈과 염산염의 결합

정답 158 ② 159 ④ 160 ③ 161 ④ 162 ① 163 ④ 164 ① 165 ①

166 육류의 가공에서 질산염을 첨가하였을 때 선홍색을 띠게 하는 발색물질은?

① 미오글로빈(Myoglobin)
② 옥시미오글로빈(Oxymyoglobin)
③ 메트미오글로빈(Metmyoglobin)
④ 니이트로소미오글로빈(Nitrosomyoglobin)

해설
- 고기의 육색 고정 : 일반적 육류의 색은 근육의 미오글로빈의 색이나 저장 중 산소를 만나면 어두운 적자색의 미오글로빈이 되며 가열 후에는 갈색의 메트미오글로빈으로 변성된다. 하지만 식품 가공 중에도 미오글로빈의 붉은색을 유지하기 위해서 아질산염을 처리해주는데, 이때 미오글로빈과 아질산염(질산염)이 결합하면 안정한 형태의 니트로소미오글로빈을 형성하게 되고 이로 인해 식육가공품의 가열 조리 시에도 선홍색을 유지하게 된다.
- 고기의 육색

구분	육색	형태
미오글로빈(Myoglobin)	적색	기본형
옥시미오글로빈(Oxymyoglobin)	적자색	Myoglobin + O_2
메트미오글로빈(Metmyoglobin)	갈색	Oxymyoglobin + O_2
니트로소미오글로빈(Nitrosomyoglobin)	선홍색	Myoglobin + 아질산염

167 염지 시 사용되는 아질산염의 효과가 아닌 것은?

① 육색의 안정
② 산패의 지연
③ 미생물 억제
④ 조리수율 증대

해설
아질산염은 색소 고정을 통해 육색의 안정 외에도 미생물의 억제를 통한 저장성의 증대효과와 산패 지연 역할을 한다.

168 프레스햄의 제조과정은 드라이 소시지, 베이컨같이 훈연처리로써 끝내지 않고 익히기를 하는데 이는 주로 어떤 성질을 부여하기 위해서인가?

① 유화력
② 유화안정력
③ 보수력
④ 결착력

해설
햄은 돼지고기의 여러 부위를 정형한 후 염지, 훈연, 열처리한 제품이다. 이 중 프레스햄은 여러 남은 고기를 절단, 혼합하여 제조하는 제품이기 때문에 이 고기들을 결착시키기 위해 압착과 가열공정이 필요하다.

169 베이컨은 주로 돼지의 어느 부위로 만든 것인가?

① 뒷다리 부위
② 앞다리 부위
③ 등심 부위
④ 배부 위

해설
베이컨은 돼지의 지방이 가장 많은 부위인 복부육(삼겹살)을 정형·염지·훈연·가열 처리한 식육가공품이다. 특정 원료육을 사용할 경우 원료육에 따라 로스베이컨, 앞다리베이컨 등으로 부른다.

170 소시지 제조와 관계가 없는 것은?

① 초퍼(Chopper)
② 케이싱(Casing)
③ 충진기(Stuffer)
④ 균질기(Homogenizer)

해설
- 초퍼(Chopper)는 고기나 생선, 채소 등을 다질 때 사용하는 도구로 입자를 아주 곱게 하여 고루 분산시키는 기기인 균질기(Homogenizer)와는 차이가 있다.
- 소시지 제조 시에는 초퍼로 다진 원료육을 충진기(Stuffer)를 이용해 케이싱(Casing)에 넣는다.

171 소시지나 프레스햄의 제조에 있어서 고기를 케이싱에 다져 넣어 고깃덩이로 결착시키는 데 쓰이는 기계는?

① 사일런트 커터(Silent cutter)
② 스터퍼(Stuffer)
③ 믹서(Mixer)
④ 초퍼(Chopper)

해설
① 사일런트 커터(Silent cutter) : 어육소시지, 분쇄육 등을 초퍼보다 미세하게 분쇄할 때 사용한다.
② 스터퍼(Stuffer) : 어육이나 다짐육을 케이싱 혹은 포장에 다져 넣어 고기풀을 결착시키는 데 쓰인다.
④ 초퍼(Chopper) : 고기나 생선, 채소 등을 다지는 데 사용한다.

정답 166 ④ 167 ④ 168 ④ 169 ④ 170 ④ 171 ②

계란

172 달걀을 이루는 세 가지 구조에 해당하지 않는 것은?

① 난각 ② 난황
③ 난백 ④ 기공

해설
달걀은 난각, 난백, 난황 세 부분으로 이루어진다.

173 달걀의 기능적 특성이 아닌 것은?

① 열팽창성 ② 유화성
③ 거품성 ④ 열응고성

해설
달걀은 유화성·기포(거품)성·열응고성이 있어 조리에 폭넓게 이용된다.

174 달걀이 저장 중 무게가 감소하는 주된 이유는?

① 수분 증발 ② 난백의 수양화
③ 노른자계수 감소 ④ 단백질의 변성

해설
달걀의 장기보존 시 선도 감소로 인해 난백의 수양화, 노른자계수의 감소가 일어나지만 무게 감소의 원인은 아니다. 달걀의 무게 감소는 저장 중 수분 증발에 기인한 것이다.

175 달걀 노른자의 높이는 2cm, 직경은 5cm인 난황계수는?

① 2.5 ② 10
③ 0.4 ④ 0.7

해설
- 난백계수 : $\dfrac{난황의\ 높이}{난황의\ 지름}$
- 난황계수 : $\dfrac{농후\ 난백의\ 높이}{농후\ 난백의\ 지름} = \dfrac{2cm}{5cm} = 0.4$

176 달걀의 품질검사방법과 관계가 없는 것은?

① 외관검사 ② 할란검사
③ 암모니아검사 ④ 투시검사

해설
달걀의 품질검사법으로는 외관법, 비중법, 진음법, 투시법, 할란검사가 있다.

177 투시검란법으로 달걀의 신선도를 감정했을 때 신선한 달걀이 아닌 것은?

① 흰자가 밝고, 공기집이 작다.
② 달걀을 소금물용액에 넣으면 가라앉는다.
③ 귀에 대고 흔들면 소리가 난다.
④ 노른자의 윤곽이 뚜렷이 보인다.

해설 달걀의 선도검사
- 투시검란법 : 기실의 크기·배아반점·혈관, 곰팡이의 유무, 난황의 위치 등을 보고 품질을 판정하는 방법
- 진음법
- 비중법
- 할란검사

발효식품

178 김치 제조원리에 적용되는 작용과 가장 거리가 먼 것은?

① 삼투작용 ② 효소작용
③ 산화작용 ④ 발효작용

해설
① 삼투작용 : 고염작용에 의한 삼투작용
② 효소작용 : 배추와 채소에서 분리되는 전분 분해, 단백질 분해 효소
④ 발효작용 : 유산균(젖산균)에 의한 발효작용

179 김치의 독특한 맛을 나타내는 성분과 거리가 먼 것은?

① 유기산 ② 젖산
③ 지방 ④ 아미노산

해설
김치는 대표적인 발효식품으로 유산균발효에 의해서 생성되는 유기산과 젖산, 단백질의 분해로 인해 생성되는 아미노산에 의해 산미와 감칠맛이 증가한다.

정답 172 ④ 173 ① 174 ① 175 ③ 176 ③ 177 ③ 178 ③ 179 ③

180 코지(Koji)에 대한 설명으로 옳지 않은 것은?

① 코지는 쌀, 보리, 콩 등의 곡류에 누룩곰팡이(Aspergillus oryzae)균을 번식시킨 것이다.
② 원료에 따라 쌀코지, 보리코지, 밀코지, 콩코지 등으로 나눌 수 있다.
③ 코지는 전분 당화력, 단백질 분해력이 강하다.
④ 코지 제조에 있어 코지실의 최적 온도는 15~20℃ 정도이다.

해설 코지(Koji)
- 쌀, 보리, 대두 혹은 밀기울을 원료로 코지균(Aspergillus속)을 26℃ 전후에서 호기적 배양한 것으로 재래식·양조식 간장 제조에 사용된다.
- 코지 중 Amylase, Protease 등 효소가 전분 또는 단백질을 분해한다.

181 다음 중 Koji 곰팡이의 특징과 거리가 가장 먼 것은?

① 아스페르길루스 오리재(Aspergillus oryzae)이다.
② 단백질 분해력이 강하다.
③ 곰팡이효소에 의하여 아미노산으로 분해한다.
④ 일반적으로 당화력이 약하다.

해설
코지곰팡이는 당화력 및 단백질 분해력이 강하다.

182 보리코지 제조 시 곰팡이가 번식하는 동안 분비되는 효소는?

① 락타아제　　② 펙티나아제
③ 아밀라아제　　④ 미로시나아제

해설
보리코지 제조 시 코지균인 Aspergillus oryzae에 의해서 Protease와 Amylase가 분비되어 당화와 아미노산의 생성을 돕는다.

183 청국장 제조에서 관여하는 주요 미생물은?

① Zygosacharomyces속
② Mycoderma속
③ Bacillus속
④ Aspergillus속

해설
① Zygosacharomyces속 : 간장덧, 된장의 발효효모
② Mycoderma속 : 초산발효효모
③ Bacillus속 : 청국장, 된장의 주발효세균
④ Aspergillus속 : 누룩발효곰팡이

184 김치의 숙성에 관여하지 않는 미생물은?

① Lactobacillus plantarum
② Leuconostoc mesenteroides
③ Aspergillus oryzae
④ Pediococcus pentosaceus

해설 김치 발효
- 발효 초기 : Leuconostoc mesenteroides, 젖산, 탄산가스(CO_2)에 의해 산성화하여 호기성 세균 억제
- 발효 후기 : Lactiplantibacillus plantarum, Levilactobacillus brevis, 내산성
  ※ Lactobacillus plantarum에서 Lactiplantibacillus plantarum으로 학명 변경됨
- 발효온도가 낮을수록, 식염농도가 높을수록 Lactiplantibacillus 속, Levilactobacillus 속, Pediococcus 속 증식 유리

185 청국장 제조와 가장 관계가 깊은 균은?

① 황국균　　② 납두균
③ 누룩곰팡이　　④ 유산균

해설 납두균(Bacillus natto)
청국장, 낫토를 발효시키는 주발효균으로 점질물인 폴리글루탐산을 생성하는 것이 특징이다.

186 한식(재래식)된장 제조 시 메주에 생육하는 세균으로 옳은 것은?

① 바실루스 섭틸리스(Bacillus subtilis)
② 아세토박터 아세티(Acetobacter aceti)
③ 락토바실루스 브레비스(Lactobacillus brevis)
④ 클로스트리디움 보툴리눔(Clostridium botulinum)

해설
② 아세토박터 아세티(Acetobacter aceti) : 초산발효균
③ 락토바실루스 브레비스(Lactobacillus brevis) : 유발효균
　※ Lactobacillus brevis에서 Levilactobacillus brevis로 학명 변경됨
④ 클로스트리디움 보툴리눔(Clostridium botulinum) : 식중독균

정답 180 ④　181 ④　182 ③　183 ③　184 ③　185 ②　186 ①

187 아미노산간장을 중화할 때 60℃로 하는 주된 이유는?

① pH를 4.5 정도로 유지하기 위하여
② 중화속도를 지연시키기 위하여
③ 중화할 때 온도가 높으면 쓴맛이 생기기 때문에
④ 중화시간을 단축하기 위하여

해설
산분해간장(아미노산간장)은 가수분해 후 중화공정을 거치게 된다. 이때, 60℃에서 pH 4.5 정도로 유지하며 중화하게 되는데, 60℃ 이상에서 가열하면 쓴맛의 아미노산이 생성되므로 이를 방지하기 위함이고 pH 4.5로 유지하는 것은 흑갈색의 침전을 일으키는 물질인 휴민(Humin)을 등전점으로 침전시켜 제거하기 위함이다. 이를 통해 쓴맛이 없고 청징한 간장을 얻을 수 있다.

188 아미노산간장의 제조에서 탈지대두박 등의 단백질원료를 가수분해하는 데 주로 사용되는 산은?

① 염산   ② 수산
③ 황산   ④ 질산

해설 산분해간장
탈지대두에 물과 염산을 첨가하여 대두 속의 단백질성분을 아미노산으로 가수분해하여 제조하는 간장이다.

수산물

189 수산가공원료에 대한 설명으로 틀린 것은?

① 적색육 어류는 지질함량이 많다.
② 패류는 어류보다 글리코겐의 함량이 많다.
③ 어체의 수분과 지질함량은 역상관관계이다.
④ 단백질, 탄수화물은 계절적 변화가 심하다.

해설
백색어류는 단백질함량이, 적색어류는 지질함량이 높으며 이는 어종의 차이이며, 계절적으로는 변화가 없다.

190 고등어와 같은 적색어류에 특히 많이 함유된 물질은?

① 글리코겐(Glycogen)   ② 퓨린(Purine)
③ 메르캅탄(Mercaptan) ④ 히스티딘(Histidine)

해설 히스티딘
단백질을 구성하는 염기성 아미노산의 하나로, 적색어류에 많이 포함되어 있다. 미생물에 의해 히스타민을 생성하여 알레르기의 원인이 된다.

191 한류해수에 잘 서식하고 육안으로 볼 수 있는 다세포형 생물로 다시마, 미역이 속하는 조류는?

① 규조류   ② 남조류
③ 홍조류   ④ 갈조류

해설
- 녹조류 : 클로렐라, 파래 등
- 갈조류 : 다시마, 미역, 톳 등
- 홍조류 : 김, 우뭇가사리 등
- 규조류 : 규조토 등
- 남조류 : 녹조 등

192 냉동고기풀의 제조공정 순서는?

① 원료처리 → 수세 → 채육 → 탈수 → 첨가물 혼합 → 정육 채취 → 동결
② 원료수세 → 처리 → 채육 → 탈수 → 정육 채취 → 첨가물 혼합 → 동결
③ 원료처리 → 채육 → 수세 → 탈수 → 첨가물 혼합 → 정육 채취 → 동결
④ 원료처리 → 채육 → 수세 → 탈수 → 정육 채취 → 첨가물 혼합 → 동결

193 연제품에서 탄력 형성의 주체가 되는 단백질은?

① 수용성 단백질   ② 염용성 단백질
③ 불용성 단백질   ④ 변성 단백질

해설
연제품에서 탄력 형성의 주체가 되는 어육단백질인 액토미오신은 염용성이다.

194 어묵을 가공할 때 염용성 단백질이 용출되는 공정은?

① 채육   ② 수세
③ 고기갈이   ④ 가열

정답 187 ③ 188 ① 189 ④ 190 ④ 191 ④ 192 ④ 193 ② 194 ③

195 연제품 제조 시 소금을 첨가하는 주목적과 가장 관계가 깊은 것은?

① 제품의 색택　② 제품의 탄력
③ 제품의 냄새　④ 제품의 pH

> **해설** 고기갈이
> - 원료에 2~3%의 소금을 첨가하여 갈아주는 공정이다.
> - 소금을 첨가함으로써 염용성(염에 용출되는) 단백질인 액토미오신을 용출시킨다.
> - 단백질의 용출로 제품에 탄력을 부여한다.

196 연제품의 색택 향상을 위해 사용하는 주요 첨가물은?

① 사카린나트륨　② 아스코르브산
③ 중합인산염　④ 아질산나트륨

197 연제품에 있어서 어육단백질을 용해하며 탄력을 위해 첨가하여야 할 물질은?

① 글루타민산소다　② 설탕
③ 전분　④ 소금

198 연제품 제조 시 탄력 보강제 및 증량제로서 첨가하는 것은?

① 유기산　② 베이킹파우더
③ 전분　④ 설탕

199 연제품의 탄력과 관계가 먼 것은?

① 원료어육의 성질　② 제조방법
③ 첨가물　④ 글리코겐함량

> **해설** 연제품의 탄력 형성 요인
> - 원료어육 : 단백질함량이 높은 백색어육이 좋다.
> - 소금 : 2~3%의 소금 첨가는 염용성 단백질이 용출되어 겔이 형성될 수 있도록 돕는다.
> - pH : 6.5~7.5에서 가장 탄력 있는 겔이 형성된다.
> - 가열조건 : 가열온도가 높고, 속도가 빠를수록 겔 형성이 강해진다.

- 첨가물
  - 달걀 흰자 : 탄력 보강 및 광택
  - 지방 : 맛의 개선이나 증량
  - 전분 : 탄력 보강 및 증량제
  - 아스코르브산 : 색택 향상
  - 중합인산염 : 단백질의 용해를 도와 탄력 보강

200 동결어를 가공원료로 사용할 때 조직감을 고려하여 해동하는 가장 좋은 방법은?

① 낮은 온도에서 긴 시간
② 높은 온도에서 짧은 시간
③ 높은 온도에서 긴 시간
④ 뜨거운 물에 담가 짧은 시간

> **해설**
> 냉동식품을 해동할 때는 낮은 온도에서 긴 시간 해동해야 품질의 변화가 작다.

201 어육소시지 제조 시 아질산염과 같은 첨가물을 사용할 때 생성될 수 있는 발암성 물질은?

① 니트로사민(Nitrosamine)
② 벤조피렌(Benzopyrene)
③ 디메틸아민(Dimethylamine)
④ 트리메틸아민(Trimethylamine)

> **해설**
> 단백질물질이 분해 시 생성될 수 있는 아민이 색소 고정을 위해 사용되는 아질산염과 결합하면 발암물질로 알려진 니트로사민, 니트로소아민을 생성한다. 이를 예방하기 위해서는 적정량의 아질산염을 사용해야 한다.

202 김의 제조공정에 해당하지 않는 것은?

① 절단　② 초제
③ 건조　④ 정형

> **해설** 김의 제조공정
> - 원료 채취 → 절단 → 세척 → 초제 → 탈수 → 건조 → 결속 → 포장
> - 초제 : 김과 민물이 혼합되어 김을 만들기 위한 공정

정답 195 ② 196 ② 197 ④ 198 ③ 199 ④ 200 ① 201 ① 202 ④

203 어류의 사후 변화와 관계없는 것은?

① 합성
② 자가소화
③ 사후경직
④ 부패

해설 어류의 사후 변화
- 사후경직 → 해경 → 자가소화 → 부패
- 해경 : 동물이 도살 후 최대경직을 끝내고 유연해지는 현상

204 어류의 자가소화현상이 아닌 것은?

① 글리코겐의 감소
② 젖산의 감소
③ 유리암모니아의 증가
④ 가용성 질소의 증가

해설
- 어류의 자가소화
  - 근육의 유연성 증가
  - 유리암모니아와 가용성 질소의 증가
  - 글리코겐의 감소
  - pH 4.5, 온도 40~50℃에서 가장 빠름
- 어류가 호흡을 멈추면 다음과 같다.
  - 체내에 저장된 글리코겐을 분해하기 시작하며 젖산이 생성되기 시작한다.
  - 사후경직시기에는 죽은 직후에 비하여 pH가 급격히 감소하여 6.0~6.6까지 도달한다.

205 새우젓 제조에 대한 설명으로 틀린 것은?

① 새우는 껍질이 있어 소금이 육질로 침투되는 속도가 느리다.
② 숙성 발효 중에도 뚜껑을 밀폐하여 이물질의 혼입을 막는다.
③ 제품 유통 중에도 발효가 지속되므로 포장 시 공기 혼입을 억제한다.
④ 일반적으로 열처리살균을 통하여 저장성을 높인다.

해설
새우젓은 열처리를 하지 않고 염장에 의해 저장성을 높인 염장식품이다.

206 다음 중 마른간법의 특징이 아닌 것은?

① 염장에 특별한 설비가 필요 없다.
② 염장 초기의 부패가 적다.
③ 소금의 삼투가 균일하다.
④ 염장 중 지방이 산화되기 쉽다.

해설 물간법과 마른간법
- 물간법
  - 소금물에 수산물을 담가 저장하는 방법이다.
  - 소금의 삼투가 균일하며, 품질이 좋다.
  - 소금의 사용량이 많다.
- 마른간법
  - 수산물에 직접 소금을 뿌려 저장하는 방법이다.
  - 특별한 설비가 필요하지 않고, 소금 사용량이 절약된다.
  - 염장 초기 부패가 적으나 소금의 삼투가 균일하지 않다.
  - 염장 중 지방이 산화되기 쉽다.

207 다음의 특징에 해당하는 염장법은?

- 식염의 침투가 균일하다.
- 외관과 수율이 좋다.
- 염장 초기에 부패할 가능성이 작다.
- 지방산패로 인한 변색을 방지할 수 있다.

① 마른간법
② 개량 마른간법
③ 물간법
④ 개량 물간법

해설
- 개량 물간법 : 마른간법과 물간법을 혼용하는 방법으로서 물이 새지 않는 용기에 마른간한 어체를 한층씩 쌓아 최상부에 다시 식염을 뿌린 다음 누름돌을 얹어준다. 어체에서 침출되어 나온 물에 식염이 용해되어 물간한 상태로 되는 것으로 물간법과 마른간법의 단점을 보완하는 염장법이다.
  - 식염의 침투가 균일하다.
    외관과 수율이 좋다.
  - 염장 초기에 부패할 가능성이 작다.
  - 지방산패로 인한 변색을 방지할 수 있다.
- 개량 마른간법 : 처음 물간으로 가염지를 하여 식품에 부착한 세균 및 어체 표면의 점질물 등을 제거한 후 마른간으로 본염지를 하여 염장효과를 높이는 방법이다.
  - 기온이 높을 경우, 선도가 불량한 어체염장에 효과적

정답 203 ① 204 ② 205 ④ 206 ③ 207 ④

208 한천 제조 시 자숙공정에서 황산을 첨가하는 가장 중요한 이유는?

① 자숙온도를 적절하게 하기 위함
② 자숙시간을 단축시키기 위함
③ 한천의 색택을 좋게 하기 위함
④ 한천의 용출을 용이하게 하기 위함

해설 한천의 제조공정
- 우뭇가사리 선별 → 자숙 → 응고 → 동결 → 건조
- 자숙공정에는 황산과 차아염소산나트륨을 첨가한다. 황산은 한천의 용출을 용이하게 하기 위함이며 차아염소산나트륨은 표백을 목적으로 사용된다.

209 수산물을 그대로 또는 간단히 처리하여 말린 제품은?

① 소건품
② 자건품
③ 배건품
④ 염건품

해설
- 자건품 : 끓는 물에 데친 이후 건조한 것
- 배건품 : 불에 구운 이후 건조한 것
- 염건품 : 소금(20~40%)을 가하여 건조한 것
- 증건품 : 증자를 통해 지방분 제거 및 미생물을 제어한 후 건조한 것
- 훈건품 : 연기를 씌워 건조하여 풍미 및 저장성을 증대시킨 것

210 한천 제조 시 원조에 배합초를 배합하는 장점이 아닌 것은?

① 값이 싸다.
② 제조공정이 간단하다.
③ 수율이 좋다.
④ 품질이 양호하다.

해설
- 원조 : 우뭇가사리 등 한천의 원료가 되는 해조류
- 배합초 : 한천의 품질을 위해서 첨가해주는 꼬시래기, 석묵 등의 해조류
- 원조에 배합초를 배합하는 장점 : 원조만 사용했을 경우 한천겔의 강도가 약하고, 가격이 비싸기 때문에 배합초를 배합하면 고품질의 한천을 제조하고 수율도 좋다.

211 해조류 가공제품이 아닌 것은?

① 한천(Agar)
② 카라기난(Carrageenan)
③ 알긴산(Alginic acid)
④ LBG(Locust Bean Gum)

해설 LBG(Locust Bean Gum)
콩과의 나무에서 추출하는 물질로 식품의 점착성 및 점도를 증가시키고 유화 안정성을 증진시키기 위한 식품첨가물로 사용된다.

212 마른오징어의 표면에 생기는 흰가루의 구수한 맛은 대부분 어떤 성분인가?

① 베타인
② 염분
③ 당분
④ 염기질소

해설 베타인
아미노산의 하나로 식품 감칠맛의 주성분이다.

213 건조미역, 곰피 등의 표면에 있는 흰가루 주성분은?

① 만니톨
② 알긴산
③ 한천
④ 카인산

해설 만니톨
과일, 채소, 해조류(건조미역, 곰피 등)의 표면에 흰가루형태로 생성되는 당알코올이다.

정답 208 ④ 209 ① 210 ② 211 ④ 212 ① 213 ①

2022년 기출복원문제

01 전분의 노화에 대한 설명 중 틀린 것은?

① 아밀로오스 함량이 많은 전분이 노화가 잘 일어난다.
② 전분의 수분함량이 30~60%일 때 잘 일어난다.
③ 냉장온도보다 실온에서 노화가 잘 일어난다.
④ 감자나 고구마 전분보다 옥수수, 밀과 같은 곡류 전분이 노화가 잘 일어난다.

해설 전분의 노화
- 호화전분(α-전분)을 실온에 완만 냉각하면 전분입자가 수소결합을 다시 형성해 생전분과는 다른 결정을 형성하는데 이 현상을 노화 또는 β화라고 한다.
- 노화된 전분은 효소작용을 받기 힘들어 소화가 잘 되지 않는다.
- 노화가 가장 잘 발생되는 온도는 0℃ 정도이며 60℃ 이상, -20℃ 이하에서는 노화가 발생되지 않는다(밥의 냉동 저장).
- 30~60%의 함수량이 노화되기 쉬우며 30% 이하, 60% 이상에서는 어렵다(비스킷, 건빵).
- 알칼리성은 노화를 억제하고 산성은 노화를 촉진한다.
- Amylose가 많을수록, 전분입자가 작을수록 노화가 빠르다. 감자, 고구마 등 서류전분은 노화되기 어려우나 쌀, 옥수수 등 곡류 전분은 노화되기 쉽다.
- 대부분 염류는 호화를 촉진하고 노화를 억제한다. 다만, 황산염은 반대로 노화를 촉진한다.
- 당은 탈수제로 노화를 억제하며(양갱) 유화제도 노화를 억제한다.

02 식품의 조회분 정량 시 회화온도는?

① 105~110℃
② 250~300℃
③ 550~600℃
④ 900~1,000℃

해설 조회분 분석
검체를 도가니에 넣고 직접 550~600℃의 온도에서 완전히 회화 처리하였을 때의 회분의 양을 말한다. 즉, 식품을 550~600℃로 가열하면 유기물은 산화, 분해되어 많은 가스를 발생하고 타르(Tar)모양으로 되며 점차로 탄화(炭火)한다.

03 생크림과 같이 외부의 힘에 의하여 변형이 된 물체가 그 힘을 제거하여도 원상태로 되돌아가지 않는 성질을 무엇이라 하는가?

① 점성
② 소성
③ 탄성
④ 점탄성

해설
① 점성 : 유체의 흐름을 방해하는 저항성
③ 탄성 : 외부 힘에 의해 변형된 후 외부 힘을 제거 시 원상태로 되돌아가려는 성질(고무줄, 젤리)
④ 점탄성 : 외부 힘이 작용 시 점성유동과 탄성변형이 동시에 발생하는 성질(Chewing gum, 빵반죽)

04 다음 중 식품의 색소인 엽록소의 변화에 관한 설명으로 틀린 것은?

① 김을 저장하는 동안 점점 변색되는 이유는 엽록소가 산화되기 때문이다.
② 배추 등의 채소를 말릴 때 녹색이 옅어지는 것은 엽록소가 산화되기 때문이다.
③ 배추로 김치를 담갔을 때 원래 녹색이 갈색으로 변하는 것은 엽록소의 산에 의한 변화이다.
④ 엽록소분자 중에 들어 있는 마그네슘을 철로 치환시켜 철 엽록수를 만들면 색깔이 변하지 않는다.

해설
Chlorophyll을 Cu^{2+}, Fe^{2+} 등의 금속으로 가열처리하면 Mg^{2+}이 치환되어 녹색의 Chlorophyll염을 생성한다.

05 포도의 신맛 주성분은?

① 젖산
② 구연산
③ 주석산
④ 사과산

정답 01 ③ 02 ③ 03 ② 04 ④ 05 ③

> **해설**
> ① 젖산 : 요구르트의 신맛
> ② 구연산 : 감귤류의 신맛
> ③ 주석산 : 포도의 신맛
> ④ 사과산 : 사과, 복숭아의 신맛

06 가재를 생식하였을 때 감염될 수 있는 기생충 질환은 무엇인가?

① 폐흡충
② 간흡충
③ 선모충
④ 요충

07 폐디스토마를 예방하는 가장 옳은 방법은?

① 붕어는 반드시 생식한다.
② 다슬기는 흐르는 물에 잘 씻는다.
③ 참게나 가재를 생식하지 않는다.
④ 소고기는 충분히 익혀서 먹는다.

> **해설**
> • 수산물을 통해 감염되는 기생충의 중간숙주
>
> | 구분 | 제1중간숙주 | 제2중간숙주 |
> |---|---|---|
> | 간디스토마 (간흡충) | 쇠우렁이 | 잉어, 붕어 등의 담수어 |
> | 폐디스토마 (폐흡충) | 다슬기 | 민물의 게, 가재 |
> | 요코가와흡충 (장흡충) | 다슬기 | 붕어, 은어 등의 담수어 |
> | 광절열두조충 (긴촌충) | 물벼룩 | 농어, 연어, 숭어 등의 반담수어 |
>
> • 폐디스토마의 경우, 간흡충에 감염된 1차 숙주인 다슬기를 섭취한 2차 숙주인 게나 가재를 사람이 섭취하여 사람에게도 감염이 된다. 그렇기에 폐디스토마의 예방을 위해서는 민물의 게나 가재를 생식하지 않아야 한다.

08 분유의 제조공정이 순서대로 나열된 것은?

① 원료의 표준화 – 농축 – 예열 – 분무건조 – 담기
② 원료의 표준화 – 예열 – 분무건조 – 농축 – 담기
③ 원료의 표준화 – 농축 – 분무건조 – 예열 – 담기
④ 원료의 표준화 – 예열 – 농축 – 분무건조 – 담기

> **해설** 분유의 제조공정
> 원료유 → 표준화 → 중화 → 청징 · 살균 → 여과 → 예비가열 → 농축 → 분무건조 → 냉각 → 포장 → 저장

09 증기압축식 냉동기의 냉동사이클 순서로 옳은 것은?

① 압축기 → 수액기 → 응축기 → 팽창밸브 → 증발기 → 압축기
② 압축기 → 응축기 → 수액기 → 증발기 → 팽창밸브 → 압축기
③ 압축기 → 응축기 → 수액기 → 팽창밸브 → 증발기 → 압축기
④ 압축기 → 응축기 → 팽창밸브 → 수액기 → 증발기 → 압축기

> **해설** 증기압축식 냉동기 Cycle
> • 압축기에서 냉매가스를 압축하여 고온·고압의 가스를 만든다.
> • 압축기에서 넘어온 고온·고압의 가스를 응축기에서 공기나 물을 접촉시켜 응축시키고 수액기를 통해 액화시킨다.
> • 액체상태의 냉매가 증발하기 쉽도록 감압시켜 저온·저압의 액체로 팽창시킨 후 팽창밸브를 통해 증발기로 보낸다.
> • 저온·저압의 냉매가 피냉각물질로부터 열을 흡수하여 냉각이 이루어진다.
> • 냉각 후 기체가 된 냉매는 다시 압축기로 돌아온다.

10 제관공정 중 뚜껑 제작 라인 시 컬링(Curling)을 하는 이유로 적합한 것은?

① 밀봉 시 관통과 접합이 잘 되도록 하기 위하여
② 관의 충격을 방지하기 위하여
③ 불량관과의 식별이 용이하도록 하기 위하여
④ 관의 내압으로부터 잘 견디게 하기 위하여

> **해설** 제관공정
> 제품 끝단을 말아서 둥글게 만드는 가공법으로 밀봉 시 관통과 관 뚜껑의 접합이 잘 이루어지게 하는 가공법이다.

11 통조림 301 – 1 호칭관의 표시사항으로 옳은 것은?

① "301"은 관의 높이, "1"은 내경을 표시
② "301"은 관의 내용적, "1"은 관의 외경을 표시
③ "301"은 관의 내경, "1"은 내용적을 표시
④ "301"은 관의 내경, "1"은 관의 두께를 표시

> **해설**
> 통조림 호칭관 표시의 숫자는 내경과 내용적을 뜻한다.

정답 06 ① 07 ③ 08 ④ 09 ③ 10 ① 11 ③

12 벼를 10~15℃의 온도와 70~80% 상대습도에 저장할 때 얻어지는 효과와 거리가 먼 것은?

① 해충 및 미생물의 번식이 억제됨
② 현미의 도정효과가 좋고, 도정한 쌀의 밥맛이 좋음
③ 영양적으로 유효한 미량성분의 변화가 많음
④ 발아율의 변화가 작음

해설 벼의 저장
- 수분함량은 15%, 저장온도는 10~15℃, 상대습도는 70~80% 정도 유지한다.
- 적정온도와 습도를 유지하여 호흡을 억제시키고 품질을 유지한다.
- 고온에서 저장 시 단백질 응고, 전분 노화 등으로 품질이 떨어지고 발아율이 낮아진다.

13 0℃의 물 1kg을 100℃까지 가열할 때 필요한 열량은?

① 80kcal
② 100kcal
③ 120kcal
④ 150kcal

해설
- 비열 : 어떤 물질 1g의 온도를 1℃만큼 올리는 데 필요한 열량
- 물의 비열 : 물 1kg의 온도를 1℃ 올리는 데 필요한 열량(1kcal)
∴ 1kcal × 100 = 100kcal

14 한천 제조 시 원조에 배합초를 배합하는 장점이 아닌 것은?

① 값이 싸다.
② 제조공정이 간단하다.
③ 수율이 좋다.
④ 품질이 양호하다.

해설
- 원조 : 우뭇가사리 등 한천의 원료가 되는 해조류
- 배합초 : 한천의 품질을 위해서 첨가해 주는 꼬시래기, 석묵 등의 해조류
- 원조에 배합초를 배합했을 때 장점 : 원조만 사용했을 경우 한천 겔의 강도가 약하고, 가격이 비싸기 때문에 배합초를 배합하여 고품질의 한천을 제조한다.

15 새우젓 제조에 대한 설명으로 틀린 것은?

① 새우는 껍질이 있어 소금이 육질로 침투되는 속도가 느리다.
② 숙성 발효 중에도 뚜껑을 밀폐하여 이물질의 혼입을 막는다.
③ 제품 유통 중에도 발효가 지속되므로 포장 시 공기 혼입을 억제한다.
④ 일반적으로 열처리살균을 통하여 저장성을 높인다.

해설
새우젓은 열처리를 하지 않고 염장에 의해 저장성을 높인 염장식품이다.

16 식품의 가열살균 작업조건에서 미생물의 내열성 표시법 중 $D_{100} = 10$의 의미는?

① 100℃에서 10분간 가열하면 미생물이 90% 사멸한다.
② 10분간 가열하면 미생물이 100% 사멸한다.
③ 가열온도가 10℃ 상승하면 균수가 $\frac{1}{100}$로 감소한다.
④ 100℃에서 10분간 가열하면 미생물이 10% 사멸한다.

해설 D value
어떤 한 온도에서 미생물수를 90% 줄이는 데 필요한 시간으로 가열온도에 따라서 D_{90}, D_{100}, D_{121}과 같이 표기한다. 일반적으로 온도가 올라갈수록 D값이 작아진다.

17 햄 제조 시 염지 목적과 가장 관계가 먼 것은?

① 제품의 표면건조
② 제품의 좋은 풍미
③ 제품의 저장성 증대
④ 제품의 색을 좋게 함

해설 햄 염지(Curing)
- 원료육에 식염, 질산염, 아질산염과 향신료, 설탕, 소금 등을 넣어서 처리하는 방법이다.
- 햄 염지의 목적
  - 제품의 저장성을 증대시킨다.
  - 풍미와 색을 향상시킨다.
  - 보수성을 증대시킨다.

정답 12 ③ 13 ② 14 ② 15 ④ 16 ① 17 ①

18 아미노산간장을 중화할 때 60℃로 하는 주된 이유는?

① pH를 4.5 정도로 유지하기 위하여
② 중화속도를 지연시키기 위하여
③ 중화할 때 온도가 높으면 쓴맛이 생기기 때문에
④ 중화시간을 단축하기 위하여

해설
산분해간장(아미노산간장)은 가수분해 후 중화공정을 거치게 된다. 이때, 60℃에서 pH 4.5 정도로 유지하며 중화하게 되는데, 60℃ 이상에서 가열하면 쓴맛의 아미노산이 생성되므로 이를 방지하기 위함이고 pH 4.5로 유지하는 것은 흑갈색의 침전을 일으키는 물질인 휴민(Humin)을 등전점으로 침전시켜 제거하기 위함이다. 이를 통해 쓴맛이 없고 청징한 간장을 얻을 수 있다.

19 식품가공에서 사용하는 파이프의 방향을 90°로 바꿀 때 사용되는 이음은?

① 엘보　　　　　② 래터럴
③ 크로스　　　　④ 유니온

해설
① 엘보 : 유체의 흐름을 직각으로 바꾸어준다.
② 래터럴 : 유체를 직선상으로 연결할 때 사용한다.
③ 크로스 : 유체의 흐름을 세 방향으로 분리한다.
④ 유니언 : 관을 연결할 때 사용한다.

20 산과 알칼리 등 부식성 액체의 수송에 사용되는 펌프는?

① 사류펌프　　　② 플런저펌프
③ 격막펌프　　　④ 피스톤펌프

해설 격막펌프
유연성이 있는 가죽이나 고무막의 왕복운동에 의해서 액체를 올리는 펌프로, 산과 알칼리 등 부식성 액체의 수송에 사용된다.

21 우유의 초고온 단시간 멸균(UHT) 조건으로 가장 옳은 것은?

① 121℃에서 2~5초
② 121℃에서 2~5분
③ 130~150℃에서 2~5초
④ 130~135℃에서 2~5분

해설 우유살균법
• 저온 장시간 살균(LTLT) : 62~63℃에서 30분 가열 후 급랭하며 우유, 술, 과즙 등에 이용
• 고온 단시간 살균(HTST) : 72~75℃에서 15~20초 가열 후 급랭하며 우유나 과즙 등에 이용
• 초고온 순간 살균(UHT) : 130~150℃에서 0.5~5초 가열하며 우유나 과즙 등에 이용

22 청국장 제조에 관여하는 주요 미생물은?

① 자이고사카로마이세스(Zygosaccharomyces)속
② 마이코더마(Mycoderma)속
③ 바실루스(Bacullus)속
④ 아스페르길루스(Aspergillus)속

해설 청국장
• 콩을 증자해 Bacillus natto로 40~50℃에서 18~20시간 배양
• 당단백질로 끈적끈적한 점질물(Fructan) 형성, 독특한 풍미 형성

23 수산가공원료에 대한 설명으로 틀린 것은?

① 적색육 어류는 지질함량이 많다.
② 패류는 어류보다 글리코겐의 함량이 많다.
③ 어체의 수분과 지질함량은 역상관관계이다.
④ 단백질, 탄수화물은 계절적 변화가 심하다.

해설
백색 어류는 단백질함량이, 적색 어류는 지질함량이 높으며, 이는 어종에 차이이며 계절적으로는 변화가 없다.

24 과자나 튀김류 제조에 적합한 밀가루는?

① 강력분　　　　② 중력분
③ 준강력분　　　④ 박력분

해설
• 강력분은 제빵에, 중력분은 라면, 만두피에, 박력분은 제과, 튀김, 부침요리에 이용된다. 초박력분은 아주 부드러운 반죽 제조 시 이용된다.
• 강력분, 중력분, 박력분은 단백질함량에 따라 분류된다.

25 어류의 자가소화현상이 아닌 것은?

① 글리코겐의 감소　　② 젖산의 감소
③ 유리암모니아의 증가　④ 가용성 질소의 증가

정답 18 ③　19 ①　20 ③　21 ③　22 ③　23 ④　24 ④　25 ②

해설
- 어류의 자가소화
  - 근육의 유연성 증가
  - 유리암모니아와 가용성 질소의 증가
  - 글리코겐의 감소
  - pH 4.5, 온도 40~50℃에서 가장 빠름
- 어류가 호흡을 멈추면 다음과 같다.
  - 체내에 저장된 글리코겐을 분해하기 시작하며 젖산이 생성되기 시작한다.
  - 사후경직 시기에는 죽은 직후에 비하여 pH가 급격히 감소하여 6.0~6.6까지 도달한다.

26 다음 중 버터의 교동(Churning)에 미치는 영향이 가장 적은 것은?

① 크림의 온도 ② 교동의 시간
③ 크림의 비중 ④ 크림의 농도

해설 교동에 영향을 미치는 요인
- 크림의 온도 : 여름에는 7~10℃, 겨울에는 10~13℃, 교동온도가 높으면 질감이 너무 연하고 기름기가 많으며, 온도가 낮으면 점성이 높은 버터가 생산된다.
- 교동의 시간 : 50~60분 정도를 기준으로 하나 버터입자가 형성되면 미리 중단이 가능하다.
- 크림의 농도 : 크림의 농도가 높으면 크림의 운동량이 감소하며 버터밀크로의 지방 손실이 커지고, 크림의 농도가 낮으면 중량 부족으로 버터입자의 형성이 어렵다.

27 알칼리박피방법으로 고구마나 과실의 껍질을 벗길 때 이용하는 물질은?

① 초산나트륨 ② 인산나트륨
③ 염화나트륨 ④ 수산화나트륨

해설 박피법(Peeling)
알칼리법(1~3%, 수산화나트륨, NaOH), 산처리법(1~3%, 염산, HCl)

28 분무세척기를 이용하여 콩이나 옥수수를 세척하기 위해 사용해야 할 적합한 컨베이어는?

① 롤러 컨베이어
② 벨트 컨베이어
③ 진동 컨베이어
④ 슬레이트 컨베이어

해설
- 롤러 컨베이어 : 경사 이동 시 적합하다.
- 벨트/슬레이트 컨베이어 : 가장 기본적인 형태의 컨베이어이다.

29 유지 1g 중에 존재하는 유리지방산을 중화시키는 데 필요한 KOH의 mg수로 나타내는 값은?

① 아이오딘가 ② 비누화가
③ 산가   ④ 과산화물가

해설
① 아이오딘가 : 100g의 유지가 흡수하는 I_2의 g수
② 비누화가(검화가) : 유지 1g을 검화하는 데 필요한 KOH의 mg수
④ 과산화물가 : 유지 1kg에 대한 유리된 요오드의 밀리당량으로부터 환산한 과산화물산소의 밀리당량(meq/kg)

30 대장균검사 시 최확수(MPN)가 250이라면 검체 1L에 포함된 대장균수는?

① 25   ② 250
③ 2,500   ④ 25,000

해설
1L = 1,000mL
$\frac{1,000}{100} = 10$
250 × 10 = 2,500
∴ 2,500

MPN(Most Probable Number)
대장균군의 수치를 확률적으로 산출하는 분석법으로 검체 100mL, 100g 중의 수로 표기한다.

31 콜라와 같은 탄산음료를 많이 섭취하는 사람들에게 부족하기 쉬운 영양소는?

① 칼슘   ② 철분
③ 마그네슘 ④ 칼륨

해설
- 탄산음료에는 카페인과 인의 함량이 높다. 칼슘과 인은 모두 뼈의 구성 성분이므로 1 : 1의 비율로 섭취해야 하지만 인의 함량이 무리하게 높을 경우에는 칼슘의 흡수를 방해한다.
- 이외에도 수산(Oxalic acid)과 피트산(Phytic acid)은 칼슘의 흡수를 방해한다.

정답 26 ③ 27 ④ 28 ③ 29 ③ 30 ③ 31 ①

32 독소는 120℃에서 20분간 가열하여도 파괴되지 않으며 도시락, 김밥 등의 탄수화물식품에 의해서 발생할 수 있는 식중독은?

① 살모넬라균 식중독
② 황색포도상구균 식중독
③ 클로스트리디움 보툴리눔균 식중독
④ 장염비브리오균 식중독

해설
황색포도상구균은 열에 약해 60℃에서 20분 가열 시 사멸되지만 황색포도상구균이 생성하는 장독소 엔테로톡신은 내열성이 커서 120℃에서 20분간 가열하여도 완전히 파괴되지 않는다.

33 침투력이 강하여 식품을 포장한 상태로 살균할 수 있는 방법은?

① 증기멸균법　　② 간헐멸균법
③ 자외선조사　　④ 방사선조사

해설
방사선조사는 주로 ^{60}Co의 감마선을 이용해 포장된 상태의 제품을 살균처리할 수 있으며 비열처리하므로 냉살균이라 한다.

식품에 조사 가능한 방사선(^{60}Co)
- 1kGy 이하의 저선량 방사선조사
  - 발아·발근 억제(양파, 감자 등)
  - 기생충의 사멸(돼지고기 등)
  - 과실류의 숙도 조절(토마토, 망고, 바나나 등)
  - 식품의 저장수명 연장
- 1kGy 이상의 고선량 방사선조사
  - 식중독균의 사멸
  - 바이러스의 사멸
- 10kGy 이하의 방사선조사 : 모든 병원균을 완전히 사멸시키지는 못하지만, 식품에서는 10kGy 이하의 에너지를 주로 사용한다.

34 다음 중 식품공장폐수의 특징은 무엇인가?

① 생물학적 산소요구도가 높다.
② 화학적 산소요구도가 높다.
③ 부유물이 적다.
④ 생물학적 산소요구도가 낮다.

해설 공장폐수에 의한 식품오염
- 도금공장 폐수에는 수은, 카드뮴, 크롬 등의 무기성 폐수가 많다.
- 식품공장 폐수에는 부유물이 많고 주로 유기성 폐수가 많아 BOD가 높다.
- BOD : 생물화학적 산소 요구량으로, 물속에 있는 유기물질이 호기성 미생물에 의해 생물학적으로 산화되어 무기성 산화물과 가스가 되기 위해 소비되는 산소량을 ppm으로 표시한 것이다.

35 단백질을 구성하고 있는 결합이 아닌 것은?

① 글리코시드(Glycoside)결합
② 수소결합
③ 펩타이드(Peptide)결합
④ 공유결합

해설
글리코시드(Glycoside)결합은 탄수화물의 구조를 형성하는 결합이다.

36 식품위생분야 종사자가 건강진단을 받아야 하는 항목이 아닌 것은?

① 폐결핵　　② B형 간염
③ 파라티푸스　　④ 장티푸스

해설 식품위생종사자의 건강진단
장티푸스, 폐결핵, 파라티푸스 : 1년마다 1회

37 단백질의 열변성에 영향을 미치는 요인이 아닌 것은?

① 수분　　② pH
③ 온도　　④ 분자구조

해설
단백질의 열변성에는 온도, 수분, 전해질, pH 등이 단백질 구조에 영향을 미친다.

38 식품의 갈변현상과 관련이 없는 물질은?

① 폴리페놀옥시다아제　　② 클로로필레이즈
③ 멜라노이드　　④ 캐러멜

해설 Chlorophyll(엽록소)
- 녹색식물의 잎에 존재하며 Mg을 함유한 4개의 Pyrrol로 구성된 Porphyrin 구조로 Chlorophyll a(청록색)와 b(황록색)가 있으며 3 : 1로 구성
- Chlorophyllase에 의해 Phytol기가 제거되면 녹색의 수용성인 Chlorophyllide 생성

정답　32 ②　33 ④　34 ①　35 ①　36 ②　37 ④　38 ②

39 미나마타병은 어떤 무기영양소가 과잉으로 축적되었을 때 나타나는 질병인가?

① 카드뮴(Cd) ② 수은(Hg)
③ 철(Fe) ④ 요오드(I)

해설 수은(Hg)
- 유기수은이 무기수은보다 흡수율이 높아 독성이 더 강하다.
- 공장폐수에 많아 1956년 일본 미나마타병의 원인이 되기도 하였다.
- 중독증상 : 신경장애로 보행곤란, 언어장애, 정신장애 및 급발성 경련을 나타낸다.
- 생체 내에서 무기수은은 유기수은으로 변한다.
- 미나마타병은 공장폐수 중 메틸수은화합물에 오염된 어패류를 장기간 섭취하여 발생한 것이다.

40 독성이 강해 손소독에 사용할 수 없는 소독제는?

① 알코올
② 차아염소산나트륨
③ 승홍
④ 과산화수소

해설
과산화수소 3% 수용액은 상처 소독과 구내염 치료 등에 주로 이용된다. 독성이 강해 피부에 바로 사용할 경우 물집이나 화상을 일으킬 수 있다.

소독제로 사용하는 소독제와 농도
- 석탄산 : 3~5% 수용액
- 승홍수 : 0.1% 수용액
- 알코올 : 70% 수용액
- 차아염소산나트륨 : 200ppm 이하

41 다음 중 순수아미노산으로만 구성된 단순단백질이 아닌 것은?

① 글루텔린 ② 알부민
③ 카세인 ④ 글로불린

해설
- 단순단백질 : 글루텔린, 알부민, 글로불린
- 인단백질 : 카세인, 비텔린(난황)

42 곰팡이와 호기성 아포에 독성이 강해 빵에 주로 사용하는 보존제는?

① 소르빈산
② 안식향산
③ 프로피온산
④ 파라옥시안식향산메틸

해설
- 프로피온산 : 과자류, 빵류, 떡류, 잼류, 유가공품에 사용한다.
  - 잼류 : 1.0 이하(프로피온산으로서 기준)
  - 빵 : 2.5 이하(프로피온산으로서 기준하며, 빵류에 한함)
  - 유가공품 : 3.0 이하(프로피온산으로서 기준하며, 소르빈산, 소르빈산칼륨 또는 소르빈산칼슘을 병용할 때에는 프로피온산 및 소르빈산의 사용량의 합계가 3.0 이하)
- 소르빈산 : 잼류, 식용유지류, 음료류, 장류, 조미식품, 절임류 또는 조림류, 주류, 식육가공품 및 포장육, 유가공품, 수산가공식품류에 폭넓게 사용한다.
- 안식향산 : 잼류, 식용유지류, 음료류, 장류(한식간장, 양조간장, 산분해간장, 효소분해간장, 혼합간장에 한함), 조미식품, 절임류 또는 조림류에 사용한다.
- 파라옥시안식향산메틸 : 잼류, 음료류, 장류, 조미식품에 사용한다.
- 데히드로초산 : 버터, 치즈, 마가린에 사용 가능한 보존료이다.

43 세균, 진균 또는 기생충으로 인해 사람과 동물에 공통적으로 감염되는 전염병은?

① 세균성 식중독 ② 경구감염병
③ 인수공통감염병 ④ 전염병

해설 인수공통감염병
- 결핵 : 인형 결핵균(*Mycobacterium tuberculosis*), 우형 결핵균(*Mycobacterium bovis*), 조형 결핵균(*Mycobacterium avium*)
- 파상열 : *Brucella melitensis*(양, 염소), *Brucella abortus*(소), *Brucella suis*(돼지)
- 야토병 : *Pasteurella tularensis*, *Francisella tularensis*
- 리스테리아증 : *Listeria monocytogenes*
- 광우병(BSE ; *Bovine Spongiform Encephalopathy*, 소해면상뇌증) : 원인물질은 Prion 단백질

44 청매 중에 함유된 독소성분은?

① 아미그달린 ② 고시폴
③ 무스카린 ④ 솔라닌

45 식품과 유해성분의 연결이 틀린 것은?

① 독미나리 – 시큐톡신(Cicutoxin)
② 황변미 – 시트리닌(Citrinin)
③ 피마자유 – 고시폴(Gossypol)
④ 독버섯 – 콜린(Choline)

해설
- 감자 : 솔라닌
- 복어 : 테트로도톡신
- 모시조개 : 베네루핀
- 고둥 : 테트라민
- 섭조개, 대합, 홍합 : 삭시토신
- 독버섯 : 아마니타톡신, 콜린
- 독미나리 : 시큐톡신
- 피마자유 : 리신, 리시닌
- 목화씨 : 고시폴

46 어패류를 날것으로 먹었을 때 감염되며, 특히 간기능이 저하된 사람에게 매우 치명적이고 높은 치사율을 나타내는 식중독은?

① 살모넬라균에 의한 식중독
② 포도상구균에 의한 식중독
③ 비브리오균에 의한 식중독
④ 보툴리누스균에 의한 식중독

해설 장염비브리오 식중독
- 원인균 : Vibrio parahaemolyticus
- 그람음성, 무포자간균, 단모균, 호상균, 3~4% 호염균
- 잠복기 평균 10~18시간, 주증상은 복통, 구토, 설사, 발열 등
- 원인식품 : 어패류의 생식

47 식품취급현장에서 장신구와 보석류의 착용을 금하는 이유로 적합하지 않은 것은?

① 기계를 사용할 경우 안전사고가 발생할 수 있으므로
② 부주의하게 식품 속으로 들어갈 수 있으므로
③ 장신구는 대부분 미생물에 오염되어 있으므로
④ 작업자들의 복장을 통일하기 위하여

해설
장신구와 보석류에 의한 안전사고 및 교차오염 예방을 위해서이다.

48 통조림 육제품의 부패현상을 발생시키며, 내열성 포자형성균으로서 통조림 제품의 살균 시 가장 문제가 되는 미생물은?

① 살모넬라(Salmonella)
② 락토바실루스(Lactobacillus)
③ 마이크로커스(Micrococcus)
④ 클로스트리디움(Clostridium)

해설
① 살모넬라(Salmonella) : 통성혐기성 식중독균
② 락토바실루스(Lactobacillus) : 통성혐기성 발효균
③ 마이크로커스(Micrococcus) : 호기성 내염균
④ 클로스트리디움(Clostridium) : 편성혐기성 아포형성균(혐기성 세균이기에 통조림에서 부패 유발 가능성 존재)

49 다음 중 경구감염병에 관한 설명으로 틀린 것은?

① 경구감염병은 병원체와 고유숙주 사이에 감염환이 성립되어 있다.
② 경구감염병은 미량의 균량으로도 발병한다.
③ 경구감염병은 잠복기가 길다.
④ 경구감염병은 2차 감염이 발생하지 않는다.

해설 경구감염병의 특징
- 물, 식품이 감염원으로 운반매체이다.
- 병원균의 독력이 강해서 식품에 소량의 균이 있어도 발병한다.
- 사람에서 사람으로 2차 감염된다.
- 잠복기가 길고 격리가 필요하다.
- 면역이 있는 경우가 많다.
- 지역적·집단적으로 발생한다.
- 환자 발생에 계절이 영향을 미친다.

50 안식향산(Benzoic acid)을 보존제로 사용할 수 있는 식품은?

① 고추장   ② 간장
③ 빵   ④ 치즈

해설
안식향산은 잼류, 식용유지류, 음료류, 장류(한식간장, 양조간장, 산분해간장, 효소분해간장, 혼합간장에 한함), 조미식품, 절임류 또는 조림류에 사용한다.

정답 45 ③ 46 ③ 47 ④ 48 ④ 49 ④ 50 ②

51 염장을 통한 방부효과의 원리가 아닌 것은?

① 탈수에 의한 수분활성도 감소
② 삼투압에 의한 미생물의 원형질 분리
③ 산소 용해도 감소
④ 단백질 분해효소의 작용 촉진

해설 염장법

10% 이상의 소금을 이용하여 저장하는 방법이다.
- 삼투압에 의해 원형질 분리
- 탈수에 의한 미생물 사멸
- 염소 자체의 살균력
- 용존산소 감소효과에 따른 화학반응 억제
- 단백질 변성에 의한 효소의 작용 억제 등의 효과
- 건염법은 10~15%, 염수법은 20~25%를 사용하여 채소류나 어류에 이용

52 식품의 일반성분, 중금속, 잔류항생물질 등을 검사하는 방법은?

① 독성검사법
② 미생물학적 검사법
③ 물리학적 검사법
④ 이화학적 검사법

해설

① 독성검사법 : 급성독성실험, 만성독성실험, 아급성독성실험 등
② 미생물학적 검사법 : 대장균, 대장균군, 일반세균, 병원성 미생물 등
③ 물리학적 검사법 : 비중, 색도, 경도 등
④ 이화학적 검사법 : 일반성분, 중금속, 첨가물, 잔류항생물질, 잔류농약 등

53 포유동물의 젖에 들어 있는 당은?

① Fructose
② Lactose
③ Sucrose
④ Glucose

해설

① 과당(Fructose) : 과일에 주로 함유된 단당류로 감미도가 가장 높음
② 유당(Lactose) : 포유동물에 젖에 주로 함유된 이당류로 Glucose 1분자와 Galactose 1분자가 결합한 이당류
③ 자당(Sucrose) : 감미료로 사용되는 이당류로 Glucose 1분자와 Fructose 1분자가 결합한 이당류
④ 포도당(Glucose) : 에너지대사의 기본단위가 되는 단당류로 전분의 가수분해 산물

54 캐러멜화와 관계가 가장 깊은 것은?

① 당류
② 단백질
③ 지방
④ 비타민

해설 탄수화물의 갈색화반응

- 캐러멜화 반응 : 당류의 고온 가열에 의한 열분해 및 중합에 의해 갈색의 캐러멜물질이 형성되는 반응
- 마이야르반응 : 식품 저장 및 가공 중 당의 카르보닐기와 단백질의 아미노기가 반응하여 갈색의 멜라노이딘물질을 형성하는 반응

55 수중유적형(O/W)의 유화식품이 아닌 것은?

① 우유
② 아이스크림
③ 마요네즈
④ 버터

해설 유화

물과 기름처럼 섞이지 않는 두 가지의 액체가 분산되어 콜로이드를 이루는 상태를 말한다.
- 수중유적형(O/W형) : 우유, 마요네즈, 아이스크림
- 유중수적형(W/O형) : 버터, 마가린

56 열에 대한 안정성이 가장 강한 비타민은?

① 비타민 A
② 비타민 B_1
③ 비타민 C
④ 비타민 E

해설

- 열에 대해 안정성이 높은 비타민
  - 지용성 비타민 : D, E
  - 수용성 비타민 : B_1, B_2
  - Vit B_1과 Vit E 모두 열에 안정하지만 Vit B_1은 100℃ 이상에서는 불안정하다.
- 알칼리에 대해 안정성이 높은 비타민
  - 지용성 비타민 : 비타민 A
  - 수용성 비타민 : Niacin

57 바나나를 잘라 공기 중에 방치하면 절단면이 갈색으로 변하는데 이 현상의 주된 원인은?

① 빛에 의한 변질
② 식품 해충에 의한 변질
③ 물리적 작용에 의한 변질
④ 효소에 의한 변질

해설 효소적 갈변

주로 과일(사과, 배)이나 채소(감자, 고구마) 등의 식품에 절단된 부위에서 일어난다.

정답 51 ④ 52 ④ 53 ② 54 ① 55 ④ 56 ④ 57 ④

58 유체흐름에서 단위조작의 기본원리와 다른 것은?

① 수세　　　② 침강
③ 성형　　　④ 교반

해설 주요 단위조작 및 원리

원리	단위조작
열전달	데치기, 끓이기, 볶음, 찜, 살균
기계적 조작	분쇄, 제분, 압출, 성형, 수송, 정선
물질 이동	추출, 증류, 용해
유체의 흐름	수세, 세척, 침강, 원심분리, 교반, 균질화

59 진공동결건조에 대한 설명으로 틀린 것은?

① 향미성분의 손실이 적다.
② 감압상태에서 건조가 이루어진다.
③ 다공성 조직을 가지므로 복원성이 좋다.
④ 열풍건조에 비해 건조시간이 적게 걸린다.

해설 동결건조식품의 특성
- 수분을 얼리고 승화시켜 건조, 고비용 제품에 이용한다.
- 품질 손상 없이 2~3%의 저수분상태로 건조할 수 있다.
- 냉각기온도 −40℃, 압력 0.098mmHg이다.
- 형태가 유지되고 다공성이므로 복원력이 좋다.
- 향미가 보존되고 식품의 물리적·화학적 성분 변화가 작다.
- 쉽게 흡습하고 잘 부서져 포장이나 수송이 곤란하다.

60 버터 제조공정 중 연압작업의 주된 목적은?

① 버터의 조직을 치밀하게 만들어준다.
② 버터의 알갱이를 뭉치게 한다.
③ 버터의 숙성을 돕는다.
④ 크림분리가 잘 되게 한다.

해설 연압의 목적
- 버터입자와 물, 소금이 균질한 분포를 이루게 되어 버터의 조직이 치밀하고 제품의 질감이 좋아진다.
- 지방은 구형인 상태에서 연속상태로 되며, 물은 더욱 작은 방울형태가 되어 버터지방 내에 고루 분포하게 된다.

정답　58 ③　59 ④　60 ①

2023년 기출복원문제

01 해조류 가공제품이 아닌 것은?

① 한천(Agar)
② 카라기난(Carrageenan)
③ 알긴산(Alginic Acid)
④ LBG(Locust Bean Gum)

해설 ▶ LBG(Locust Bean Gum)
콩과의 나무에서 추출하는 물질로 식품의 점착성 및 점도를 증가시키고 유화안정성을 증진시키기 위한 식품첨가물로 사용된다.

02 훈연제로 적합하지 않은 것은?

① 향나무   ② 참나무
③ 벚나무   ④ 떡갈나무

해설 ▶ 훈연제
참나무, 떡갈나무 등을 불완전 연소하여 나온 연기 성분인 알데하이드류, 알코올류, 페놀류, 산류 등 살균 성분을 식품에 침투시켜 저장성을 높이는 방법이다. 가열에 의한 건조효과도 있고 독특한 향미를 부여하며 육류나 어류제품에 사용된다. 침엽수는 수지(Resin)가 많아 나쁜 냄새가 나므로 사용하지 않는다.

03 식훈연의 목적과 거리가 먼 것은?

① 제품의 색과 향미 향상
② 건조에 의한 저장성 향상
③ 연기의 방부성분에 의한 잡균 증식 억제
④ 식품의 내부를 살균하여 보건성 향상

해설 ▶
식훈연의 경우 훈연을 통해 식품의 외부를 살균하여 내부로 잡균이 오염되는 것을 방지하는 방법이다.

04 골격과 치아의 구성성분으로 성장기 어린이나 임신부에게 가장 많이 필요로 하는 무기질은?

① 인   ② 칼슘
③ 아연   ④ 마그네슘

해설 ▶
① 인(P) : 칼슘과 함께 뼈를 구성하는 무기질
③ 아연(Zn) : 당질대사에 관여하는 무기질이며 인슐린의 구성성분
④ 마그네슘(Mg) : 식물의 엽록소의 구성원소

05 다음 중 가장 노화되기 어려운 전분은?

① 옥수수전분   ② 찹쌀전분
③ 밀전분   ④ 감자전분

해설 ▶
결합의 차이로 인해 아밀로펙틴(Amylopectin) 100%로 구성된 찹쌀은 아밀로오스(Amylose) 20% + 아밀로펙틴 80%로 구성된 멥쌀에 비하여 노화되기가 어렵다.

06 광우병의 원인이 되는 인자는 무엇인가?

① 세균   ② 프리온단백질
③ 원충   ④ 바이러스

해설 ▶
보통의 바이러스는 단백질과 핵산(DNA 혹은 RNA)으로 이루어져 있지만, 프리온은 핵산 없이 단백질만으로 이루어진 전염병체(Proteinaceous infectious agent)로 광우병의 원인이 된다.

07 조지방 정량에 사용되는 유기용매와 실험기구는?

① 수산화나트륨, 가스 크로마토그래피
② 황산칼륨, 질소분해장치
③ 에테르, 속슬렛추출기
④ 메틸알코올, 질소증류장치

해설 ▶ 에테르추출법
식용유 등 중성지질로 구성된 식품 및 식육에서의 조지방 분석법으로 속슬렛추출장치를 이용해 에테르를 순화시켜 검체 중의 지방을 추출하여 정량하는 분석법이다.

정답 01 ④ 02 ① 03 ④ 04 ② 05 ② 06 ② 07 ③

08 다음 중 식품의 색소인 엽록소의 변화에 관한 설명으로 틀린 것은?

① 김을 저장하는 동안 점점 변색되는 이유는 엽록소가 산화되기 때문이다.
② 배추 등의 채소를 말릴 때 녹색이 엷어지는 것은 엽록소가 산화되기 때문이다.
③ 배추로 김치를 담갔을 때 원래의 녹색이 갈색으로 변하는 것은 엽록소의 산에 의한 변화이다.
④ 엽록소분자 중에 들어 있는 마그네슘을 철로 치환시켜 철 엽록소를 만들면 색깔이 변하지 않는다.

해설
Chlorophyll을 Cu^{2+}, Fe^{2+} 등의 금속으로 가열처리하면 Mg^{2+}이 치환되어 녹색의 Chlorophyll염을 생성한다.

09 전분의 노화와 호화에 대해 설명한 것 중 바르지 않은 것은?

① 옥수수가 찰옥수수보다 노화가 잘 된다.
② Amylose 함량이 많을수록 노화가 빨리 일어난다.
③ 호화전분을 완만냉각하면 노화전분이 형성된다.
④ 노화전분을 재가열하면 호화전분이 형성된다.

10 다음 중 오징어, 고등어 등 심해생선에 의해 감염될 수 있는 기생충은?

① 간디스토카
② 폐디스토마
③ 아니사키스
④ 요코가와흡충

해설

구분	제1중간숙주	제2중간숙주
간디스토마 (간흡충)	쇠우렁이	잉어, 붕어 등의 담수어
폐디스토마 (폐흡충)	다슬기	민물의 게, 가재
요코가와흡충 (장흡충)	다슬기	붕어, 은어 등의 담수어
광절열두조충 (긴촌충)	물벼룩	농어, 연어, 숭어 등의 반담수어
아니사키스	갑각류	오징어, 갈치, 고등어

11 제빵 중 첨가하는 이스트푸드(Yeast food)의 역할로 옳은 것은?

① 발효를 빠르게 진행하게 한다.
② 가스 생성을 돕는다.
③ 이스트에 영양분을 공급한다.
④ 제빵에 점성을 부여한다.

해설
발효빵에 사용하는 효모가 발효를 잘 일으킬 수 있도록 영양분을 공급하는 역할을 한다.

12 새우젓 제조에 대한 설명으로 틀린 것은?

① 새우는 껍질이 있어 소금이 육질로 침투되는 속도가 느리다.
② 숙성 발효 중에도 뚜껑을 밀폐하여 이물질의 혼입을 막는다.
③ 제품 유통 중에도 발효가 지속되므로 포장 시 공기 혼입을 억제한다.
④ 일반적으로 열처리살균을 통하여 저장성을 높인다.

해설
새우젓은 열처리를 하지 않고 염장에 의해 저장성을 높인 염장식품이다.

13 다음 중 가스치환을 통한 식품을 저장할 때 사용할 수 없는 물질은 무엇인가?

① 벤즈알데하이드(Benzaldehyde)
② 탄산가스(Carbon dioxide)
③ 포름알데하이드(Formaldehyde)
④ 메탄가스(Methane)

해설
포름알데하이드는 사용이 중단된 유해보존료이다.

14 베이컨은 주로 돼지의 어느 부위로 만든 것인가?

① 뒷다리 부위
② 앞다리 부위
③ 등심 부위
④ 배 부위

정답 08 ④ 09 ③ 10 ③ 11 ③ 12 ④ 13 ③ 14 ④

> **해설**
> 베이컨은 돼지의 지방이 가장 많은 부위인 복부육(삼겹살)을 정형·염지·훈연·가열 처리한 식육가공품이다. 특정 원료육을 사용할 경우 원료육에 따라 로스베이컨, 앞다리베이컨 등으로 부른다.

15 식품가공에서 사용되는 단위조작의 기본원리와 다른 것은?

① 유체의 흐름
② 열전달
③ 물질 이동
④ 작업순서

> **해설** 주요 단위조작 및 원리
>
> | 원리 | 단위조작 |
> |---|---|
> | 열전달 | 데치기, 끓이기, 볶음, 찜, 살균 |
> | 기계적 조작 | 분쇄, 제분, 압출, 성형, 수송, 정선 |
> | 물질 이동 | 추출, 증류, 용해 |
> | 유체의 흐름 | 수세, 세척, 침강, 원심분리, 교반, 균질화 |

16 전분을 160℃에서 수분 없이 가열할 때 가용성 전분을 거쳐 덱스트린으로 분해되는 현상은?

① 노화
② 호화
③ 호정화
④ 당화

> **해설**
> • 호화 : 수분조건하에 가열
> • 호정화 : 수분 없이 가열

17 귤의 신맛의 주성분은?

① 젖산
② 구연산
③ 주석산
④ 사과산

> **해설**
> • 젖산 : 요구르트의 신맛
> • 구연산 : 감귤류의 신맛
> • 주석산 : 포도의 신맛
> • 사과산 : 사과, 복숭아의 신맛

18 수산물을 증자를 통해 쪄서 건조한 제품은?

① 증건품
② 자건품
③ 배건품
④ 염건품

> **해설**
> • 자건품 : 끓는 물에 데친 이후 건조한 것
> • 배건품 : 불에 구운 이후 건조한 것
> • 염건품 : 소금(20~40%)을 가하여 건조한 것
> • 증건품 : 증자를 통해 지방분 제거 및 미생물을 제어한 후 건조한 것
> • 훈건품 : 연기를 씌워 건조하여 풍미 및 저장성을 증대시킨 것

19 버터 제조 시 크림에 있는 지방구에 충격을 가하여 지방구를 파손시켜 버터입자를 만드는 공정은?

① 연압
② 교반
③ 교동
④ 균질

> **해설**
> 버터 제조 시 크림에 있는 지방구에 충격을 가하여 지방구를 파손시켜 버터입자를 만드는 과정을 교동(Churning)이라 하며, 이때 사용되는 기계를 교동기라 한다.

20 불충분하게 가열된 돼지고기를 먹었을 때 감염될 수 있는 기생충 질환은?

① 간디스토마
② 아니사키스
③ 무구조충
④ 유구조충

> **해설**
> • 무구조충의 중간숙주 : 소고기
> • 유구조충의 중간숙주 : 돼지고기

21 제면 과정 중에 소금을 넣는 이유로 거리가 먼 것은?

① 반죽이 탄력성을 향상시키기 위해
② 면의 균열을 막기 위해
③ 제품의 색깔을 희게 하기 위해
④ 보존성을 향상시키기 위해

> **해설** 제면과정 중의 소금 첨가
> • 반죽의 점탄성을 증가시킨다.
> • 소금의 흡습성을 이용하여 건조속도를 조절한다.
> • 미생물 번식 및 발효를 억제한다.

정답 15 ④ 16 ③ 17 ② 18 ① 19 ③ 20 ④ 21 ③

22 우유에 의해 사람에게 감염되고, 반응검사에 따라 음성자에게 BCG 접종을 실시해야 하는 인수 공통전염병은?

① 결핵 ② 돈단독
③ 파상열 ④ 조류독감

해설 결핵(Tuberculosis)
- 특징 : 감염된 소의 우유로 감염된다. 잠복기는 1~3개월이며 기침이 2주 이상 지속된다. 기침, 흉통, 고열, 피 섞인 가래가 나오고 폐의 석회화가 진행된다.
- 예방 : 정기적인 Tuberculin 검사로 감염된 소를 조기발견하여 적절한 조치를 하고 우유를 완전히 살균한다. BCG 예방접종을 실시한다.

23 우리나라에서 감미료로 사용할 수 없는 것은?

① 소비톨(Sorbitol)
② 글리시리진산이나트륨(Disodium glycyrrhizinate)
③ 둘신(Dulcin)
④ 사카린나트륨(Sodium saccharin)

해설 둘신(Dulcin)
둘신의 단맛은 설탕의 280배이나, 사카린에 비해 독성(毒性)이 강하다. 영양분은 전혀 없고 이것을 먹었을 때는 그 일부가 체내에서 분해 흡수되어 소화효소에 대한 억제작용을 일으킨다.

24 다음 중 효소에 의한 갈변현상은?

① 된장의 갈변 ② 간장의 갈변
③ 빵의 갈변 ④ 사과의 갈변

해설 식품의 갈변

구분	종류	갈변현상의 예
효소적 갈변	Polyphenol oxidase, Tyrosinase	과일의 갈변, 감자의 갈변
비효소적 갈변	마이야르반응	된장의 갈변, 간장의 갈변
	캐러멜화반응	달고나

25 마요네즈와 같이 작은 힘을 주면 흐르지 않으나 응력 이상의 힘을 주면 흐르는 식품의 성질은?

① 탄성 ② 점탄성
③ 응집성 ④ 가소성

해설
- 점성 : 유체의 흐름에 대한 저항
- 탄성 : 외부의 힘에 의해 변형된 물체가 이 힘이 제거되었을 때 원래의 상태로 되돌아가려고 하는 성질
- 점탄성 : 점성 및 탄성 특성을 모두 나타내는 특성
- 가소성 : 고체가 외부에서 탄성 한계 이상의 힘을 받아 형태가 바뀐 뒤 그 힘이 없어져도 본래의 모양으로 돌아가지 않는 성질
- 항복치 : 응력이 어떤 한계치를 넘었을 때 원래로 돌아가지 않고 변형이 급격해지는 시점

26 다음 중 매운맛을 가장 잘 느끼는 온도범위는?

① 0~10℃ ② 20~30℃
③ 30~40℃ ④ 50~60℃

해설 맛을 잘 느끼는 온도
- 신맛 : 5~25℃
- 단맛 : 20~25℃
- 짠맛 : 30~40℃
- 쓴맛 : 40~50℃
- 매운맛 : 50~60℃

27 다음 중 어육 부패 생성물이 아닌 것은?

① 알코올 ② 암모니아
③ 인돌 ④ 황화수소

해설 어육의 부패 생성물
암모니아, 아민, 스카톨, 트리메틸아민, 인돌, 황화수소, 이산화탄소

28 다음 중 Oil in water(O/W)형의 유화액 형태인 식품은?

① 버터 ② 우유
③ 쇼트닝 ④ 옥수수기름

해설
- 수중유적형(O/W형) : 우유, 마요네즈, 아이스크림
- 유중수적형(W/O형) : 버터, 마가린, 쇼트닝

29 식품의 향성분 중 양파의 매운맛을 나타내는 성분은 무엇인가?

① 나린진 ② 큐커비타신
③ 퀘르세틴 ④ 휴물론

정답 22 ① 23 ③ 24 ④ 25 ④ 26 ④ 27 ① 28 ② 29 ③

해설
① 나린진 : 감귤류의 쓴맛
② 큐커비타신 : 오이의 쓴맛
③ 퀘르세틴 : 양파의 매운맛
④ 휴물론 : 맥주의 쓴맛

30 통조림 육제품의 부패현상을 발생시키며, 내열성 포자형성균으로서 통조림 제품의 살균 시 가장 문제가 되는 미생물은 무엇인가?

① *Salmonella* sp.
② *Lactobacillus* sp.
③ *Clostridium* sp.
④ *Micrococcus* sp.

해설 *Clostridium* sp.
편성혐기성 아포형성균으로 산소가 제거된 통조림에서의 주요 식중독 발생균이다.

31 방사능물질 오염에 따른 위험에 대한 설명으로 틀린 것은?

① 반감기가 길수록 위험하다.
② 조직에 침착하는 정도가 작을수록 위험하다.
③ 감수성이 클수록 위험하다.
④ 방사선의 종류에 따라 위험도의 차이가 있다.

해설
- 반감기란 몸에 들어온 방사선물질의 양이 절반으로 줄어드는 데 걸리는 시간으로, 반감기가 짧다는 것은 체외로 배출이 쉽다는 것을 뜻한다.
- 방사선물질은 반감기가 길수록, 감수성이 클수록, 침착하는 정도가 클수록 위험하다.
- 국내식품에서는 ^{60}Co 만이 사용 가능하다.

32 최대 빙결점 −30℃에서 급속동결한 어류는 몇 ℃에서 보관해야 하는가?

① 0 ℃
② −5℃ 이하
③ −20℃ 이하
④ −35℃ 이하

해설
- 냉장 : 0~10℃
- 냉동 : −20℃ 이하

33 식품첨가물에서 가공보조제에 대한 설명으로 맞는 것은?

① 식품의 제조과정에서 기술적 목적을 달성하기 위하여 의도적으로 사용되는 식품첨가물
② 미생물에 의한 품질 저하를 방지하여 식품의 보존기간을 연장시키는 식품첨가물
③ 두 가지 또는 그 이상의 성분을 일정한 분산형태로 유지시키는 식품첨가물
④ 식품의 제조·가공 시 촉매, 침전, 분해, 청징 등의 역할을 하는 보조제 식품첨가물

해설 가공보조제
- 식품의 제조 과정에서 기술적 목적을 달성하기 위하여 의도적으로 사용된다.
- 최종 제품 완성 전 분해, 제거되어 잔류하지 않거나 비의도적으로 미량 잔류할 수 있는 식품첨가물을 말한다.
- 식품첨가물의 용도 중 '살균제', '여과보조제', '이형제', '제조용제', '청관제', '추출용제', '효소제'가 가공보조제에 해당한다.

34 장염비브리오 식중독에서 나타나는 증상이 아닌 것은?

① 그람양성, 무포자의 통성혐기성균이다.
② 호염균으로 3~4%에서 최적 성장한다.
③ 어패류의 생식을 통해 감염된다.
④ 간 기능이 저하된 사람에게 매우 치명적이고 높은 치사율을 나타낸다.

해설 장염비브리오 식중독
- 그람음성, 무포자의 통성혐기성균이다.
- 호염균으로 3~4%에서 서식이 가능하다.
- 어패류의 생식을 통해 감염된다.

35 식품의 pH 변화에 따라 색이 크게 달라지는 색소는?

① 미오글로빈(Myoglobin)
② 카로티노이드(Carotenoid)
③ 안토시아닌(Anthocyanin)
④ 안토크산틴(Anthoxanthin)

해설
안토시아닌은 자색을 내는 식물성 색소로 pH에 따라 적색(산성) → 자색(중성) → 청색(알칼리성)으로 변색되는 불안정한 색소이다.

정답 30 ③ 31 ② 32 ③ 33 ① 34 ① 35 ③

36 설탕을 가수분해하면 생기는 포도당과 과당의 혼합물은?

① 맥아당　　② 캐러멜
③ 환원당　　④ 전화당

해설
포도당과 과당이 각각 한 분자씩 결합된 이당류로 전화당은 자당이 분해되어 포도당과 과당이 등량으로 존재하는 혼합물이다.

37 유해성이 높아 허가되지 않는 보존료는?

① 안식향산　　② 붕산
③ 소르빈산　　④ 데히드로초산나트륨

해설 유해보존료
- 붕산(H_3BO_3) : 살균소독제로 이용되며 베이컨, 과자 등에 사용되었다. 증상은 식욕감퇴, 장기출혈, 구토, 설사, 홍반, 사망 등이다.
- 포름알데히드(Formaldehyde) : 살균, 방부 작용이 강하여 주류, 장류 등에 사용되었다. 증상은 소화장애, 구토, 호흡장애 등이다.
- β-나프톨(β-naphthol) : 간장의 방부제로 사용되어 신장장애, 단백뇨 등을 일으켰다.
- 승홍($HgCl_2$) : 주류 등에 방부제로 사용되어 신장장애, 구토, 요독증 등을 일으켰다.
- 우로트로핀(Urotropin) : 식품에 방부제로 사용되었으나 독성이 있어 금지되었다.

38 식품위생에서 개인위생을 설명한 것으로 적합하지 않은 것은?

① 건강 및 위생복장, 손 세척, 소독 등 개인 위생관리에 신경을 써야 한다.
② 정기적인 식품위생교육이 필요하다.
③ 손에 상처가 있으면 고무장갑을 착용하고 작업에 임한다.
④ 정기적인 건강검진을 받아야 한다.

39 다음 중 모시조개의 독성분에 대한 설명 중 옳지 않은 것은?

① 독성분 : 베네루핀
② 잠복기 : 15~20일
③ 증상 : 권태감·두통·복통·혈변 등
④ 계절특성 : 1~4월에 독력이 높음

해설
모시조개에서 주로 발생하는 독성분인 베네루핀은 pH 5~8, 100℃에서 1분간 가열하여도 안정하나 pH 9 이상이 되면 불안정하다. 일반적으로 1~4월에 독력이 높고 6~11월에 독력이 약하다. 잠복기는 1~2일로, 주로 권태감·두통·구토·복통·황달 등이 나타난다.

40 액체식품 혹은 물에 용해하여 액체로 할 수 있는 식품에 혼합된 이물을 분리하는 데 적합한 검사방법은 무엇인가?

① 여과법　　② 정치법
③ 침강법　　④ 체분별법

해설 식품의 이물시험법
- 체분별법 : 검체가 미세한 분말일 때 적용한다.
- 여과법 : 검체가 액체일 때 또는 용액으로 할 수 있을 때 적용한다.
- 와이드만 플라스크법 : 곤충 및 동물의 털과 같이 물에 잘 젖지 아니하는 가벼운 이물 검출에 적용한다.
- 침강법 : 쥐똥, 토사 등의 비교적 무거운 이물의 검사에 적용한다.
- 금속성 이물(쇳가루)시험법 : 분말제품, 환제품, 액상 및 페이스트제품, 코코아가공품류 및 초콜릿류 중 혼입된 쇳가루 검출에 적용한다.

41 식품을 가공하는 종업원의 손소독에 가장 적합한 소독제는?

① 역성비누　　② 크레졸
③ 생리식염수　　④ 승홍

해설
① 역성비누 : 세포막 파괴로 살균을 하는 소독제로 손소독에 적절하다.
② 크레졸 : 단백질 응고작용을 일으켜 소독을 하며 배설물 소독에 적절하다.
③ 생리식염수 : 체액과 유사한 농도를 가진 등장액으로 소독작용이 없다.
④ 승홍 : 단백질 응고작용으로 살균을 하는 소독제이나 점막에 자극이 있다.

42 신선한 우유의 pH는 얼마인가?

① 6.0　　② 6.5
③ 7.0　　④ 7.5

해설 신선한 우유
- pH : 6.5~6.7
- 산도(%) : 0.18 이하(젖산)
- 포스파타아제 : 음성

정답 36 ④　37 ②　38 ③　39 ②　40 ①　41 ①　42 ②

43 젤리점(Jelly point)의 판정방법이 아닌 것은?

① 당도계법
② 컵법(Cup test)
③ 스푼법(Spoon test)
④ 펙틴법(Pectin test)

해설 젤리점 판정방법
- 스푼시험 : 나무 주걱으로 잼을 떠서 기울여 액이 시럽상태가 되어 떨어지면 불충분, 주걱에 일부 붙어 떨어지면 적당
- 컵시험 : 물컵에 소량 떨어뜨려 바닥까지 굳은 채로 떨어지면 적당, 도중에 풀어지면 불충분
- 온도법 : 잼에 온도계를 넣어 104~106℃가 되면 적당
- 당도계법 : 굴절당도계 이용, 잼 당도가 65% 정도 적당

44 햄 제조 시 염지 목적과 가장 관계가 먼 것은?

① 세균 활동과 발육 억제
② 제품의 좋은 풍미
③ 제품의 생산성 증대
④ 제품의 색을 좋게 함

해설
- 햄 염지(Curing) : 원료육에 식염, 질산염, 아질산염과 향신료, 설탕, 소금 등을 넣어서 처리하는 방법
- 햄 염지의 목적
  - 제품의 저장성 증대
  - 풍미와 색 향상
  - 보수성의 증대

45 식품냉동 시 글레이즈(Glaze)의 사용 목적이 아닌 것은?

① 동결식품의 보호작용
② 수분의 증발 방지
③ 식품의 영양강화작용
④ 지방, 색소 등의 산화 방지

해설 글레이즈(Glaze)
냉동식품을 제조하는 과정에서 얼음으로 피막을 만드는 공정이다. 얼음막 코팅을 통해 수분의 증발을 방지하여 식품의 건조와 변질을 막아 냉동식품의 장기보존 시 동결식품을 보호하는 역할을 한다.

46 과즙의 청징을 위해 사용하는 것으로 옳지 않은 것은?

① 펙틴
② 젤라틴
③ 카세인
④ 건조난백

해설
과실주스의 경우 펙틴, 단백질 섬유소 등으로 인한 부유물질이 생성되어 주스를 탁하게 만든다. 이를 제거하기 위해서 난백, 카세인, 젤라틴, 효소법 등을 이용하여 혼탁물질을 제거한다.

47 통조림 제조의 주요 4대 공정 중 가장 먼저 행하는 공정은?

① 탈기
② 밀봉
③ 냉각
④ 살균

해설
- 통조림 제조의 4대 공정 : 탈기 → 밀봉 → 살균 → 냉각
- 탈기 : 병이나 파우치 내의 공기를 제거하는 조작으로 이 과정을 통해 호기성 세균 및 곰팡이의 생육을 억제하고 산소로 인한 산화를 방지한다. 또한 내용물이 부풀어 오르거나 팽창되는 것을 방지할 수 있다.

48 1냉동톤의 냉동능력을 나타내는 열량(kcal/hr)은?

① 3,024
② 3,048
③ 3,320
④ 4,024

해설 1냉동톤
0℃의 물 1톤을 24시간 동안에 0℃의 얼음으로 만드는 데 필요한 시간당 열량으로, 3,320kcal/hr이다.

49 다음 중 동물계와 식물계에 모두 분포하는 색소는?

① Myoglobin
② Metmyoglobin
③ Carotenoid
④ Nitrosomyoglobin

해설 Carotenoid
동식물계에 널리 분포하는 노란색, 붉은색, 오렌지색 계열의 색소

정답 43 ④ 44 ③ 45 ③ 46 ① 47 ① 48 ③ 49 ③

50 이중밀봉장치에 대한 설명으로 틀린 것은?

① 통조림 뚜껑의 가장자리 굽힌 부분을 플랜지라고 한다.
② 시머의 주요 부분은 척, 롤, 리프터로 구성되어 있다.
③ 롤은 제1롤과 제2롤로 구분한다.
④ 시머의 조절은 밀봉형태나 안정성 및 치수 결정의 중요 인자이다.

해설
통조림 뚜껑의 가장자리 굽힌 부분을 컬(Curl)이라 한다.

51 코지(Koji)에 대한 설명으로 옳지 않은 것은?

① 코지는 쌀, 보리, 콩 등의 곡류에 누룩곰팡이 (*Aspergillus oryzae*)균을 번식시킨 것이다.
② 원료에 따라 쌀코지, 보리코지, 밀코지, 콩코지 등으로 나눌 수 있다.
③ 코지는 전분 당화력, 단백질 분해력이 강하다.
④ 코지 제조에 있어 코지실의 최적 온도는 30℃ 정도이다.

해설 코지(Koji)
- 쌀, 보리, 대두 혹은 밀기울을 원료로 코지균(*Aspergillus*속)을 26℃ 전후에서 호기적 배양한 것으로 재래식·양조식 간장 제조에 사용된다.
- 코지 중 Amylase, Protease 등의 효소가 전분 또는 단백질을 분해한다.

52 병원체가 바이러스인 감염병은?

① 폴리오 ② 세균성 이질
③ 콜레라 ④ 디프테리아

해설
유행성 간염, 전염성 설사, 폴리오는 바이러스에 의해 발병한다.

53 과실류의 저온 저장에서 저장고 내 공기 조성을 변화시켜 저장하는 이유는?

① 과실류의 호흡을 촉진하여 저장기간을 연장하기 위하여
② 과실류의 호흡을 억제하여 중량 감소를 막기 위하여
③ 저장고 내 공기의 흐름을 좋게 하기 위하여
④ 과실류의 에틸렌 가스 발생을 촉진시키기 위하여

54 경구감염병에 대한 설명으로 올바른 것은?

① 면역력이 없다.
② 전염성이 없다.
③ 잠복기가 길다.
④ 균의 증식 억제로 예방이 가능하다.

해설 경구감염병의 특징
- 물, 식품이 감염원으로 운반매체이다.
- 병원균의 독력이 강해서 식품에 소량의 균이 있어도 발병한다.
- 사람에서 사람으로 2차 감염된다.
- 잠복기가 길고 격리가 필요하다.
- 면역이 있는 경우가 많다.
- 지역적·집단적으로 발생한다.
- 환자 발생에 계절이 영향을 미친다.

55 염기성 황색 색소로 값이 싸고 열에 안정하며 착색성이 좋아 과자, 면류, 단무지, 카레에 주로 사용되었던 유해착색제는 무엇인가?

① 테트라진(Tetrazine)
② 아우라민(Auramine)
③ 로다민(Rhodamine)
④ 시클라메이트(Cyclamate)

해설 유해착색료
- 아우라민(Auramine) : 카레, 단무지 등에 사용된 염기성 황색 색소이나 간암 유발로 금지되었다.
- 로다민(Rhodamine) : 어묵, 생강 등에 사용된 분홍색의 색소이나 전신착색, 색소뇨 등의 증상으로 금지되었다.
- 수단Ⅲ(Sudan) : 고춧가루에 사용되었던 붉은색 색소이다.
- p-니트로아닐린(p-nitroaniline) : 과자에 사용된 황색 색소이나 청색증 및 신경독 유발한다.
- 말라카이트 그린(Malachite green) : 금속광택의 녹색 색소이나 발암성으로 금지되었다.

56 채소류에 존재하는 클로로필 성분이 페오피틴(Pheophtin)으로 변하는 현상은 다음 중 어떤 경우에 더 빨리 일어날 수 있는가?

① 녹색 채소를 공기 중의 산소에 방치해 두었을 때
② 녹색 채소를 소금에 절였을 때

정답 50 ① 51 ④ 52 ① 53 ② 54 ③ 55 ② 56 ④

③ 조리과정에서 열이 가해질 때
④ 조리과정에 사용하는 물에 유기산이 함유되었을 때

해설 클로로필의 색변화
- 산 : 클로로필에서 페오피틴을 거쳐 갈색의 페오포바이드를 형성한다.
- 염기 : 짙은 녹색의 클로로필린을 형성한다.

57 우리 몸에 가장 많은 비율을 차지하는 무기질은 무엇인가?

① Ca   ② I
③ Cl   ④ Fe

해설
- 다량무기질 : Ca>P>K>S>Na>Cl>Mg
- 미량무기질 : Fe>Mn>Cu>I

58 된장의 숙성과정에 대한 설명으로 틀린 것은?

① 된장발효 중 탄수화물은 아밀라아제의 당화작용으로 단맛이 생성된다.
② 당분은 효모의 알코올 발효로 알코올과 함께 향기성분을 생성한다.
③ 단백질은 프로테아제에 의해 아미노산으로 분해되어 구수한 맛과 감칠맛이 생성된다.
④ 적정 숙성조건은 60℃ 전후이다.

해설 된장의 숙성
- 효소 분해된 당(감미), 글루탐산(맛난 맛), 발효에 의한 알코올, 유기산, 에스테르(향기) 생성
- 적정 숙성조건 : 30~40℃, 3일 배양

59 버섯의 유해성분이 아닌 것은?

① 시트리닌
② 콜린
③ 무스카린
④ 아마니타톡신

해설
버섯의 독성분에는 Muscarine, Muscaridine, Choline, Neurine, Phallin, Amanitatoxin, Agaricic acid, Pilztoxin 등이 있다.

60 다음 영양표시사항에 따른 이 제품의 총 내용량에 대한 열량(kcal)은?

영양정보	총 내용량 325 g
총 내용량 당	1일 영양성분 기준치에 대한 비율
나트륨 1,370 mg	69 %
탄수화물 114 g	35 %
당류 18 g	18 %
지방 43 g	80 %
트랜스지방 0.5 g 미만	
포화지방 20 g	133 %
콜레스테롤 45 mg	15 %
단백질 34 g	62 %

① 764 kcal   ② 979 kcal
③ 993 kcal   ④ 2,349 kcal

해설
- 탄수화물 114g × 4kcal = 456kcal
- 지방 43g × 9kcal = 387kcal
- 단백질 34g × 4kcal = 136kcal
- 나트륨은 열량을 내지 않는다.
∴ 456 + 387 + 136 = 979kcal

정답   57 ①   58 ④   59 ①   60 ②

2024년 기출복원문제

01 결합수에 대한 설명이 틀린 것은?

① 미생물의 번식과 성장에 이용되지 못한다.
② 당류, 염류 등 용질에 대한 용매로 작용하지 않는다.
③ 보통의 물보다 밀도가 작다.
④ 건조로 쉽게 제거되지 않는다.

해설
식품 내의 수분은 결합수와 자유수 형태로 존재한다.
- 결합수
  - 식품 내의 성분들과 수소결합되어 존재하므로 미생물이 이용하지 못한다.
  - 보통의 물보다 밀도가 크다.
  - 용매로 작용하지 않는다.
  - 압력에 의해서 제거되지 않는다.
- 자유수
  - 용매로 작용한다.
  - 건조로 쉽게 제거된다.
  - 미생물이 이용할 수 있다.

02 다음 중 단백질의 구조와 관련된 설명으로 틀린 것은?

① 단백질은 많은 아미노산이 결합하여 형성되어 있다.
② 단백질은 펩타이드 결합으로 구성되어 있으므로 일종의 폴리펩타이드이다.
③ 단백질은 전체적인 구조가 섬유 모양을 하고 있는 섬유상 단백질과 공 모양을 하고 있는 구상 단백질로 나눌 수 있다.
④ α-나선구조는 단백질의 3차 구조에 해당한다.

해설
단백질은 4차 구조로 구성되어 있다.
- 1차 구조 : 아미노산이 Peptide결합
- 2차 구조 : 오른나사 방향의 나선구조를 하고 있는 α-helix와 병풍 모양의 β-sheet
- 3차 구조 : 2차 결합들이 이온결합, 수소결합, 소수성결합, 이황화결합에 의해 결합하여 폴리펩타이드로 구성
- 4차 구조 : 3차 구조 단백질 여러 개가 반데르발스(Van der Waals)에 의해 분자적으로 결합

03 어떤 식품의 단백질함량을 정량하기 위해 질소 정량을 하였더니 8.0%였다. 이 식품의 단백질 함량은 몇 %인가?

① 20% ② 30%
③ 40% ④ 50%

해설
단백질함량 : $8.0\% \times 6.25 = 50\%$

04 식품 중 유지의 함량을 분석할 때 유지를 추출하기 위해 가장 많이 사용하는 용매는?

① 물(Water)   ② 헥산(Hexane)
③ 벤젠(Benzene) ④ 에테르(Ether)

해설
조지방 정량을 위한 soxhlet에 사용되는 용매는 에테르이다.

05 다음 중 감미도가 가장 높은 당은?

① 젖당   ② 엿당
③ 포도당 ④ 전화당

해설
- 당류의 감미도 : 과당 > 자당 > 포도당 > 엿당 > 올리고당 > 유당
- 전화당의 경우 과당이 존재하므로 보기 중 감미도가 가장 높다.

06 글리코겐 구성 성분으로 적절한 것은?

① 지방   ② 포도당
③ 비타민 ④ 단백질

정답 01 ③ 02 ④ 03 ④ 04 ④ 05 ④ 06 ②

해설
글리코겐은 포도당이 약 60,000분자 이상 결합된 중합체로 포도당의 체내 저장형 다당류이다.

07 섭취된 섬유소에 대한 설명으로 옳은 것은?

① 소화·흡수가 잘 되기 때문에 중요한 열량 급원 영양소이다.
② 장내 소화효소에 의해 설사를 유발하므로 소량씩 섭취해야 하는 성분이다.
③ 장의 연동작용을 유발하며 콜레스테롤과 결합하여 몸 밖으로 배출되기도 한다.
④ 영양적 가치도 없고 생리적으로 아무런 필요가 없는 성분이다.

해설 섬유소
많은 수의 단당류가 결합하여 분자량이 매우 큰 고분자 탄수화물로, 체내 소화효소에 의해서 소화되지 않고 장내 미생물에 의해 일부 소화 흡수되어 장의 연동운동에 도움을 주는 다당류의 한 종류이다.

08 신맛을 가장 잘 느끼는 온도는?

① 5~25℃ ② 20~30℃
③ 30~40℃ ④ 50~60℃

해설 맛을 잘 느끼는 온도
- 신맛 : 5~25℃
- 단맛 : 20~25℃
- 짠맛 : 30~40℃
- 쓴맛 : 40~50℃
- 매운맛 : 50~60℃

09 다음 중 탄수화물에 존재하지 않는 것은?

① 알데하이드(Aldehyde)
② 하이드록실(Hydroxyl)
③ 아민(Amine)
④ 케톤(Ketone)

해설
알데하이드, 하이드록실, 케톤기는 탄수화물에 존재하는 작용기(Functionl group)이다. 아민은 암모니아(NH_3)에서 하나 이상의 수소가 알킬 또는 방향족 고리로 치환된 작용기를 포함한 질소 유기화합물이다. 탄수화물과 지방의 구조에는 질소가 포함되지 않는다.

10 식품의 수증기압이 10mmHg이고 같은 온도에서 순수 물의 수증기압이 20mmHg일 때 수분활성도는 얼마인가?

① 0.1 ② 0.2
③ 0.5 ④ 1.0

해설 수분활성도의 계산
$$A_w = \frac{P}{P_0} = \frac{10\text{mmHg}}{20\text{mmHg}} = 0.5$$
여기서, A_w : 수분활성도(Activity of water)
P : 식품이 나타내는 수증기압
P_0 : 순수한 물의 수증기압

11 다음 영양소와 그에 해당하는 열량으로 바르게 짝지어진 것은?

① 탄수화물 - 4kcal ② 지방 - 8kcal
③ 단백질 - 6kcal ④ 비타민 - 1kcal

해설
- 열량영양소 : 탄수화물, 단백질-4kcal, 지방-9kcal
- 조절영양소 : 비타민, 무기질

12 효소에 의한 식품의 색변화로 옳은 것은?

① 김이 저장 중 고유한 색깔을 잃는 것
② 새우나 게를 가열하면 붉은색으로 변하는 것
③ 사과를 잘라 공기 중에 두었을 때 갈변하는 것
④ 설탕을 가열하면 갈변하는 것

해설 효소적 갈변
- 주로 과일(사과, 배)이나 채소(감자, 고구마) 등의 식품에 절단된 부위에서 일어남
- 탄닌, Catechin, Gallic acid, Chlorogenic acid 등의 폴리페놀화합물이나 Tyrosine 등이 Polyphenol oxidase, Tyrosinase 등 효소에 의해 갈색 물질인 Melanin 생성

13 다음 중 불포화지방산은?

① 팔미트산(Palmitic acid)
② 라우르산(Lauric acid)
③ 올레산(Oleic acid)
④ 스테아린산(Stearic acid)

정답 07 ③ 08 ① 09 ③ 10 ③ 11 ① 12 ③ 13 ③

해설
- 불포화지방산 : Oleic acid, Linolenic acid 등
- 포화지방산 : Palmitic acid, Lauric acid, Stearic acid

14 우유의 당에 해당하는 것은?

① Sucrose ② Maltose
③ Lactose ④ Gentiobiose

해설
우유의 당은 유당(Lactose)이다.

15 당의 캐러멜화에 대한 설명으로 옳은 것은?

① pH가 알칼리성일 때 잘 일어난다.
② 60℃에서 진한 갈색 물질이 생긴다.
③ 젤리나 잼을 굳게 하는 역할을 한다.
④ 환원당과 아미노산 간에 일어나는 갈색화 반응이다.

해설 캐러멜화의 조건
- pH가 산성일 때보다 알칼리성일 때 잘 일어난다.
- 110℃ 이상의 온도로 가열해야 한다.
- 포도당보다는 설탕이나 과당에서 더 잘 일어난다.

16 지방을 많이 함유하고 있는 식품의 산패를 억제할 수 있는 방법은?

① 금속이온을 첨가한다.
② 수분활성도를 0.9 정도로 높게 유지해 준다.
③ 계면활성제를 첨가한다.
④ 질소 충전을 시키거나 진공상태를 유지한다.

해설
지방을 많이 함유하고 있는 식품은 산소의 존재하에 산패가 일어난다. 이를 방지하기 위해서는 질소 충전, 산소 제거 등의 공정을 통해 산소와의 접촉을 막아준다.

17 메밀전분을 갈아서 만든 액체를 가열하고 난 뒤 냉각하였더니 반고체 상태(묵)가 되었다. 이와 같은 상태를 무엇이라 하는가?

① 졸(Sol) ② 겔(Gel)
③ 검(Gum) ④ 유화액(Emulsion)

해설 콜로이드 상태
- 졸(Sol) : 액체 분산매에 액체 또는 고체의 분산질로 된 콜로이드 상태(우유, 전분액, 된장국, 한천 및 젤라틴을 물을 넣고 가열한 액상)
- 겔(Gel) : 친수 Sol을 가열한 후 냉각시키거나 물을 증발시켜 반고체가 된 상태(한천, 젤라틴, 젤리, 잼, 도토리묵, 삶은 계란)

18 포도껍질의 주요색은 어느 성분인가?

① 안토시아닌(Anthocyanin)
② 플라보노이드(Flavonoid)
③ 클로로필(Chlorophyll)
④ 탄닌(Tannin)

해설
안토시아닌은 자색을 내는 식물성 색소로 pH에 따라 적색(산성) → 자색(중성) → 청색(알칼리성)으로 변색되는 불안정한 색소이다.

19 다음 화합물 중 비타민의 전구체가 아닌 것은?

① 7-dehydrocholesterol
② Carotene
③ Ergosterol
④ Tocopherol

해설 비타민 전구체
비타민으로써의 활성을 가지지는 않지만 화학적 변화를 통해 비타민이 되는 물질
- β-carotene : 비타민 A
- Tryptophan : Niacin
- Ergosterol : 비타민 D_2
- 7-dehydrocholesterol : 비타민 D의 전구체

20 독성이 강해 손소독에 사용할 수 없는 소독제는?

① 승홍
② 알코올
③ 차아염소산나트륨
④ 과산화수소

해설
과산화수소 3% 수용액은 상처 소독과 구내염 치료 등에 주로 이용된다. 독성이 강해 피부에 바로 사용할 경우 물집이나 화상을 일으킬 수 있다.

정답 14 ③ 15 ① 16 ④ 17 ② 18 ① 19 ④ 20 ④

소독제로 사용하는 소독제와 농도
- 석탄산 : 3~5% 수용액
- 승홍수 : 0.1% 수용액
- 알코올 : 70% 수용액
- 차아염소산나트륨 : 200ppm 이하

21 통조림 육제품의 부패현상을 발생시키며, 내열성 포자형성균으로서 통조림 제품의 살균 시 가장 문제가 되는 미생물은?

① 마이크로코커스　② 클로스트리디움
③ 살모넬라　　　　④ 락토바실루스

해설 보툴리눔 식중독
- 원인균 : *Clostridium botulinum*
- 독소 : 단백질성 Neurotoxin(신경 독소)으로 사망률이 50%로 높으나 열에 약하여 100℃에서 10분, 80℃에서 30분이면 파괴된다.
- 그람양성, 포자(곤봉 모양) 형성, 혐기성 간균, 토양·하천·호수·바다 흙·동물의 분변에 존재, A~G형 7종 중 A, B, E형이 사람에게 중독을 일으킨다.
- 잠복기는 보통 12~30시간이며, 주 증상은 구토, 복통, 설사에 이어 신경증상을 보이며 호흡 마비 후 사망에 이른다.
- 원인식품 : 육류 및 통조림, 어류 훈제 등

22 식품위생검사 시 검체의 채취 및 취급에 관한 주의사항으로 틀린 것은?

① 검사대상식품이 불균질할 때는 외관, 보관상태 등을 종합적으로 판단하여 의심스러운 것을 대상으로 검체를 채취할 수 있다.
② 미생물학적 검사를 위한 검체를 소분 채취할 경우 멸균된 기구 및 용기를 사용하여 무균적으로 행해야 한다.
③ 식품위생감시원은 검체 채취 시 당해 검체와 함께 검체 채취내역서를 첨부해야 한다.
④ 저온 유지를 위해 얼음 사용 시 얼음이 직접 닿게 하여 저온 유지 효과를 높인다.

해설 검체의 채취방법
- 검사대상식품 등이 불균질할 때 : 일반적으로 다량의 검체가 필요하나 부득이 소량의 검체를 채취할 경우에는 외관, 보관상태 등을 종합적으로 판단하여 의심스러운 것을 대상으로 채취한다.
- 식품 등의 특성상 침전·부유 등으로 균질하지 않은 제품은 전체를 가능한 한 균일하게 처리한 후 대표성이 있도록 채취하여야 한다.

- 깡통, 병, 상자 등 용기·포장에 넣어 유통되는 식품 등은 가능한 한 개봉하지 않고 그대로 채취한다.
- 대형 용기·포장에 넣은 식품 등은 검사대상 전체를 대표할 수 있는 일부를 채취할 수 있다.
- 냉장 또는 냉동식품을 검체로 채취하는 경우에는 그 상태를 유지하면서 채취하여야 한다.

23 다음 중 단백질식품에서 부패도를 측정하는 지표가 아닌 것은?

① 휘발성 염기질소(VBN)
② 트리메틸아민(TMA)
③ 히스타민
④ 카보닐가

해설
- 유지의 변패를 측정하는 지표 : 과산화물가, TBA가, 카보닐가, 산가
- 단백질의 부패를 측정하는 지표 : 휘발성 염기질소, 히스타민, 트리메틸아민

24 조리사의 법령 준수사항 이행 여부를 확인하고 지도하는 직무를 담당하고 있는 자는?

① 식품위생감시원
② 위생사
③ 식품위생심의위원
④ 자율지도원

해설
- 식품위생감시원의 직무
  - 식품접객업을 하는 자에 대한 위생관리상태 점검
  - 유통 중인 식품 등이 「식품 등의 표시·광고에 관한 법률」에 따른 표시·광고의 기준에 맞지 아니하거나 같은 부당한 표시 또는 광고행위의 금지 규정을 위반한 경우 관할 행정관청에 신고하거나 그에 관한 자료 제공
  - 식품 등에 대한 수거 및 검사 지원
- 식품위생심의위원의 직무
  - 국제식품규격위원회에서 제시한 기준·규격 조사·연구
  - 국제식품규격의 조사·연구에 필요한 외국정부, 관련 소비자단체 및 국제기구와 상호협력
  - 외국의 식품의 기준·규격에 관한 정보 및 자료 등의 조사·연구
- 자율지도원의 직무 : 영업자는 식품의 종류별로 동업자조합을 설립할 수 있으며, 조합은 조합원의 영업시설 개선과 경영에 관한 지도사업 등을 효율적으로 수행하기 위하여 자율지도원을 둘 수 있다.

정답 21 ② 22 ④ 23 ④ 24 ①

25 다음 중 식품의 소비기한에 대한 설명으로 옳지 않은 것은?

① 식품에 표시된 보관조건 준수 시 섭취하여도 건강이나 안전에 이상이 없을 것으로 인정되는 기한을 뜻한다.
② 소비기한의 도입으로 불필요하게 버려지는 음식물쓰레기의 양을 줄일 수 있다.
③ 우유류를 포함한 모든 제품에 표시하여야 한다.
④ 소비자 중심의 표시제도이다.

해설
- 소비기한 표시제는 2023년 1월 1일부터 시행되지만 우유류(냉장보관제품에 한함)는 2031년 1월 1일부터 적용 대상이다. 강화우유, 가공유는 2023년 1월 1일부터 적용한다.
- 기존의 유통기한이 판매가 가능한 기한을 나타내는 '판매자 중심의 표시제도'였다면, 소비기한은 소비가 가능한 기한을 나타낸다는 점에서 '소비자 중심의 표시제도'라 볼 수 있다.
- 유통기한은 식품이 변질을 일으키는 한계기준에서 0.6~0.7(60~70%)의 안전계수를 부여한다면, 소비기한은 0.8~0.9(80~90%)의 안전계수를 부여한다.

26 식품위생검사 중 이화학적 검사항목은?

① 수분함량 분석 ② 잔류농약 검사
③ 세균 검사 ④ 관능 분석

해설 이화학적 검사방법
일반성분, 중금속, 첨가물, 잔류항생물질, 잔류농약 등

27 HACCP에 의한 위해요소의 구분 및 그 종류와 예방대책의 연결로 옳지 않은 것은?

① 생물학적 위해 : E. coli O157 : H7 - 적절한 요리시간과 온도 준수
② 물리적 위해 : 유리 - 이물관리
③ 화학적 위해 : 곰팡이독소 - 환경위생관리 철저
④ 생물학적 위해 : 쥐 - 침입 차단 등의 구서대책 마련

해설
HACCP에서의 화학적 위해요소는 식품 중에 존재하는 유해 화학물질을 포함하며 잔류농약, 중금속, 식품첨가물 등이 포함된다.

28 곰팡이의 분류에 대한 설명으로 옳지 않은 것은?

① 조상균류는 호상균류, 접합균류, 난균류로 분류된다.
② 균사에 격벽이 없는 것을 순정균류, 격벽을 가진 것을 조상균류라 한다.
③ 순정균류는 자낭균류, 담자균류, 불완전균류로 분류된다.
④ 진균류는 조상균류와 순정균류로 분류된다.

해설 곰팡이(진균류)
균사로 영양 섭취와 발육을 하는 호기성 미생물로, 격벽의 유무로 조상균류와 순정균류로 구분된다.
- 조상균류(격벽 없음) : 접합균류, 난균류, 호상균류
- 순정균류(격벽 있음) : 자낭균류, 담자균류, 불완전균류(유성세대가 없음)

29 일반적으로 식품의 초기 부패단계에서 나타나는 현상이 아닌 것은?

① 악취가 발생하며 쓴맛과 신맛이 증가한다.
② 단백질의 분해가 시작되면서 총균수가 감소한다.
③ 액체인 경우 침전, 발포, 응고현상이 나타난다.
④ 퇴색, 변색, 광택 소실을 볼 수 있다.

해설 식품의 초기 부패 평가
- 관능 변화 : 맛(쓴맛, 신맛 등), 냄새(아민, 암모니아, 알코올, 산패취, 인돌 등), 색(갈변, 퇴색, 변색, 광택 소실), 조직감(탄성 감소, 연질화, 점액화 등), 액상(침전, 발포, 응고)의 변화
- 생물학적 검사 : 생균수 측정(신선도 판정 지표) - 1g당 10^5 이하면 신선, 단백질 분해가 시작되면 총균수 증가
- 화학적 검사 : 휘발성 염기질소 측정(30~40mg%), 트리메틸아민 측정(4mg%), pH 측정(pH 6.2), 히스타민 측정(400mg%), K값 측정(60~80%)

30 식품보존법에 대한 설명으로 옳지 않은 것은?

① 10~20% 정도의 소금에 절이는 방법은 염장법이다.
② 감마선을 조사하는 것은 조사살균법이다.
③ 산소 농도를 낮추고 이산화탄소 및 질소 농도를 높여 호흡을 억제시키는 방법은 CA 저장법이다.
④ 나무를 불완전 연소시켜 나온 연기를 식품 속에 침투시켜 미생물을 억제시키는 방법은 당장법이다.

정답 25 ③ 26 ② 27 ③ 28 ② 29 ② 30 ④

해설 훈연법

참나무, 떡갈나무 등을 불완전 연소하여 나온 연기 성분인 알데하이드류, 알코올류, 페놀류, 산류 등 살균 성분을 식품에 침투시켜 저장성을 높이는 방법이다. 가열에 의한 건조효과도 있고 독특한 향미를 부여하며 육류나 어류제품에 사용된다. 침엽수는 수지(Resin)가 많아 나쁜 냄새가 나므로 사용하지 않는다.

31 다음 중 채소매개 기생충이 아닌 것은?

① 동양모양선충 ② 편충
③ 톡소플라즈마 ④ 요충

해설 기생충
- 선충류 : 선 모양. 회충, 십이지장충(구충), 요충, 동양모양선충, 편충, 아니사키스 등
- 엽충류 : 잎사귀 모양. 간흡충, 폐흡충, 요코가와흡충 등
- 조충류 : 마디로 이루어진 촌충. 광절열두조충, 유구조충, 무구조충 등
- 채소매개 기생충 : 회충, 십이지장충, 요충, 동양모양선충, 편충 등
- 수육매개 기생충 : 유구조충, 무구조충, 선모충, 톡소플라즈마 등
- 어패류매개 기생충 : 간흡충, 폐흡충, 요코가와흡충, 광절열두조충, 아니사키스 등

32 각 위생동물과 관련된 식품, 위해와의 연결이 바르지 못한 것은?

① 진드기 : 설탕, 화학조미료 - 진드기뇨증
② 바퀴벌레 : 냉동 건조된 곡류 - 디프테리아
③ 파리 : 조리식품 - 콜레라
④ 쥐 : 저장식품 - 장티푸스

해설

바퀴는 20℃ 이하에서 생육을 못하며 기계적 전파자로 수인성 감염병을 전파한다.

33 식품을 저장할 때 사용되는 식염의 작용기작 중 미생물에 의한 부패를 방지하는 가장 큰 이유로 알맞은 것은?

① 식품용액 중 산소용해도의 감소
② 유해세균의 원형질 분리
③ 식품의 탈수작용
④ 나트륨이온에 의한 살균작용

해설 염장법

10%의 소금을 이용하여 저장하는 방법
- 삼투압에 의해 원형질 분리
- 탈수에 의한 미생물 사멸
- 염소 자체의 살균력
- 용존산소 감소 효과에 따른 화학반응 억제
- 단백질 변성에 의한 효소의 작용 억제 등의 효과
- 건염법은 10~15%, 염수법은 20~25%를 사용하여 채소류나 어류에 이용

34 식품첨가물에서 가공보조제에 대한 설명으로 옳지 않은 것은?

① 기술적 목적을 위해 의도적으로 사용된다.
② 최종 제품 완성 전 분해·제거되어 잔류하지 않거나 비의도적으로 미량 잔류할 수 있다.
③ 식품의 입자가 부착되어 고형화되는 것을 감소시킨다.
④ 살균제, 여과보조제, 이형제는 가공보조제이다.

해설 가공보조제
- 식품의 제조과정에서 기술적 목적을 달성하기 위하여 의도적으로 사용된다.
- 최종 제품 완성 전 분해, 제거되어 잔류하지 않거나 비의도적으로 미량 잔류할 수 있는 식품첨가물을 말한다.
- 식품첨가물의 용도 중 '살균제', '여과보조제', '이형제', '제조용제', '청관제', '추출용제', '효소제'가 가공보조제에 해당한다.
- ※ 식품의 입자 등이 서로 부착되어 고형화되는 것을 감소시키는 식품첨가물은 고결방지제이다.

35 식품가공업소에서 소독 및 살균의 용도로 사용하는 알코올의 농도로 적절한 것은 무엇인가?

① 50% ② 70%
③ 90% ④ 100%

해설

알코올은 일반적으로 70%에서 가장 소독력이 높다.

36 식용색소황색 제4호를 착색료로 사용하여도 되는 식품은?

① 식초 ② 고추장
③ 배추김치 ④ 어육소시지

정답 31 ③ 32 ② 33 ③ 34 ③ 35 ② 36 ④

해설 ▶ 식용색소황색 제4호
과자류, 캔디류, 추잉껌, 빙과류, 빵류, 떡류, 만두, 기타 코코아가공품, 초콜릿류, 기타 잼, 소시지류, 어육소시지, 젓갈류(명란젓) 등에 사용한다.

37 다음 중 효모가 서식할 수 없는 식품은?

① 라면　　　② 김밥
③ 막걸리　　④ 레몬즙

해설 ▶ 효모의 생존 최적 pH는 4.0~8.5이기에 pH가 2~3 정도로 산성인 레몬즙에서는 생존할 수 없다.

38 다음 중 경구감염병의 특징과 거리가 먼 것은?

① 병원균의 독력이 강하다.
② 잠복기가 비교적 길다.
③ 2차 감염이 거의 발생하지 않는다.
④ 집단적으로 발생한다.

해설 ▶ 경구감염병의 특징
• 물, 식품이 감염원으로 운반매체이다.
• 병원균의 독력이 강해서 식품에 소량의 균이 있어도 발병한다.
• 사람에서 사람으로 2차 감염된다.
• 잠복기가 길고 격리가 필요하다.
• 면역이 있는 경우가 많다.
• 지역적·집단적으로 발생한다.
• 환자 발생에 계절이 영향을 미친다.

39 식품을 동결할 때 최대 빙결정 생성대의 일반적인 온도범위로 옳은 것은?

① 0~10℃　　　② -5~-1℃
③ -10~-6℃　　④ -15~-11℃

해설 ▶ 최대 빙결정 생성대
육류와 어류 기준, -5℃에서 전 수분의 80%가량이 얼게 되므로 동결점인 -1℃에서 -5℃ 사이를 최대 빙결정 생성대라고 한다.

40 식품용기의 도금이나 도자기의 유약성분에서 용출되는 성분으로 칼슘과 인의 손실로 골연화증을 초래할 수 있는 금속은 무엇인가?

① 카드뮴　　② 수은
③ 비소　　　④ 납

해설 ▶ 카드뮴(Cd)
• 도자기, 법랑 등에 주로 사용되는 식품포장재로, 도금에서 용출될 가능성이 있다.
• 용출 시 골다공증, 골연화증을 유발할 수 있으며 이를 이타이이타이병이라 한다.

41 식용유지를 그대로 또는 필요에 따라서 소량의 식품첨가물을 가해 가소성, 유화성 등의 가공성을 부여한 고체상 또는 유동상의 유지는 무엇인가?

① 버터　　　② 쇼트닝
③ 라드　　　④ 마요네즈

해설 ▶ 마요네즈(Mayonnaise)
식물유 75%, 식초 10%, 난황 10%, 조미료 3.5%, 향신료 1.5% 등을 혼합하여 수중유적형으로 유화한 제품(난황이 유화제 작용)

42 다음 중 잼 제조 시 겔(Gel)화의 조건으로 적절한 것은?

① pH 4.0
② 당도 70~75%
③ 산도 5.0%
④ 펙틴 1~1.5%

해설 ▶ 젤리화
과실 중 펙틴(1~1.5%), 유기산(0.3%, pH 2.8~3.3), 당(60~65%)에 의해 형성

43 김치의 숙성에 관여하지 않는 미생물은?

① *Lactobacillus plantarum*
② *Leuconostoc mesenteroides*
③ *Aspergillus oryzae*
④ *Lactobacillus brevis*

해설 ▶ 김치 발효
• 발효 초기 : *Leuconostoc mesenteroides*, 젖산, 탄산가스(CO_2)에 의해 산성화하여 호기성 세균 억제
• 발효 후기 : *Lactiplantibacillus plantarum*, *Levilactobacillus brevis*, 내산성
  ※ *Lactobacillus plantarum*에서 *Lactiplantibacillus plantarum*으로, *Lactobacillus brevis*에서 *Levilactobacillus brevis*로 학명 변경됨
• 발효온도가 낮을수록, 식염농도가 높을수록 *Lactiplantibacillus* 속, *Levilactobacillus* 속, *Pediococcus* 속 증식 유리

🔒 정답　37 ④　38 ③　39 ②　40 ①　41 ②　42 ④　43 ③

44 과즙의 청징을 위해 사용하는 것으로 옳지 않은 것은?

① 펙틴
② 젤라틴
③ 카세인
④ 건조난백

해설
과실주스의 경우 펙틴, 단백질 섬유소 등으로 인한 부유물질이 생성되어 주스를 탁하게 만든다. 이를 제거하기 위해서 난백, 카세인, 젤라틴, 효소법 등을 이용하여 혼탁물질을 제거한다.

45 햄이나 베이컨을 만들 때 염지액 처리 시 첨가되는 질산염과 아질산염의 기능으로 가장 적합한 것은?

① 수율 증진
② 멸균작용
③ 독특한 향기의 생성
④ 고기색의 고정

해설 가공육의 색 고정화
햄, 베이컨과 같이 발색제인 아질산염을 처리하면 안정한 형태의 Nitrosomyoglobin을 형성하여 가열조리 시 선홍색을 유지하는 것을 말한다.

46 식품성분의 초임계 유체 추출에 주로 사용되는 물질은?

① 산소
② 이산화탄소
③ 질소
④ 암모니아

해설 초임계 유체 추출
- 유기용매 대신 초임계가스를 용매로 사용
- 초임계 유체는 기체상과 액체상이 공존하는 임계 부근의 유체
- 기체 성질로 침투율과 추출효율이 높고 액체 밀도가 높아 용해도 증가
- 에탄, 프로판, 에틸렌, 이산화탄소 등 이용

47 다음 중 충격형 분쇄기로만 짝지어진 것은?

① 해머밀(Hammer mill), 플레이트밀(Plate mill)
② 해머밀(Hammer mill), 핀밀(Pin mill)
③ 롤밀(Roll mill), 플레이트밀(Plate mill)
④ 롤밀(Roll mill), 핀밀(Pin mill)

해설 분쇄기 종류
- 해머밀(Hammer mill) : 회전축에 해머가 장착되어 분쇄, 막대, 칼날, T자형 해머 등(임팩트밀, 다목적밀, 설탕, 식염, 곡류, 마른 채소, 옥수수 전분 등에 사용)
- 볼밀(Ball mill) : 회전 원통 속에 금속, 돌 등과 원료를 함께 회전하여 분쇄(곡류, 향신료 등 수분 3~4% 이하 재료에 적당)
- 핀밀(Pin mill) : 고정판과 회전원판 사이에 막대모양 핀이 있어 고속 회전으로 분쇄(설탕, 전분, 곡류 등의 건식과 콩, 감자, 고구마의 습식이 있음)
- 롤밀(Roll mill) : 2개의 회전 금속 롤 사이에 원료를 넣어 분쇄(밀가루·옥수수·쌀가루 제분에 이용)
- 디스크밀(Disc mill) : 홈이 파여 있는 두 개의 원판 사이에 원료를 넣어 분쇄(옥수수, 쌀의 분쇄에 이용)
- 습식분쇄 : 고구마, 감자의 녹말 제조, 과일, 채소의 분쇄, 생선이나 육류 가공 시 이용(맷돌, 절구나 고기를 가는 Chopper 등)
- 힘에 의한 분쇄기의 종류
  - 충격형 분쇄기 : 해머밀, 볼밀, 핀밀
  - 전단형 분쇄기 : 디스크밀, 버밀
  - 압축형 분쇄기 : 롤밀

48 다음 중 분쇄의 목적이 아닌 것은?

① 혼합능력 개선
② 유용 성분의 추출 용이
③ 흡수성의 안정화
④ 건조, 추출, 용해 능력 향상

49 식품의 분쇄기 선정 시 고려할 사항이 아닌 것은?

① 원료의 경도와 마모성
② 원료의 미생물학적 안전성
③ 원료의 열에 대한 안정성
④ 원료의 구조

해설 분쇄
- 고체 원료를 충격력, 압축력, 전단력을 이용해 작게 만드는 공정
- 유효 성분의 추출효율 증대
- 건조, 추출, 용해력 향상
- 혼합능력과 가공효율 증대
- 원료의 경도와 마모성, 열에 대한 안정성, 원료의 구조, 수분함량 등을 고려하여 분쇄기 선정

정답 44 ① 45 ④ 46 ② 47 ② 48 ③ 49 ②

50 우유에 70% Ethyl alcohol을 첨가하여 수초간 혼합 후 그에 따른 응고물 생성 여부를 통해 알 수 있는 것은 무엇인가?

① 신선도 ② 산도
③ 지방량 ④ Lactase 유무

해설 우유의 신선도 측정
- Resazurin reduction test : 세균의 환원성으로 시약의 색이 청색 → 홍색 → 무색으로 변함
- Methylene blue reduction test : 세균의 환원성으로 시약의 색이 청색 → 무색으로 변하는 시간이 짧을수록 균이 많다는 의미이며 37℃, 8시간 이상이면 1등급, 6시간 이내이면 3등급
- 자비 test : 우유를 가열 시 미생물, 산도가 0.25% 이상 높으면 카세인이 응결 침전
- 70% Ethyl alcohol test : 알코올 처리 시 산도가 높으면 탈수에 의한 카세인 응고물 형성

51 습식 세척방법에 해당하는 것은?

① 분무세척 ② 풍력세척
③ 자석세척 ④ 마찰세척

해설 습식 세척
- 원료의 먼지, 토양 농약 제거에 이용
- 건조세척보다 효과적이며 손상은 감소하나 비용이 많이 들고 수분으로 부패 용이
- 침지세척(Soaking cleaning) : 물에 담가 오염물질 제거, 분무세척 전처리로 이용
- 분무세척(Spray cleaning) : 컨베이어 위 원료에 물을 뿌려 세척
- 부유세척(Flotation cleaning) : 밀도와 부력 차이로 세척, 상승류에 밀려 이물질 제거(완두콩, 강낭콩 등)

52 다음 중 수직 스크루혼합기의 용도로 가장 적합한 것은?

① 고체분말과 소량의 액체를 혼합해 반죽상태로 만든다.
② 점도가 매우 높은 물체를 골고루 섞어준다.
③ 서로가 섞이지 않는 두 액체를 균일하게 분산시킨다.
④ 많은 양의 고체에 소량의 다른 고체를 효과적으로 혼합시킨다.

해설 혼합
2가지 이상의 다른 원료를 섞어 균일한 물질을 얻는 것

- 고체 혼합
  - 유사한 크기, 밀도, 모양을 가진 것이 잘 혼합됨
  - 크기 차이가 75μm 이상이면 혼합이 안 되고 쉽게 분리되며 10μm 이하이면 잘 혼합됨
- 액체 혼합
  - 교반은 액체 간, 액체와 고체 간, 액체와 기체 간 혼합, 유화는 섞이지 않는 두 액체의 혼합
  - 점도가 큰 액체의 혼합에는 큰 동력 필요
  - 아이스크림 제조, 밀가루 반죽, 음료 제조, 초콜릿 제조 등에 교반기 이용
- 고체-고체 혼합기
  - 고체 간 혼합에는 회전이나 뒤집기 이용
  - 텀블러(곡류), 리본 혼합기(라면수프), 스크루혼합기 등
- 고체-액체 혼합기(반죽 교반기)
  - S자형 반죽기 제과 제빵용 밀가루 반죽에 이용
  - 페달형 팬 혼합기는 계란, 크림, 쇼트닝 등 과자 원료 혼합에 이용
- 액체-액체 혼합기
  - 용기 속 임펠러로 액체를 혼합(패들 교반기, 터빈 교반기, 프로펠러 교반기 등)
  - 혼합효과를 높이기 위해 방해판 설치, 경사 등 이용

53 전분의 노화에 대한 설명으로 옳은 것은?

① 냉장온도보다 실온에서 노화가 잘 일어난다.
② 수분함량이 30~60%일 때 잘 일어난다.
③ 아밀로오스(Amylose)의 함량이 적을수록 잘 일어난다.
④ 밀과 같은 곡류전분보다 감자나 고구마 전분이 노화가 잘 일어난다.

해설 호화와 노화
- 호화와 노화의 조건

구분	호화	노화
수분	함량이 높을수록	30~60%
온도	높을수록	0℃ 전후
pH	알칼리성	산성
전분종류	Amylose가 많을수록	

- 감자, 고구마 등 서류전분은 노화되기 어려우나 쌀, 옥수수 등 곡류전분은 노화되기 쉽다.

54 연제품 제조 시 탄력 보강제 및 증량제로서 첨가하는 것은?

① 유기산 ② 베이킹파우더
③ 전분 ④ 설탕

정답 50 ① 51 ① 52 ④ 53 ② 54 ③

해설 ▶ 연제품의 탄력 형성 요인
- 원료어육 : 단백질 함량이 높은 백색 어육이 좋다.
- 소금 : 2~3%의 소금 첨가는 염용성 단백질이 용출되어 겔이 형성될 수 있도록 돕는다.
- pH : 6.5~7.5에서 가장 탄력 있는 겔이 형성된다.
- 가열조건 : 가열온도가 높고 속도가 빠를수록 겔 형성이 강해진다.
- 첨가물
  - 달걀흰자 : 탄력 보강 및 광택
  - 지방 : 맛의 개선이나 증량
  - 전분 : 탄력 보강 및 증량제
  - 아스코르브산 : 색택 향상
  - 중합 인산염 : 단백질의 용해를 도와 탄력 보강

55 벼 200kg에서 정미 170kg, 왕겨17kg, 겨층 13kg이 나왔다면 도정률은 약 얼마인가?

① 90% ② 93%
③ 96% ④ 99%

해설 ▶ 도정률
현미중량에 대한 백미의 중량비
$$= \frac{\text{현미 무게} - \text{겨층 무게}}{\text{현미 무게}} \times 100$$
여기서, 현미 무게 : 벼에서 왕겨층을 제거한 무게
$$= \frac{183-13}{183} \times 100 = 92.8961 \cdots ≒ 93\%$$

56 복숭아, 배, 사과 등 과실류의 주된 향기성분은?

① 에스테르류 ② 피롤류
③ 테르펜화합물 ④ 황화합류

해설 ▶ 향기성분
- 식물성 향기성분
  - 에스테르(에스터)류 : 과일류의 향기성분
  - 황화합물 : 무, 마늘, 고추냉이 등의 향기성분
  - 테르펜화합물 : 오렌지, 레몬, 박하 등의 향기성분
- 동물성 향기성분
  - 암모니아 및 아민류 : 어류 및 육류의 부패취
  - 카보닐화합물 : 우유, 버터, 치즈의 향기성분
- 가공 중 발생하는 향기성분
  - 피롤류 : 마이야르반응 시 발생하는 휘발성 향기성분

57 다음 크림 중 유지방 함량이 가장 많은 것은?

① 포말크림 ② 플라스틱크림
③ 커피크림 ④ 발효크림

해설 ▶ 유지방함량
플라스틱크림(80~81%) > 포말크림(30~40%) > 커피크림(18~22%) > 발효크림(18~20%)

58 주 용도가 두부응고제가 아닌 것은?

① 글루코노-δ-락톤 ② 알루미늄인산나트륨
③ 황산마그네슘 ④ 조제해수염화마그네슘

해설
알루미늄인산나트륨은 밀가루 개량제, 유화제, 산제, 표백제, 발효 조성제로 이용한다.

두부응고제
- 간수 : 염화마그네슘($MgCl_2$), 황산마그네슘($MgSO_4$)
- 황산칼슘 응고제 : 응고반응이 염화물에 비해 느려 보수성, 탄력성이 좋은 두부 생산
- 염화칼슘 응고제 : 칼슘 첨가로 영양 보강, 응고작용 좋음
- Glucono-δ-lactone(GDL ; Glucono Delta Lactone) 응고제 : 연두부나 순두부 또는 보다 부드러운 두부를 만들 때 사용, 과거 산미료로 사용하였으며 과량 사용 시 신맛이 난다.

59 농축공정 시 용액의 농축효과를 저해시킬 수 있는 요인이 아닌 것은?

① 압력의 감소 ② 끓는점 상승
③ 점도의 증가 ④ 거품의 생성

해설
농축의 효과를 증대시키는 요인 : 가열, 감압, 통풍, 냉동, 분무

60 코지(Koji)에 대한 설명으로 옳지 않은 것은?

① 코지는 쌀, 보리, 콩 등의 곡류에 누룩곰팡이(Aspergillus oryzae)균을 번식시킨 것이다.
② 원료에 따라 쌀코지, 보리코지, 밀코지, 콩코지 등으로 나눌 수 있다.
③ 코지는 전분 당화력, 단백질 분해력이 강하다.
④ 코지 제조에 있어 코지실의 최적 온도는 15~20℃ 정도이다.

해설 ▶ 코지(Koji)
- 쌀, 보리, 대두 혹은 밀기울을 원료로 코지균(Aspergillus 속)을 26℃ 전후에서 호기적 배양한 것으로 재래식·양조식 간장 제조에 사용된다.
- 코지 중 Amylase, Protease 등 효소가 전분 또는 단백질을 분해한다.

정답 55 ② 56 ① 57 ② 58 ② 59 ① 60 ④

2025년 기출복원문제

01 복숭아, 배, 사과 등 과실류의 주된 향기성분은?

① 에스테르류 ② 피롤류
③ 테르펜화합물 ④ 황화합물

해설 향기성분
- 식물성 향기성분
  - 에스테르(에스터)류 : 과일류의 향기성분
  - 황화합물 : 무, 마늘, 고추냉이 등의 향기성분
  - 테르펜화합물 : 오렌지, 레몬, 박하 등의 향기성분
- 동물성 향기성분
  - 암모니아 및 아민류 : 어류 및 육류의 부패취
  - 카보닐화합물 : 우유, 버터, 치즈의 향기성분
- 가공 중 발생하는 향기성분
  - 피롤류 : 마이야르반응 시 발생하는 휘발성 향기성분

02 다음 중 식품의 수분활성도(Water Activity, A_w)에 대한 설명으로 옳지 않은 것은?

① 수분활성도가 낮을수록 미생물의 증식이 억제된다.
② 수분활성도는 식품 내의 자유수(Free water)와 관련이 있다.
③ 수분활성도는 식품의 총 수분함량과 동일한 개념이다.
④ 수분활성도는 0에서 1 사이의 값을 가진다.

해설
수분활성도는 식품 내에서 미생물이 이용할 수 있는 자유수의 정도를 나타내며, 총 수분함량과는 동일한 개념이 아니다. 총 수분함량은 결합수와 자유수를 모두 포함하지만, 수분활성도는 자유수의 비율을 나타낸다.

03 식품의 색에 영향을 미치는 색소 중 클로로필에 대한 설명으로 가장 적절한 것은?

① 산성 조건에서 안정하며 초록색을 유지한다.
② 엽록체에서 발견되며 중심에는 철 이온이 결합되어 있다.
③ 산성에서 퇴색되며, 피롤 고리가 분해되어 노란색으로 변한다.
④ 중심에 마그네슘 이온이 결합되어 있으며, 알칼리성에서 안정하다.

해설 클로로필(Chlorophyll)
- 식물의 엽록체에 존재하는 녹색 색소로, 중심에는 Mg^{2+}(마그네슘 이온)가 결합되어 있다.
- 산성에서는 Mg^{2+}가 빠져나가면서 클로로필이 퇴색(갈변 또는 올리브색)되며, 이를 페오피틴(Pheophytin)이라 한다.
- 알칼리성에서는 안정하게 유지되므로, 일부 채소 가공 시 pH 조절로 녹색을 유지한다.
- 피롤 고리가 깨지는 것은 과산화나 심한 가열 등에서 발생하며, 주로 색소 손실과 관련 있다

04 다음 중 감귤 껍질에 존재하여 쓴맛을 유발하는 주요 성분은 무엇인가?

① 라이코펜 ② 나린진
③ 베타카로틴 ④ 아스파탐

해설
① 라이코펜 : 토마토의 붉은 색소
② 나린진(Naringin) : 감귤류, 특히 자몽의 껍질에 많이 존재하는 플라보노이드 배당체로, 특유의 쓴맛을 유발한다.
③ 베타카로틴 : 당근에 풍부한 색소
④ 아스파탐 : 인공감미료

05 다음 중 식품과 독성 성분의 연결이 옳은 것은?

① 청매 – 아미그달린 ② 감자 – 시안 배당체
③ 복어 – 솔라닌 ④ 독버섯 – 베네루핀

해설
청매(덜 익은 매실)의 씨에는 아미그달린(Amygdalin)이라는 시안 배당체가 포함되어 있다. 아미그달린은 체내에서 효소에 의해 청산(HCN)으로 분해되어 맹독성을 띤다. 감자의 독성분은 솔라닌이고, 복어의 독성분은 테트로도톡신이며, 베네루핀은 모시조개의 독성분이다.

정답 01 ① 02 ③ 03 ④ 04 ② 05 ①

06 전분을 산으로 가수분해할 때 나타나는 현상은?

① 호정화
② 호화
③ 노화
④ 겔화

해설
① 호정화 : 전분을 산으로 가수분해하여 물에 녹는 형태로 바뀌는 초기 변화
② 호화 : 전분이 물과 열에 의해 팽윤되어 점성이 생기는 현상(밥, 죽 등)
③ 노화 : 밥처럼 식은 전분이 딱딱해지는 현상
④ 겔화 : 젤리처럼 고형물 구조를 형성하는 것

07 식품의 텍스처(Texture)에 해당하는 것은?

① 색깔
② 맛
③ 냄새
④ 질감

해설 텍스처(Texture)
식품을 먹을 때 느끼는 물리적 감각으로, 씹힘성, 끈기, 부드러움 등을 의미하며, 맛, 냄새, 색은 각각 미각, 후각, 시각에 해당한다.

08 다음 중 단백질의 이소전점(pI)에 대한 설명으로 옳지 않은 것은?

① 이소전점은 단백질의 전하가 0이 되는 pH이다.
② 이소전점에서는 단백질의 용해도가 가장 크다.
③ 이소전점에서 단백질은 전기장에서 이동하지 않는다.
④ 단백질마다 이소전점의 값은 아미노산 조성에 따라 다르다.

해설
이소전점(pI)은 단백질이 양전하와 음전하의 총합이 0이 되는 pH로, 이 상태에서는 전하를 띠지 않아 서로 뭉치기 쉬우며, 용해도가 오히려 가장 낮다. 전기영동에서는 이 pH에서 이동하지 않고 정지하게 된다.

09 다음 중 지방산의 포화와 불포화에 대한 설명으로 옳은 것은?

① 포화지방산은 이중결합이 존재하며 산패가 잘 일어난다.
② 불포화지방산은 탄소 사이에 이중결합이 없어 안정적이다.
③ 포화지방산은 실온에서 대개 고체이고, 불포화지방산은 액체 상태인 경우가 많다.
④ 불포화지방산은 동물성 지방에 많이 존재한다.

해설
포화지방산은 이중결합이 없으며, 구조가 직선형이라 분자 간 결합이 강해 실온에서 고체인 경우가 많다(버터 등). 반면, 불포화지방산은 이중결합이 있어 구조가 꺾여 있고, 분자 간 인력이 약해져서 액체(식물성 기름 등)로 존재한다.

10 비타민 C가 풍부한 식품은?

① 시금치
② 감귤
③ 사과
④ 고구마

해설
비타민 C는 감귤, 오렌지, 키위와 같은 과일에 풍부하게 들어 있다. 이 비타민은 항산화 효과가 뛰어나며, 면역력을 높여주고 콜라겐 형성에 필수적이다.

① 시금치 : 비타민 C도 있지만, 상대적으로 다른 과일에 비해 적다.
④ 고구마 : 주로 비타민 A(베타카로틴)가 풍부하다.

11 다음 중 당질의 환원성에 대한 설명으로 가장 적절한 것은?

① 자당(Sucrose)은 환원당이다.
② 포도당, 과당, 젖당은 모두 환원당이다.
③ 환원당은 산화되어 수소를 공급하는 물질이다.
④ 환원당은 무조건 이당류만 해당된다.

해설
환원당은 자유로운 알데하이드기 또는 케톤기를 가진 당을 의미한다. 포도당, 과당, 젖당은 이러한 구조를 가지고 있어 환원성을 나타내며, 자당(설탕)은 알데하이드기와 케톤기가 모두 결합되어 있어 환원성이 없다.

12 감자에서 갈변 현상 예방을 위한 방법은?

① 고온에서 보관
② 산성화 처리
③ 미지근한 물에 담기
④ 밀폐 보관

해설
감자는 폴리페놀옥시다아제(PPO) 효소의 활성으로 갈변 현상이 발생하는데, 이를 방지하기 위해서는 산성화가 효과적이다. 산성 환경에서는 효소 활성이 억제되어 갈변이 덜 발생한다.

정답 06 ① 07 ④ 08 ② 09 ③ 10 ② 11 ② 12 ②

① 고온 보관은 오히려 효소를 활성화시킬 수 있으므로, 갈변 예방에 적합하지 않다.
③ 미지근한 물에 담그는 단기적으로는 효과가 있을 수 있지만, 장기적인 해결책은 아니다.

13 산패가 일어날 때 발생하는 주요 화합물은?

① 과산화물 ② 아세트산
③ 구연산   ④ 페놀

해설
산패는 주로 지방의 산화 반응으로 일어나며, 이때 과산화물(Peroxide)이 형성된다. 과산화물은 부패성 냄새를 유발하며, 이는 식품의 품질 저하를 일으킨다.

② 아세트산 : 산패가 아닌 발효 과정에서 발생하는 물질이다.
③ 구연산 : 주로 산성도 조절에 사용된다.

14 비타민 C에 대한 설명 중 틀린 것은?

① 수용성 비타민이며, 항산화 작용을 한다.
② 열과 공기, 금속 이온에 의해 쉽게 파괴된다.
③ 콜라겐 합성에 필수적이다.
④ 지용성 비타민으로 체내 저장이 잘 된다.

해설
비타민 C(아스코르빈산)는 수용성 비타민으로, 콜라겐 합성과 면역기능에 관여하는 필수 영양소이다. 체내에 잘 저장되지 않기 때문에 매일 섭취가 필요하며, 열이나 금속 이온, 산소에 약해 조리 시 손실이 크다.

15 식품에 고온 멸균이 필요 없는 이유는?

① 영양소 손실이 발생할 수 있기 때문
② 맛이 변할 수 있기 때문
③ 색상 변화가 생기기 때문
④ 품질이 떨어질 수 있기 때문

해설
고온 멸균은 비타민과 미네랄 같은 영양소를 파괴할 수 있어 가능한 한 저온 살균이나 단시간 처리로 대체하려는 경우가 많다.

16 식품에 포함된 아미노산의 역할은?

① 에너지 저장
② 체내 효소 활성화
③ 식물 성장 촉진
④ 색소 생성

해설
아미노산은 체내에서 효소, 호르몬, 면역체계 단백질 등을 구성하는 기초 물질이다. 특히 효소의 활성화와 단백질 합성에 매우 중요하다.

17 다음 중 단백질의 변성에 대한 설명으로 옳지 않은 것은?

① 고온, 산, 알코올 등에 의해 변성이 일어날 수 있다.
② 변성은 1차 구조의 변화로 기능을 상실하게 만든다.
③ 단백질의 변성은 효소 활성의 상실로 이어질 수 있다.
④ 변성된 단백질은 원상태로 복귀하기 어렵다.

해설
변성은 단백질의 2차, 3차, 4차 구조에 영향을 주며, 1차 구조(아미노산 서열)는 변하지 않는다. 즉, 고온이나 산에 의해 단백질이 접힌 구조를 잃고 펴지며 기능을 잃게 된다.

18 다음 중 산가(Acid Value)에 대한 설명으로 가장 적절한 것은?

① 유지의 물리적 점도를 나타내는 값이다.
② 유지가 산화될수록 산가는 감소한다.
③ 유지 중 자유 지방산의 양을 나타내는 지표이다.
④ 유지의 경도를 측정하기 위한 기준이다.

해설 산가(Acid Value)
- 유지 1g에 들어 있는 자유 지방산을 중화하는 데 필요한 KOH mg 수를 의미한다. 즉, 유지가 분해되면서 생긴 유리지방산의 정도를 나타내는 신선도의 지표이다.
- 산가는 높을수록 유지의 분해가 많이 진행되었고, 맛, 냄새, 안전성에 문제가 있을 수 있음을 의미한다. 즉, 신선한 유지일수록 산가는 낮다. 이와 반대로 요오드가는 불포화도, 비누가는 지방의 평균 분자량을 나타낸다.

정답 13 ① 14 ④ 15 ① 16 ② 17 ② 18 ③

19 다음 중 전분의 노화(Retrogradation)에 대한 설명으로 올바른 것은?

① 가열로 인해 전분이 점성을 띠고 팽윤하는 현상이다.
② 냉각 중 아밀로오스 분자가 재배열되어 겔이 단단해지는 현상이다.
③ 전분이 물에 녹아 투명한 상태로 유지되는 현상이다.
④ 산에 의해 전분이 분해되어 단맛을 내는 현상이다.

해설 전분의 노화(Retrogradation)
- 호화된 전분이 냉각 또는 저장되는 동안 아밀로오스와 일부 아밀로펙틴이 다시 결합하여 재정렬되면서 겔 상태가 단단해지는 현상이다. 이로 인해 식감이 퍽퍽해지고, 수분이 빠져나와 이수(Syneresis)가 발생한다.
- 대표적으로 밥이나 빵이 식으면서 굳는 현상이다.
- 호화는 팽윤과 점성 증가, 노화는 냉각 후 구조가 재정렬되는 별개의 현상이다.

20 식품에 포함된 비타민 A에 대한 설명으로 옳은 것은?

① 비타민 A는 수용성 비타민으로, 과다 섭취 시 체내에 축적되지 않는다.
② 비타민 A는 시각 기능에 중요한 역할을 하며, 주로 당근, 시금치 등에 포함된다.
③ 비타민 A는 생리적 반응에 필수적이지 않다.
④ 비타민 A는 열에 매우 강한 성질을 가지고 있으며, 쉽게 파괴되지 않는다.

해설 비타민 A
- 지용성 비타민으로, 주로 시각 기능, 면역 기능, 세포 성장에 중요한 역할을 하며, 당근, 시금치, 오렌지색·녹색 채소에 많이 포함되어 있다.
- 과다 섭취 시 체내에 축적되어 독성을 일으킬 수 있으며, 열에 약한 성질을 가지고 있어 조리 과정에서 파괴될 수 있다.

21 인수공통감염병에 대한 설명 중 틀린 것은?

① 질병의 원인은 모두 세균이다.
② 원인 세균 중에는 포자(Spore)를 형성하는 세균도 있다.
③ 생균을 예방수단으로 쓰기도 한다.
④ 접촉감염, 경구감염 등이 있다.

해설
인수공통감염병(Zoonosis)은 동물과 사람 사이에서 전파되는 감염병을 말하며, 원인은 꼭 세균만이 아니라, 바이러스, 기생충, 곰팡이 등 다양한 병원체가 포함된다.

22 다음 중 장구균(Enterococcus)에 대한 설명으로 틀린 것은 무엇인가?

① 장구균은 그람양성균이며, 쌍구균 형태를 띤다.
② 장구균은 사람의 장내 정상 세균총 중 하나이다.
③ 장구균은 주로 바이러스성 장염을 일으킨다.
④ 일부 장구균은 반코마이신에 대한 내성을 보이기도 한다.

해설
장구균은 세균으로, 바이러스성 장염은 로타바이러스, 노로바이러스 등이 원인이다.

23 파리에 대한 설명으로 옳지 않은 것은?

① 파리는 병원성 미생물을 기계적으로 전파할 수 있다.
② 파리는 주로 오염된 음식물이나 배설물 등에 모여들기 때문에 위생적 위험이 있다.
③ 파리는 사람의 피부에 기생하며 질병을 전파한다.
④ 파리는 장티푸스, 이질, 콜레라 등의 전염병을 매개할 수 있다.

해설
파리는 기생곤충이 아니며, 피부에 기생하지 않는다. 사람의 피부에 기생하여 질병을 전파하는 것은 진드기, 벼룩 등의 특징이다.

24 결핵균의 학명으로 올바른 것은?

① *Escherichia coli*
② *Mycobacterium tuberculosis*
③ *Salmonella typhi*
④ *Staphylococcus aureus*

해설
*Mycobacterium tuberculosis*는 결핵균의 정식 학명이다.

① *Escherichia coli* : 장내 세균(대장균)
③ *Salmonella typhi* : 장티푸스균
④ *Staphylococcus aureus* : 식중독 유발균

정답 19 ② 20 ② 21 ① 22 ③ 23 ③ 24 ②

25 대장균을 측정하는 정성시험에 해당하지 않는 것은?

① 페놀레드 발효시험
② 메틸레드 시험
③ 보글스-프로스카우어 시험
④ 시트르산 이용능 시험

해설
시트르산 이용능은 Enterobacter와 같은 기타 장내 세균 감별 시 사용하는 시험 방법이다.

26 식품 매개 감염병의 예방 대책과 거리가 먼 것은?

① 수돗물을 1시간 이상 받아놓고 사용한다.
② 음식물을 충분히 가열하여 섭취한다.
③ 손씻기를 철저히 한다.
④ 조리 기구를 소독하여 사용한다.

해설
받아놓은 수돗물은 공기 중의 먼지, 세균 등 2차 오염 위험이 있으므로 흐르는 수돗물을 즉시 사용하는 것이 안전하다. 가열조리, 손씻기, 도구 소독 등은 일반적인 식품위생 수칙에 해당한다.

27 손에 염증이 있을 때 식품 조리 시 취해야 할 조치는?

① 맨손으로 조리한다.
② 손을 씻지 않고 조리한다.
③ 고무장갑을 착용하고 조리한다.
④ 조리를 계속한다.

해설
손에 상처나 염증이 있는 상태로 식품을 직접 다루면 식중독균, 병원균이 식품에 오염될 수 있으므로 고무장갑 착용은 필수이며, 맨손 조리는 불가하고 손씻기만으로는 충분치 않다.

28 HACCP 시스템의 첫 번째 단계는?

① 중요관리점(CCP) 결정
② 모니터링 체계 확립
③ 위해요소 분석
④ 한계기준 설정

해설
HACCP의 7원칙 중 첫 번째는 위해요소 분석(Hazard Analysis)이다. 위해요소 분석은 생물학적(세균), 화학적(농약), 물리적(이물질) 위험을 미리 파악하는 것이다.

29 다음 중 식중독의 특징이 아닌 것은?

① 여름철에 발병률이 높다.
② 세균성 식중독은 주로 급성감염을 일으킨다.
③ 화학적 식중독은 발병률은 낮지만 치사율이 높다.
④ 병원성 식중독균은 주로 저온성 균이다.

해설
- 식중독을 일으키는 식중독균은 주로 중온균이 많기 때문에 기온이 올라가는 여름철에 발병률이 높아진다.
- 세균성 식중독은 잠복기가 짧아 주로 급성감염을 일으키지만 치사율이 낮고, 화학적 식중독은 장기간 체내에 축적된 후 만성감염을 일으키기에 발병률은 낮지만 치사율이 높다.

30 이 균은 주로 소, 돼지의 장관에 존재하며, 육류나 오염된 물을 통해 감염된다. 극소량으로도 출혈성 장염이나 용혈성 요독 증후군(HUS)을 일으킬 수 있다. 가열에 약하며, 특히 어린이에게 치명적이다. 이 균은 무엇인가?

① 살모넬라
② 장출혈성 대장균(O157 : H7)
③ 황색포도상구균
④ 리스테리아

해설 장출혈성 대장균
- O157 : H7형으로 잘 알려져 있으며, 출혈성 대장염, 용혈성 요독 증후군을 유발할 수 있다.
- 소고기 분쇄육 등에서 주로 발생하며 철저한 가열이 예방의 핵심이다.

31 다음 중 노로바이러스 식중독에 대한 설명으로 옳지 않은 것은?

① 감염력이 매우 높고 소량으로도 감염될 수 있다.
② 감염 후 구토, 설사, 복통 등의 증상을 유발한다.
③ 바이러스는 열에 약하여 40℃ 이상에서 사멸된다.
④ 겨울철에 주로 발생하며 급식소에서 집단감염이 흔하다.

정답 25 ④ 26 ① 27 ③ 28 ③ 29 ④ 30 ② 31 ③

해설
노로바이러스는 겨울철 학교나 병원 급식에서 자주 발생하는 대표적인 바이러스성 식중독으로, 섭씨 85℃ 이상에서 1분 이상 가열해야 사멸한다. 40℃는 너무 낮아 효과가 없다.

32 다음 중 식품취급자의 위생관리 수칙으로 가장 적절한 것은?

① 손에 상처가 있어도 장갑만 끼면 식품 조리가 가능하다.
② 손씻기는 식사 전이나 화장실 이용 후에만 하면 된다.
③ 설사 증상이 있어도 마스크를 착용하면 조리에 참여할 수 있다.
④ 식품을 다루기 전에는 반드시 손을 깨끗이 씻어야 한다.

해설
식품취급자는 조리 전, 조리 중, 조리 후 수시로 손을 씻어야 하며, 상처나 감염 증상이 있을 경우 조리를 중단해야 한다. 이는 식중독 예방을 위한 기본 위생 수칙이다.

33 다음 중 식품의 산화를 방지하기 위해 사용되는 항산화제가 아닌 것은?

① 아스코르빈산 ② 토코페롤
③ BHA ④ 글루탐산

해설
글루탐산은 감미료로 사용되며, 항산화제로 사용되지 않는 반면, 아스코르빈산, 토코페롤, BHA는 항산화제로 사용된다.

34 다음 중 식품의 위생적 취급을 위한 작업장 관리에 해당하지 않는 것은?

① 정기적인 청소
② 해충 방제
③ 작업장 내 애완동물 허용
④ 적절한 환기

해설
식품의 위생적 취급을 위해서는 청결, 방충, 환기 같은 위생적 환경 유지가 필수인 반면, 작업장 내 애완동물 허용은 위생과 안전 측면에서 가장 큰 위반사항으로 간주된다.

35 다음 중 식품의 pH 조절제로 사용되는 것은?

① 소르빈산 ② 구연산
③ 질산나트륨 ④ 아질산나트륨

해설
구연산은 산성 식품의 산도 조절, 금속 이온 킬레이트, 방부 작용 등 다양한 기능이 있다.

① 소르빈산 : 보존료
③, ④ 질산나트륨, 아질산나트륨 : 발색제, 방부제(가공육 등)

36 식품에 대한 해산물의 주요 독소는?

① 테트로도톡신
② 아마르탄
③ 니코틴
④ 시아노겐 배당체

해설
해산물에서 테트로도톡신(Tetrodotoxin)은 복어와 같은 해양 생물에서 발견되는 독소이다. 이 독소는 신경을 마비시키는 특성이 있어 인체에 매우 위험하다.

② 아마르탄 : 식품에서 자주 등장하지 않으며 주로 독버섯에서 나타나는 성분이다.
④ 시아노겐 배당체 : 아미그달린 같은 성분으로 일부 식물에서 발견되며, 청산가스를 방출하는 독소로 위험할 수 있다.

37 식품에 오염될 수 있는 병원성 미생물에 대한 설명 중 살모넬라균에 대한 설명으로 옳은 것은?

① 고온에서도 생존이 가능하며, 내열성이 강한 세균이다.
② 주로 어패류에서 발견되며, 식중독 증상은 신경계 마비이다.
③ 동물의 장관 내에 존재하며, 오염된 육류나 계란을 통해 감염될 수 있다.
④ 보툴리눔균과 마찬가지로 혐기성 세균이며 독소를 생성한다.

해설 살모넬라균(*Salmonella* spp.)
- 사람과 동물의 장관에 존재하는 대표적인 장내 세균이다.
- 살모넬라 식중독은 오염된 육류, 생계란, 유제품을 통해 감염되며, 주로 설사, 발열, 복통 등을 유발하고, 내열성은 약하며 70℃ 이상 가열 시 사멸된다.
- 보툴리눔균은 혐기성이고 독소를 생성하지만, 살모넬라는 주로 균 자체가 장 내에 감염되어 증상을 일으킨다.

정답 32 ④ 33 ④ 34 ③ 35 ② 36 ① 37 ③

38 다음 중 식품첨가물의 사용 기준 또는 원칙에 대한 설명으로 틀린 것은?

① 식품에 사용되는 모든 첨가물은 사전에 안전성이 평가되어야 한다.
② 허용량 기준은 ADI(1일 허용섭취량)를 바탕으로 설정된다.
③ 천연 유래 물질은 안전성이 확보되므로 무제한 사용이 가능하다.
④ 첨가물은 정해진 목적에 따라 최소량을 사용하는 것이 원칙이다.

해설
천연 유래라 해도 무조건 안전하다고 볼 수는 없다. 예를 들어, 일부 식물에서 추출된 물질도 독성, 알레르기, 만성적 영향을 줄 수 있으므로, 모든 첨가물은 합성 또는 천연 여부와 상관없이 철저한 안전성 평가가 필요하며, 식품첨가물 사용은 최소량 사용 원칙, 목적 외 사용 금지, 허용된 식품에만 사용 가능 등의 원칙을 따른다.

39 다음 중 식품의 사전 예방 중심의 안전관리 체계로 가장 적절한 것은?

① 식품위생법
② GMP
③ HACCP
④ ISO 9001

해설
HACCP 시스템은 원료 수급부터 최종 제품 유통까지 전 과정에서 위해 요소를 분석하고, 중요관리점을 설정하여 예방 중심으로 관리하는 체계로, 사전 예방적 위해요소 관리라는 점에서 HACCP이 가장 적절하다.
② GMP(우수제조관리기준) : 식품공장의 기초 위생 조건에 대한 기준이다.
④ ISO 9001 : 품질경영 시스템으로, 식품 안전과는 직접적인 관련은 없다.

40 다음 중 감염병의 감염원이 아닌 것은?

① 감염된 환자의 분비물
② 병원성 미생물이 존재하는 토양
③ 병원균에 오염된 식수
④ 비병원성 미생물에 오염된 음식물

해설
감염병의 감염원은 일반적으로 병원균 또는 병원성 미생물이 포함된 물질이나 환경을 말한다. 비병원성 미생물은 감염병을 유발하지 않기 때문에, 감염원이 될 수 없고, 비병원성 미생물은 식품 발효 등에 이용되기도 하며, 대부분 인체에 해를 끼치지 않는다.

41 수산물을 그대로 또는 간단히 처리하여 말린 제품은?

① 소건품
② 자건품
③ 배건품
④ 염건품

해설
② 자건품 : 자연 그대로 말린 것
③ 배건품 : 불에 구운 이후 건조한 것
④ 염건품 : 소금 처리 후 말린 것

42 다음 중 식품 가공에서 사용되는 효소 중 단백질을 분해하는 효소는?

① 아밀라아제
② 리파아제
③ 프로테아제
④ 펙티나아제

해설
프로테아제는 단백질을 분해하는 효소이다. 아밀라아제는 전분을, 리파아제는 지방을, 펙티나아제는 펙틴을 분해하는 효소이다.

43 다음 식품 중 100g당 열량이 가장 높은 것은?

① 우유
② 버터
③ 육포
④ 식빵

해설
식품별 대략적인 100g당 열량은 다음과 같다(식품표 기준).
• 우유 : 약 60~70kcal
• 버터 : 약 740kcal
• 육포 : 약 400kcal(단백질＋지방 포함)
• 식빵 : 약 270~300kcal

44 다음 중 일반적인 가열 공정에서 단백질 변성이 가장 적은 것은?

① 우유 단백질
② 육류 단백질
③ 어육 단백질
④ 난백 단백질

정답 38 ③ 39 ③ 40 ④ 41 ① 42 ③ 43 ② 44 ①

해설
① 우유 단백질(카세인) : 열 안정성이 높은 편이며, 일반적인 저온 살균(63℃, 30분)이나 고온 단시간 살균(72℃, 15초)에서는 구조 변화가 크게 일어나지 않는다.
② 육류 단백질(근섬유 단백질) : 50~70℃에서 변성이 시작된다.
③ 어육 단백질 : 낮은 온도(약 40℃부터)에서도 변성이 시작된다.
④ 난백 단백질(특히 알부민) : 60~65℃부터 급격히 변성된다.

45 벼의 도정 과정에서 5분도미는 무엇을 의미하는가?

① 현미와 백미의 중간 상태
② 완전히 도정된 백미
③ 도정하지 않은 현미
④ 쌀겨가 완전히 제거된 쌀

해설
5분도미는 겨층, 배아의 50%가 제거된 현미와 백미의 중간 상태의 쌀이다.

46 다음 중 식품을 건조할 때 사용하는 기구로 가장 적절한 것은?

① 팬(Fan)
② 소독기
③ 자외선 살균기
④ 고압증기멸균기

해설
건조는 식품 속의 수분을 제거하여 미생물 증식을 억제하고 저장성을 높이는 가공 방법으로, 팬(Fan)은 공기의 순환을 통해 열풍건조기 등에서 건조 속도를 높이는 데 사용된다.

47 유지를 가공하여 경화유를 만들 때 촉매제로 사용되는 것은?

① 질소
② 수소
③ 니켈
④ 헬륨

해설 유지 경화
• 촉매 : 니켈(Ni)
• 목적 : 산화 안정성 증가, 산패 방지, 장기 보존, 안전성 증가, 녹는점 증가, 색·풍미 개선, 경도 부여

48 다음 중 레토르트식품의 살균 조건으로 가장 적절한 것은?

① 60℃에서 10분간 가열
② 80℃에서 20분간 가열
③ 100℃에서 30분간 가열
④ 121℃에서 15분간 고온·고압 처리

해설
레토르트식품은 클로스트리디움 보툴리눔 같은 내열성 혐기성 세균을 사멸하기 위해 121℃에서 15분 정도 고온·고압 처리가 필요하다.

49 다음 중 마른간법의 특징이 아닌 것은?

① 염장에 특별한 설비가 필요 없다.
② 염장 초기의 부패가 적다.
③ 소금의 삼투가 균일하다.
④ 염장 중 지방이 산화되기 쉽다.

해설 물간법과 마른간법
• 물간법
 - 소금물에 수산물을 담가 저장하는 방법이다.
 - 소금의 삼투가 균일하며, 품질이 좋다.
 - 소금의 사용량이 많다.
• 마른간법
 - 수산물에 직접 소금을 뿌려 저장하는 방법이다.
 - 특별한 설비가 필요하지 않고, 소금 사용량이 절약된다.
 - 염장 초기 부패가 적으나 소금의 삼투가 균일하지 않다.
 - 염장 중 지방이 산화되기 쉽다.

50 다음 중 변이나 모래, 벌레 등의 이물을 물리적으로 분리하여 확인할 때 사용하는 가장 적절한 검사법은 무엇인가?

① 정치법
② 여과법
③ 침강법
④ 체분별법

해설
체분별법은 이물(예 곡물 속의 벌레, 돌, 모래, 변 등)을 크기 차이에 따라 체로 거르면서 분리하는 방법으로, 특히 변 같은 크기가 큰 이물을 물리적으로 선별할 때 적절하다.

① 정치법 : 액체 상태의 시료에서 부유물을 가라앉히거나 뜨게 해 분리하는 방법이다.
② 여과법 : 액체 중 고형물을 걸러내는 방식의 방법이다.
③ 침강법 : 무거운 물질이 가라앉는 원리를 이용해 분리하는 방법이다.

🔒 **정답**   45 ①   46 ①   47 ③   48 ④   49 ③   50 ④

51 간장과 된장의 독특한 맛을 내는 주성분은?

① 글루탐산　　② 알라닌
③ 글리신　　　④ 히스티딘

해설 글루탐산
- 감칠맛(Umami)을 내는 대표 아미노산이다.
- 발효 중 단백질이 분해되며 생성되어 깊은 맛을 내며, 조미료(MSG)의 주성분이기도 하다.

52 식품의 산패를 방지하기 위한 가장 적절한 방법은?

① 고온에서 보관
② 습도가 높은 곳에서 보관
③ 밀봉하여 산소와의 접촉을 차단
④ 직사광선에 노출

해설
지방은 산소와 만나면 산화(산패)가 일어나고, 이로 인해 불쾌한 냄새(부패취)와 맛이 생긴다. 이를 방지하기 위한 방법으로는 밀봉, 질소 충전, 냉장 보관 등이 있다.

53 고기 숙성에서 중요한 역할을 하는 미생물은?

① 유산균　　　② 효모
③ 대장균　　　④ 락토바실루스균

해설
고기 숙성에서 중요한 역할을 하는 미생물은 유산균(Lactic acid bacteria)이다. 유산균은 고기에서 산을 생성하여 미생물의 성장을 억제하고, 고기의 질감을 개선시키는 데 도움을 준다. 효모는 주로 발효 과정에서 사용되며, 대장균은 유해균으로 고기 숙성에는 관련이 없다.

54 밀가루 반죽에서 글루텐 형성을 위한 주요 성분은?

① 단백질　　　② 탄수화물
③ 지방　　　　④ 비타민

해설
밀가루에서 글루텐은 주로 단백질(특히 글루테닌과 글리아딘)이 결합하여 형성되는, 반죽의 탄력성과 쫄깃함을 결정짓는 중요한 성분이다.

55 급속동결의 장점에 대한 설명으로 옳지 않은 것은?

① 세포 내 수분이 미세한 얼음결정으로 형성되어 조직 손상이 적다.
② 동결 시간은 길지만 안정성이 높다.
③ 해동 시 물 빠짐이 적어 품질이 유지된다.
④ 육류, 수산물 등에서 조직감을 보존할 수 있다.

해설
급속동결은 매우 짧은 시간 안에 식품을 얼려서 세포 손상을 최소화하는 기술로, 동결 시간이 짧다.

56 식품가공에서 소금물 절임의 주요 목적은?

① 영양 성분 보존　　② 소비기한 연장
③ 색상 강화　　　　④ 효소 활동 억제

해설
소금물 절임은 염분을 이용해 미생물의 성장을 억제하고, 발효를 통해 식품의 소비기한을 연장하는 기법으로, 소금물에 담그면 미생물의 성장이 저지되고, 일정 기간 동안 맛과 식감도 개선된다. 효소 활동 억제가 목적이지만, 주요 목적은 미생물의 억제와 소비기한 연장이다.

57 마른김에서 기름을 사용할 때의 주요 기능은?

① 맛을 개선　　　② 식이섬유 증가
③ 수분 함량 감소　④ 질감 강화

해설
마른김에 기름을 발라주는 이유는 맛을 개선하고, 식감을 부드럽게 하기 위함이며, 기름은 또한 김에 윤기를 주어 외관을 더욱 먹음직스럽게 만든다. 질감 강화는 기름 외에도 다양한 첨가물이나 기술이 필요하다.

58 다음 중 새우젓 제조 과정에 대한 설명으로 틀린 것은 무엇인가?

① 새우를 잡은 직후 염장을 시작한다.
② 염도는 대개 15~20% 수준이다.
③ 발효 기간 동안 냉장이 필수적이다.
④ 주로 고온에서 빠르게 발효가 일어난다.

정답 51 ①　52 ③　53 ①　54 ①　55 ②　56 ②　57 ①　58 ④

해설
새우젓은 저온(15~20℃)에서 서서히 발효되어야 풍미가 깊어진다. 고온에서는 단백질이 분해되며 비린 맛이 강해지고 부패 우려도 크다. 따라서 저온 장기 발효가 원칙이다.

59 진공 포장된 식품에서의 가장 큰 장점은?

① 미생물 성장 억제
② 영양소 손실 감소
③ 맛의 향상
④ 색상 유지

해설
진공 포장은 식품 내 산소를 제거하여 미생물 성장을 억제하고, 신선도 유지에 효과적이며, 수분 증발을 방지해 품질을 더 오래 유지할 수 있다. 미생물 성장 억제가 가장 중요한 장점이다.

60 발효식품에서 '피크 효소 활성이 가장 높을 때'를 나타내는 용어는?

① 발효 단계
② 최적 단계
③ 대사 단계
④ 최대 활성기

해설
발효식품에서 효소가 가장 활발히 작용하는 시점을 최적 단계라고 하며, 이때 효소는 발효를 극대화하여 맛이나 향을 형성한다. 발효 단계는 발효 초반부를 의미하고, 대사 단계와 최대 활성기는 효소 활동과 관련된 용어들이다.

정답 59 ① 60 ②

CBT 모의고사

제1회 CBT 모의고사

01 열량을 공급하는 영양소로 짝지어진 것은?

① 비타민, 지방, 단백질
② 단백질, 탄수화물, 무기질
③ 지방, 탄수화물, 단백질
④ 칼슘, 지방, 단백질

02 지방의 소화효소는?

① 아밀라아제(Amylase)
② 리파아제(Lipase)
③ 프로테아제(Protease)
④ 펙티나아제(Pectinase)

03 지방을 많이 함유하고 있는 식품의 산패를 억제할 수 있는 방법은?

① 금속이온을 첨가해준다.
② 수분활성도를 0.9 정도로 높게 유지해준다.
③ 계면활성제를 첨가한다.
④ 질소 충전을 시키거나 진공상태를 유지한다.

04 복숭아, 배, 사과 등 과실류의 주된 향기성분은?

① 에스테르류
② 피롤류
③ 테르펜화합물
④ 황화합물류

05 간장, 된장의 독특한 맛의 주성분은?

① 글리신
② 알라닌
③ 히스티딘
④ 글루탐산

06 속슬렛추출법에 의해 지질 정량을 할 때 추출 용매로 사용하는 것은?

① 증류수
② 에탄올
③ 에테르
④ 메탄올

07 다음 중 가장 노화되기 어려운 전분은?

① 옥수수전분
② 찹쌀전분
③ 밀전분
④ 감자전분

08 유지의 불포화도를 나타내주는 척도가 되는 것은?

① 산가
② 요오드가
③ 검화가
④ 아세틸가

09 탄수화물 변화와 가장 거리가 먼 것은?

① 겔화
② 노화
③ 유화
④ 덱스트린화

10 비타민과 그 생리작용을 짝지어 놓은 것 중 틀린 것은?

① 비타민 A – 항야맹증인자
② 비타민 B_{12} – 항악성빈혈인자
③ 비타민 C – 항괴혈병인자
④ 비타민 D – 항피부염인자

11 호화전분의 노화가 가장 잘 일어나는 온도는?

① 2~5℃
② 30~40℃
③ 50~60℃
④ 80~90℃

12 소화효소와 기질과의 관계가 바르게 연결된 것은?

① 펩신 – 전분
② 레닌 – 카세인
③ 리파아제 – 단백질
④ 프티알린 – 지방

13 채소류에 존재하는 클로로필성분이 페오피틴(Pheophytin)으로 변하는 현상은 어떤 경우에 더 빨리 일어날 수 있는가?

① 녹색 채소를 공기 중의 산소에 방치해 두었을 때
② 녹색 채소를 소금에 절였을 때
③ 조리과정에서 열이 가해질 때
④ 조리과정에 사용하는 물에 유기산이 함유되었을 때

14 어류 비린내의 주성분은?

① 스카톨(Skatol)
② 인돌(Indol)
③ 메탄올(Methanol)
④ 트리메틸아민(Trimethylamine)

15 효소적 갈변을 억제할 수 있는 방법으로 가장 옳은 것은?

① pH를 7 이하로 낮춘다.
② 저장온도를 높인다.
③ 수분을 많이 첨가시킨다.
④ 산소를 원활히 공급한다.

16 열에 대한 안정성이 가장 강한 비타민은?

① 비타민 A
② 비타민 B_1
③ 비타민 C
④ 비타민 E

17 채소들의 영양상 일반적인 특징은?

① 당질, 지질, 단백질 등이 풍부하다.
② 다른 식품에 비해 칼슘(Ca)과 칼륨(K)이 거의 없고 인이 풍부하다.
③ 비타민 A, B, C가 풍부하다.
④ 섬유질이 많아 소화장애를 일으킨다.

18 골격과 치아의 구성 성분으로 성장기 어린이나 임신부에게 가장 많이 필요로 하는 무기질은?

① 인
② 칼슘
③ 아연
④ 마그네슘

19 다음 중 표준 필수아미노산 분포도에 가까운 식품과 거리가 가장 먼 것은?

① 우유
② 옥수수
③ 달걀
④ 육류

20 다음 중 당류의 시험법은?

① 펠링(Fehling)시험
② 닌하이드린(Ninhydrin)시험
③ 밀론(Millon)시험
④ TBA값 시험

21 비교적 잘 변패되지 않는 식품은?

① 육류　　② 설탕
③ 어패류　　④ 우유

22 통조림 육제품의 부패현상을 발생시키며, 내열성 포자형성균으로서 통조림 제품의 살균 시 가장 문제가 되는 미생물은?

① 살모넬라(*Salmonella*)
② 락토바실루스(*Lactobacillus*)
③ 마이크로코커스(*Micrococcus*)
④ 클로스트리디움(*Clostridium*)

23 중간숙주가 없는 기생충은?

① 무구조충
② 회충
③ 간디스토마
④ 폐디스토마

24 발효가 부패와 다른 점은 어느 것인가?

① 미생물이 작용한다.
② 성분의 변화가 일어난다.
③ 생산물을 식용으로 한다.
④ 가스가 발생한다.

25 단백질의 부패에 의하여 생성되는 물질이 아닌 것은?

① 탄산가스　　② 메르캅탄
③ 아민　　　　④ 비타민

26 경구감염병에 대한 설명으로 옳은 것은?

① 면역성이 없다.
② 전염성이 없다.
③ 잠복기가 매우 길다.
④ 균의 증식 억제로 예방이 가능하다.

27 염기성 황색 색소로 값이 싸고, 열에 안정하고 착색성이 좋아 과자, 면류, 단무지, 카레가루 등에 사용될 가능성이 있는 유해합성착색료는?

① 둘신　　② 붕산
③ 로다민 B　　④ 아우라민

28 식품의 신선도검사 시험항목이 아닌 것은?

① pH 측정　　② 관능검사
③ 생균수 측정　　④ 그람염색

29 식품위생검사 중에서 식품첨가물이나 항생물질 등의 검사는 어디에 속하는가?

① 관능검사　　② 물리적 검사
③ 화학적 검사　　④ 생물학적 검사

30 대장균군에 관한 설명 중에서 틀린 것은?

① 유당을 분해하여 산을 생성한다.
② 유당을 분해하여 가스를 생성한다.
③ 그람양성의 포자형성균이다.
④ 통성혐기성 간균이다.

31 간장에 사용할 수 있는 보존료는?

① 베타-나프톨
② 소르빈산
③ 안식향산
④ 페니실린

32 인수공통감염병에 대한 설명 중 틀린 것은?

① 질병의 원인은 모두 세균이다.
② 원인세균 중에는 포자(Spore)를 형성하는 세균도 있다.
③ 생균을 예방수단으로 쓰기도 한다.
④ 접촉감염, 경구감염 등이 있다.

33 생균수를 측정하는 가장 주된 목적은?

① 신선도 판정을 위하여
② 식중독균의 오염 여부를 확인하기 위하여
③ 분변오염의 여부를 알기 위하여
④ 전염병균의 이환 여부를 확인하기 위하여

34 HACCP 시스템 적용 시 준비단계에서 가장 먼저 시행해야 하는 절차는?

① 위해요소 분석
② HACCP팀 구성
③ 중요관리점 결정
④ 개선조치방법 수립

35 감염병과 그 병원체의 연결이 틀린 것은?

① 유행성 출혈열 : 세균
② 돈단독 : 세균
③ 광견병 : 바이러스
④ 일본뇌염 : 바이러스

36 식물성 식중독의 원인성분과 식품의 연결이 틀린 것은?

① 솔라닌(Solanine) – 감자
② 아미그달린(Amygdalin) – 청매
③ 무스카린(Muscarine) – 버섯
④ 셉신(Sepsin) – 고사리

37 식품의 방사선살균에 대한 설명으로 틀린 것은?

① 침투력이 강하므로 포장용기 속에 식품이 밀봉된 상태로 살균할 수 있다.
② 조사대상물의 온도 상승 없이 냉살균(Cold sterilization)이 가능하다.
③ 방사선으로 조사한 식품의 살균효과를 증가시키기 위해 재조사한다.
④ 식품에는 주로 20~50Gy의 방사선을 조사한다.

38 일반적으로 식품의 초기 부패단계에서 나타나는 현상이 아닌 것은?

① 불쾌한 냄새가 발생하기 시작한다.
② 퇴색, 변색, 광택 소실을 볼 수 있다.
③ 액체인 경우 침전, 발포, 응고현상이 나타난다.
④ 단백질 분해가 시작되지만 총균수는 감소한다.

39 야채에 의하여 감염될 수 있는 기생충은?

① 유구조충 및 무구조충
② 회충 및 편충
③ 말라리아 및 사상충
④ 간디스토마 및 폐디스토마

40 통조림용기로 가공할 경우 납과 주석이 용출되어 식품을 오염시킬 우려가 가장 큰 것은?

① 어육   ② 식육
③ 과실   ④ 연유

41 우유의 표준화 시 기준이 되는 성분은?

① 유당   ② 유단백질
③ 유지방   ④ 무기물

42 식품조직의 파괴가 적고 복원성이 좋으며 향미성분의 보존성 등이 뛰어나기 때문에 실용화가 늘고 있는 건조기는?

① 분무건조기   ② 동결건조기
③ 드럼건조기   ④ 터널건조기

43 훈연제로 적합하지 않은 것은?

① 향나무   ② 참나무
③ 벚나무   ④ 떡갈나무

44 연압작업의 주된 목적인 것은?

① 버터의 조직을 치밀하게 만들어 준다.
② 버터의 알갱이를 뭉치게 한다.
③ 버터의 숙성을 돕는다.
④ 크림 분리가 잘 되게 한다.

45 고기의 냉동에 급속냉동이 가장 적합한 이유는?

① 기생충을 죽이기 위하여
② 부패를 막기 위하여
③ 얼음결정이 작고 조직이 상하지 않게 하기 위하여
④ 수분의 증발로 오래 저장하기 위하여

46 두부 제조 시 두유의 응고제로 사용할 수 없는 것은?

① 염화마그네슘($MgCl_2$)
② 염화칼슘($CaCl_2$)
③ 황산칼슘($CaSO_4$)
④ 탄산칼슘($CaCO_3$)

47 유체흐름의 단위조작 기본원리와 다른 것은?

① 수세
② 침강
③ 교반
④ 성형

48 다음 설명 중 틀린 것은?

① 식혜는 맥아에서 추출한 효소를 이용하여 쌀전분을 당화시켜 만든 전통음료이다.
② 보리로 만든 맥아(엿기름)에는 아밀라아제가 많이 있다.
③ 마카로니는 주로 중력분으로 만든다.
④ 중국국수(중화면)는 반죽할 때 견수를 2~3% 첨가하여 만든다.

49 콩의 트립신 저해제에 대한 설명 중 틀린 것은?

① 콩은 트립신 저해제를 함유하고 있다.
② 트립신 저해제는 단백질의 소화·흡수를 방해한다.
③ 트립신 저해제는 가열하면 불활성화된다.
④ 콩을 발아시켜도 트립신 저해제는 감소되지 않는다.

50 식품가공에서 사용되는 단위조작의 기본원리와 다른 것은?

① 유체의 흐름
② 열전달
③ 물질이동
④ 작업순서

51 과실류 저온저장에서 저장고 내 공기 조성을 변화시켜 저장하는 이유는?

① 과실류의 호흡을 억제하여 중량 감소를 막기 위하여
② 과실류의 호흡을 촉진하여 저장기간을 연장하기 위하여
③ 저장고 내 공기의 흐름을 좋게 하기 위하여
④ 과실류의 에틸렌가스 발생을 촉진시키기 위해

52 시밍기구의 조절 순서를 옳게 설명한 것은?

① 제1시밍롤의 조절 → 제2시밍롤의 조절 → 리프터의 조절 → 시밍척 위치의 결정
② 시밍척 위치의 결정 → 리프터의 조절 → 제1시밍롤의 조절 → 제2시밍롤의 조절
③ 리프터의 조절 → 시밍척 위치의 결정 → 제1시밍롤의 조절 → 제2시밍롤의 조절
④ 시밍척 위치의 결정 → 제1시밍롤의 조절 → 제2시밍롤의 조절 → 리프터의 조절

53 젤리 응고 시 가장 적당한 pH는?

① pH 1~2.5
② pH 3~3.5
③ pH 5~5.5
④ pH 7~8

54 감귤통조림의 시럽이 혼탁되는 요인은?

① 살균 부족
② 헤스페리딘의 작용
③ 타이로신의 작용
④ 냉각 불충분

55 소시지나 프레스햄의 제조에 있어서 고기를 케이싱에 다져 넣어 고깃덩이로 결착시키는 데 쓰이는 기계는?

① 사일런트 커터(Silent cutter)
② 스터퍼(Stuffer)
③ 믹서(Mixer)
④ 초퍼(Chopper)

56 동력 전달용 기계요소가 아닌 것은?

① 체인
② 스프링
③ 기어
④ 벨트

57 젤리화에 가장 알맞은 당함량은?

① 30~35%
② 40~45%
③ 50~55%
④ 60~65%

58 가축의 도살 직후 가장 먼저 오는 현상은?

① 강직
② 자기소화
③ 연화
④ 숙성

59 투시검란법으로 달걀의 신선도를 감정한 결과가 다음과 같았다. 신선한 달걀은?

① 흰자가 흐리다.
② 공기집이 작다.
③ 전체가 불투명하다.
④ 노른자가 빨갛게 보인다.

60 우유의 파스퇴르법에 의한 저온살균온도는?

① 45~50℃
② 51~55℃
③ 56~59℃
④ 60~65℃

제2회 CBT 모의고사

01 검질물질과 그 급원물질과의 연결이 바르게 된 것은?

① 젤라틴(Gelatin) – 메뚜기콩
② 구아검(Guar gum) – 해조류
③ 잔탄검(Xanthan gum) – 미생물
④ 한천(Agar) – 동물

02 배추김치를 담가 숙성되면 원래의 녹색에서 녹갈색으로 변화된다. 가장 관계가 깊은 것은?

① 안토시안 – 아세트산
② 클로로필 – 젖산
③ 플라보노이드 – 구리
④ 클로로필 – 구리

03 다음 중 어육의 부패생성물과 거리가 먼 것은?

① 암모니아, 아민
② 인돌, 황화수소
③ 스카톨, 이산화탄소
④ 단백질, 지방산

04 다음의 고구마 가공공정에서 박편으로 자른 후 갈변현상이 나타났을 때 그 원인은?

> 고구마껍질을 벗기고 박편으로 자른 후 증재(Steaming)과정을 거쳐 열판 위에서 건조시킨다.

① 부패에 의한 갈변
② 캐러멜화에 의한 갈변
③ 효소에 의한 갈변
④ 아스코르브산 산화반응에 의한 갈변

05 탄수화물의 변화와 가장 거리가 먼 것은?

① 젤화
② 노화
③ 유화
④ 덱스트린화

06 당의 캐러멜화에 대한 설명으로 적당한 것은?

① pH가 알칼리성일 때 잘 일어난다.
② 60℃에서 진한 갈색 물질이 생긴다.
③ 젤리나 잼을 굳게 하는 역할을 한다.
④ 환원당과 아미노산 간에 일어나는 갈색화반응이다.

07 Alkaloid, Humulone, Naringin의 공통적인 맛은?

① 단맛
② 떫은맛
③ 알칼리맛
④ 쓴맛

08 식품 중 결합수(Bound water)에 대한 설명으로 틀린 것은?

① 미생물의 번식에 이용할 수 없다.
② 100℃ 이상에서 가열하여도 제거되지 않는다.
③ 0℃에서 얼지 않는다.
④ 식품의 유용 성분을 녹이는 용매의 구실을 한다.

09 Oil in Water(O/W)형의 유화액은?

① 우유
② 버터
③ 쇼트닝
④ 옥수수기름

10 글리코겐의 구성 성분과 가장 관계가 깊은 것은?

① 비타민
② 단백질
③ 지방
④ 포도당

11 다음 중 단맛이 강한 순서대로 나열된 것은?

① Sucrose > Glucose > Maltose > Lactose
② Glucose > Maltose > Sucrose > Lactose
③ Sucrose > Maltose > Glucose > Lactose
④ Glucose > Sucrose > Maltose > Lactose

12 상압가열건조법에 의한 수분 정량 시 가열온도로 가장 적당한 것은?

① 105~110℃ ② 130~135℃
③ 150~200℃ ④ 550~600℃

13 조지방 정량에 사용되는 유기용매와 실험기구는?

① 수산화나트륨, 가스크로마토그래피
② 황산칼륨, 질소분해장치
③ 에테르, 속슬렛추출기
④ 메틸알코올, 질소증류장치

14 다음 중 건성유는?

① 동백유, 피마자유
② 대두유, 면실유
③ 참기름, 면실유
④ 간유, 아마인유

15 유화현상과 거리가 먼 식품은?

① 인절미
② 버터
③ 아이스크림
④ 마요네즈

16 쌀 1g을 취하여 질소를 정량한 결과, 전질소가 1.5%일 때 쌀 중의 조단백질함량은?

① 약 8.4%   ② 약 9.4%
③ 약 10.4% ④ 약 11.4%

17 과일의 성숙기 및 보관 중 발생하는 연화(Softening)과정에서 가장 많은 변화가 일어나는 물질로, 세포벽이나 세포막 사이에 존재하는 구성물은?

① Cellulose
② Hemicellulose
③ Pectin
④ Lignin

18 전분입자의 호화현상에 대한 설명이 틀린 것은?

① 생전분에 물을 넣고 가열하였을 때 소화되기 쉬운 α(알파)전분으로 되는 현상이다.
② 온도가 높을수록 호화가 빨리 일어난다.
③ 알칼리성 pH에서는 전분입자의 호화가 촉진된다.
④ 호화현상의 대표적인 예로는 팝콘과 뻥튀기가 있다.

19 고추의 매운맛 성분은?

① 차비신(Chavicine)
② 캡사이신(Capsaicin)
③ 카테콜(Catechol)
④ 갈산(Gallic acid)

20 단순단백질의 구조와 관계없는 결합은?

① 수소결합
② 글리코사이드(Glycoside)
③ 펩타이드결합
④ 소수성 결합

21 식품 중 단백질과 질소화합물을 함유한 식품성분이 미생물의 작용으로 분해되어 악취와 유해물질을 생성하여 식품의 가치를 잃어버리는 현상은?

① 발효   ② 부패
③ 변패   ④ 열화

22 다음 중 식품영업에 종사할 수 있는 자는?

① 후천성 면역결핍증 환자
② 피부병, 기타 화농성 질환자
③ 콜레라환자
④ 비전염성 결핵환자

23 농약에 의한 식품오염에 대한 설명으로 틀린 것은?

① 농약은 물이나 토양을 오염시키고 식품원료로 사용되는 어패류 등의 생물체에 축적될 수 있다.
② 오염된 농작물이나 어패류를 섭취하면 만성 중독 증상이 나타날 수 있다.
③ 유기염소제는 분해되기 어렵다.
④ 농약의 섭취 전 세척 시 모두 제거되기 때문에 수확 전까지 뿌려야 병충해로부터 농산물은 안전하게 유지할 수 있다.

24 식품첨가물 중 보존료 첨가에 따른 효과는?

① 항균작용   ② 소독작용
③ 영양 강화 ④ 기호성 증진

25 장염비브리오균의 특징에 해당하는 것은?

① 아포를 형성한다.
② 열에 강하다.
③ 감염형 식중독균으로 전형적인 급성 장염을 유발한다.
④ 화농성 환자에게서 주로 교차오염이 된다.

26 다음 식중독세균과 주요 원인식품의 연결이 가장 부적절한 것은?

① 병원성 대장균-생과일주스
② 살모넬라균-달걀
③ 클로스트리디움 보툴리눔-통조림식품
④ 바실루스 세레우스-생선회

27 미생물의 일반적인 생육곡선에서 정상기(정지기, Stationary phase)에 대한 설명으로 틀린 것은?

① 균수의 증가와 감소가 거의 같게 되어 균수가 더 이상 증가하지 않게 된다.
② 전 배양기간을 통하여 최대의 균수를 나타낸다.
③ 세포가 왕성하게 증식하며 생리적 활성이 가장 높다.
④ 내생포자를 형성하는 세균은 보통 이 시기에 포자를 형성한다.

28 미생물의 영양세포 및 포자를 사멸시키는 것으로 정의되는 용어는?

① 간헐   ② 가열
③ 살균   ④ 멸균

29 식품첨가물의 구비조건으로 옳지 않은 것은?

① 체내에 무해하고 축적되지 않아야 한다.
② 식품의 보존효과는 없어야 한다.
③ 이화학적 변화에 안정해야 한다.
④ 식품의 영양가를 유지시켜야 한다.

30 알레르기(Allergy)성 식중독을 일으키는 원인물질은?

① 라이신(Lysine)
② 아르기닌(Arginine)
③ 히스타민(Histamine)
④ 카페인(Caffeine)

31 황색포도상구균에 의한 식중독 예방대책으로 가장 중요한 것은?

① 가축 사이의 질병을 예방한다.
② 식품취급장소의 공기 정화에 힘쓴다.
③ 보균자의 식품취급을 막는다.
④ 식품을 냉동·냉장한다.

32 저렴하고 착색성이 좋아 단무지와 카레가루 등에 광범위하게 사용되었던 염기성 황색 색소로 발암성 등 화학적 식중독 유발 가능성이 높아 사용이 금지되고 있는 것은?

① Auramine ② Rhodamine B
③ Butter yellow ④ Silk scarlet

33 도자기제 및 법랑 피복제품 등에 안료로 사용되어 그 소성 온도가 충분하지 않으면 유약과 같이 용출되어 식품위생상 문제가 되는 중금속은?

① 철(Fe) ② 주석(Sn)
③ 알루미늄(Al) ④ 납(Pb)

34 수질오염의 지표가 되는 것은?

① 경도 ② 탁도
③ 대장균군 ④ 증발잔류량

35 우유에 의해 사람에게 감염되고, 반응검사에 의해 음성자에게 BCG 접종을 실시해야 하는 인수공통전염병은?

① 결핵 ② 돈단독
③ 파상열 ④ 조류독감

36 식품위생검사 시 검체의 채취 및 취급에 관한 주의사항으로 틀린 것은?

① 저온 유지를 위해 얼음을 사용할 때 얼음이 검체에 직접 닿게 하여 저온 유지 효과를 높인다.
② 식품위생감시원은 검체 채취 시 당해 검체와 함께 검체채취내역서를 첨부하여야 한다.
③ 채취된 검체는 오염, 파손, 손상, 해동, 변형 등이 되지 않도록 주의하여 검사실로 운반하여야 한다.
④ 미생물학적인 검사를 위한 검체를 소분 채취할 경우 멸균된 기구·용기 등을 사용하여 무균적으로 행하여야 한다.

37 소독·살균의 용도로 사용하는 알코올의 일반적인 농도는?

① 100% ② 90%
③ 70% ④ 50%

38 인수공통감염병이 아닌 것은?

① 파상열 ② 탄저
③ 야토병 ④ 콜레라

39 일본에서 발생한 미나마타병의 유래는?

① 공장폐수오염
② 대기오염
③ 방사능오염
④ 세균오염

40 살모넬라 식중독을 예방하기 위해 처리해야 하는 온도는?

① 40℃
② 50℃
③ 60℃
④ 70℃

41 식육에 대한 설명으로 틀린 것은?

① 식육의 색은 주로 Myoglobin에 의한 것이다.
② 염지육은 소금과 질산염을 혼합하여 제조한다.
③ 산소와 만나면 변색한다.
④ Myoglobin은 열에 안정하다.

42 쌀을 도정함에 따라 비율이 높아지는 성분은?

① 오리제닌(Oryzenin)
② 전분
③ 티아민(Thiamine)
④ 칼슘

43 일반적으로 사후경직시간이 가장 짧은 육류는?

① 닭고기
② 소고기
③ 양고기
④ 돼지고기

44 유지를 가공하여 경화유를 만들 때 촉매제로 사용되는 것은?

① 질소
② 수소
③ 니켈
④ 헬륨

45 우유에 70% Ethyl alcohol을 넣고 그에 따른 응고물 생성 여부를 통해 알 수 있는 것은?

① 산도
② 지방량
③ Lactase 유무
④ 신선도

46 승화현상을 이용한 건조법은?

① 열풍건조법
② 분무건조법
③ 진공건조법
④ 동결건조법

47 가열살균에 의하여 장기간 저장성을 가지는 제품은?

① 통조림
② 연제품
③ 훈제품
④ 조림제품

48 식용유지의 추출용매로서 구비요건과 거리가 먼 것은?

① 인화, 폭발 등 위험성이 없을 것
② 유지와 깻묵에 나쁜 맛과 냄새를 남기지 않을 것
③ 기화열과 비열이 높아 회수되지 않을 것
④ 추출장치에 대한 부식성이 없을 것

49 연제품의 탄력 보강제로서 부적당한 것은?

① 중합인산염
② 전분
③ 식물성 단백질
④ 소르빈산

50 증류는 어느 원리를 이용한 것인가?

① 빙점의 차
② 분자량의 차
③ 비점의 차
④ 용해도의 차

51 크림을 용기에 넣고 교반하면서 크림 중의 지방구가 알갱이상태로 되게 하는 기계명은?

① 교동기
② 충전기
③ 크림분리기
④ 지방측정기

52 다음의 특징에 해당하는 염장법은?

- 식염의 침투가 균일하다.
- 외관과 수율이 좋다.
- 염장 초기에 부패할 가능성이 작다.
- 지방산패로 인한 변색을 방지할 수 있다.

① 마른간법
② 개량 마른간법
③ 물간법
④ 개량 물간법

53 마요네즈는 달걀 노른자의 무슨 성질을 이용한 것인가?

① 기포성
② 현탁성
③ 수화성
④ 유화성

54 식혜 제조와 관계가 없는 것은?

① 엿기름(맥아)
② 멥쌀
③ 아밀라아제
④ 진공 농축

55 통조림 제조의 주요 4대 공정 중 가장 먼저 행하는 공정은?

① 탈기
② 밀봉
③ 냉각
④ 살균

56 연제품에서 탄력 형성의 주체가 되는 단백질은?

① 수용성 단백질
② 염용성 단백질
③ 불용성 단백질
④ 변성 단백질

57 김치 제조에서 배추의 소금절임방법이 아닌 것은?

① 압력법
② 건염법
③ 혼합법
④ 염수법

58 이송, 혼합, 압축, 가열, 반죽, 전단, 성형 등 여러 단위공정이 복합된 가공방법으로서 일정한 식품원료로부터 여러 가지 형태, 조직감, 색과 향미를 가진 다양한 제품 또는 성분을 생산하는 공정은?

① 흡착
② 여과
③ 코팅
④ 압출

59 다음 중 건조한 상태에서 세척하는 방법이 아닌 것은?

① 초음파세척(Ultrasonic cleaning)
② 마찰세척(Abrasion cleaning)
③ 흡인세척(Aspiration cleaning)
④ 자석세척(Magnetic cleaning)

60 달걀 저장 중 일어나는 변화로 틀린 것은?

① 농후 난백의 수양화
② 난황계수의 감소
③ 난중량 감소
④ 난백의 pH 하강

제3회 CBT 모의고사

01 다음 중 이당류와 그 구성당이 올바르지 않은 것은?

① 설탕 : 포도당 + 과당
② 자당 : 포도당 + 포도당
③ 유당 : 과당 + 과당
④ 전분당 : Amylose + Amylopectin

02 전분의 노화현상에 대한 설명으로 틀린 것은?

① 옥수수가 찰옥수수보다 노화가 잘 된다.
② Amylose함량이 많을수록 노화가 빨리 일어난다.
③ 20℃에서 노화가 가장 잘 일어난다.
④ 30~60%의 수분함량에서 노화가 가장 잘 일어난다.

03 Carotenoid계 색소와 관련 있는 비타민 A의 결핍증상과 거리가 먼 것은?

① 야맹증
② 안구건조증
③ 성장 지연
④ 결막염

04 천연계 색소 중 당근, 토마토, 새우 등에 주로 들어 있는 색소는?

① 카로티노이드(Carotenoid)
② 플라보노이드(Flavonoid)
③ 엽록소(Chlorophyll)
④ 베타레인(Betalain)

05 채소류의 이화학적 특성으로 틀린 것은?

① 파의 자극적인 냄새와 매운맛성분은 주로 황화아릴성분이다.
② 마늘에서 주로 효용성이 있다고 알려진 성분은 알리신이다.
③ 오이의 쓴맛성분은 쿠쿠르비타신(Cucurbitacin)이라고 하는 배당체이다.
④ 호박의 황색성분은 클로로필(Chlorophyll)계통의 색소이다.

06 다음 중 식품의 색소인 엽록소의 변화에 관한 설명으로 틀린 것은?

① 김을 저장하는 동안 점점 변색되는 이유는 엽록소가 산화되기 때문이다.
② 배추 등의 채소를 말릴 때 녹색이 엷어지는 것은 엽록소가 산화되기 때문이다.
③ 배추로 김치를 담그었을 때 원래의 녹색이 갈색으로 변하는 것은 엽록소의 산에 의한 변화이다.
④ 엽록소분자 중에 들어 있는 마그네슘을 철로 치환시켜 철 엽록소를 만들면 색깔이 변하지 않는다.

07 요오드가(Iodine value)란 지방의 어떤 특성을 표시하는 기준인가?

① 분자량
② 경화도
③ 유리지방산
④ 불포화도

08 클로로필(Chlorophyll)계 색소가 갈색을 띠는 경우는?

① 산성 조건
② 중성 조건
③ 알칼리성 조건
④ pH에 관계없이 항상

09 어떤 식품 100g 중 단백질분석을 위하여 질소분석을 실시하였더니 분석된 질소함량이 6g이었다. 해당 식품의 단백질함량은?

① 16.7g
② 21.3g
③ 37.5g
④ 42.9g

10 유지의 산화속도에 영향을 미치는 인자에 대한 설명으로 틀린 것은?

① 이중결합의 수가 많은 들기름은 이중결합의 수가 상대적으로 적은 올리브유에 비해 산패의 속도가 빠르다.
② 분유 보관 시 수분활성도가 매우 낮은 상태(A_w 0.2 이하)일수록 지방산화속도가 느려진다.
③ 유탕처리 시 구리성분을 기름에 넣으면 유지의 산화속도가 빨라진다.
④ 유지를 형광등 아래에 보관하면 산패가 촉진된다.

11 유지의 녹는점(Melting point)의 설명으로 옳은 것은?

① 불포화지방산의 함량이 많을수록 녹는점이 높다.
② 일반적인 식물성 유지는 상온에서 고체이다.
③ 동물성 유지는 식물성 유지보다 녹는점이 높다.
④ 유지는 구성 지방산의 종류에 상관없이 녹는점이 일정하다.

12 어류가 변질되면서 생성되는 불쾌취를 유발하는 물질이 아닌 것은?

① 트리메틸아민(Trimethylamine)
② 카다베린(Cadaverine)
③ 피페리딘(Piperidine)
④ 옥사졸린(Oxazoline)

13 간장, 된장, 다시마의 독특한 맛성분은?

① 글리신(Glycine)
② 알라닌(Alanine)
③ 히스티딘(Histidine)
④ 글루탐산(Glutamic acid)

14 단백질 변성(Denaturation)에 대한 설명으로 틀린 것은?

① 단백질 변성이란 단백질구조 중 2차·3차 구조 간의 Glycoside 결합이 끊어지는 현상이다.
② 염류에 의한 단백질 변성의 예는 콩단백질로 두부를 제조하는 것이다.
③ 우유단백질인 Casein이 치즈 제조에 활용되는 원리는 일종의 산(Acid)에 의한 단백질 변성이다.
④ 육류를 장시간 가열하면 결합조직인 Collagen이 변성되어 Gelatin이 된다.

15 마요네즈와 같이 작은 힘을 주면 흐르지 않으나 응력 이상의 힘을 주면 흐르는 식품의 성질은?

① 가소성
② 점탄성
③ 응집성
④ 탄성

16 다음의 두 성질을 각각 무엇이라 하는가?

> A : 잘 만들어진 청국장은 실타래처럼 실을 빼는 것과 같은 성질을 가지고 있다.
> B : 국수반죽은 긴 끈모양으로 늘어나는 성질을 가지고 있다.

① A : 예사성, B : 신전성
② A : 신전성, B : 소성
③ A : 예사성, B : 소성
④ A : 신전성, B : 탄성

17 전분의 호정화에 대한 설명으로 옳은 것은?

① α전분을 상온에 방치할 때 β전분으로 되돌아가는 현상
② 전분에 묽은산을 넣고 가열하였을 때 가수분해 되는 현상
③ 160~170℃에서 건열로 가열하였을 때 전분이 분해되는 현상
④ 전분에 물을 넣고 가열하였을 때 점도가 큰 콜로이드용액이 되는 현상

18 효소적 갈변반응과 거리가 먼 것은?

① 멜라노이딘(Melanoidin)을 형성함
② Polyphenol oxidase, Tyrosinase 등이 관계함
③ 주로 과일이나 채소 등의 식품에 절단된 부위에서 일어남
④ 구리이온은 갈변효소작용을 활성화함

19 다음 중 환원당을 검출하는 시험법은?

① 닌하이드린(Ninhydrin)시험
② 사카구치(Sakaguchi)시험
③ 밀론(Millon)시험
④ 펠링(Fehling)시험

20 숯불에 검게 탄 갈비에서 발견될 수 있는 발암성 물질은?

① 벤조피렌　　② 디하이드록시퀴논
③ 아플라톡신　　④ 사포제닌

21 곰팡이 섭취로 야기되는 곰팡이독 중독증의 특징이 아닌 것은?

① 계절과 관계가 깊다.
② 사람과 사람 사이에 전염된다.
③ 원인식품이 곰팡이에 오염되어 있다.
④ 곡류, 목초 등 탄수화물이 풍부한 농산물을 섭취함으로써 많이 발생한다.

22 식품의 변질에 대한 설명으로 틀린 것은?

① 변패 : 미생물 및 효소 등에 의하여 탄수화물, 지방질 및 단백질이 분해되어 산미를 형성하는 현상
② 부패 : 단백질과 질소화합물을 함유한 식품이 자가소화, 부패세균의 효소작용으로 인해 분해되는 현상
③ 산패 : 지방질이 생화학적 요인 또는 산소, 햇볕, 금속 등의 화학적 요인으로 인하여 산화·변질되는 현상
④ 갈변 : 효소적 또는 비효소적 요인에 의하여 식품이 산화·갈색화되는 현상

23 황변미(Yellowed rice) 중독의 원인이 되는 주미생물은?

① *Penicillium citreoviride*
② *Staphylococcus aureus*
③ *Aspergillus oryzea*
④ *Bacillus natto*

24 감염병과 그 병원체의 연결이 틀린 것은?

① 유행성 출혈열 : 세균
② 돈단독 : 세균
③ 광견병 : 바이러스
④ 일본뇌염 : 바이러스

25 식물성 식중독의 원인성분과 식품의 연결이 틀린 것은?

① 솔라닌(Solanine) - 감자
② 아미그달린(Amygdalin) - 청매
③ 무스카린(Muscarine) - 버섯
④ 셉신(Sepsin) - 고사리

26 바다생선회를 원인식품으로 발생한 식중독 환자를 조사한 결과 기생충의 자충이 원인이라면 관련이 깊은 것은?

① 선모충
② 톡소플라즈마
③ 간흡충
④ 아니사키스충

27 다음 식중독세균과 주요 원인식품의 연결이 부적합한 것은?

① 병원성 대장균 – 생채소녹즙
② 살모넬라균 – 달걀
③ 클로스트리디움 보툴리눔 – 통조림식품
④ 바실루스 세레우스 – 생선회

28 다음 중 세균성 식중독균에 대한 설명으로 틀린 것은?

① 황색포도상구균은 엔테로톡신(Enterotoxin)을 생성한다.
② 엔테로톡신(Enterotoxin)의 독소는 100℃에서 20분간 가열하여도 파괴되지 않는다.
③ 보툴리눔은 통조림식품에서 발생할 수 있으며, 구토형 독소를 생성한다.
④ 일정량 이상의 균이 있어야 발병이 가능하다.

29 경구감염병의 특징과 거리가 먼 것은?

① 병원균의 독력이 강하다.
② 잠복기가 비교적 길다.
③ 2차 감염이 거의 발생하지 않는다.
④ 집단적으로 발생한다.

30 다음 중 보존료의 사용목적이 아닌 것은?

① 식품의 영양가 유지
② 가공식품의 변질, 부패 방지
③ 가공식품의 수분 증발 방지
④ 가공식품의 신선도 유지

31 다음 중 유해합성착색료(제)는?

① 식용색소적색 제2호
② 아우라민(Auramine)
③ β-카로틴(β-carotene)
④ 이산화티타늄(Titanium dioxide)

32 식품에서 미생물의 증식을 억제하여 부패를 방지하는 방법으로 가장 거리가 먼 것은?

① 저온
② 건조
③ 진공포장
④ 여과

33 다음 중 미생물 생육의 단계에 대한 설명으로 틀린 것은?

① 유도기 : 세포 증식을 준비하는 단계로, 세포 내 대사활동이 활발하다.
② 대수기 : 물리·화학적으로 감수성이 높으며, 세대기간이나 세포의 크기가 일정하다.
③ 정지기 : 생균수의 변화가 거의 없으며, 총균수가 가장 낮은 시기이다.
④ 사멸기 : 사멸기에서는 사멸균수가 급격히 증가하고 생균수가 줄어든다.

34 HACCP에 관한 설명으로 틀린 것은?

① 위해분석(Hazard Analysis)은 위해 가능성이 있는 요소를 찾아 분석·평가하는 작업이다.
② 중요관리점(Critical Control Point) 설정이란 관리가 안 될 경우 안전하지 못한 식품이 제조될 가능성이 있는 공정의 설정을 의미한다.
③ 관리기준(Critical Limit)이란 위해분석 시 정확한 위해도평가를 위한 지침을 말한다.
④ HACCP의 7개 원칙에 따르면 중요관리점이 관리기준 내에서 관리되고 있는지를 확인하기 위한 모니터링방법이 설정되어야 한다.

35 다음 중 광물성 이물, 쥐똥 등의 무거운 이물을 비중의 차이를 이용하여 포집·검사하는 방법은?

① 정치법
② 여과법
③ 침강법
④ 체분별법

36 다음 중 식품의 미생물분석에 대한 내용 중 틀린 것은?

① 대장균의 분석을 위해서는 유당(Lactose) 함유 배지를 사용해야 한다.
② 대장균군의 시험 시에는 추정-완전-확정의 단계로 시험을 진행한다.
③ 통조림의 세균 발육 유무를 확인하기 위해서는 가온실험을 진행한다.
④ 식품이 부패할수록 일반세균수는 증가한다.

37 식품의 안전관리에 대한 사항으로 틀린 것은?

① 작업장 내에서 작업 중인 종업원 등은 위생복·위생모·위생화 등을 항시 착용하여야 하며, 개인용 장신구 등을 착용하여서는 아니 된다.
② 식품취급 등의 작업은 바닥으로부터 60cm 이상의 높이에서 실시하여 바닥으로부터의 오염을 방지하여야 한다.
③ 칼과 도마 등의 조리기구나 용기, 앞치마, 고무장갑 등은 원료나 조리과정에서의 교차오염을 방지하기 위하여 식재료 특성 또는 구역별로 구분하여 사용하여야 한다.
④ 해동된 식품은 즉시 사용하고 즉시 사용하지 못할 경우 조리 시까지 냉장보관하여야 하며, 사용 후 남은 부분은 재동결하여 보관한다.

38 부적당한 캔을 사용할 때 다음 통조림식품 중 주석의 용출로 내용식품을 오염시킬 우려가 가장 큰 것은?

① 어육
② 식육
③ 산성 과즙
④ 연유

39 산장법에 대한 설명으로 옳지 않은 것은?

① 식염, 당 등과 병용 시 효과적이다.
② 무기산이 유기산보다 효과적이다.
③ pH가 낮은 초산, 젖산 등을 이용한다.
④ 미생물 증식을 억제하는 원리이다.

40 식품공장의 작업장 구조와 설비에 대한 설명으로 틀린 것은?

① 출입문은 완전히 밀착되어 구멍이 없어야 하고 밖으로 뚫린 구멍은 방충망을 설치한다.
② 천장은 응축수가 맺히지 않도록 재질과 구조에 유의한다.
③ 가공장 바로 옆에 나무를 많이 식재하여 직사광선으로부터 공장을 보호하여야 한다.
④ 바닥은 물이 고이지 않도록 경사를 둔다.

41 육류의 사후경직과 숙성에 대한 내용으로 옳지 않은 것은?

① 사후경직 시 신장성이 감소되고 보수성은 증가한다.
② 사후경직 시 액토미오신(Actomyosin)이 생성된다.
③ 숙성 시 육질이 연해지고 풍미가 증가한다.
④ 사후경직 시 글리코겐(Glycogen)함량과 pH가 낮아진다.

42 식훈연의 목적과 거리가 먼 것은?

① 제품의 색과 향미 향상
② 건조에 의한 저장성 향상
③ 연기의 방부성분에 의한 잡균 증식 억제
④ 식육의 pH를 조절하여 잡균오염 방지

43 어류의 지질에 대한 설명으로 틀린 것은?

① 흰살생선은 지방함량이 적어 맛이 담백하다.
② 어유(Fish oil)에는 $\omega-3$계열의 불포화지방산이 많다.
③ 어유에는 혈전이나 동맥경화 예방효과가 있는 고도 불포화지방산이 많이 함유되어 있다.
④ 어유에 있는 DHA와 EPA는 융점이 실온보다 높다.

44 된장 숙성에 대한 설명으로 틀린 것은?

① 탄수화물은 아밀라아제의 당화작용으로 단맛이 생성된다.
② 당분은 효모의 알코올발효로 알코올과 함께 향기 성분을 생성한다.
③ 단백질은 프로테아제에 의하여 아미노산으로 분해되어 구수한 맛이 생성된다.
④ 적정 숙성 조건은 60~65℃에서 3~5시간이다.

45 제분 시 자력분리기(Magnetic separator) 등으로 이물을 제거하는 공정단계는?

① 운반 ② 정선
③ 세척 ④ 탈수

46 수분활성도(A_w)를 저하시켜 식품을 저장하는 방법만으로 나열된 것은?

① 동결저장법, 냉장법, 건조법, 염장법
② 냉장법, 염장법, 당장법, 동결저장법
③ 냉장법, 건조법, 염장법, 당장법
④ 염장법, 당장법, 동결저장법, 건조법

47 액체상태의 유지를 고체상태로 변환시켜 쇼트닝을 만들거나, 유지의 산화 안정성을 높이기 위해 사용하는 가공방법은?

① 경화 ② 탈검
③ 탈색 ④ 여과

48 식품 저장 시 방사선조사에 의한 효과가 아닌 것은?

① 곡류식품의 살충
② 과실, 채소, 육류 식품의 살균
③ 감자, 양파 등의 발아 촉진
④ 과실, 채소 등의 숙도 조정

49 다음 중 통조림 제조 시 제조공정으로 옳은 것은?

① 당액 주입 – 살균 – 밀봉 – 탈기 – 냉각
② 탈기 – 당액 주입 – 살균 – 밀봉 – 냉각
③ 당액 주입 – 탈기 – 밀봉 – 살균 – 냉각
④ 탈기 – 당액 주입 – 밀봉 – 살균 – 냉각

50 과실을 주스로 가공할 때 주의점 및 특성에 대한 설명으로 틀린 것은?

① 색깔이 가공 중에 변하지 않게 한다.
② 살균은 고온살균이 적합하다.
③ 비타민의 손실이 적도록 한다.
④ 과일 중의 유기산은 금속화합물을 잘 만들므로 용기의 금속재료에 주의한다.

51 제면 제조에서 소금을 사용하는 목적이 아닌 것은?

① 미생물에 의한 발효를 촉진하기 위해서
② 밀가루의 점탄성을 높이기 위해서
③ 수분이 내부로 확산하는 것을 촉진하기 위해서
④ 제품의 품질을 안정시키기 위해서

52 식용유지의 제조과정에서 탈색에 대한 설명으로 틀린 것은?

① 원유 중에 카로티노이드, 엽록소 및 기타 색소류를 제거한다.
② 주로 화학적 방법으로 색소류를 열분해하여 제거한다.
③ 활성백토, 활성탄소를 사용하여 흡착·제거한다.
④ 탈산과정을 거친 후에 탈색하는 것이 일반적이다.

53 우유의 초고온 순간 살균법(UHT)으로서 가장 알맞은 조건은?

① 121℃에서 0.5~4초 가열
② 121℃에서 5~9초 가열
③ 130~150℃에서 0.5~5초 가열
④ 130~150℃에서 4~9분 가열

54 어육건제품과 그 특성의 연결이 틀린 것은?

① 동건품 – 물에 담가 얼음과 함께 얼린 것
② 자건품 – 원료 어패류를 삶아서 말린 것
③ 염건품 – 식염에 절인 후 건조시킨 것
④ 소건품 – 원료 수산물을 날것 그대로 말린 것

55 소시지 가공에 쓰이는 기계장치가 적절하게 연결된 것은?

① 사일런트 커터(Silent cutter), 프리저(Freezer)
② 스터퍼(Stuffer), 초퍼(Chopper)
③ 초퍼(Chopper), 균질기(Homogenizer)
④ 볼밀(Ball mill), 사일런트 커터(Silent cutter)

56 달걀의 저장 중에 일어나는 현상이 아닌 것은?

① 알껍질이 반들반들해진다.
② 흰자의 점성이 줄어든다.
③ 기실이 커진다.
④ 호흡작용으로 인해 산성으로 된다.

57 최대 빙결정 생성대에 대한 설명 중 잘못된 것은?

① 식품 중 물의 대부분이 동결되는 온도범위를 나타낸 것이다.
② 일반적으로 -5~-1℃의 범위를 뜻한다.
③ 급속동결 시 빙결정의 크기는 커진다.
④ 빙결정이 클수록 식품조직의 손상이 커진다.

58 버터 제조 시 필요한 공정이 아닌 것은?

① 75℃에서 살균하고 5~6시간 발효시킨다.
② 교반으로 지방의 알맹이를 응집시킨다.
③ 순도가 높은 소금 약 2.5%를 가하여 풍미를 향상시킨다.
④ 방사선으로 다시 오염균을 살균한다.

59 다음 세척법 중 습식 세척법이 아닌 것은?

① 침지세척
② 자석식 세척
③ 분무세척
④ 부유식 세척

60 다음 어육연제품의 제조공정 중 틀린 것은?

① 단백질이 용출되는 공정은 고기갈이공정이다.
② 고기갈이 시에 2~3%의 소금을 첨가하는데 이는 단백질의 용출을 돕고 겔 형성을 돕는다.
③ 중합인산염과 달걀 흰자는 탄력 보강을 위해 사용한다.
④ 염용성 단백질의 용출을 위해서는 고기갈이 후 초핑(Chopping)을 진행해야 한다.

제1회 CBT 모의고사
정답 및 해설

정답

01 ③	02 ②	03 ④	04 ①	05 ④
06 ③	07 ②	08 ②	09 ③	10 ④
11 ①	12 ②	13 ④	14 ④	15 ①
16 ④	17 ③	18 ②	19 ②	20 ①
21 ②	22 ④	23 ②	24 ③	25 ④
26 ③	27 ④	28 ②	29 ③	30 ③
31 ②	32 ①	33 ①	34 ③	35 ①
36 ④	37 ③	38 ②	39 ②	40 ③
41 ③	42 ②	43 ②	44 ①	45 ③
46 ④	47 ④	48 ③	49 ④	50 ④
51 ①	52 ②	53 ②	54 ②	55 ②
56 ②	57 ④	58 ①	59 ②	60 ④

01 영양소
- 열량영양소 : 탄수화물, 단백질, 지방
- 조절영양소 : 비타민, 무기질, 물

02
- 아밀라아제(Amylase) : 전분(Starch)의 Amylose, Amylopectin의 $\alpha-1,4$ 결합 분해효소
- 리파아제(Lipase) : 지방(Lipid) 분해효소
- 프로테아제(Protease) : 단백질(Protein) 분해효소
- 펙티나아제(Pectinase) : 펙틴(Pectin)의 분해효소

03
지방을 많이 함유하고 있는 식품은 산소의 존재하에 산패가 일어난다. 이를 방지하기 위해서는 질소 충전, 산소 제거 등의 공정을 통해 산소와의 접촉을 막아준다.

04
- 식물성 향기성분
  - 에스테르류 : 과일류의 향기성분
  - 황화합물 : 무, 마늘, 고추냉이 등의 향기성분
  - 테르펜화합물 : 오렌지, 레몬, 박하 등의 향기성분
- 동물성 향기성분
  - 암모니아 및 아민류 : 어류 및 육류의 부패취
  - 카보닐화합물 : 우유, 버터, 치즈의 향기성분

05 글루탐산
감칠맛을 내는 단백질 구성 아미노산을 말한다.

06 에테르추출법
식용유 등 중성지질로 구성된 식품 및 식육에서의 조지방분석법으로 속슬렛추출장치를 이용해 에테르를 순환시켜 검체 중의 지방을 추출하여 정량하는 분석법이다.

07
- 호화 및 노화의 조건

구분	호화	노화
수분	함량이 높을수록	30~60%
온도	높을수록	0℃ 전후
pH	알칼리성	산성
전분종류	Amylose가 많을수록	

- 찹쌀은 Amylopectin으로만 구성되어 있어 호화와 노화 모두 느리게 일어난다.

08
- 요오드가(Iodine value) : 유지의 이중결합에 첨가되는 요오드의 양으로 불포화도를 측정하는 수치
- 건성유
  - 요오드가 130 이상
  - 아마인유, 등유, 들기름
- 반건성유
  - 요오드가 100~130
  - 참기름, 대두유, 면실유
- 불건성유
  - 요오드가 100 이하
  - 올리브유, 땅콩기름, 피마자유

09
- 유화 : 두 종류의 액체를 안정한 에멀션으로 만드는 일(수분 · 유지)
- 덱스트린화 : 전분이 가수분해되면서 중간단계에서 생기는 가수분해산물

10 비타민 D
골격 형성, 칼슘과 인의 흡수와 재흡수 촉진

11
- 노화의 촉진 온도 : 0℃ 전후
- 노화의 억제 온도 : 60℃ 이상, -20℃ 이하

12
- 펩신 : 단백질 분해효소
- 리파아제 : 지방(Lipid) 분해효소
- 프티알린(Ptyalin) : 전분 분해효소

13 클로로필의 색변화
- 산 : 클로로필에서 페오피틴을 거쳐 갈색의 페오포르비드를 형성한다.
- 염기 : 짙은 녹색의 클로로필린을 형성한다.

14
- 스카톨, 인돌 : 인간 배설물의 주 악취성분
- 메탄올 : 메틸알코올로 목재가열로 얻어지는 휘발성 성분
- 트리메틸아민(TMA) : 어류의 비린내성분으로 초기 부패를 측정하는 데 사용

15 효소적 갈변 억제법
- 데치기 : 83℃ 정도로 2~3분 열처리하면 효소가 불활성화
- 아황산염 : 아황산염의 환원성에 의해 pH 6.0에서 갈변 억제
- 산소의 제거 : 진공처리, 탈기 등으로 산화 억제
- 유기산 처리 : 구연산, 사과산, Ascorbic acid 등으로 pH를 낮추어 효소 활성 억제
- 식염수 처리 : Cl^-에 의해 효소작용 억제
- 물에 침지 : Tyrosinase는 수용성으로 감자를 물에 넣어 두면 갈변이 일어나지 않음

16 안정성이 높은 비타민
- 열에 대해 안정성이 높은 비타민
  - 지용성 비타민 : 비타민 D, 비타민 E
  - 수용성 비타민 : 비오틴(Biotin), 비타민 B_2
- 알칼리에 대해 안정성이 높은 비타민
  - 지용성 비타민 : 비타민 A
  - 수용성 비타민 : Niacin

17
- 채소에는 칼슘(Ca)과 칼륨(K)이 풍부하며 인은 콜라와 같은 탄산음료에 과량 함유되어 있다.
- 채소에는 비타민 A · B · C가 풍부하다.

18
칼슘(Ca)과 인(P)은 골격과 치아의 구성 성분으로 성장기 어린이나 임산부에게 필요량이 증가한다. 칼슘과 인은 1:1의 비율로 섭취하는 것이 적정하나, 현대인의 경우 인의 섭취량은 권장섭취량을 초과하여 섭취하는 것에 비하여 칼슘의 섭취량은 낮아 골격 형성에 문제가 발생할 수 있다.

19
- 필수아미노산 : 체내에서 합성할 수 없어 식품을 통해 섭취해야만 하는 아미노산
- 제한아미노산 : 필수아미노산의 표준필요량의 분포도에 비하여 가장 부족하여 영양가를 제한하는 아미노산
- 단백질의 질평가 : 이상적인 필수아미노산 표준구성과 유사할수록 질이 높다고 평가되며 일반적으로 동물성 단백질에서 아미노산가, 화학가가 높아 단백질의 질이 높다고 평가된다.

20
- 닌하이드린(Ninhydrin)시험 : 아미노산 및 단백질의 정성분석법
- 사카구치(Sakaguchi)시험 : 아미노산 중 Arginine의 정량분석법
- 밀론(Millon)시험 : 단백질의 정성분석법
- 펠링(Fehling)시험 : 침전을 통한 환원당의 정성분석법
- TBA값 시험 : 지방의 산패도 분석실험법

21
설탕의 수분활성도가 가장 낮다.

22
클로스트리디움속의 경우 혐기성균이기 때문에 혐기조건의 통조림조건에서 생존이 가능하다. 보툴리눔이 생산하는 신경독소인 뉴로톡신(Neurotoxin)의 경우 100℃에서 10분간 가열하여야 사멸되기에, 통조림의 불완전 가열 시 생존할 수 있다.

23

구분	중간숙주	종류
채소매개	0	회충, 십이지장충, 요충, 편충
육류매개	1	유구조충, 무구조충
어패류매개	2	간디스토마, 폐디스토마

24
발효와 부패는 동일한 대사과정을 거치나 그 생산산물을 식품으로 식용할 수 있으면 발효, 그렇지 않으면 부패로 판단한다.

25 단백질의 부패산물
탄산가스, 메르캅탄, 아민, 트리메틸아민, 인돌, 스카톨 등

26 경구감염병과 세균성 식중독
- 경구감염병
  - 물, 식품이 감염원으로 운반매체이다.
  - 병원균의 독력이 강하여 식품에 소량의 균이 있어도 발병한다.
  - 사람에서 사람으로 2차 감염된다.
  - 잠복기가 길고 격리가 필요하다.
  - 면역이 있는 경우가 많다.
  - 감염병 예방법

- 세균성 식중독
  - 식품이 감염원으로 증식매체이다.
  - 균의 독력이 약하다. 따라서 식품에 균이 증식하여 대량으로 섭취하여야 발병한다.
  - 식품에서 사람으로 감염(종말감염)된다.
  - 잠복기가 짧고 격리가 불필요하다.
  - 면역이 없다.
  - 식품위생법

27 유해착색료
- 아우라민(Auramine) : 카레, 단무지 등에 사용된 염기성 황색 색소로 간암 유발로 금지
- 로다민(Rhodamine) B : 어묵, 생강 등에 사용된 분홍색의 색소로 전신착색, 색소뇨 등의 증상으로 금지
- 수단(Sudan) Ⅲ : 고춧가루에 사용되었던 붉은색 색소
- p-니트로아닐린(p-nitroaniline) : 과자에 사용된 황색 색소로 청색증 및 신경독 유발
- 말라카이트 그린(Malachite green) : 금속광택의 녹색 색소로 발암성으로 금지

28 그람염색(Gram staning)
세균 세포벽의 구조 차이를 이용하여 고안된 세균염색법

29
- 물리적 검사 : 물성, Biscosity, Texture
- 화학적 검사 : 카드뮴, 잔류농약, 항생물질 등
- 생물학적 검사 : 일반세균, 대장균, 살모넬라 검사 등

30 대장균군
그람음성, 무아포성 간균으로 유당을 분해하여 가스를 발생하는 모든 호기성 또는 통성혐기성균을 말한다.

31
- 프로피온산 : 과자류, 빵류, 떡류, 잼류, 유가공품에 사용한다.
  - 잼류 : 1.0 이하(프로피온산으로서 기준)
  - 빵 : 2.5 이하(프로피온산으로서 기준하며, 빵류에 한함)
  - 유가공품 : 3.0 이하(프로피온산으로서 기준하며, 소르빈산, 소르빈산칼륨 또는 소르빈산칼슘을 병용할 때에는 프로피온산 및 소르빈산의 사용량의 합계가 3.0 이하)
- 소르빈산 : 잼류, 식용유지류, 음료류, 장류, 조미식품, 절임류 또는 조림류, 주류, 식육가공품 및 포장육, 유가공품, 수산가공식품류에 폭넓게 사용한다.
- 안식향산 : 잼류, 식용유지류, 음료류, 장류(한식간장, 양조간장, 산분해간장, 효소분해간장, 혼합간장에 한함), 조미식품, 절임류 또는 조림류에 사용한다.
- 파라옥시안식향산메틸 : 잼류, 음료류, 장류, 조미식품에 사용한다.
- 데히드로초산 : 버터, 치즈, 마가린에 사용 가능한 보존료이다.

32 인수공통감염병
- 인수공통감염병의 종류 : 탄저, 파상열(브루셀라병), 결핵, 돈단독증, 야토병, Q열 등
- 인수공통감염병의 예방
  - 이환동물을 조기 발견하여 격리치료를 한다.
  - 이환동물이 식품으로 취급되지 않도록 하며 우유 등의 살균처리를 한다.
  - 수입되는 유제품, 가축, 고기 등의 검역을 철저히 한다.

33
식품이 변질되면서 탄수화물, 단백질 등의 고분자화합물이 저분자화합물로 분해되고, 세균수가 증가한다. 생균수 측정은 신선도 판정을 위한 대표적인 분석법이다.

34 HACCP = 준비의 5단계 + 7원칙
- 준비의 5단계
  - HACCP팀 구성
  - 제품설명서 작성
  - 제품용도 확인
  - 공정흐름도 작성
  - 공정흐름도 현장 확인
- HACCP 7원칙
  - 위해요소 분석
  - 중요관리점(CCP) 결정
  - 중요관리점(CCP) 한계기준 설정
  - 중요관리점(CCP) 모니터링체계 확립
  - 개선조치방법 수립
  - 검증절차 및 방법 수립
  - 문서화 및 기록유지

35 감염병과 병원체
- 세균 : 장티푸스, 파라티푸스, 콜레라, 세균성 이질, 천열, 돈단독증, 탄저, 파상열, 결핵, 야토병, Q열
- 기생충 : 아메바성 이질
- 바이러스 : 소아마비, 폴리오, 유행성 간염, 유행성 출혈열

36
- 감자 : 솔라닌(Solanine)
- 부패감자 : 셉신(Sepsin)
- 청매 : 아미그달린(Amygdalin)
- 독미나리 : 시큐톡신(Cicutoxin)
- 피마자 : 리시닌(Ricinine), 리신(Ricin)
- 목화씨 : 고시폴(Gossypol)
- 고사리 : 프타퀼로사이드(Ptaquiloside)

37 방사선조사식품
방사선조사는 주로 ^{60}Co의 감마선을 이용해 포장된 상태의 제품을 살균처리할 수 있어 외관상 비조사식품과 구별이 어렵다. 비열처리하므로 냉살균이라고도 하며, 침투력이 강해 조사한 식품은 재조사 하지 않는다.

38
부패가 진행됨에 따라 탄수화물, 단백질, 지방이 분해되어 저분자 화합물이 되며 총균수는 증가한다. 세균수를 측정하는 목적은 식품의 부패 진행도를 알기 위함에 있다.

39

구분	종류
채소매개	회충, 십이지장충, 요충, 편충
육류매개	유구조충, 무구조충
어패류매개	간디스토마, 폐디스토마

40
- 납과 주석 : 산이나 산소 존재하에 용출될 가능성이 존재하므로 유기산함량이 많은 과실통조림에서 용출의 가능성이 가장 높다.
- 알루미늄 : 산, 알칼리에 부식
- 아연, 주석 : 산성식품에서 용출
- 구리 : 산가용성 녹청에 의한 용출

41 우유의 표준화
목표하는 규격에 맞춰 유지방, 무지고형분, 비타민 등의 함량을 일정하게 조정하는 것

42 동결건조
- 수분을 얼려 승화시켜 건조, 고비용제품에 이용한다.
- 품질 손상 없이 2~3%의 저수분상태로 건조할 수 있다.
- 냉각기의 온도는 -40℃, 압력은 0.098mmHg이다.
- 형태가 유지되고 다공성이므로 복원력이 좋다.
- 향미가 보존되고 식품성분 변화가 작다.
- 쉽게 흡습하고 잘 부서져 포장이나 수송이 곤란하다.

43
소나무, 전나무, 향나무와 같은 침엽수는 수지성분이 안 좋은 훈연취를 부여하므로 훈연제로 사용하지 않는다.

44 연압
버터입자를 교반하여 조직을 치밀하게 만들어주며 유중수적형 버터를 형성한다.

45
- 급속동결제품을 해동 시 빙결정의 결정이 작아 드립양이 적지만 완만동결제품을 해동 시에는 결정이 큰 빙결정이 녹으며 드립이 발생하고 품질에 영향을 준다.
- 급속동결 : 최대 빙결정 생성대를 30분 내로 통과하는 동결법으로, 빙결정의 모양이 균일하고 결정이 작아서 품질에 영향을 적게 준다.

46 두부의 응고제
- 황산칼슘($CaSO_4$) 응고제 : 응고반응이 염화물에 비해 느려 보수성, 탄력성이 좋은 두부를 생산한다.
- 염화칼슘($CaCl_2$) 응고제 : 칼슘 첨가로 영양 보강, 응고작용이 좋다.
- Glucono-δ-lactone 응고제 : 부드러운 조직감을 가지나 신맛이 있을 수 있다.
- 간수 : 염화마그네슘($MgCl_2$), 황산마그네슘($MgSO_4$)

47 단위조작의 원리와 주요 단위조작

원리	주요 단위조작
유체흐름	수세, 침강, 교반, 원심분리, 균질 등
열전달	데치기, 끓이기, 볶기, 삶기, 살균, 냉장, 냉동 등
기계조작	분쇄, 압출, 성형, 제분, 포장, 혼합 등

48 밀가루의 품질과 용도

종류	건부량	습부량	원료 밀	용도
강력분	13% 이상	40% 이상	유리질 밀	식빵
중력분	10~13%	30~40%	중간질 밀	면류
박력분	10% 이하	30% 이하	분상질 밀	과자

대부분의 면류는 중력분을 이용하지만 고압으로 압출하여 뽑아내는 방식의 압출면인 마카로니는 강력분을 사용한다.

49 트립신 저해제(Trypsin inhibitor)
콩은 일반적으로 단백질의 함량이 20~45%로 고단백식품이다. 이러한 단백질식품을 체내에서 잘 소화시키려면 단백질 분해효소인 트립신이 역할을 해주어야 한다. 하지만 콩에는 트립신 저해제가 함유되어 있어 체내에서 트립신의 활성을 저해하여 단백질의 소화·흡수를 어렵게 한다. 이러한 트립신 저해제는 가열 시 불활성화되므로 두부 제조 시 적절한 가열공정을 통해 불활성화시킬 수 있다.
- 트립신(Trypsin) : 단백질 분해효소
- 트립신 저해제(Trypsin inhibitor) : 단백질 분해효소 억제제

50 단위조작
식품가공공정에서 물리적 변화를 취급하는 조작으로 유체의 흐름, 열전달, 물질이동, 열이동, 기계적 조작이 이에 속한다.

51 CA(Controled Atmosphere) 저장
- 과채류(사과, 배, 감)는 수확 후 호흡을 유지하여 호흡열에 의한 품온 상승으로 인해 숙성도가 증가한다.
- 이에 CA 저장은 밀폐된 공간에 산소의 비율을 낮추고 이산화탄소의 비율을 높여 호흡을 억제하므로 냉장설비와 함께 저장기간을 연장하는 방법이다.
- 과실의 호흡과정에서 발생하는 에틸렌가스는 과실류의 숙성을 촉진한다.

52 시머(밀봉기, Seamer)
제1롤과 제2롤에 의해 2중 밀봉을 하는 이중밀봉장치를 뜻한다.
- 밀봉기의 3요소 : 척, 롤, 리프터
- 척(Chuck) : 통조림의 윗부분을 고정
- 리프터(Lifter) : 통조림의 아랫부분을 고정
- 롤(Roll) : 1롤이 관뚜껑과 관통을 밀착 후 2롤이 말리면서 밀봉
- 시밍기구 조절 순서 : 척 위치를 고정 후 리프터의 조절을 통해 통조림의 밑부분을 고정 후 제1롤과 제2롤의 순서로 시밍이 된다.

53 Jelly point 형성의 3요소
당(60~65%), 펙틴(1.0~15%), 유기산(0.3%, pH 3.0)

54 헤스페리딘
감귤류의 하얀 부분을 뜻하며, 감귤통조림 시럽의 혼탁의 원인이 된다.

55
- 사일런트 커터(Silent cutter) : 어육소시지, 분쇄육 등을 초퍼보다 미세하게 분쇄할 때 사용한다.
- 스터퍼(Stuffer) : 어육이나 다짐육을 케이싱 혹은 포장에 다져 넣어 고기풀을 결착시키는 데 쓰인다.

56 스프링
에너지의 완충작용을 하는 기계요소이다.

57 Jelly point 형성의 3요소
당(60~65%), 펙틴(1.0~15%), 유기산(0.3%, pH 3.0)

58 사후경직
- 근육 글리코겐 분해에 따라 젖산 생성, ATP 생성, 근육경직 발생 (액토미오신 형성)
- 생선은 1~4시간, 닭은 6~12시간, 소고기는 24~48시간, 돼지는 70시간 후 최대 사후경직
- 경직 해제 후 자가소화효소에 의한 숙성
- 소고기 숙성은 0℃에서 10일간, 8~10℃에서 4일간
- 육류(pH 7.0) – 사후강직(pH 5.0) – 자가소화(Autolysis, pH 6.2) – 부패(pH 12)
- 육류를 숙성시키면 신장성과 보수성이 증가

59
- 진음법 : 신선한 계란은 기공이 작아 소리가 나지 않는다.
- 비중법 : 11% 식염수에 계란을 담갔을 때, 신선란은 가라앉고 비신선란은 기공이 커지면서 비중이 낮아 부유한다.
- 할란검사 : 신선한 계란은 난백과 난황의 점성이 높아 윤곽이 뚜렷하게 보인다.

60 파스퇴르 저온살균
60~65℃에서 30분 동안 살균하는 우유살균법으로 소의 결핵균을 사멸할 수 있는 최저 온도조건이다.

제2회 CBT 모의고사
정답 및 해설

정답

01 ③	02 ②	03 ④	04 ③	05 ③
06 ①	07 ④	08 ④	09 ①	10 ④
11 ①	12 ①	13 ③	14 ④	15 ①
16 ②	17 ③	18 ④	19 ②	20 ②
21 ②	22 ④	23 ④	24 ①	25 ②
26 ④	27 ③	28 ④	29 ②	30 ③
31 ③	32 ①	33 ④	34 ③	35 ①
36 ①	37 ③	38 ④	39 ①	40 ③
41 ④	42 ①	43 ①	44 ③	45 ④
46 ④	47 ①	48 ④	49 ④	50 ②
51 ①	52 ①	53 ②	54 ④	55 ①
56 ②	57 ①	58 ④	59 ①	60 ④

01
- 잔탄검 : 식물성 물질에서 미생물에 의해 생성되는 다당류
- 젤라틴 : 동물의 가죽·힘줄·뼈 등에서 얻어지는 다당류
- 구아검 : 콩의 배젖에서 분리되는 다당류
- 한천 : 해조류에서 분리되는 다당류

02
배추에 포함되어 있는 녹색계통의 색소는 클로로필이다. 클로로필은 산성에서 갈색으로 변하는 특성을 가지고 있다. 배추김치를 담글 때에는 발효과정 중 생성되는 젖산에 의해 녹색의 클로로필이 녹갈색으로 변화한다.

03 어육의 부패생성물
암모니아, 아민, 스카톨, 트리메틸아민, 인돌, 황화수소, 이산화탄소

04 식품의 갈변

구분	종류	갈변현상의 예
효소적 갈변	Polyphenol oxidase, Tyrosinase	과일, 채소의 갈변, 감자의 갈변
비효소적 갈변	마이야르반응	된장의 갈변, 간장의 갈변
	캐러멜화반응	달고나

05
- 유화 : 두 종류의 액체를 안정한 에멀션으로 만드는 일(수분·유지)
- 덱스트린화 : 전분이 가수분해되면서 중간단계에서 생기는 가수분해산물

06 캐러멜화반응(Caramelization reaction)
- 당류의 가열에 의해 황갈색 내지 흑갈색의 캐러멜(Caramel)물질이 형성되는 비효소적 갈변반응이다.
- 110℃ 이상의 고온에서 일어나며 알칼리성일 때 잘 일어난다.

07
- Alkaloid : 차나 커피의 Caffeine, 코코아나 초콜릿의 Theobromine, 니코틴, 아트로핀 등의 쓴맛
- Humulone : 맥주에서 쓴맛을 내는 원료성분
- Naringin : 귤 과피의 쓴맛

08 결합수의 성질
- 용매로 작용하지 않는다.
- 100℃ 이상으로 가열하여도 증발되지 않는다.
- 0℃ 이하에서 얼지 않는다.
- 보통의 물보다 밀도가 크다.
- 압력에 의해서도 제거되지 않는다.
- 식품성분에 이온결합으로 결합되어 미생물이 이용하지 못한다.

09 유화
물과 기름처럼 섞이지 않는 두 가지의 액체가 분산되어 콜로이드에 이르는 상태
- 수중유적형(O/W형) : 우유, 마요네즈, 아이스크림
- 유중수적형(W/O형) : 버터, 마가린

10
글리코겐은 과량 섭취된 포도당이 간이나 근육에 저장되는 저장 다당류이다.

11 당류의 감미도
과당 > 자당 > 포도당 > 엿당 > 올리고당 > 유당

12
- 상압가열건조법 : 105~110℃에서 상압건조
- 감압가열건조법 : 100℃ 이하에서 감압건조

13 에테르추출법
식용유 등 중성지질로 구성된 식품 및 식육에서의 조지방분석법으로 속슬렛추출장치를 이용해 에테르를 순환시켜 검체 중의 지방을 추출하여 정량하는 분석법이다.

14
- 건성유
  - 요오드가 130 이상
  - 아마인유, 등유, 들기름, 간유
- 반건성유
  - 요오드가 100~130
  - 참기름, 대두유, 면실유
- 불건성유
  - 요오드가 100 이하
  - 올리브유, 땅콩기름, 피마자유

15 유화
물과 기름처럼 섞이지 않는 두 가지의 액체가 분산되어 콜로이드에 이르는 상태

16 단백질함량
$1.5\% \times 6.25 = 9.375 ≒$ 약 9.4%

17
과실이 익어가면서 조직이 연해지는 것은 세포벽 사이에서 시멘트 역할을 해주는 펙틴질이 분해되기 때문이다.

18 전분의 호정화
전분에 물을 가하지 않고 가열하면 부피가 팽창하는데 이를 호정화라 한다. 호정화된 전분은 물에 잘 녹고 효소작용도 받기 쉬워 소화가 잘 된다. 대표적으로 팝콘과 뻥튀기가 있다.

19 매운맛
- 후추 : 피페린, Chavicine
- 산초 : Sanshol
- 생강 : 진저론, 쇼가올, Gingerol
- 겨자 : 알릴이소티오시아네이트
- 마늘, 파, 양파 : 알리신
- 고추 : 캡사이신

20
글리코사이드는 당의 알코올기가 서로 탈수축합으로 만들어진 당의 결합형태이다.

21 변질의 종류
- 부패(Putrefaction) : 단백질이 미생물에 의해 악취와 유해물질을 생성한다.
- 발효(Fermentation) : 탄수화물이 효모에 의해 유기산이나 알코올 등을 생성한다.
- 산패(Rancidity) : 지질이 산소와 반응하여 변질되어 이미, 산패취, 과산화물 등을 생성한다.
- 변패(Deterioration) : 미생물에 의해 탄수화물이 변질된다.

22 식품영업에 종사하지 못하는 질병의 종류
- 결핵(비감염성인 경우는 제외)
- 피부병 또는 그 밖의 고름 형성(화농성) 질환
- 콜레라
- 후천성 면역결핍증

23 잔류농약의 특징
- 살충제, 살균제, 제초제의 용도 등으로 사용하는 물질로 유기염소계, 유기인계, 카바메이트계 등이 존재한다.
- 세균성 식중독에 비해 발생률은 적지만 계절에 상관없고 대부분 만성 중독을 일으킨다.
- 수확 직전 살포 시에는 식품에 다량 잔류할 수 있다.
- 농약에 오염된 사료로 사육한 동물에서 생산된 우유 등에도 잔류할 수 있다.

24 보존료
미생물에 의한 식품의 부패나 변질을 방지하여 신선도를 유지하고 식품의 영양가를 보존하기 위해 사용하는 물질을 말한다.

25 장염비브리오(Vibrio parahaemolyticus)
- 감염형 식중독균으로 그람음성, 무포자의 통성혐기성균
- 호염균으로 3~4%에서 서식 가능
- 어패류의 생식을 통해 감염
- 복통, 구토, 설사, 발열 등의 전형적인 급성 위장염 증상이 나타남

26 바실루스 세레우스(Baillus cereus)
- 그람양성의 포자 형성을 하는 호기성균이다.
- 토양세균으로 원인균과 포자가 자연계에 널리 분포하여 식품에 오염될 기회가 많으며 주로 복합조미식품, 장류, 김치류, 젓갈류 등에서 오염된다.

27
세포가 왕성하게 증식하며 생리적 활성이 가장 높은 시기는 대수기이다.

28
- 멸균 : 살아 있는 미생물인 영양세포와 포자까지 사멸
- 살균 : 모든 영양세포는 사멸시키나 포자는 파괴하지 못함
- 소독 : 병원성 미생물의 사멸
- 방부 : 부패미생물의 생육 억제

29 식품첨가물의 구비조건
- 인체에 무해해야 한다.
- 체내에 축적되지 않아야 한다.
- 미량으로 효과가 있어야 한다.
- 이화학적 변화에 안정해야 한다.
- 값이 저렴해야 한다.
- 영양가를 유지시키며 외관을 좋게 해야 한다.
- 첨가물을 확인할 수 있어야 한다.

30
생선에 존재하는 히스티딘은 알레르기를 일으키는 식중독균인 모르가넬라(Morganella morganii)에 의해 탈탄산되어 히스타민을 생성한다.

31 황색포도상구균
그람양성의 포자 비형성 포도상의 구균이다. 피부상재균으로 화농성 질환자에서 높은 빈도로 검출되기 때문에 질환자의 식품취급은 교차오염을 유발할 수 있다.

32 유해착색료
- 아우라민(Auramine) : 카레, 단무지 등에 사용된 염기성 황색 색소로 간암 유발로 금지
- 로다민(Rhodamine) B : 어묵, 생강 등에 사용된 분홍색의 색소로 전신착색, 색소뇨 등의 증상으로 금지
- 버터 옐로(Butter yellow) : 간장암을 유발하는 황색의 색소
- 실크 스칼렛(Silk scarlet) : 염색제로 사용되는 붉은색의 색소

33
납(Pb)은 도자기제 및 법랑 피복제품 등에 안료로 사용되어 그 소성온도가 충분하지 않으면 유약과 같이 용출되어 식품위생상 문제가 된다.

34 수질오염의 지표
- 생물학적 산소요구량(BOD)
- 화학적 산소요구량(COD)
- 미생물 : 일반세균, 대장균, 대장균군, 분원성 대장균군

35
- 우유의 저온살균은 결핵균을 사멸시키는 최저 온도조건을 설정한 것이다.
- BCG접종(Bacille de Calmette-Guerin vaccine) : 결핵을 예방하는 백신

36 식품위생검사 시 검체의 채취 및 취급에 관한 주의사항
- 검체 채취 시 상자 등에 넣어 유통되는 기구 및 용기, 포장은 가능한 한 개봉하지 않고 그대로 채취한다.
- 저온 유지를 위해 얼음을 사용할 때 얼음이 검체에 직접 닿지 않게 한다.
- 식품위생감시원은 검체 채취 시 당해 검체와 함께 검체채취내역서를 첨부하여야 한다.
- 채취된 검체는 오염, 파손, 손상, 해동, 변형 등이 되지 않도록 주의하여 검사실로 운반하여야 한다.
- 미생물학적인 검사를 위한 검체를 소분 채취할 경우 멸균된 기구·용기 등을 사용하여 무균적으로 가능한 한 많은 양을 채취하여야 한다.
- 균질한 상태의 것은 최소량을 채취하고 목적물이 불균질할 때에는 가능한 한 많은 양을 채취하는 것이 원칙이다.

37
에틸알코올은 70%에서 가장 살균력이 좋아 소독·살균제로 사용한다.

38
- 인수공통감염병 : 결핵, 파상열, 야토병, 리스테리아증, 광우병 등
- 콜레라
  - 대표적인 수인성 전염병으로 병원체는 Vibrio cholerae이다.
  - 인도의 풍토병으로 외래감염병이며, 검역대상으로 격리기간은 5일이다.
  - 환자나 보균자의 분변이 배출되어 식수, 식품, 특히 어패류를 오염시키고 경구로 감염되어 집단적으로 발생할 수 있다.

39 미나마타병
공장폐수 중 메틸수은화합물에 오염된 어패류를 장기간 섭취하여 발생한 것

40 살모넬라 식중독
- 계란, 어육, 연제품 등 광범위한 식품이 오염원이 된다.
- 비교적 열에 약해 60℃에서 20분 이상 가열 조리하여 예방할 수 있다.

41 Myoglobin
- Myoglobin은 암적색이나 산소와 결합 시 선홍색의 Oxymyoglobin이 되고 공기 중 산소에 의해 철이 산화하면 갈색의 Metmyoglobin이 된다.
- 조리 가열 시 Globin 부분이 변성·이탈되면 Hematin이 된다.
- 가공육의 색 고정화 : 햄, 베이컨과 같이 발색제인 아질산염을 처리하면 안정한 형태의 Nitrosomyoglobin을 형성하여 가열 조리 시 선홍색을 유지하는 것을 말한다.

42
쌀을 도정하면 호분층과 배아가 제거되어 배유부인 전분의 비율이 높아진다.

43
사후경직시간은 도체의 크기에 비례한다.

44 경화유
- 불포화지방산이 많은 액체유에 Ni 존재하에서 H를 첨가하여 고체지(포화지방산)로 제조
- 녹는점이 높아지고 안정성 증가, 산패가 적고 냄새 감소
- 어유, 콩기름, 면실유, 채종유 등에 이용
- 쇼트닝, 마가린 등이 대표적인 제품

45 알코올 침전반응검사
알코올의 탈수작용과 단백질의 응고작용을 이용한 우유의 신선도 검사법을 말한다.
- 우유단백질인 카세인은 pH 4.6에서 응고되어 침전물을 형성
- 알코올의 탈수작용을 이용하면 산도가 높은 부패유의 경우 pH가 저하되며 카세인이 응고되는 원리

46 진공동결건조(동결건조)
- 수분을 얼려 승화시켜 건조, 고비용제품에 이용한다.
- 품질 손상 없이 2~3%의 저수분상태로 건조할 수 있다.
- 냉각기의 온도는 −40℃, 압력은 0.098mmHg이다.
- 형태가 유지되고 다공성이므로 복원력이 좋다.
- 향미 보존, 식품성분 변화가 작다.
- 쉽게 흡습하고 잘 부서져 포장이나 수송이 곤란하다.

47 통·병조림식품
제조·가공 또는 위생처리된 식품을 12개월을 초과하여 실온에서 보존 및 유통할 목적으로 식품을 통 또는 병에 넣어 탈기와 밀봉 및 살균 또는 멸균한 것을 말한다.

48 추출법(Extraction process)
식물성 원료를 유기용매로 녹여서 제조, 추출용매는 벤젠, 에틸알코올, 노멀 헥산, 아세톤, CS_2 등을 사용한다.
- 추출용매는 가격이 저렴하고, 유지 이외의 물질은 추출하지 말아야 하며 기화열과 비열이 낮아 회수가 쉬워야 한다.
- 인화, 폭발 등의 위험이 없으며 식품에 이취, 이미를 남기지 않아야 한다.

49 연제품의 탄력 형성 요인
- 원료어육 : 단백질함량이 높은 백색어육이 좋다.
- 소금 : 2~3%의 소금 첨가는 염용성 단백질이 용출되어 겔이 형성될 수 있도록 돕는다.
- pH : 6.5~7.5에서 가장 탄력 있는 겔이 형성된다.
- 가열조건 : 가열온도가 높고, 속도가 빠를수록 겔 형성이 강해진다.
- 첨가물
  - 달걀 흰자 : 탄력 보강 및 광택
  - 지방 : 맛의 개선이나 증량
  - 전분 : 탄력 보강 및 증량제
  - 아스코르브산 : 색택 향상
  - 중합인산염 : 단백질의 용해를 도와 탄력 보강

50 증류
끓는점이 서로 다른 액체혼합물을 비점의 차이에 의해서 분리하는 방법

51
버터 제조 시 크림에 있는 지방구에 충격을 가하여 지방구를 파손시켜 버터입자를 만드는 과정을 교동(Churning)이라 하며 이때 사용되는 기계를 교동기라 한다.

52
- 개량 물간법
  - 마른간법과 물간법을 혼용하는 방법으로서 물이 새지 않는 용기 중에 마른간한 어체를 한층 한층 쌓아 최상부에 다시 식염을 뿌린 다음 누름돌을 얹어 주어 어체에서 침출되어 나온 물에 식염이 용해되어 물간한 상태로 되는 것으로 물간법과 마른간법의 단점을 보완하는 염장법이다.
  - 식염의 침투가 균일하다.
  - 외관과 수율이 좋다.
  - 염장 초기에 부패할 가능성이 작다.
  - 지방산패로 인한 변색을 방지할 수 있다.
- 개량 마른간법
  - 처음 물간으로 가염지를 하여 식품에 부착한 세균 및 어체 표면의 점질물 등을 제거한 후 마른간으로 본염지를 하여 염장효과를 높이는 방법이다.
  - 기온이 높을 경우, 선도가 불량한 어체염장에 효과적이다.

53
달걀은 유화성·기포성·열응고성이 있어 조리에 폭넓게 이용된다. 달걀 노른자에는 유화제로 작용하는 레시틴의 함량이 높다.

54
식혜는 쌀에 엿기름(맥아)의 주효소인 아밀라아제(Amylase)를 이용해 당화시켜 단당류의 생성으로 단맛을 형성하는 음청류이다. 멥쌀을 구성하는 Amylose가 Amylopectin에 비하여 당화에 적절하여 멥쌀을 주로 이용한다. 엿도 식혜와 동일하게 곡류의 당화를 이용하여 제조한 식품이다.

55 통조림 제조의 4대 공정
탈기 → 밀봉 → 살균 → 냉각

56 연제품
어육에 소금을 첨가함으로써 염용성(염에 용출되는) 단백질인 액토미오신을 용출시킨 후 응고시킨 제품을 말한다.

57 소금절임(건염법, 염수법, 혼합법)
- 소금을 이용하여 저장하는 방법
- 삼투압에 의해 원형질분리
- 탈수에 의한 미생물 사멸
- 염소 자체의 살균력
- 용존산소 감소효과에 따른 화학반응 억제
- 단백질 변성에 의한 효소의 작용 억제 등의 효과

58 압출성형
반죽 등 반고체원료를 노즐 또는 Die를 통해 강한 압력으로 밀어내어 성형, 단위공정은 열처리, 혼합, 분리, 압착, 배열, 팽화, 성형의 과정(스낵, 마카로니 등)이다.

59
- 초음파세척은 습식 세척이다.
- 건식 세척
  - 크기가 작고 기계적 강도가 있으며, 수분함량이 적은 곡류, 견과류 세척에 이용한다.
  - 시설비, 운영비가 적고 폐기물처리가 간단하지만, 재오염 가능성이 크다.
  - 송풍분류기(Air classifier) : 송풍 속에 원료를 넣어 부력과 공기 마찰로 세척한다.
  - 마찰세척(Abrasion cleaning) : 식품재료 간 상호 마찰에 의해 분리한다.
  - 자석세척(Magnetic cleaning) : 원료를 강한 자기장에 통과시켜 금속 이물질을 제거한다.
  - 정전기적 세척(Electrostatic cleaning) : 원료에 함유된 미세먼지를 방전시켜 음전하로 만든 뒤 제거, 차 세척(Tea cleaning)에 이용한다.
  - 흡인세척(Aspiration cleaning) 등

60 계란의 선도검사(외부적인 검사)
- 비중법 : 신선란 1.0784~1.0914, 11% 식염수에 가라앉는다(부패란은 뜬다).
- 진음법 : 신선란은 소리가 나지 않고 묵은 알은 소리가 난다.
- 설감법 : 신선란은 따뜻한 느낌, 묵은 알은 차가운 느낌이다.
- 신선란은 껍질이 거칠지만 저장 중에는 반들반들해진다.
- 달걀의 장기보존 시 난백의 수양화, 노른자(난황)계수의 감소, 수분 증발에 의한 달걀의 무게 감소, pH 상승이 일어난다.

제3회 CBT 모의고사
정답 및 해설

정답

01 ③	02 ③	03 ④	04 ①	05 ④
06 ④	07 ④	08 ①	09 ③	10 ②
11 ③	12 ④	13 ④	14 ①	15 ①
16 ①	17 ③	18 ①	19 ①	20 ①
21 ②	22 ①	23 ①	24 ①	25 ④
26 ④	27 ④	28 ③	29 ③	30 ③
31 ④	32 ④	33 ③	34 ③	35 ③
36 ②	37 ④	38 ③	39 ③	40 ④
41 ①	42 ④	43 ④	44 ④	45 ③
46 ④	47 ①	48 ③	49 ③	50 ②
51 ①	52 ②	53 ③	54 ①	55 ②
56 ④	57 ③	58 ④	59 ②	60 ④

01 유당(젖당)
포도당+갈락토오스

02 전분의 노화
- 호화전분(α-전분)을 실온에 완만 냉각하면 전분입자가 수소결합을 다시 형성해 생전분과는 다른 결정을 형성하는데 이 현상을 노화 또는 β화라고 한다.
- 노화가 가장 잘 발생되는 온도는 0℃ 정도이며 60℃ 이상, -20℃ 이하에서 노화는 발생되지 않는다(밥의 냉동 저장).
- 30~60%의 함수량이 노화되기 쉬우며 30% 이하, 60% 이상에서는 어렵다(비스킷, 건빵).
- 알칼리성은 노화를 억제하고 산성은 노화를 촉진한다.
- Amylose가 많을수록, 전분입자가 작을수록 노화가 빠르다. 감자, 고구마 등 서류전분은 노화되기 어려우나 쌀, 옥수수 등 곡류전분은 노화되기 쉽다.
- 대부분 염류는 호화를 촉진하고 노화를 억제한다. 단, 황산염은 반대로 노화를 촉진한다.
- 당은 탈수제로 노화를 억제하며(양갱) 유화제도 노화를 억제한다.

03
- 비타민 A : 야맹증, 안구건조증, 성장 지연, 피부염 등
- 비타민 E : 불임 등
- 비타민 B_1 : 각기병, 식욕 부진, 부종, 심장 비대, 신경염 등

04 카로티노이드(지용성 색소)
- 카로틴류 : Lycopene(토마토, 수박의 적색), β-carotene(당근의 황색)
- 크산토필류 : Capsanthin(고추의 적색), Astaxanthin(게, 새우의 적색)
- 산, 알칼리에 안정하며 쉽게 변색되지 않는다.

05
호박의 황색성분은 카로티노이드계열의 황색색소이다.

06
Chlorophyll을 Cu^{2+}, Fe^{2+} 등의 금속으로 가열처리하면 Mg^{2+}이 치환되어 녹색의 Chlorophyll염을 생성한다.

07 요오드가(Iodine value)
유지의 이중결합에 첨가되는 요오드의 양으로 불포화도를 측정하는 수치를 말한다.

08 클로로필의 색변화
- 산 : 클로로필에서 페오피틴을 거쳐 갈색의 페오포르비드를 형성한다.
- 염기 : 짙은 녹색의 클로로필린을 형성한다.

09
6g × 6.25(질소계수) = 37.5g

10
유지의 산화는 산소와 접촉면이 넓어질수록 급격하게 진행된다. 유지는 밀봉하여 산소와의 접촉을 최소화하여 보관해야 한다.

11 유지의 녹는점(Melting point)
- 탄소수가 증가할수록 융점이 높고 이중결합이 많을수록 융점이 낮다.
- 불포화지방산이 적고 포화지방산이 많은 동물성 지방은 상온에서 고체로 존재하며 식물성 유지는 불포화지방산이 상대적으로 많아 상온에서 액체로 존재한다.

12
옥사졸린은 살충제이다.

13 아미노산의 맛
- 감칠맛 : 글루탐산(간장, 된장, 다시마 등), 메티오닌
- 쓴맛 : 발린, 류신, 프롤린, 트립토판
- 신맛 : 아스파라긴산, 히스티딘
- 단맛 : 세린, 글리신, 알라닌

14 단백질 변성
강한 산이나 염기(pH)로 처리하거나 열, 이온성 세제, 유기용매 등의 변성제를 가하여 단백질의 3차 구조가 변화되어 생물학적 활성이 파괴되는 현상이다.

15 Rheology의 종류
- 점성(Viscosity) 및 점조성(Consistency) : 유체의 흐름에 대한 저항성을 나타내며 점성은 균일한 형태와 크기를 가진 단일물질인 Newton 유체(물, 시럽 등)에 적용되고, 점조성은 다른 형태와 크기를 가진 혼합물질인 비Newton 유체(토마토케첩, 마요네즈 등)에 적용된다.
- 탄성(Elasticity) : 외부 힘에 의해 변형된 후 외부 힘을 제거 시 원 상태로 되돌아가려는 성질이다(고무줄, 젤리).
- 소성(Plasticity, 가소성) : 외부 힘에 의해 변형된 후 외부 힘을 제거해도 원상태로 되돌아가지 않는 성질이다(버터, 마가린, 생크림, 마요네즈). 생크림처럼 작은 힘에는 탄성을 보이다 더 큰 힘을 가하면 소성을 보이는 것을 항복치라 하며 이러한 소성을 Bingham 소성이라 한다.
- 점탄성(Viscoelasticity) : 외부 힘이 작용 시 점성유동과 탄성변형이 동시에 발생하는 성질이다(Chewing gum, 빵반죽).

16 점탄성체의 성질
- 예사성(Spinability) : 청국장, 계란 흰자 등에 막대 등을 넣고 당겨 올리면 실처럼 가늘게 따라 올라오는 성질
- Weissenberg 효과 : 연유 중에 막대 등을 세워 회전시키면 탄성에 의해 연유가 막대를 따라 올라오는 성질
- 경점성(Consistency) : 점탄성을 나타내는 식품의 경도(밀가루 반죽 경점성은 Farinograph로 측정)
- 신전성(Extensibility) : 반죽이 국수같이 길게 늘어나는 성질(밀가루반죽 신전성은 Extensograph로 측정)

17 호정화
전분에 물을 가하지 않고 160℃ 이상으로 가열하면 분해되어 호정(Dextrin)으로 변하는 것을 호정화라고 한다. 호화전분보다 물에 녹기 쉽고 효소작용도 받기 쉬워 소화가 잘 된다.

18
- 멜라노이딘은 비효소적 갈변인 마이야르반응의 생성물이다.
- 효소적 갈변
  - 주로 과일(사과, 배)이나 채소(감자, 고구마) 등의 식품에 절단된 부위에서 일어난다.
  - Catechin, Gallic acid, Chlorogenic acid, Tyrosine 등이 Polyphenol oxidase, Tyrosinase 등 효소에 의해 갈색 물질인 Melanin을 생성한다.
  - 구리이온은 갈변효소작용을 활성화한다.

19 탄수화물의 화학반응
- 당류 일반정성반응 : Molisch 반응, Anthrone 반응 등
- 환원당반응 : Fehling 반응(적갈색 침전), Benedict 반응(적갈색 침전), Tollens 반응(은경반응), Barfoed 반응 등
- Barfoed 반응(단당류와 이당류 구별), Seliwanoff 반응(Fructose 정성반응), Bial 반응(5탄당 정성반응)
- 당의 정량법 : Bertrand법, Somogi법
- Kjeldahl법(단백질 정량), Karl Fischer법(수분 정량), Soxhlet법(지방 정량)

20 식품 제조가공 중 생성되는 유해물질
- 벤조피렌(Benzopyrene) : 다환방향족 탄화수소의 일종으로 고기를 태울 때 생성되는 발암물질
- 아크릴아마이드(Acrylamide) : 감자 내의 아스파라긴성분과 환원당이 고온에서 반응하여 생성되는 발암물질
- 메틸알코올(Methylalchohol) : 포도주 등 과실주 이상발효 시 생성되며 구토, 실명 등의 증상을 나타냄
- 니트로소아민(Nitrosoamine) : 발색제로 사용되는 아질산염과 식품 내의 아민류가 반응하여 생성되는 발암물질

21 곰팡이독(Mycotoxin)의 특징
- 곡류 등 탄수화물이 풍부한 농산물을 원인식품으로 하는 경우가 많다.
- *Aspergillus*속에 의한 사고는 여름(열대지역)에, *Fusarium*속에 의한 사고는 한랭기(한대지역)에 많이 발생한다.
- 곰팡이는 수확 전후에 오염되는 경우가 많으며, 생육에 적합한 조건에 영향을 받는다.
- 전염성이 없으며 항생물질 등의 효과를 기대하기 어렵다.
- 저분자화합물로 열에 안정하여 가공 중 파괴되지 않는다.
- 만성 독성이 많으며 발암성인 것이 많다.
- 곰팡이가 2차 대사산물로 생산하는 물질이며, 사람이나 온혈동물에게 해를 주는 물질로 Mycotoxicosis(곰팡이독 중독증)라고 한다.

22 변패(Deterioration)
미생물에 의해 탄수화물이 변질된다.

23 Mycotoxin(곰팡이독소)의 분류
- 간장독 : Aflatoxin(*Aspergillus flavus*), Sterigmatocystin(*Asp. versicolar*), Rubratoxin(*Penicillium. rubrum*), Luteoskyrin(*Pen. islandicum*, 황변미), Ochratoxin(*Asp. ochraceus*, 커피콩), Islanditoxin(*Pen. islandicum*, 황변미)
- 신장독 : Citrinin(*Penicillium citrinum*, 태국 황변미), Citreomycetin, Kojic acid(*Asp. oryzae*)
- 신경독 : Patulin(*Pen. patulum*, *Pen. expansum*), Maltoryzine (*Asp. oryzae var. microsporus*), Citreoviridin(*Pen. citreoviride*, 톡시카리움 황변미)
- Fusarium(붉은곰팡이)속 곰팡이독소 : Zearalenone(발정유발물질), Sporofusariogenin(무백혈구증 – 조혈계 이상)

24
유행성 출혈열은 한탄바이러스가 병원체이다.

25
셉신(Sepsin)은 부패한 감자의 독성분이다.

26 아니사키스(Anisakis)
- 고래, 돌고래 등 바다 포유류의 기생충
- 분변에 의한 충란 → 제1중간숙주[갑각류(크릴새우 등)] → 제2중간숙주(오징어, 갈치, 고등어 등) → 고래 등 → 사람이 생식하여 감염
- 주로 소화관에 궤양, 종양, 봉와직염

27
- 장염비브리오균 식중독 : *Vibrio parahaemolyticus*에 의해 발생하는 식중독이다. 호염성 세균으로 3~4%의 식염농도를 나타내는 해수에서 주로 성장하므로 주원인식품은 어패류, 생선회 등이다. 호염성 세균이므로 식염농도가 없는 민물, 수돗물에서 세척 시 제어가 가능하며 열에 약하므로 60℃의 가열에서도 사멸할 수 있다.
- 바실루스 세레우스 : *Bacillus cereus*에 의해 발생하는 식중독이다. 그람양성의 포자 형성을 하는 호기성균으로 토양세균이기에 원인균과 포자가 자연계에 널리 분포하여 식품에 오염될 기회가 많다.

28
보툴리눔은 대표적인 독소형 식중독으로 단백질성의 신경독소인 뉴로톡신(Neurotoxin)을 생산한다.

29 경구감염병의 특징
- 물, 식품이 감염원으로 운반매체이다.
- 병원균의 독력이 강해서 식품에 소량의 균이 있어도 발병한다.
- 사람에서 사람으로 2차 감염된다.
- 잠복기가 길고 격리가 필요하다.
- 면역이 있는 경우가 많다.
- 지역적·집단적으로 발생한다.
- 환자 발생에 계절이 영향을 미친다.

30 보존료의 조건
- 식품에 나쁜 영향을 주지 않으며 장기적으로 사용해도 해가 없어야 한다.
- 인체에 무해하고 독성이 없어야 한다.
- 사용이 간단하고 값이 싸며 미량 사용으로도 효과적이어야 한다.
- 보존료 첨가에도 식품영양가의 변화가 없어야 한다.

31
- 식용색소적색 제2호, β-카로틴, 이산화티타늄은 식약처에서 사용이 인정된 색소이다.
- 아우라민(Auramine) : 카레, 단무지 등에 사용된 염기성 황색색소로 간암 유발로 금지되었다.

32 미생물의 증식을 억제하여 부패를 방지하는 방법
저온, 건조, 진공포장, 고염, 고산조건의 형성

33 미생물의 증식곡선(Growth curve)
- 유도기 : 증식을 준비하는 시기로 효소, RNA는 증가하며 DNA는 일정한 시기이다.
- 대수기 : 미생물이 대수적으로 증식하는 시기로 RNA는 일정하며 DNA는 증가하는 시기이다. 세대시간과 세포의 크기는 일정하다.
- 정지기 : 영양물질의 고갈로 증식수와 사멸수가 같으며 총균수가 가장 높은 시기이다.
- 사멸기 : 생균수보다 사멸균수가 많아지는 시기로 자기소화(Autolysis)로 균체가 분해된다.

34
- 위해분석(Hazard Analysis) : 식품 제조공정에서 위해 가능성이 있는 요소를 찾아 분석·평가하는 공정
- 관리기준(Critical Limit) : 안전을 위한 절대적 기준으로 온도, 시간, 무게, 색 등 간단히 확인할 수 있는 기준을 설정
- 중요관리점(Critical Control Point) : 위해요소를 방지·제거하고 안전성 확보를 위해 중점적으로 다루어야 할 관리지점

35 이물검사법
- 체분별법 : 검체가 미세한 분말일 때 적용한다.
- 침강법 : 쥐똥, 토사 등의 비교적 무거운 이물의 검사에 적용한다.
- 와일드만 플라스크법 : 곤충 및 동물의 털과 같이 물에 잘 젖지 아니하는 가벼운 이물 검출에 적용한다.

36
대장균 및 대장균군의 경우 추정 – 확정 – 완전의 단계로 시험한다.
- 추정시험 : LB(Lactose Broth) 배지, 36℃, 24±2시간 배양, 듀람(Durham)발효관 가스 유무
- 확정시험 : EMB 배지의 경우 녹색의 금속광택을 보이는 집락, Endo 배지의 경우 분홍색의 전형적인 집락
- 완전시험 : BGLB 배지와 보통한천평판, 간균 등 일반적 대장균의 특성 확인

37
해동된 식품은 사용 후 남은 부분을 재동결하지 않는다.

38
산성 식품은 통조림관의 납과 주석이 용출되어 내용식품을 오염시킬 우려가 가장 크다.

39
무기산은 세포 안으로 침투가 어려우나 유기산은 세포 안으로 침투하여 직접적으로 작용하기에 저장효과가 더 크다. 또한 유기산이 무기산에 비해 신맛도 더 강하게 내므로 pH를 저하시켜 미생물의 생육을 어렵게 한다.

40
- 나무를 심어 공장을 보호할 필요는 없다.
- 작업장의 위생조건
  - 주변의 공기가 깨끗해야 한다.
  - 배수·급수가 잘 되어야 한다.
  - 교통이 편리하고 전력 공급이 잘 되어야 한다.
  - 공업지역이나 먼지 등 식품에 나쁜 영향을 주는 장소는 피해야 한다.
  - 건물은 콘크리트나 시멘트로 내구성이 있고 위생상 위해가 없어야 한다.
  - 내벽은 밝은색으로 도색하여 오염물질이 쉽게 드러나도록 한다.
- 작업장의 위생관리
  - 물품검수구역, 일반작업구역, 냉장보관구역 중 물품검수구역의 조명이 가장 밝아야 한다.
  - 화장실에는 손을 씻고 물기를 닦기 위하여 일회용 종이타월이나 건조장치를 비치하는 것이 바람직하다.
  - 식품의 원재료 구입과 최종제품 출구는 반대방향에 위치하는 것이 바람직하다.
  - 작업장에서 사용하는 위생비닐장갑은 1회 사용 후 폐기한다.

41 사후경직
- 근육 글리코겐 분해에 따라 젖산 생성, ATP 생성, 근육경직 발생(액토미오신 형성)
- 생선은 1~4시간, 닭은 6~12시간, 소고기는 24~48시간, 돼지는 70시간 후 최대 사후경직
- 경직 해제 후 자가소화효소에 의한 단백질이 분해되어 숙성
- 소고기 숙성은 0℃에서 10일간, 8~10℃에서 4일간
- 육류(pH 7.0) – 사후강직(pH 5.0) – 자가소화(Autolysis, pH 6.2) – 부패(pH 12)
- 육류를 숙성시키면 신장성과 보수성이 증가

42 훈연의 목적
- 염지육색이 가열에 의하여 안정되어 제품의 색 향상
- 훈연연기 중 페놀(Phenol), 유기산, Formaldehyde, Acetaldehyde의 살균작용
- 훈연취에 의한 독특한 풍미 부여
- 건조, 살균, 항산화작용에 의한 저장성 향상

- 건조에 의한 수분 감소로 수분활성도 감소
- 온훈법은 30~50℃에서 5~10시간, 냉훈법은 10~20℃에서 1~3주간, 열훈법은 50~80℃에서 수시간, 훈연액법 등

43
어유에 있는 DHA와 EPA는 융점이 실온보다 낮아 실온에서 액체상태이다.

44 된장의 숙성
- 효소 분해된 당(감미), 글루탐산(맛난 맛), 발효에 의한 알코올, 유기산, 에스테르(향기) 생성
- 적정 숙성 조건 : 30~40℃, 3일 배양

45 건식 세척
- 크기가 작고 기계적 강도가 있으며, 수분함량이 적은 곡류, 견과류 세척에 이용한다.
- 시설비, 운영비가 적고 폐기물처리가 간단하지만, 재오염 가능성이 크다.
- 송풍분류기(Air classifier) : 송풍 속에 원료를 넣어 부력과 공기 마찰로 세척한다.
- 마찰세척(Abrasion cleaning) : 식품재료 간 상호 마찰에 의해 분리한다.
- 자석세척(Magnetic cleaning) : 원료를 강한 자기장에 통과시켜 금속 이물질을 제거한다.
- 정전기적 세척(Electrostatic cleaning) : 원료에 함유된 미세먼지를 방전시켜 음전하로 만든 뒤 제거, 차 세척(Tea cleaning)에 이용한다.

46
냉장법으로 수분활성도가 저하되지는 않는다.

47 유지의 경화
- 불포화지방산의 이중결합에 수소를 첨가하여 포화지방산으로 전환시킨다.
- 쇼트닝, 마가린 가공에 이용된다.
- 경화 시 융점과 점도는 높아지고 용해도는 감소한다.
- 액체기름이 고체지방으로 전환된다.

48 방사선조사
- 방사선조사는 주로 ^{60}Co의 감마선을 이용해 포장된 상태의 제품을 살균처리할 수 있으며 비열처리하므로 냉살균이라 한다.
- 1kGy 이하의 저선량 방사선조사를 통해 감자, 양파 등의 발아 억제, 기생충 사멸, 숙도 지연, 살균, 살충 등의 효과를 얻을 수 있다.

49 통조림 제조공정
당액 주입 후 탈기를 통해 기체를 제거한 후 밀봉, 살균, 냉각한다.

50
과실을 주스로 가공할 때 변색이나 비타민 등 영양가 손실 방지를 위해 저온살균을 한다.

51 제면 시 소금의 용도
- 밀가루의 점탄성을 높이기 위해서
- 수분이 내부로 확산하는 것을 촉진하기 위해서
- 제품의 품질을 안정시키기 위해서
- 미생물의 살균을 위해서

52 유지의 정제
불순물을 물리·화학적 방법으로 제거한다.
- 탈검공정(Degumming process)
  - 인지질 등 제거
  - 무수상태에서 기름에 녹으므로 물이나 수증기를 넣어 수화시켜 분리
- 탈산공정(Deaciding process)
  - 유리지방산 등 제거
  - NaOH으로 유리지방산을 중화(비누화)·제거하는 알칼리정제법 사용
- 탈색공정(Decoloring process)
  - Carotenoid, 엽록소 등 제거
  - 가열탈색법이나 활성백토를 이용하는 흡착탈색법 사용
- 탈취공정(Deodoring process)
  - 알데하이드, 케톤, 탄화수소 등 냄새 제거
  - 활성탄 등 흡착제를 이용한 감압탈취
- 탈납공정(Winterization process)
  - 샐러드유 제조 시 지방결정체 제거
  - 냉각시켜 발생되는 고체결정체를 제거하는 탈납(Dewaxing) 이용

53 우유살균(멸균)법
- 저온 장시간 살균(LTLT) : 63℃에서 30분 가열 후 급랭하며 우유, 술, 과즙 등에 이용
- 고온 단시간 살균(HTST) : 75℃에서 15초 가열 후 급랭하며 우유나 과즙 등에 이용
- 초고온 순간 살균(UHT) : 132℃에서 2~3초 가열하며 우유나 과즙 등에 이용

54 동건품
수산물을 동결·융해하여 말린 것

55 소시지 가공의 기계장치
- 사일런트 커터(Silent cutter) : 어육소시지, 분쇄육 등을 초퍼보다 미세하게 분쇄할 때 사용한다.
- 스터퍼(Stuffer) : 어육이나 다짐육을 케이싱 혹은 포장에 다져 넣어 고기풀을 결착시키는 데 쓰인다.
- 초퍼(Chopper) : 덩어리고기를 다지는 데 사용한다.

56 달걀의 선도검사

- 외부적인 검사
  - 비중법 : 신선란 1.0784~1.0914, 11% 식염수에 가라앉는다(부패란은 뜬다).
  - 진음법 : 신선란은 소리가 나지 않고 묵은 알은 소리가 난다.
  - 설감법 : 신선란은 따뜻한 느낌, 묵은 알은 차가운 느낌이다.
  - 신선란은 껍질이 거칠지만 저장 중에는 반들반들해진다.
- 내부적인 검사
  - 투시검사 : 검란기 사용, 오래될수록 기실이 크다.
  - 할란검사 : 신선란의 난백계수는 0.06 정도, 신선란의 난황계수는 0.3~0.4이나 저장 중 감소, 저장 중 pH가 상승한다.
- 보통 HU(Haugh Unit) 값이 85 이상이다.

57 최대 빙결정 생성대

- 식품의 약 80% 수분이 빙결되는 범위로 약 -5~-1℃를 거치게 되는데 이 온도대를 30분 이내에 통과하는 것을 급속동결이라 하고, 60분가량에 통과하는 것을 완만동결이라 한다.
- 급속동결 : 빙결정의 모양이 균일하고 결정이 작아서 품질에 영향을 적게 받는다.

58

가염 후 다시 살균하지 않으며 연압한 후 충전 및 포장한다.

59 습식 세척

- 원료의 먼지, 토양, 농약 제거에 이용
- 건조 세척보다 효과적이며 손상이 감소되나 비용이 많이 들고 수분으로 인해 부패 용이
- 침지세척(Soaking cleaning) : 물에 담가 오염물질 제거, 분무세척 전처리로 이용
- 분무세척(Spray cleaning) : 컨베이어 위 원료에 물을 뿌려 세척
- 부유세척(Flotation cleaning) : 밀도와 부력 차이로 세척, 상승류에 밀려 이물질 제거(완두콩, 강낭콩 등)

60

어육연제품 제조 시 탄력 보강 및 증량제, 감칠맛을 내기 위해 전분을 첨가해준다. 감자녹말, 타피오카녹말 등이 주로 사용된다.

MEMO

식품가공기능사 필기

발행일 | 2023. 3. 10 초판 발행
2024. 1. 30 개정 1판 1쇄
2026. 1. 20 개정 2판 1쇄

저 자 | 정진경 · 이다빈
발행인 | 정용수
발행처 | 예문사
주 소 | 경기도 파주시 직지길 460(출판도시) 도서출판 예문사
T E L | 031) 955-0550
F A X | 031) 955-0660
등록번호 | 11-76호

• 이 책의 어느 부분도 저작권자나 발행인의 승인 없이 무단 복제하여 이용할 수 없습니다.
• 파본 및 낙장은 구입하신 서점에서 교환하여 드립니다.
• 예문사 홈페이지 http://www.yeamoonsa.com

정가 : 22,000원

ISBN 978-89-274-5891-3 13570